[本书案例演示]

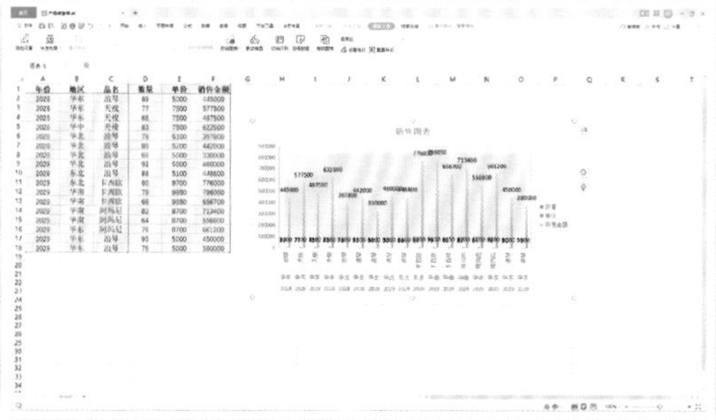

产品销售图表

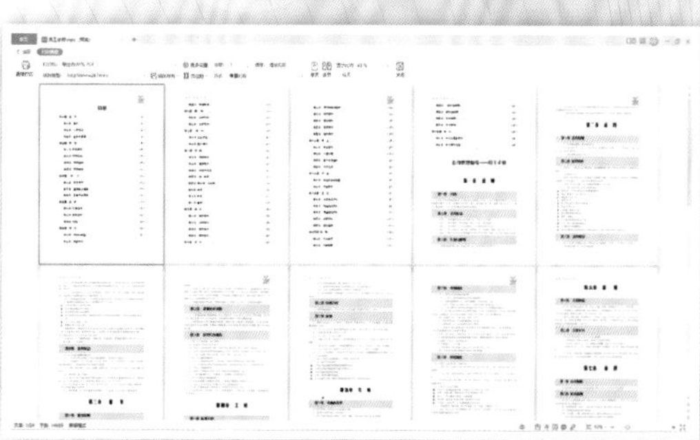

打印预览

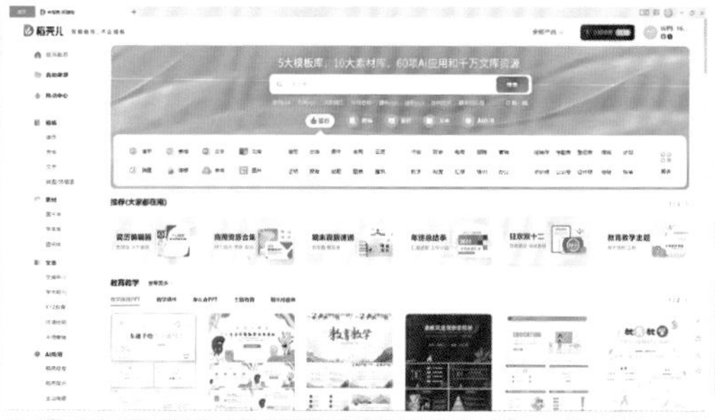

稻壳儿模板

设置段落格式

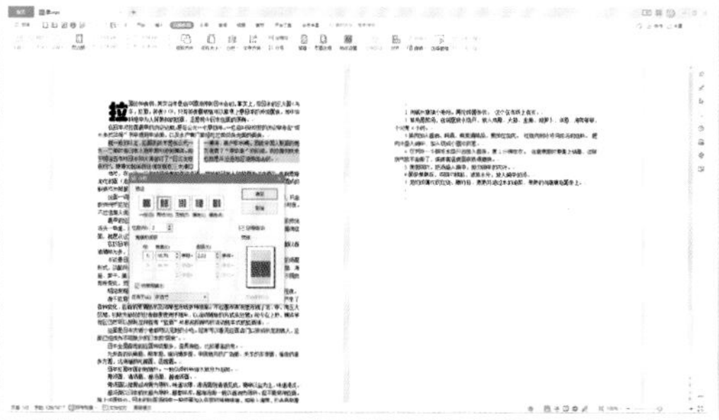

设置分栏

数据透视图

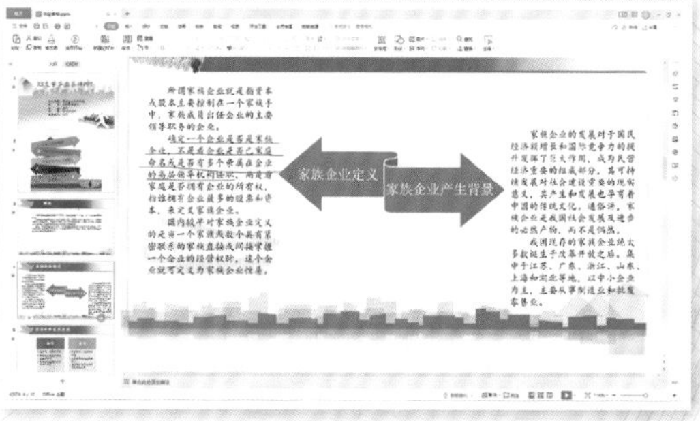

添加标记

添加动画

[本书案例演示]

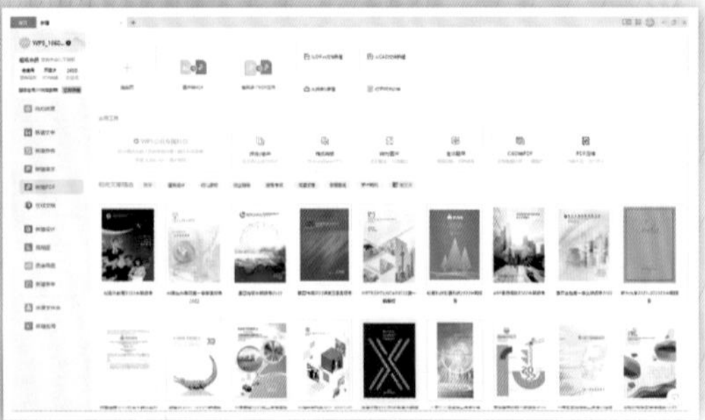

新建PDF

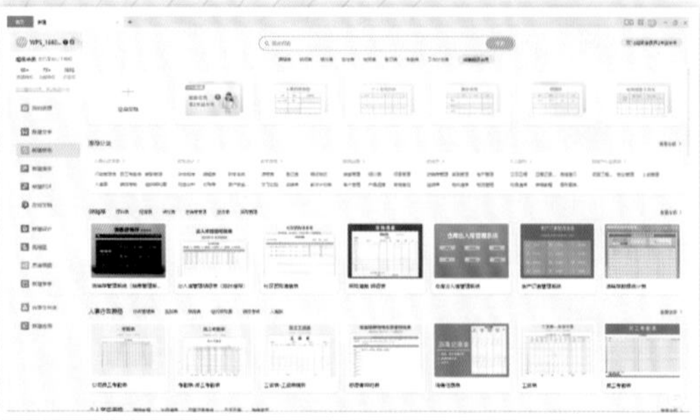

新建表格

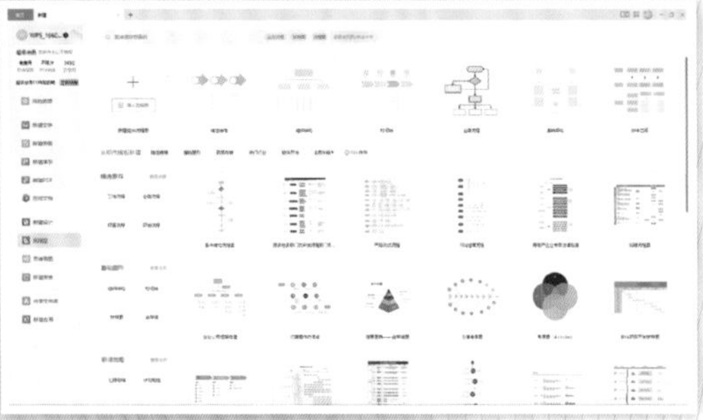

新建流程图

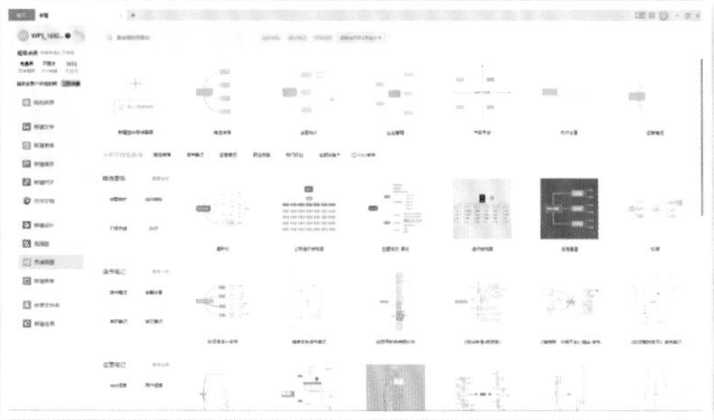

新建思维导图

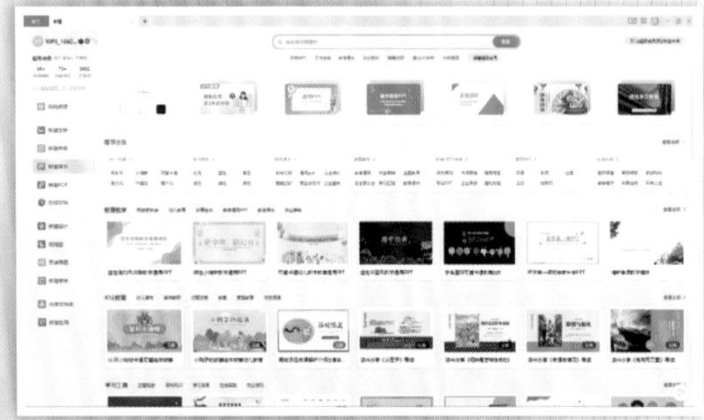

新建演示

制作教学课件

制作销售课件

制作宣传PPT

计算机基础与实训教材系列

WPS Office办公软件实例教程
(微课版)

刘 平 编著

清華大学出版社
北 京

内 容 简 介

本书由浅入深、循序渐进地介绍了 WPS Office 软件的使用方法和技巧。全书共分 13 章，分别介绍了 WPS Office 基础操作，输入与编辑文字，文档的图文混排，文档的排版设计，电子表格的基础操作，使用公式与函数，整理分析表格数据，应用图表和数据透视表，创建演示与制作幻灯片，幻灯片动画设计，放映和输出演示文稿，云办公和移动端协作，WPS Office 其他办公应用等内容。

本书内容丰富、结构清晰、语言简练、图文并茂，具有很强的实用性和可操作性，适合作为高等院校相关专业的教材，也可作为广大初、中级计算机用户的自学参考书。

本书对应的电子课件、实例源文件和习题答案可以到 http://www.tupwk.com.cn/downpage 网站下载，也可以通过扫描前言中的二维码下载，扫描前言中的教学视频二维码可以观看学习视频。

图书在版编目(CIP)数据

WPS Office 办公软件实例教程：微课版/ 刘平编著.—北京：清华大学出版社，2023.9
(计算机基础与实训教材系列)

ISBN 978-7-302-64519-1

Ⅰ. ①W… Ⅱ. ①刘…Ⅲ. ①办公自动化—应用软件—教材 Ⅳ. ①TP317.1

中国国家版本馆 CIP 数据核字(2023)第 166614 号

责任编辑： 胡辰浩
封面设计： 高娟妮
版式设计： 妙思品位
责任校对： 成凤进
责任印制： 刘海龙

出版发行： 清华大学出版社
网　　址：http://www.tup.com.cn，http://www.wqbook.com
地　　址：北京清华大学学研大厦 A 座　　邮　　编：100084
社 总 机：010-83470000　　邮　　购：010-62786544
投稿与读者服务：010-62776969，c-service@tup.tsinghua.edu.cn
质 量 反 馈：010-62772015，zhiliang@tup.tsinghua.edu.cn
印 装 者： 河北鹏润印刷有限公司
经　　销： 全国新华书店
开　　本： 190mm×260mm　　**印　　张：** 18.75　　**彩　　插：** 1　　**字　　数：** 492 千字
版　　次： 2023 年 10 月第 1 版　　**印　　次：** 2023 年 10 月第 1 次印刷
定　　价： 79.00 元

产品编号：100469-01

前言

《WPS Office 办公软件实例教程(微课版)》从教学实际需求出发，合理安排知识结构，由浅入深、循序渐进地讲解 WPS Office 软件的使用方法和技巧。全书共分 13 章，主要内容如下。

第 1 章介绍 WPS Office 软件的操作界面及文件操作的基础知识。

第 2~4 章介绍 WPS Office 文字的操作方法，包括输入和编辑文字、文档的图文混排、文档的排版设计等内容。

第 5~8 章介绍 WPS Office 表格的操作方法，包括电子表格的基础操作、使用公式与函数、整理分析表格数据、应用图表和数据透视表等内容。

第 9~11 章介绍 WPS Office 演示的操作方法，包括创建和制作幻灯片、设计幻灯片动画、放映和输出演示文稿等内容。

第 12 章介绍使用云办公和移动端协作的操作方法。

第 13 章介绍 WPS Office 其他办公应用的操作方法。

本书内容丰富、图文并茂、条理清晰、通俗易懂，在讲解每个知识点时都配有相应的实例，方便读者上机实践。同时，为了方便老师教学，本书免费提供对应的电子课件、实例源文件和习题答案。本书提供书中实例操作的教学视频，读者可通过扫描下方的“看视频”二维码观看本书对应的同步教学视频。

本书配套素材和教学课件的下载地址如下。

http://www.tupwk.com.cn/downpage

本书同步教学视频和资源的二维码如下。

扫一扫，看视频　　　　扫码推送配套资源到邮箱

本书由黑河学院的刘平编著。由于作者水平所限，本书难免有不足之处，欢迎广大读者批评指正。我们的邮箱是 992116@qq.com，电话是 010-62796045。

编　者

2023 年 6 月

推荐课时安排

章　　名	重点掌握内容	教学安排/学时
第 1 章　WPS Office 基础操作	WPS Office 操作界面、设置界面元素、文件基础操作、特色功能应用	3
第 2 章　输入与编辑文字	输入文本、设置文本、设置段落格式、设置项目符号和编号	4
第 3 章　文档的图文混排	插入图片、插入艺术字、添加文本框、添加表格	5
第 4 章　文档的排版设计	设置文档页面格式、插入页眉、页脚和页码、添加目录和备注、设置文档样式	6
第 5 章　电子表格的基础操作	工作簿的基础操作、工作表的基础操作、单元格的基本操作、设置表格格式	4
第 6 章　使用公式与函数	使用公式、使用函数、使用名称、常用函数的应用	5
第 7 章　整理分析表格数据	数据排序、数据筛选、数据分类汇总、设置条件格式	6
第 8 章　应用图表和数据透视表	插入图表、设置图表、制作数据透视表、制作数据透视图	6
第 9 章　创建演示与制作幻灯片	创建演示、幻灯片基础操作、设计幻灯片母版、丰富幻灯片内容	4
第 10 章　幻灯片动画设计	设计幻灯片切换动画、添加对象动画效果、动画效果高级设置、制作交互式幻灯片	6
第 11 章　放映和输出演示文稿	应用排练计时、幻灯片放映设置、放映演示文稿、输出演示文稿	6
第 12 章　云办公和移动端协作	认识云办公、多终端同步办公、多人编辑文档在线协作、企业团队文档模式	5
第 13 章　WPS Office 其他办公应用	使用 PDF、制作流程图、制作思维导图、制作表单	5

注：1. 教学课时安排仅供参考，授课教师可根据情况进行调整；

2. 建议每章安排与教学课时相同时间的上机练习。

目录

第1章 WPS Office基础操作

在使用 WPS Office 进行办公文档的处理时，首先要了解 WPS Office 工作界面中各个工具的通用操作，以及有关文件的基础操作。通过掌握这些操作，读者不仅能够更好地了解 WPS Office 的文档制作环境，还能满足一些特色功能的需求，这也是使用 WPS Office 进行日常办公的开始。

本章重点

- WPS Office 操作界面
- 文件基础操作
- 设置界面元素
- 特色功能应用

二维码教学视频

【例 1-1】 设置功能区
【例 1-2】 设置快速访问工具栏
【例 1-3】 根据模板新建文档
【例 1-4】 设置密码
【例 1-5】 拆分文档
【例 1-6】 设置自动备份

1.1 WPS Office 操作界面

启动 WPS Office，首先打开的是其【首页】界面，单击左侧竖排的【新建】按钮，如图 1-1 所示，即可打开【新建】界面。

图 1-1

1.1.1 【新建】界面

【新建】界面的左侧栏会显示诸如【新建文字】【新建表格】【新建演示】等创建各类文档的选项卡，不同选项卡界面会显示不同类文档的各种模板(有些需要交费使用)，单击其中一个模板即可创建文档，图 1-2 为【新建文字】的模板界面。

图 1-2

1.1.2　文字文稿工作界面

创建文档后，即可显示文档界面，这里用【新建空白文字】创建的【文字文稿 1】为例，展示文档工作界面内容。【文字文稿 1】文档工作界面主要由标题栏、功能区、文档编辑区、状态栏、任务窗格按钮等组成，如图 1-3 所示。

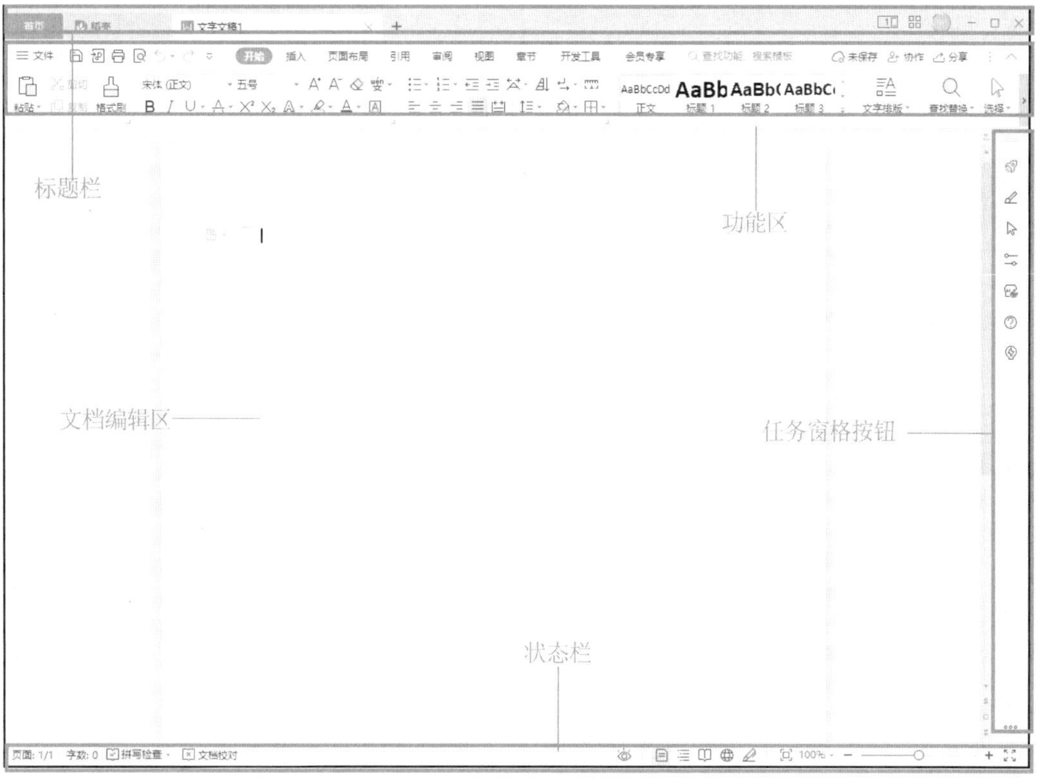

图 1-3

- 标题栏：标题栏位于窗口的顶端，用于显示当前正在运行的程序名及文件名等信息。标题栏最右端有 3 个按钮，分别用来控制窗口的最小化、最大化和关闭。此外还包含会员图标、【应用市场】按钮，【WPS 随行】按钮等，可以打开会员账号、应用市场及随行移动设备等菜单执行操作。
- 功能区：功能区是完成文本格式操作的主要区域。在默认状态下，功能区主要包含【文件】按钮、快速访问工具栏，以及【开始】【插入】【页面布局】【引用】【审阅】【视图】【章节】【开发工具】等多个基本选项卡中的工具按钮。
- 文档编辑区：文档编辑区就是输入文本、添加图形和图像，以及编辑文档的区域，用户对文本进行的操作结果都将显示在该区域。
- 状态栏：状态栏位于窗口的底部，会显示当前文档的信息，如当前显示的文档是第几页、第几节，以及当前文档的字数等。状态栏中还可以显示一些特定命令的工作状态。状态栏中间有视图按钮，用于切换文档的视图方式。另外，通过拖动右侧显示比例中的滑块，可以直观地改变文档编辑区的大小。

- 任务窗格按钮：在右侧的任务窗格按钮中，可以单击各个按钮快捷打开各任务窗格进行设置，如图 1-4 所示为单击【样式和格式】按钮后打开的【样式和格式】任务窗格，如图 1-5 所示为单击【帮助中心】按钮后打开的【帮助中心】任务窗格。

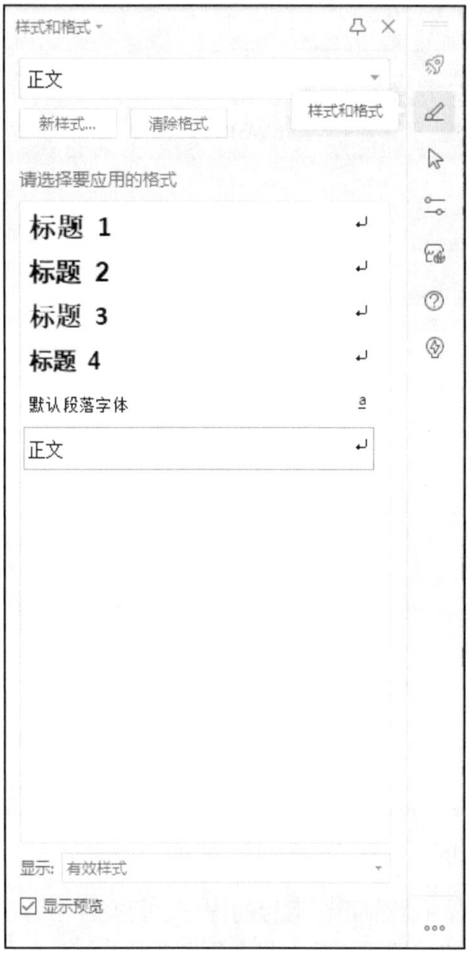

图 1-4

图 1-5

1.1.3　表格和演示的工作界面

除了文字文档的工作界面，经常使用的 WPS Office 文档还包括表格和演示的文档文件，要新建这些文档很简单，只需在【新建】界面中单击【新建表格】选项卡，如图 1-6 所示，或单击【新建演示】选项卡，如图 1-7 所示，即可打开相关创建模板的界面。

分别单击界面中的【新建空白表格】选项和【新建空白演示】选项，将自动创建空白表格和空白演示，其工作界面如图 1-8 和图 1-9 所示，具体的界面组成将在后面的相关章节中详细介绍。

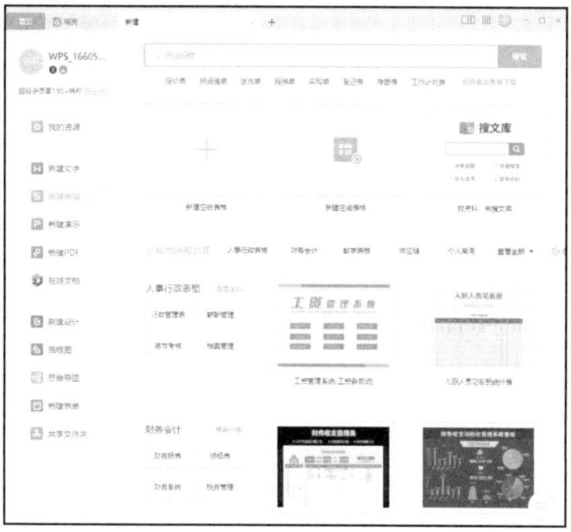

图 1-6

图 1-7

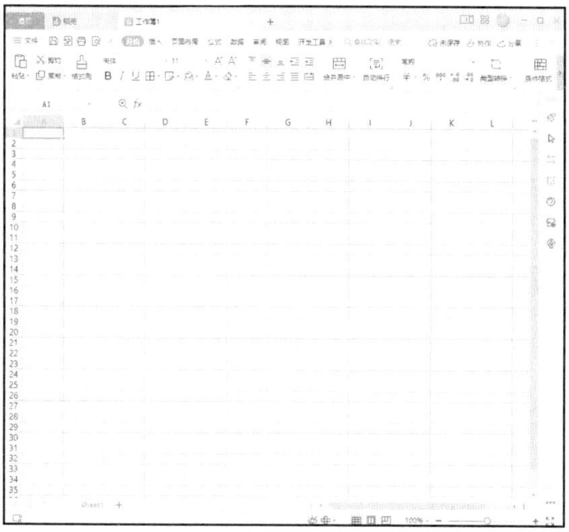

图 1-8

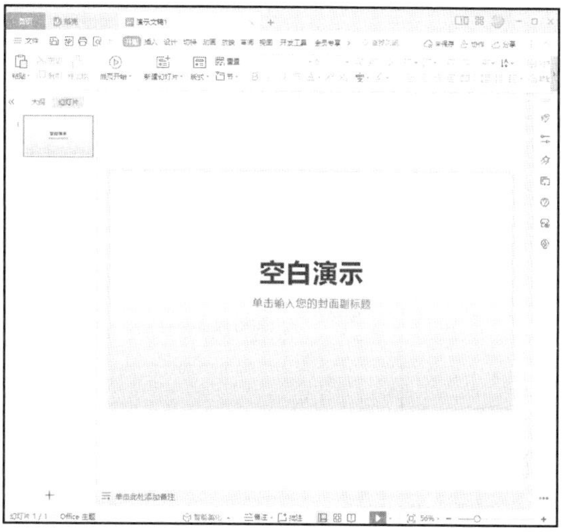

图 1-9

1.1.4　稻壳儿模板

WPS Office 里面的稻壳儿(Docer 谐音，即 Doc + er)是金山办公旗下专注办公领域内容服务的平台品牌。其拥有海量优质的原创 Office 素材模板及办公文库、职场课程、H5、思维导图等资源，前身是 2008 年诞生的【WPS 在线模板】，2013 年全面升级为稻壳儿。近年来，稻壳儿不断丰富、优化办公内容资源，提供智能、精准的办公内容服务，帮助用户提升办公效率，是国内领先的一站式多功能办公内容服务平台。

在 WPS Office 界面的标题栏中选择【稻壳】选项，即可打开稻壳儿的主界面，里面有海量的相关资源，如模板、素材、文库、AI 应用等，如图 1-10 所示。

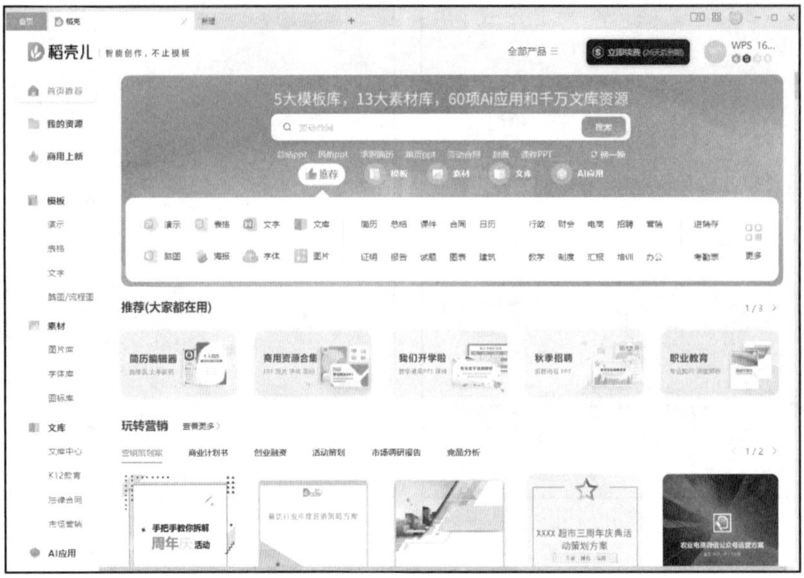

图 1-10

下面简单介绍稻壳儿的相关特色。

- 资源丰富，内容多样：从文字、表格、演示素材模板到图标、脑图、海报、字体、图片等，汇集了海量的各类办公资源。图 1-11 所示为脑图/流程图的多种模板选择界面。

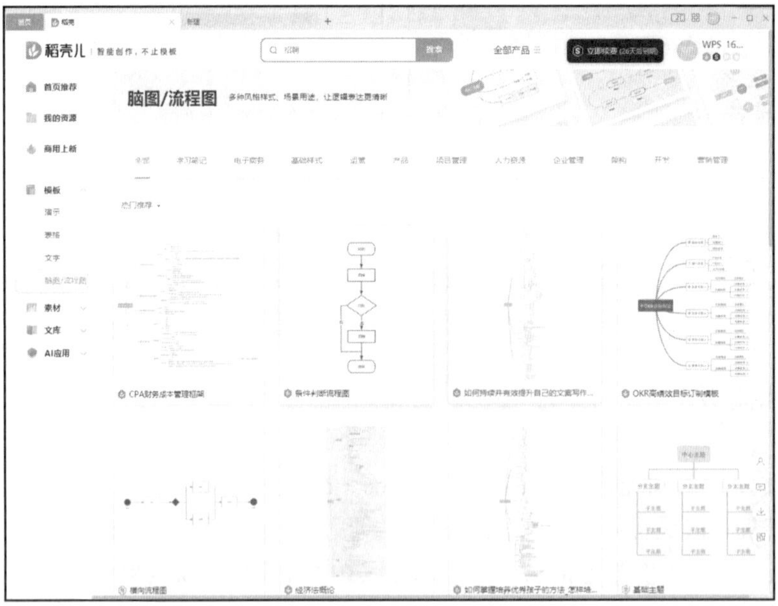

图 1-11

- 海量文库，一站式学习：提供了营销策划、商业计划书、劳动合同、述职报告、成人自考、总结汇报、试卷试题、毕业论文等多种形式的资料，为职场人士提供提升知识储备、职场能力的内容服务。图 1-12 所示为文库中法律合同的文字资料，用户可选择使用。

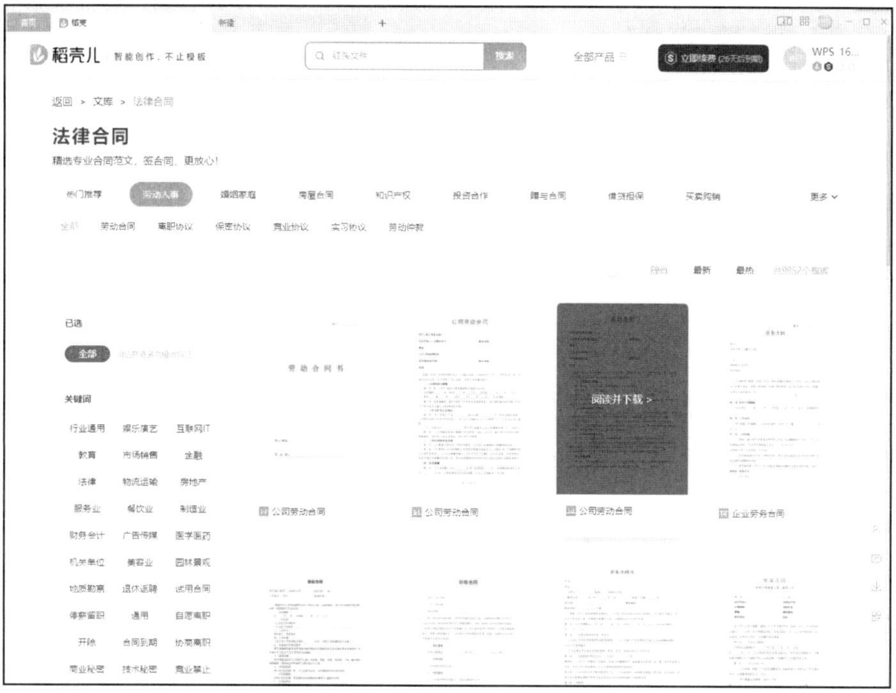

图 1-12

▽ 智能服务，办公无忧：依托 AI 等技术，提供智能化办公场景工具，如简历助手、简历定制、专业合同审查等智能服务。图 1-13 所示为【AI 应用】下“WPS 稻壳简历智能助手”的界面。

图 1-13

1.2 设置界面元素

WPS Office 具有统一风格的界面，但为了方便操作，用户可以对软件的工作环境进行自定义设置，如设置功能区和快速访问工具栏等。本节将以文字文稿为例介绍设置界面元素的操作。

1.2.1 添加功能区选项卡和命令按钮

WPS Office 中的功能区将所有选项功能巧妙地集中在一起，以便用户查找与使用。用户可以根据需要，在功能区中添加新选项卡和命令按钮。

【例 1-1】 在功能区中添加新选项卡、新组和命令按钮。 视频

(1) 在 WPS Office 中打开一个文字文稿文件，单击【文件】按钮，在弹出的菜单中选择【选项】命令，如图 1-14 所示。

(2) 打开【选项】对话框，选择【自定义功能区】选项卡，单击【新建选项卡】按钮，如图 1-15 所示。

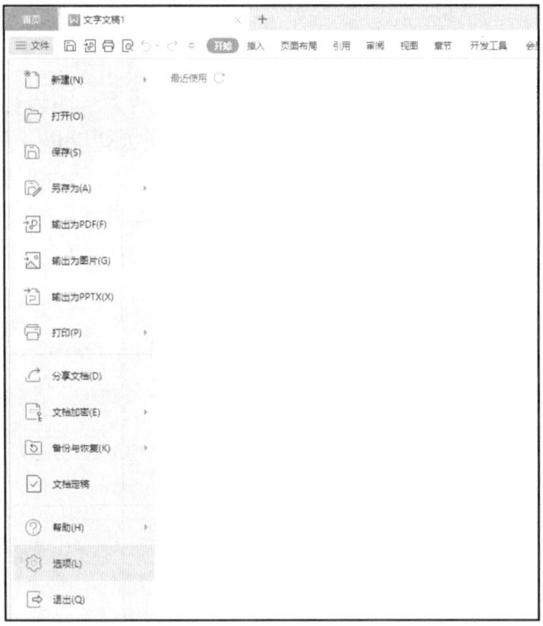

图 1-14

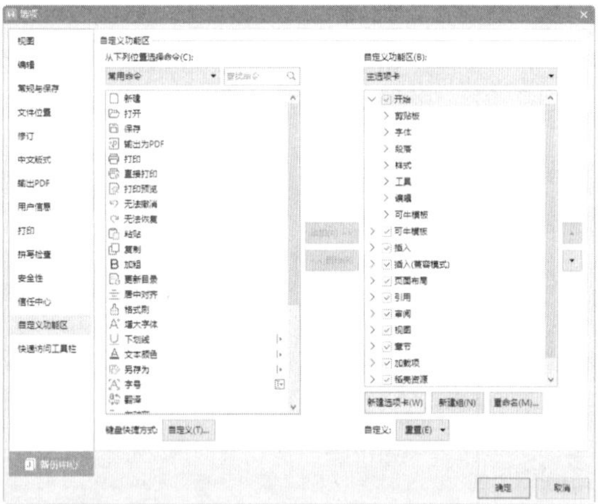

图 1-15

(3) 此时，在【自定义功能区】选项组的【主选项卡】列表框中显示【新建选项卡(自定义)】和【新建组(自定义)】选项卡，勾选【新建选项卡(自定义)】复选框，单击【重命名】按钮，如图 1-16 所示。

(4) 打开【重命名】对话框，在【显示名称】文本框中输入“常用”，单击【确定】按钮，如图 1-17 所示。

图 1-16

图 1-17

(5) 在【自定义功能区】选项组的【主选项卡】列表框中选择【新建组(自定义)】选项，单击【重命名】按钮，如图 1-18 所示。

(6) 打开【重命名】对话框，输入“特殊格式”，然后单击【确定】按钮，如图 1-19 所示。

图 1-18

图 1-19

(7) 返回至【选项】对话框，在【主选项卡】列表框中显示重命名后的选项卡和组，在【从下列位置选择命令】下拉列表中选择【主选项卡】选项，并在下方的列表框中选择需要添加的按钮，这里选择【首字下沉】选项，单击【添加】按钮，即可将其添加到新建的【特殊格式(自定义)】组中，单击【确定】按钮，如图 1-20 所示。

(8) 返回至文字文稿工作界面，此时显示【常用】选项卡，选中该选项卡，即可看到添加的【首字下沉】按钮，如图 1-21 所示。

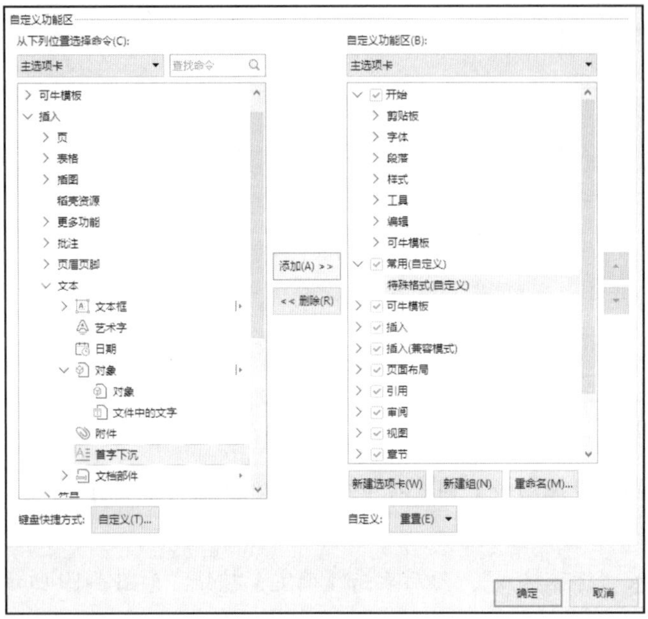

图 1-20

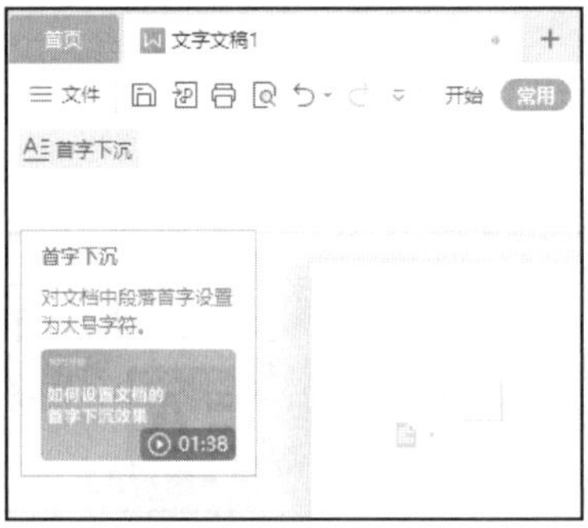

图 1-21

1.2.2 在快速访问工具栏中添加命令按钮

快速访问工具栏包含一组独立于当前所显示选项卡的命令，是一个可自定义的工具栏。用户可以快速地自定义常用的命令按钮，单击【自定义快速访问工具栏】按钮，从弹出的菜单中选择一种命令，然后将该命令按钮添加到快速访问工具栏中。

【例 1-2】 添加快速访问工具栏中的命令按钮。 视频

(1) 在 WPS Office 中打开一个文字文稿文件，在快速访问工具栏中单击【自定义快速访问工具栏】按钮，在弹出的菜单中选择【新建】命令，将【新建】按钮添加到快速访问工具栏中，如图 1-22 和图 1-23 所示。

(2) 单击【自定义快速访问工具栏】按钮，在弹出的菜单中选择【其他命令】命令，打开【选项】对话框，选择【快速访问工具栏】选项卡，在【从下列位置选择命令】下拉列表中选择【常用命令】选项，并且在下面的列表框中选择【另存为】选项，然后单击【添加】按钮，将【另存为】按钮添加到【当前显示的选项】列表框中，单击【确定】按钮，如图 1-24 所示。

(3) 完成快速访问工具栏的设置。此时，快速访问工具栏的效果如图 1-25 所示。

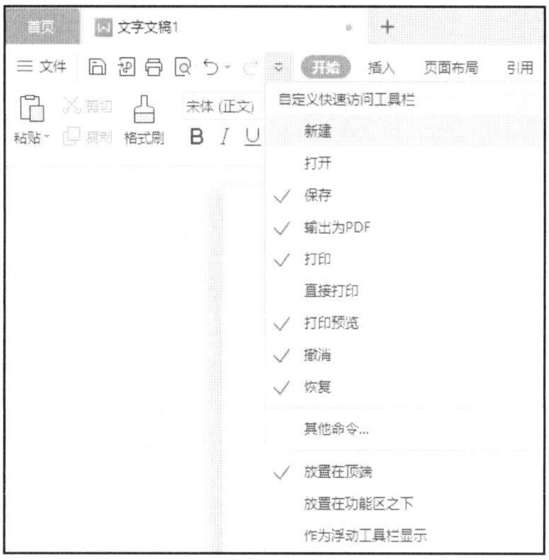

图 1-22

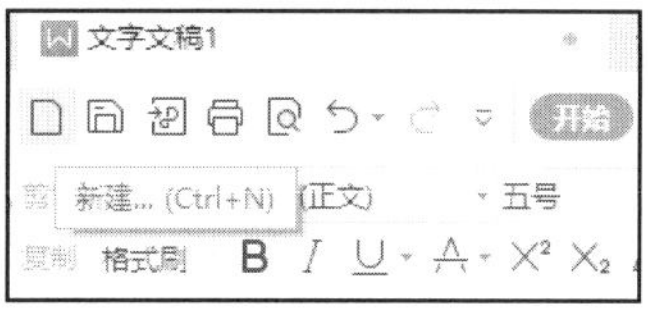

图 1-23

图 1-24

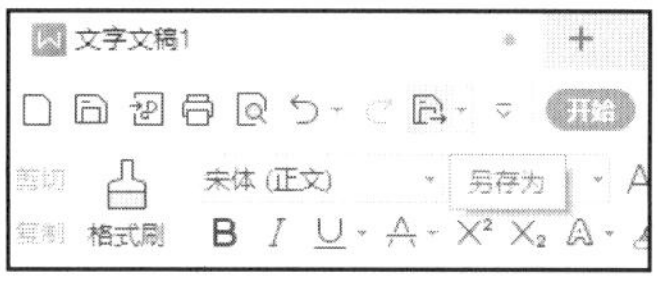

图 1-25

1.2.3　设置界面皮肤

WPS Office 的界面皮肤可以更换，用户可以调整到令自己舒适的界面，这样不仅美观还更让人得心应手。

首先启动 WPS Office 的首页，单击右侧的【稻壳皮肤】按钮，如图 1-26 所示。打开【皮肤中心】界面，可以看到默认采用的是【清爽】风格的界面皮肤，如图 1-27 所示。

选择一款心仪的界面皮肤样式，如【轻松办公】选项，如图 1-28 所示。此时 WPS Office 的界面皮肤就发生了改变，如图 1-29 所示。以该界面新建的各种文档界面，也会跟随该界面的皮肤发生更改。

图 1-26

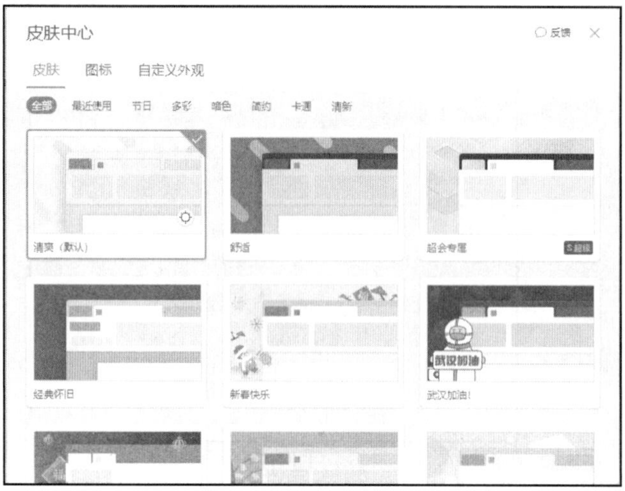

图 1-27

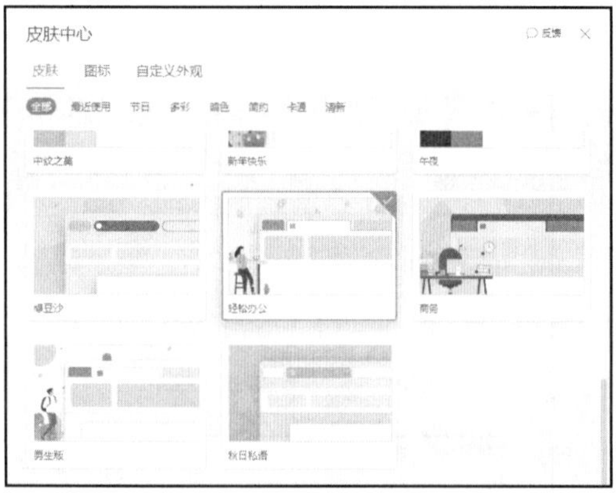

图 1-28

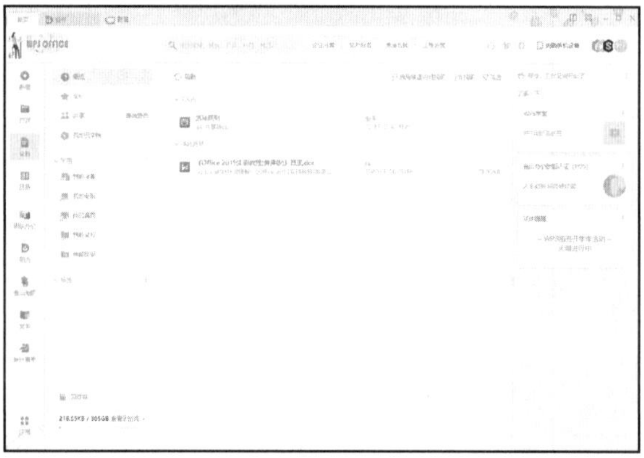

图 1-29

1.3　文件基础操作

WPS Office 不同组件中生成的文件类型虽然不同，但最基础的文件操作是通用的，包括新建和保存文件、为文件设置密码等操作。下面以文字文档为例介绍文件的基础操作。

1.3.1　新建和保存文件

前面已经介绍了新建空白文字文档的方法，用户还可以根据 WPS Office 提供的模板来快速创建文件。新建文件后，需要保存文件以便日后修改和编辑。

【例 1-3】 根据模板新建文字文档并加以保存。 视频

(1) 启动 WPS Office，单击【新建】按钮，如图 1-30 所示。

(2) 打开【新建】界面，选择【新建文字】选项卡，在【人资行政】选项区域中选择【行政公文】选项，如图 1-31 所示。

图 1-30

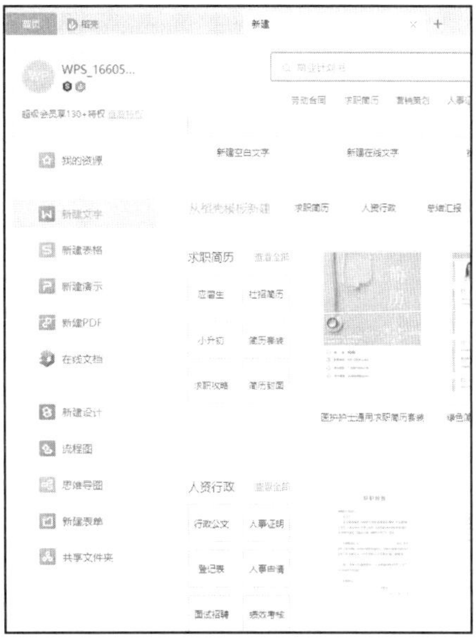

图 1-31

(3) 此时进入【行政公文】模板界面，选择【会议通知】模板，单击【立即使用】按钮，如图 1-32 所示。

(4) 进入模板下载界面，单击【立即下载】按钮开始下载模板，如图 1-33 所示。

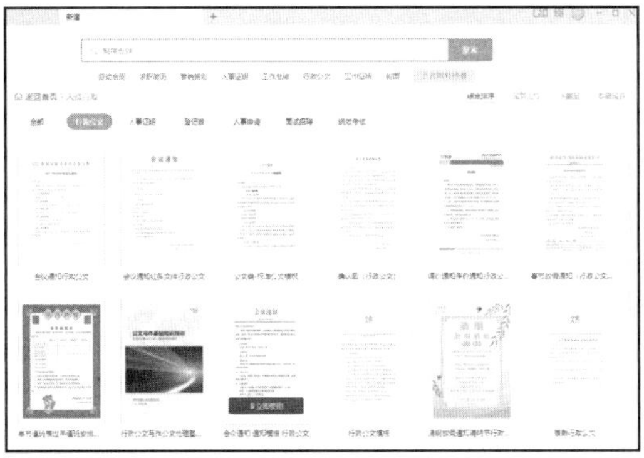

图 1-32

图 1-33

(5) 此时 WPS Office 创建了一份会议通知文档，接下来用户可以根据自己的需要对这个文档进行修改和添加内容，如图 1-34 所示。

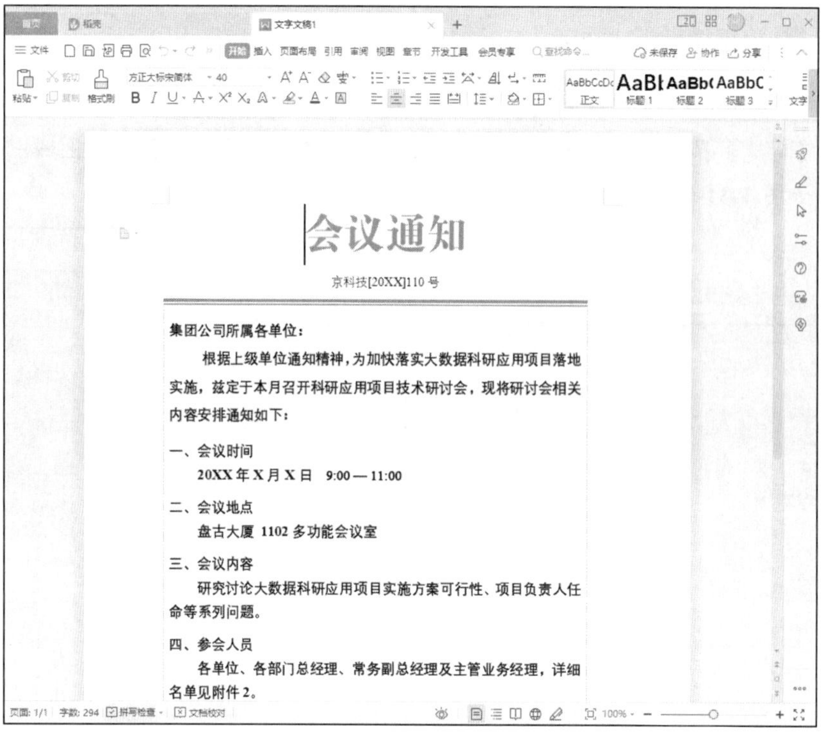

图 1-34

(6) 下面执行保存文档的操作，单击【文件】按钮，在弹出的选项中选择【保存】选项，如图 1-35 所示。

(7) 在打开的【另存文件】对话框中选择文件的保存位置，在【文件名】文本框中输入文件名称“8 月会议通知”，在【文件类型】下拉列表中选择文件类型为【WPS 文字文件(*.wps)】，然后单击【保存】按钮，如图 1-36 所示。

图 1-35

图 1-36

(8) 此时可以看到文档的名称已经改变，通过以上步骤即可完成保存文档的操作，如图 1-37 所示。

图 1-37

提示

用户还可以按 Ctrl+S 组合键，直接打开【另存文件】对话框。用户如果对已有文档编辑完成后，想要重新保存为另一个文档，可以选择【文件】|【另存为】命令。

1.3.2　打开和关闭文件

用户可以将计算机中保存的文件打开进行查看和编辑，同样可以将编辑完成或不需要的文件关闭。

首先在 WPS Office 首页中单击【打开】按钮，如图 1-38 所示。在打开的【打开文件】对话框中选择文件所在位置，选中“8 月会议通知.wps”文件，单击【打开】按钮，即可完成打开文档的操作，如图 1-39 所示。

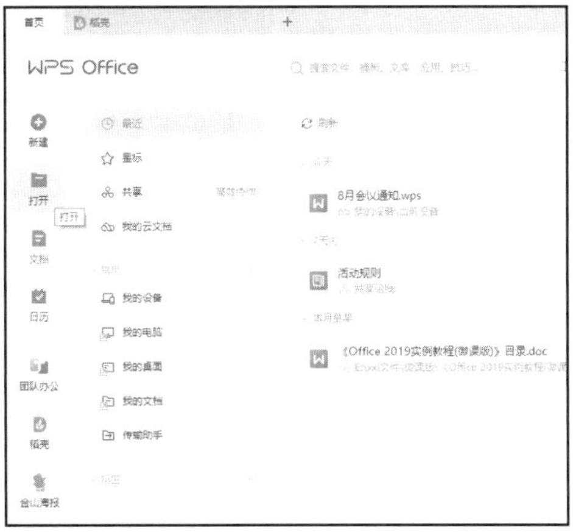

图 1-38

图 1-39

如果要关闭文档，单击文档名称右侧的【关闭】按钮即可将文档关闭。如果要关闭整个 WPS Office 界面，在标题栏中单击最右侧的【关闭】按钮即可。

1.3.3　设置文件密码

在工作中，如果有涉及商业机密的文件或记载有重要内容的文件不希望被人随意打开时，可以为该文件设置打开密码。想要打开该文件，就必须输入正确的密码。如果希望其他人只能以【只读】方式打开文件，不能对文件进行编辑，也可以为该文件设置编辑密码。

【例 1-4】 为文件设置密码。 视频

(1) 启动 WPS Office，打开一个文字文稿文件，单击【文件】按钮，在弹出的下拉菜单中选择【文档加密】|【密码加密】命令，如图 1-40 所示。

(2) 打开【密码加密】对话框，在【打开权限】栏中设置打开文件的密码(如 123)，在【编辑权限】栏中设置编辑文件的密码(如 456)，然后单击【应用】按钮，如图 1-41 所示。

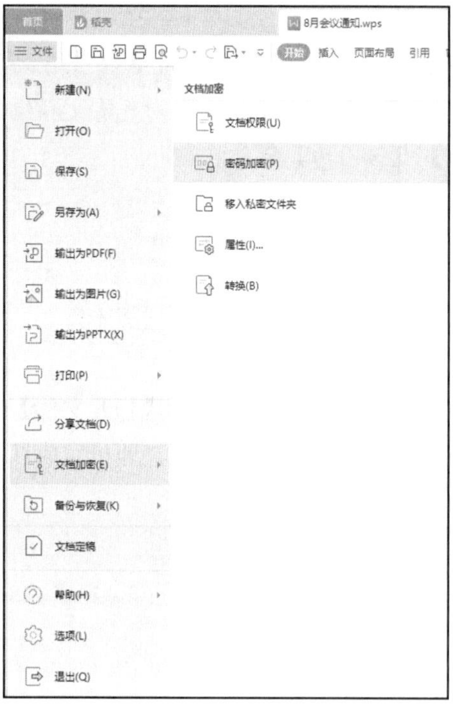

图 1-40

图 1-41

(3) 保存该文件，关闭后再次打开该文件时，会弹出【文档已加密】对话框，输入正确的打开密码，单击【确定】按钮，如图 1-42 所示；然后弹出【文档已设置编辑密码】对话框，可以输入编辑密码再单击【解锁编辑】按钮进行编辑，或者不输入密码，单击【只读打开】按钮，打开的只读文件不可编辑，如图 1-43 所示。

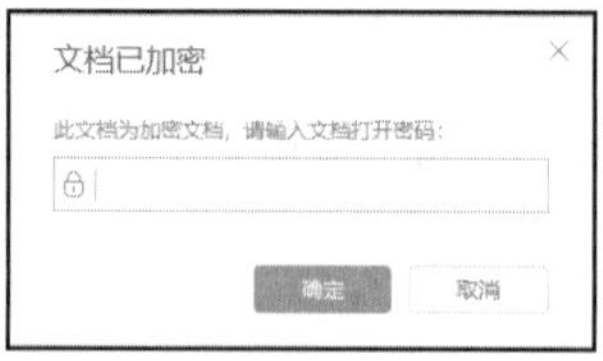

图 1-42

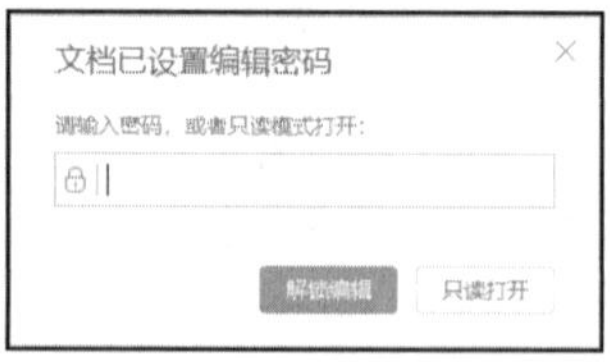

图 1-43

提示

要取消打开密码，需要再次打开【密码加密】对话框，删除之前输入的密码，然后单击【应用】按钮即可。

1.3.4　设置文件使用权限

如果担心忘记加密文件的密码，还可以通过设置文件的使用权限，将文件设置为私密保护模式。

要设置文件的使用权限，首先单击【文件】按钮，在弹出的下拉菜单中选择【文档加密】|【文档权限】命令，如图 1-44 所示。打开【文档权限】对话框，单击启用【私密文档保护】功能，如图 1-45 所示。转换为私密文件后，只有登录账号才可以打开该文件。

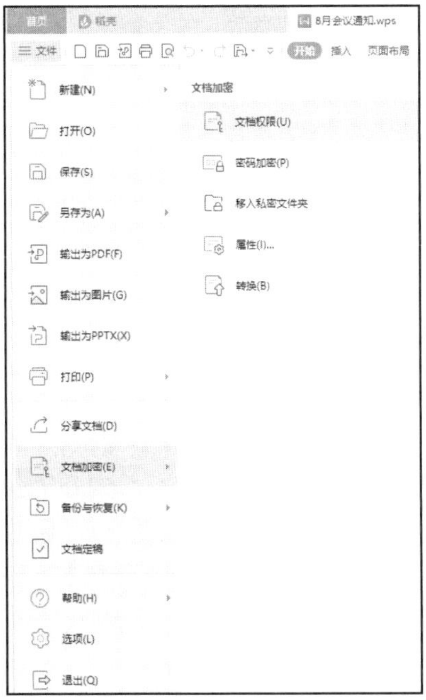

图 1-44

图 1-45

> **提示**
>
> 单击【文档权限】对话框中的【添加指定人】按钮，并在打开的对话框中设置指定人，这样只有指定人才能查看和编辑文件。

1.4　WPS Office 特色功能应用

WPS Office 提供了许多其他办公软件不具备的特色功能，如数据恢复、修复文档、拆分和合并文件等功能。下面挑选一些经常使用的特色功能，介绍其应用操作方法。

1.4.1　数据恢复功能

WPS 的数据恢复功能不仅可以解决文件被误删和格式化等问题，还可以恢复手机数据和电脑数据，包括安卓手机、SD 卡、硬盘、U 盘等。

例如，要使用数据恢复功能快速恢复被误清空的回收站中的部分文件，可以首先在文字文档中选择【会员专享】选项卡，单击【便捷工具】下拉按钮，选择弹出菜单中的【数据恢复】选项，如图 1-46 所示。打开【金山数据恢复大师】窗口，根据需要选择数据恢复类型，此处单击【误清空回收站】按钮，即可扫描数据，如图 1-47 所示。

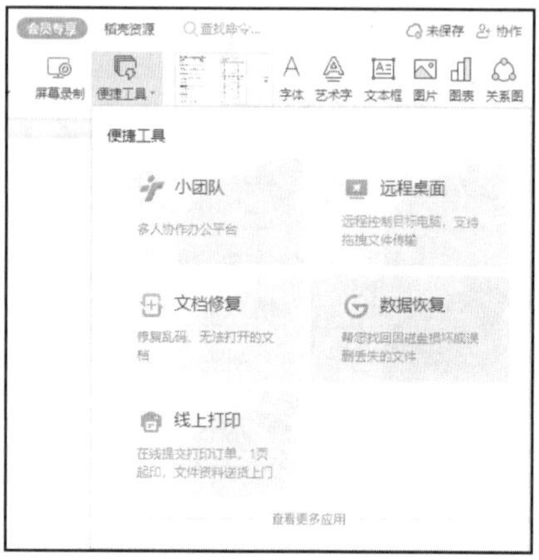

图 1-46

图 1-47

扫描完成后，勾选需要恢复的文件前面的复选框，然后单击【开始恢复】按钮，如图 1-48 所示。在【选择恢复路径】界面中可以单击【浏览】按钮打开对话框，设置文件恢复后的保存路径，或者直接保持默认路径，单击【开始恢复】按钮即可恢复选择的文件，如图 1-49 所示。

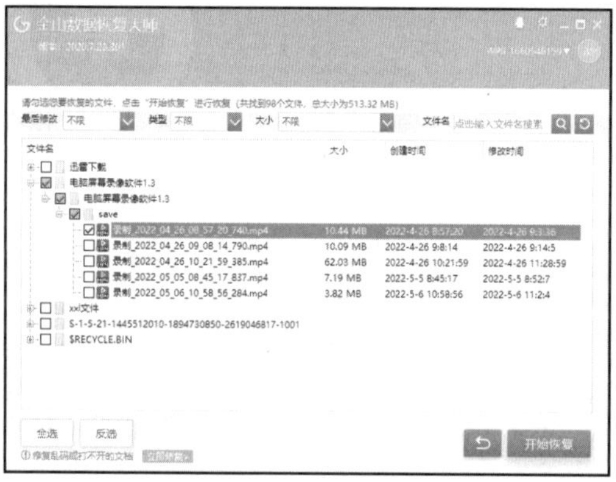

图 1-48

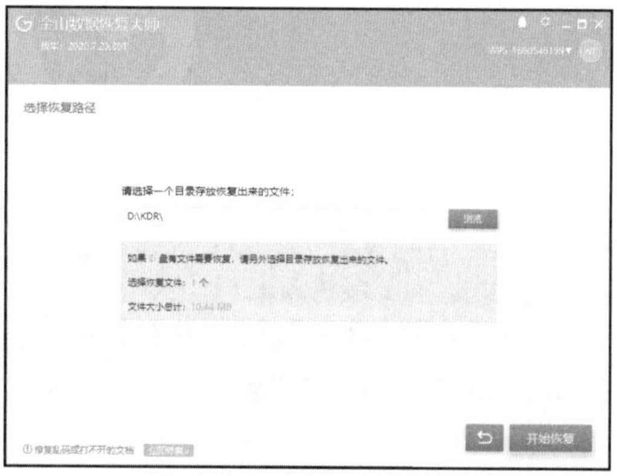

图 1-49

1.4.2 文档修复功能

在日常编辑文件的过程中，若出现意外断电、死机、程序运行错误等特殊情况，会导致文件显示乱码或无法打开。此时，可以利用 WPS 自带的文档修复功能进行修复。

例如，要修复不能打开的文字文档，可以首先在文字文档中选择【会员专享】选项卡，单击【便捷工具】下拉按钮，选择弹出菜单中的【文档修复】选项，如图 1-50 所示。打开【文档修复】窗口，单击【添加】按钮＋，如图 1-51 所示。

图 1-50

图 1-51

打开【打开】对话框，选择需要修复的文件，单击【打开】按钮，如图 1-52 所示。稍等片刻，修复结果页面的左侧会列出扫描文档的版本，在右侧预览窗口中可以预览文本内容。逐一检查无误后，在对话框左下方设置好修复路径，单击【确认修复】按钮，即可快速修复文档，如图 1-53 所示。

图 1-52

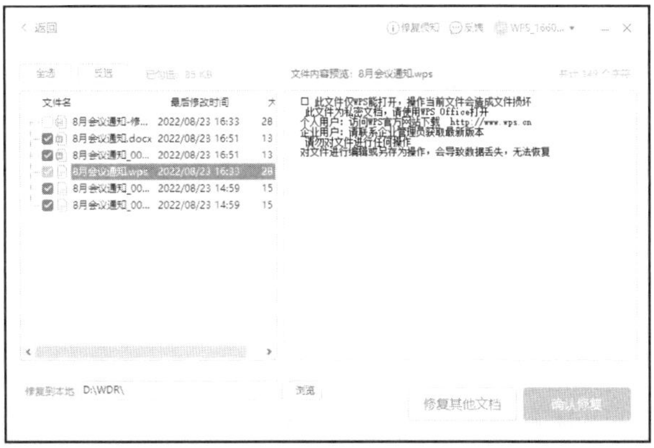

图 1-53

1.4.3 拆分、合并文档功能

如果要将多个文件中的内容合并到一个文件中，或者将一个文件拆分成多个文件，打开相应的组件使用复制和粘贴功能即可实现，但如果要合并的文件或要拆分的部分很多，先复制然后粘贴不仅速度慢，还容易发生错漏。使用 WPS 的拆分、合并功能，可以快速将各类型文档合并与拆分。

【例 1-5】 将一个文字文档按照范围拆分成 3 个文件。 视频

(1) 启动 WPS Office，打开“乘车规则.wps”文件，选择【会员专享】选项卡，单击【输出转换】下拉按钮，选择弹出菜单中的【文档拆分】选项，如图 1-54 所示。

(2) 打开【文档拆分】对话框，单击【下一步】按钮，如图 1-55 所示。

图 1-54

图 1-55

(3) 在打开的对话框中，可以选择平均拆分文件或者实际拆分范围。这里单击选中【选择范围】单选按钮，并在其后的文本框中输入需要拆分的范围(拆分范围分别为第 1 页，第 2 页，第 3 页和第 4 页为一个文档)；设置好拆分后文件的【输出目录】，单击【开始拆分】按钮，即可快速拆分此文档，如图 1-56 所示。

图 1-56

(4) 拆分完毕后，单击【打开文件夹】按钮即可打开保存 3 份文档的文件夹窗口进行查看，如图 1-57 和图 1-58 所示。

图 1-57

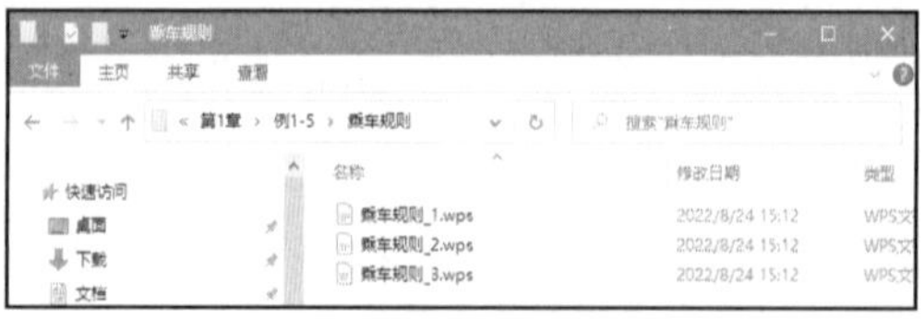

图 1-58

1.4.4　图片转文字功能

有些文字内容是纯图片形式，如果需要使用图片中的文字，可以使用 WPS 的【图片转文字】功能，这样就可以快速提取图片中的文本内容，并转为文字、文档或表格等格式。

例如，在文字文档中插入一幅带文字的图片，在选中的状态下，打开【图片工具】选项卡，单击【图片转文字】按钮，如图 1-59 所示。打开【图片转文字】对话框，已经将图片中的文字内容提取到右侧的预览界面中，单击【开始转换】按钮即可进行转换，如图 1-60 所示。

图 1-59

图 1-60

提示

在【图片转文字】对话框中可以旋转图片和放大图片，以便识别图片中的文字内容。此外，选择转换类型为【带格式文档】，可以在提取文字时保留文字样式与排版；选择转换类型为【带格式表格】，可以保留版式并生成表格。

1.5　实例演练

编辑文档时，遇到突发状况，如突然停电或电脑死机等，如果没有及时保存文档，会导致工作成果丢失。用户可以预先修改文档自动保存时间，让软件自动保存文件。

【例 1-6】 以 WPS 表格为例，修改文档自动备份时间为 5 分钟。 视频

(1) 启动 WPS Office，打开【新建】界面，选择【新建表格】|【新建空白表格】选项，新建一个空白表格文件，如图 1-61 所示。

(2) 单击【文件】按钮，选择【备份与恢复】|【备份中心】命令，如图 1-62 所示。

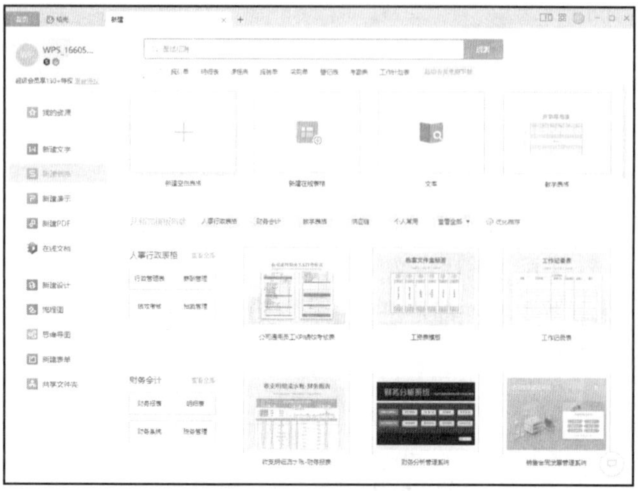

图 1-61

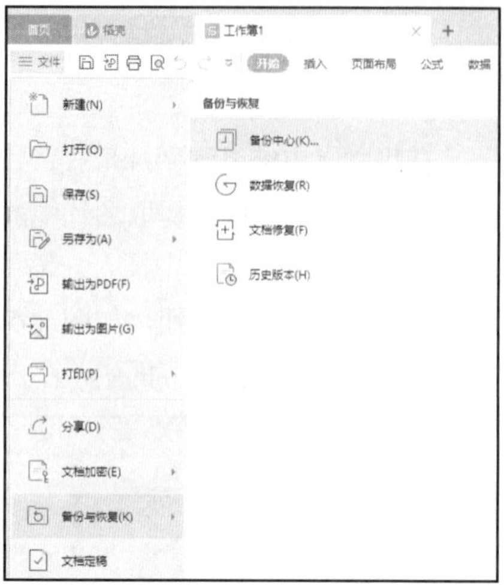

图 1-62

(3) 打开【备份中心】对话框，单击【本地备份设置】按钮，如图 1-63 所示。

(4) 打开【本地备份设置】对话框，单击选中【定时备份】单选按钮，设置时间间隔为 5 分钟，如图 1-64 所示。

图 1-63

图 1-64

1.6 习题

1. 简述 WPS 文字文稿工作界面组成部分。
2. 如何添加功能区选项卡和命令按钮？
3. WPS Office 软件有哪些特色功能应用？

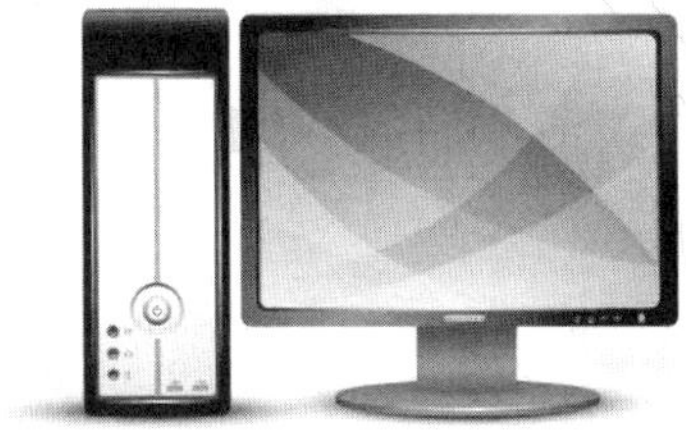

第 2 章

输入与编辑文字

文本是组成段落的最基本内容，任何一个文档都是从段落文本开始进行编辑的。本章将主要介绍输入文本、查找与替换文本、设置文本和段落格式等操作，这是整个文档编辑过程的基础。

本章重点

- 输入文本
- 设置文本
- 设置段落格式
- 设置项目符号和编号

二维码教学视频

【例 2-1】 输入文字
【例 2-4】 替换文本
【例 2-2】 输入日期和时间
【例 2-5】 设置文本
【例 2-3】 输入符号
【例 2-6】 设置字符间距

本章其他视频参见教学视频二维码

2.1 输入文本

在 WPS Office 中创建文档后，即可在文档中输入内容，包括输入基本字符、日期和时间、特殊字符等。此外，用户还可以删除、改写、移动、复制及替换已经输入的文本内容。

2.1.1 输入基本字符

新建空白文档后，用户可以根据需要在文档中输入任意内容。下面详细介绍在文档中输入基本字符的方法。

1. 输入英文

在英文状态下，通过键盘可以直接输入英文、数字及标点符号，需要注意以下几点。

- 按 Caps Lock 键可输入英文大写字母，再次按该键输入英文小写字母。
- 按 Shift 键的同时按双字符键将输入上档字符，按 Shift 键的同时按字母键将输入英文大写字母。
- 按 Enter 键，插入点自动移到下一行行首。
- 按空格键，在插入点的左侧插入一个空格符号。

2. 输入中文

用户可以直接使用系统自带的中文输入法，或者安装中文输入法，如微软拼音、智能 ABC 等进行输入中文的操作。

提示

选择中文输入法可以通过单击任务栏上的输入法指示图标来完成。在 Windows 桌面的任务栏中，单击代表输入法的图标，在弹出的输入法列表中选择要使用的输入法即可。

【例 2-1】 创建名为“问卷调查”的文档，输入文字。 视频

(1) 启动 WPS Office，新建一个空白文字文稿文件，并以“问卷调查”为名保存，如图 2-1 所示。

图 2-1

(2) 选择中文输入法，按空格键，将插入点移至页面中央位置。输入标题“大学生问卷调查”，如图 2-2 所示。

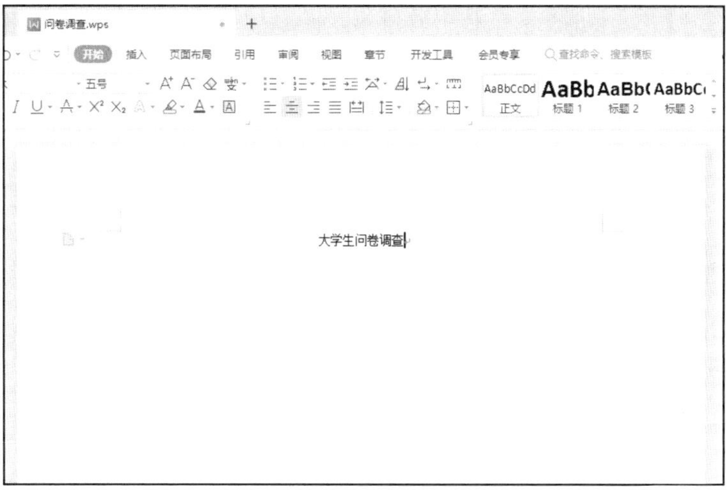

图 2-2

(3) 按 Enter 键，将插入点跳转至下一行的行首，继续输入中文文本。使用同样的方法输入文本内容，如图 2-3 所示。

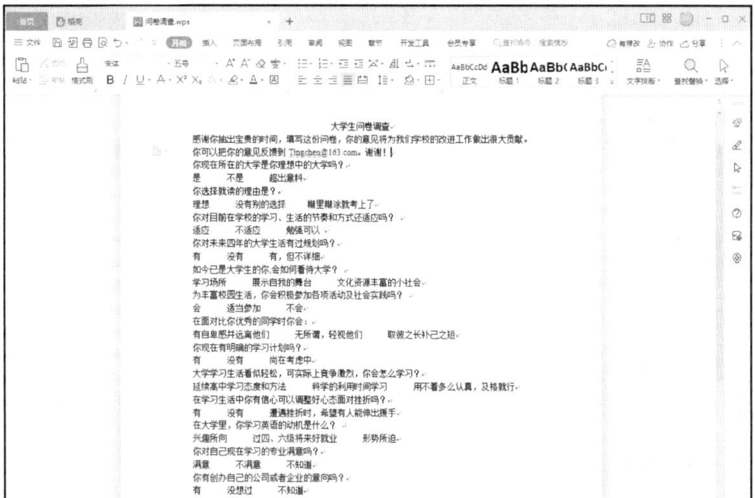

图 2-3

(4) 单击快速访问工具栏中的【保存】按钮保存文件。

2.1.2　输入日期和时间

在文字文稿中输入文字时，可以使用插入日期和时间功能来输入当前日期和时间。

【例 2-2】 在文档中输入日期和时间。视频

(1) 继续【例 2-1】“问卷调查”文档中的输入，将插入点定位在文档末尾，按 Enter 键换行，在【插入】选项卡中单击【日期】按钮，如图 2-4 所示。

(2) 打开【日期和时间】对话框，在【可用格式】列表框中选择一种日期格式，单击【确定】按钮，如图 2-5 所示。

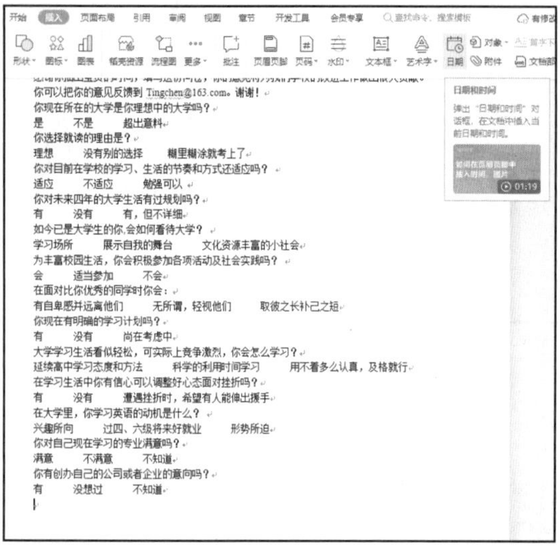

图 2-4

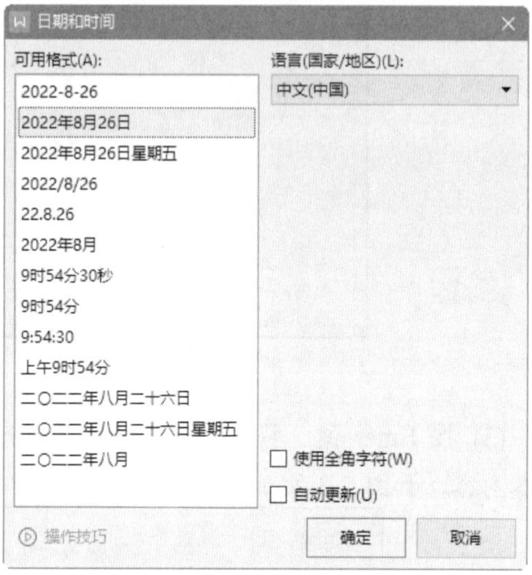

图 2-5

(3) 此时在文档中插入该日期，单击【开始】选项卡中的【右对齐】按钮，将该文字移动至该行最右侧，如图 2-6 所示。

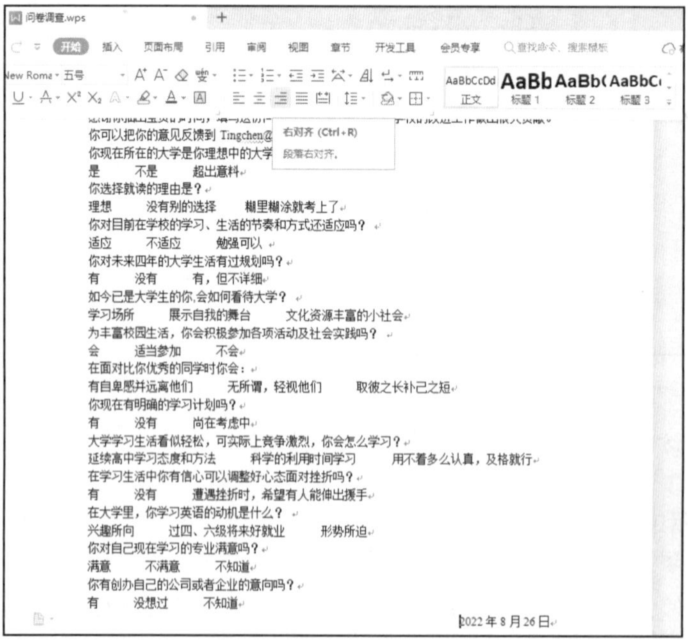

图 2-6

提示

在【日期和时间】对话框的【可用格式】列表框中也可以选择一种时间格式，单击【确定】按钮即可插入。

2.1.3　输入特殊符号

用户还可以在 WPS Office 文档中输入特殊符号，下面介绍输入特殊符号的方法。

【例 2-3】 在文档中输入符号。 视频

(1) 继续【例 2-2】“问卷调查”文档中的输入，将插入点定位在第 5 行文本“是”前面，打开【插入】选项卡，单击【符号】下拉按钮，从弹出的菜单中选择【其他符号】命令，如图 2-7 所示。

(2) 打开【符号】对话框，在【符号】选项卡中选择一种空心圆形符号，然后单击【插入】按钮，即可输入符号，如图 2-8 所示。

图 2-7

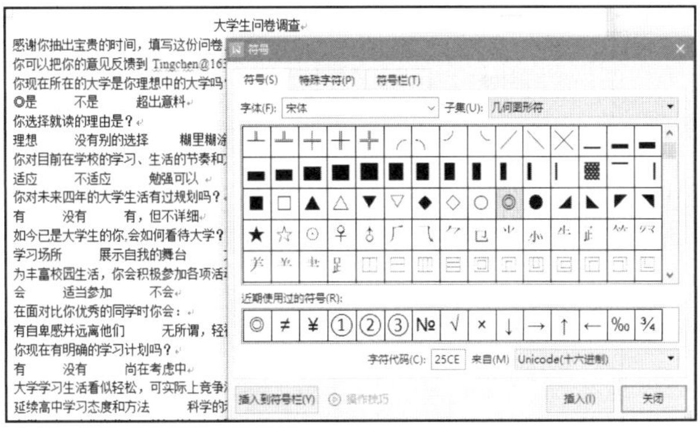

图 2-8

(3) 使用同样的方法，在文本中插入相同符号，如图 2-9 所示。

(4) 在【符号】对话框中还可以选择【特殊字符】选项卡，选择准备插入的字符，然后单击【插入】按钮即可，如图 2-10 所示。

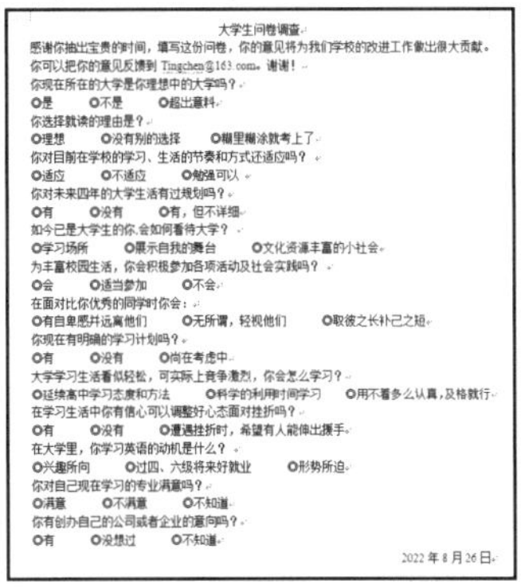

图 2-9

图 2-10

2.1.4　插入和改写文本

用户在编辑文字时应该注意改写和插入两种状态，如果切换到了改写状态，此时在某一行文字中间插入文字时，新输入的文字将会覆盖原先位置的文字，输入文本的时候需要注意这一点。

例如，在文档中右击状态栏的空白处，在弹出的快捷菜单中选择【改写】命令，如图2-11所示。将光标定位在“动”字的左侧，使用输入法输入“乱”字，如图 2-12 所示。

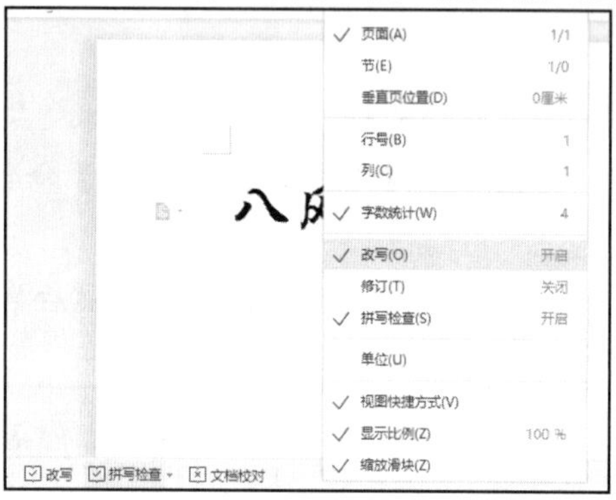

图 2-11

图 2-12

此时可以看到原来光标右侧的文字已被新的文字替换，完成在改写状态下输入文本的操作，如图 2-13 所示。要改为默认的【插入】文字的状态，只需右击状态栏的空白处，在弹出的快捷菜单中关闭【改写】命令即可。

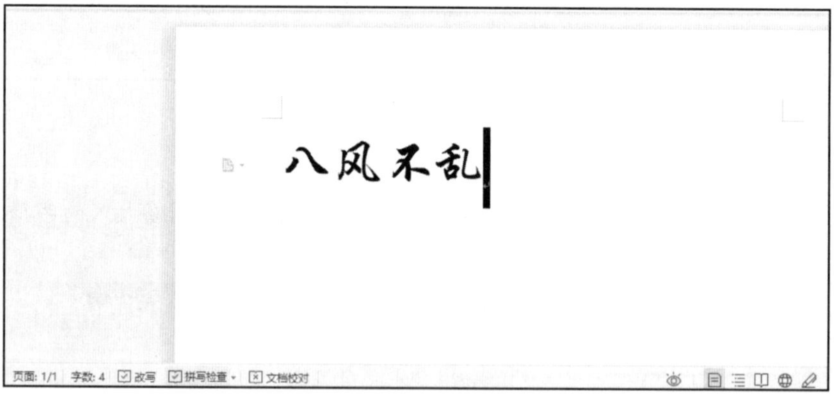

图 2-13

2.1.5　移动和复制文本

在文字文档中需要重复输入文本时，可以使用移动或复制文本的方法进行操作，这样可以节省时间，加快输入和编辑的速度。

1. 移动文本

移动文本是指将当前位置的文本移到另外的位置，在移动的同时，会删除原来位置上的原版文本。移动文本后，原位置的文本消失。移动文本有以下几种方法。

- 选择需要移动的文本，按 Ctrl+X 组合键，在目标位置处按 Ctrl+V 组合键。
- 选择需要移动的文本，在【开始】选项卡中，单击【剪切】按钮，在目标位置处单击【粘贴】按钮。
- 选择需要移动的文本，按下鼠标右键拖动至目标位置，松开鼠标后会弹出一个快捷菜单，在其中选择【移动到此位置】命令。
- 选择需要移动的文本后，右击鼠标，在弹出的快捷菜单中选择【剪切】命令，在目标位置处右击鼠标，在弹出的快捷菜单中选择【粘贴】命令。
- 选择需要移动的文本后，按住鼠标左键不放，此时鼠标光标变为形状，并出现一条虚线，移动鼠标光标，当虚线移动到目标位置时，释放鼠标即可将选取的文本移动到该处。

2. 复制文本

文本的复制是指将要复制的文本移动到其他位置，而原版文本仍然保留在原来的位置。复制文本有以下几种方法。

- 选取需要复制的文本，按 Ctrl+C 组合键，把插入点移到目标位置，再按 Ctrl+V 组合键。
- 选取需要复制的文本，在【开始】选项卡中，单击【复制】按钮，将插入点移到目标位置处，单击【粘贴】按钮。
- 选取需要复制的文本，按下鼠标右键拖动到目标位置，松开鼠标会弹出一个快捷菜单，在其中选择【复制到此位置】命令。
- 选取需要复制的文本，右击鼠标，从弹出的快捷菜单中选择【复制】命令，把插入点移到目标位置，右击鼠标，从弹出的快捷菜单中选择【粘贴】命令。

2.1.6　查找和替换文本

在篇幅比较长的文档中，使用 WPS Office 提供的查找与替换功能，可以快速地找到文档中的某个信息或更改全文中多次出现的词语，从而无须反复地查找文本，使操作变得较为简单并提高效率。

【例 2-4】在文档中查找文本“你”，并将其替换为“您”。视频

(1) 继续使用【例 2-3】的“问卷调查”文档，在【开始】选项卡中单击【查找替换】下拉按钮，在弹出的菜单中选择【替换】命令，如图 2-14 所示。

(2) 打开【查找和替换】对话框，在【查找内容】文本框中输入“你”，在【替换为】文本框中输入“您”，单击【全部替换】按钮，如图 2-15 所示。

图 2-14

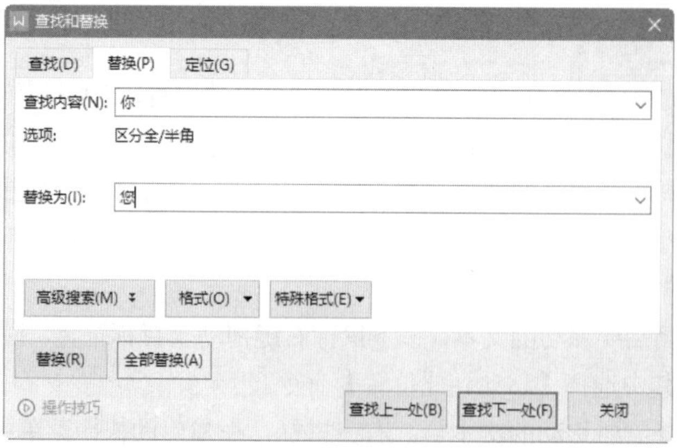

图 2-15

(3) 此时会弹出【WPS 文字】提示框，提示替换完成，单击【确定】按钮，如图 2-16 所示。

(4) 关闭【查找和替换】对话框，查看替换效果，如图 2-17 所示。

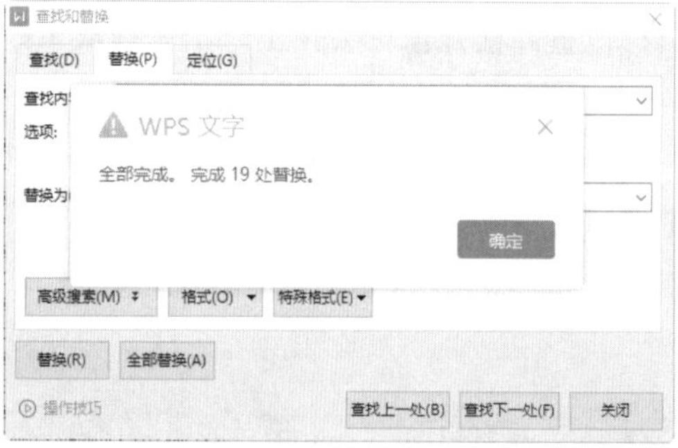

图 2-16

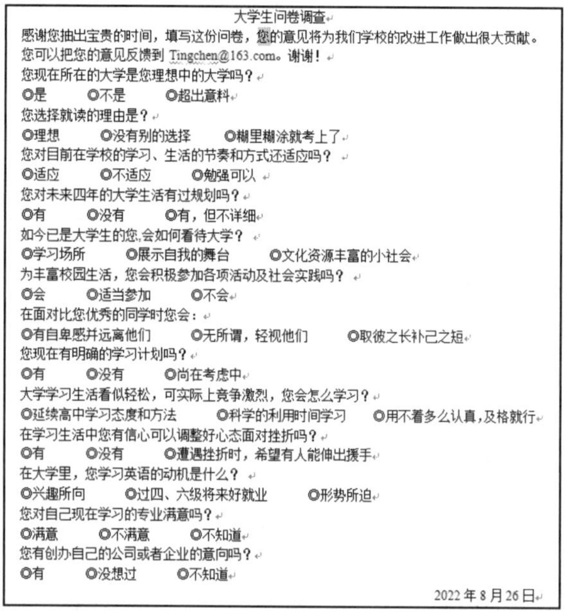
大学生问卷调查

感谢您抽出宝贵的时间，填写这份问卷，您的意见将为我们学校的改进工作做出很大贡献。

您可以把您的意见反馈到 Tingchen@163.com。谢谢！

您现在所在的大学是您理想中的大学吗？

○是 ○不是 ○超出意料

您选择就读的理由是？

○理想 ○没有别的选择 ○糊里糊涂就考上了

您对目前在学校的学习、生活的节奏和方式还适应吗？

○适应 ○不适应 ○勉强可以

您对未来四年的大学生活有过规划吗？

○有 ○没有 ○有，但不详细

如今已是大学生的您,会如何看待大学？

○学习场所 ○展示自我的舞台 ○文化资源丰富的小社会

为丰富校园生活，您会积极参加各项活动及社会实践吗？

○会 ○适当参加 ○不会

在面对比您优秀的同学时您会：

○有自卑感并远离他们 ○无所谓，轻视他们 ○取彼之长补己之短

您现在有明确的学习计划吗？

○有 ○没有 ○尚在考虑中

大学学习生活看似轻松，可实际上竞争激烈，您会怎么学习？

○延续高中学习态度和方法 ○科学的利用时间学习 ○用不着多么认真,及格就行

在学习生活中您有信心可以调整好心态面对挫折吗？

○有 ○没有 ○遭遇挫折时，希望有人能伸出援手

在大学里，您学习英语的动机是什么？

○兴趣所向 ○过四、六级将来好就业 ○形势所迫

您对自己现在学习的专业满意吗？

○满意 ○不满意 ○不知道

您有创办自己的公司或者企业的意向吗？

○有 ○没想过 ○不知道

2022 年 8 月 26 日

图 2-17

2.2 设置文本和段落格式

为了使文档更加美观、条理更加清晰，通常需要对文本进行格式化操作。段落格式是指以段落为单位的格式设置，设置段落格式主要是指设置段落的对齐方式、段落缩进，以及段落间距和行距等。

2.2.1　设置字体和颜色

在文档中输入文本内容后，用户可以对文本的字体和颜色进行设置。

【例 2-5】 设置文本的字体、字号和颜色。 视频

(1) 继续使用【例 2-4】的“问卷调查”文档，选中标题文本，在【开始】选项卡中单击【字体】旁的下拉按钮，选择【华文行楷】字体，如图 2-18 所示。

(2) 单击【字号】下拉按钮，在弹出的列表中选择【二号】选项，如图 2-19 所示。

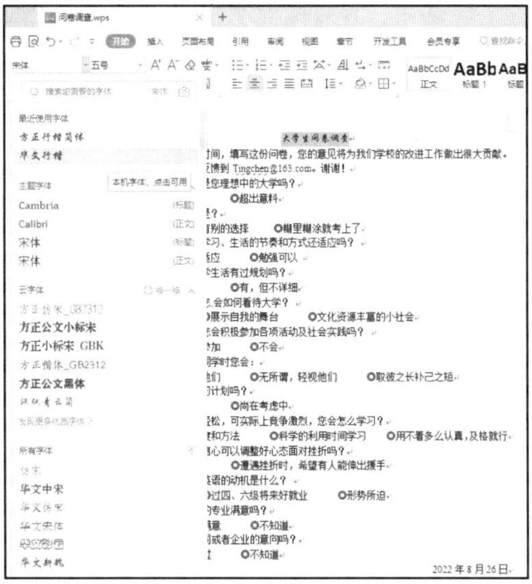

图 2-18

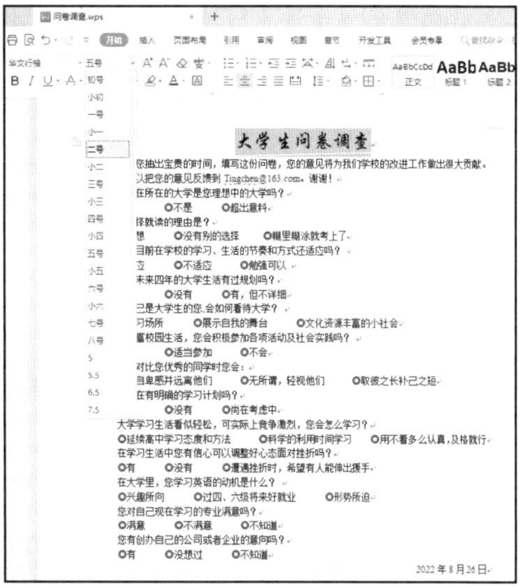

图 2-19

(3) 单击【字体颜色】下拉按钮，在弹出的颜色列表中选择【红色】选项，如图 2-20 所示。

(4) 此时的字体颜色已经被更改，通过以上步骤即可完成设置字体和颜色的操作，如图 2-21 所示。

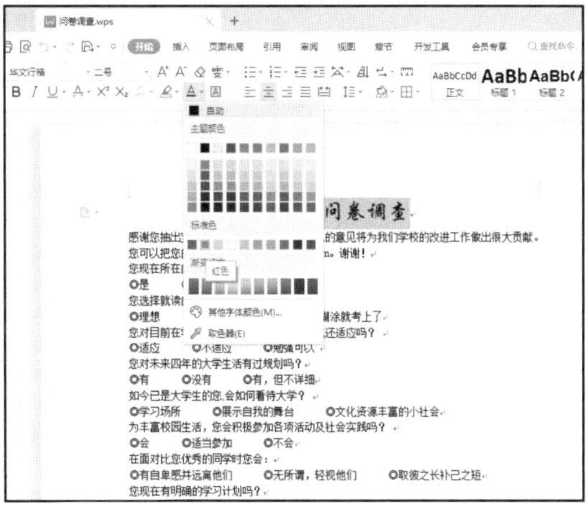

图 2-20

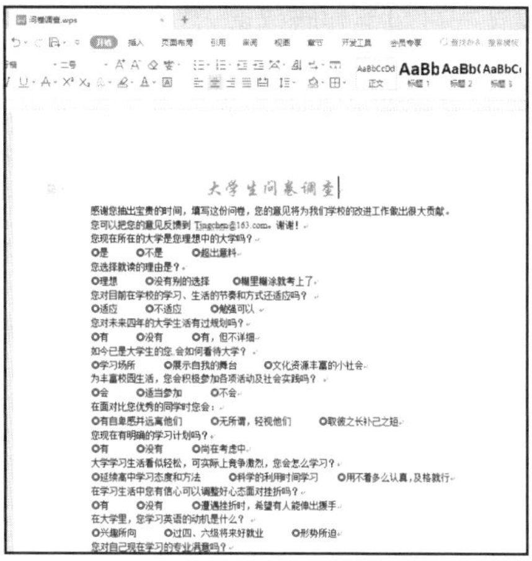

图 2-21

2.2.2 设置字符间距

字符间距是指文本中两个字符间的距离，包括三种类型：“标准”“加宽”和“紧缩”。下面介绍设置字符间距的方法。

【例 2-6】 设置文本的字符间距。 视频

(1) 继续使用【例 2-5】的“问卷调查”文档，选中标题文本并右击，在弹出的快捷菜单中选择【字体】命令，如图 2-22 所示。

(2) 在打开的【字体】对话框中选择【字符间距】选项卡，在【间距】区域右侧选择【加宽】选项，在【值】微调框中输入数值“0.1”，单击【确定】按钮，即可完成设置字符间距的操作，如图 2-23 所示。

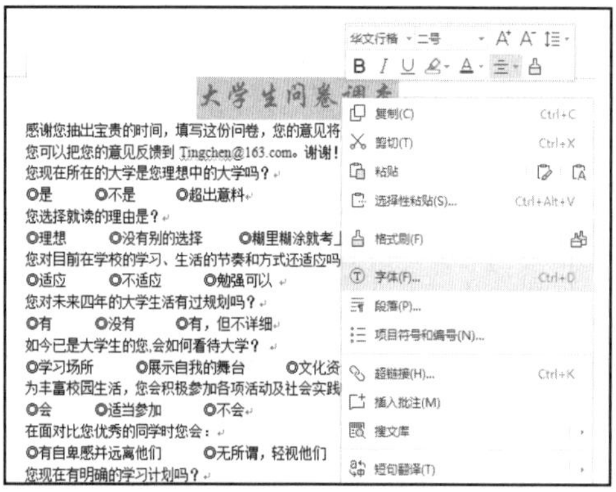

图 2-22

图 2-23

2.2.3 设置字符边框和底纹

设置字符边框是指为文字四周添加线型边框，设置字符底纹是指为文字添加背景颜色。下面介绍设置字符边框和底纹的方法。

【例 2-7】 设置文本的字符边框和底纹。 视频

(1) 继续使用【例 2-6】的“问卷调查”文档，选中标题文本，在【开始】选项卡中单击【字符底纹】按钮，即可为文本添加底纹效果，如图 2-24 所示。

图 2-24

(2) 选中下面一段文本，在【开始】选项卡中单击【边框】按钮，如图 2-25 所示。

(3) 此时，选中的文本已经添加了边框效果，如图 2-26 所示，然后保存文档。

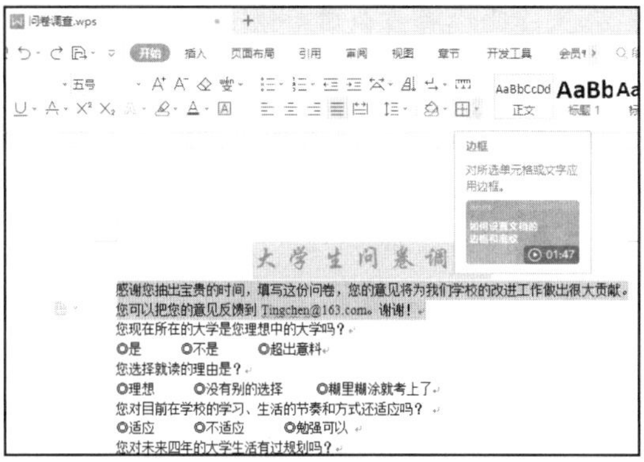

图 2-25

图 2-26

2.2.4 设置段落的对齐方式

段落的对齐方式共有五种，分别为文本左对齐、居中对齐、文本右对齐、两端对齐和分散对齐。下面介绍设置段落对齐方式的方法。

【例 2-8】 设置段落对齐的方式。 视频

(1) 继续使用【例 2-7】的“问卷调查”文档，选中边框文本段落，在【开始】选项卡中单击【居中对齐】按钮，如图 2-27 所示。

(2) 此时选中的文本段落已变为居中对齐显示效果，如图 2-28 所示。

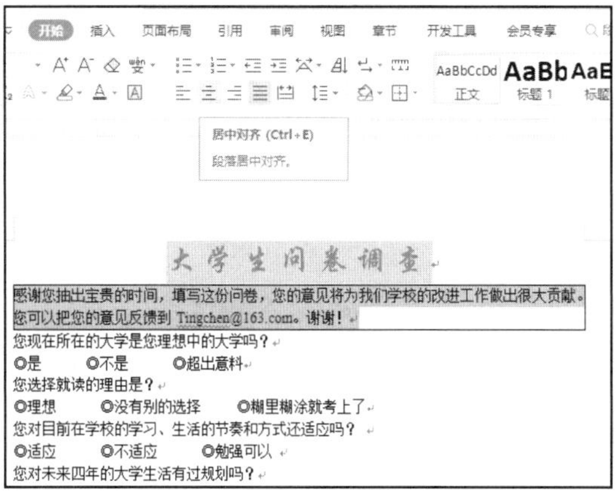

图 2-27

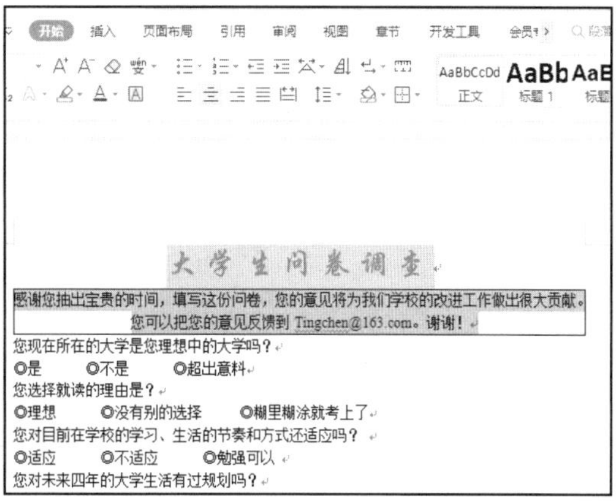

图 2-28

2.2.5 设置段落缩进

设置段落缩进可以使文本变得工整，从而清晰地表现文本层次。下面详细介绍设置段落缩进的方法。

【例 2-9】 设置段落缩进。 视频

(1) 继续使用【例2-8】的“问卷调查”文档，选中文本段落并右击，在弹出的快捷菜单中选择【段落】命令，如图 2-29 所示。

(2) 在打开的【段落】对话框中选择【缩进和间距】选项卡，在【缩进】区域的【特殊格式】下方选择【首行缩进】选项，在右侧的【度量值】微调框中输入数值“2”，单击【确定】按钮，如图 2-30 所示。

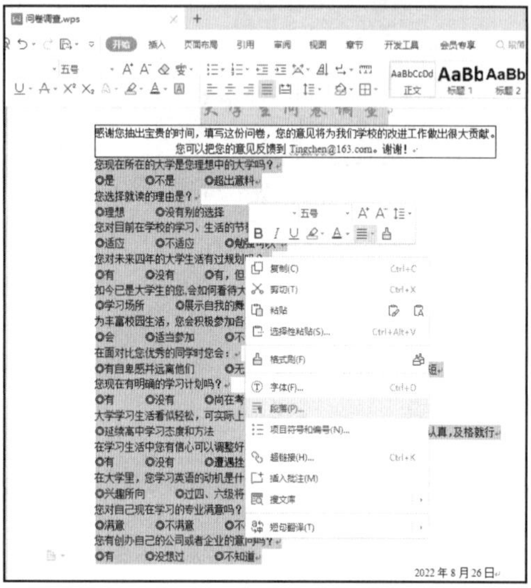

图 2-29

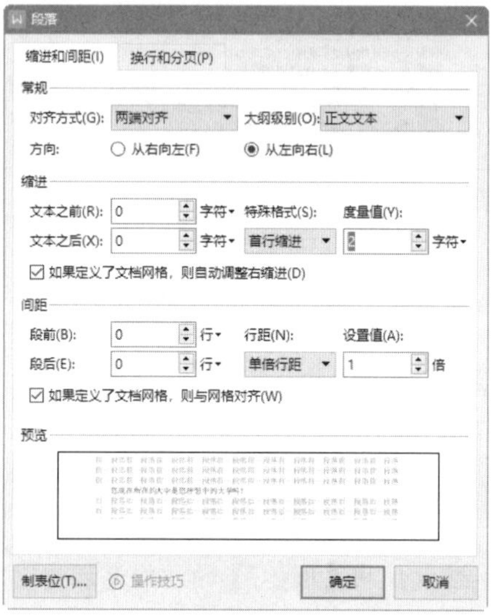

图 2-30

(3) 此时，光标所在段落已经显示为首行缩进 2 个字符，通过以上步骤即可完成设置段落缩进的操作，如图 2-31 所示。

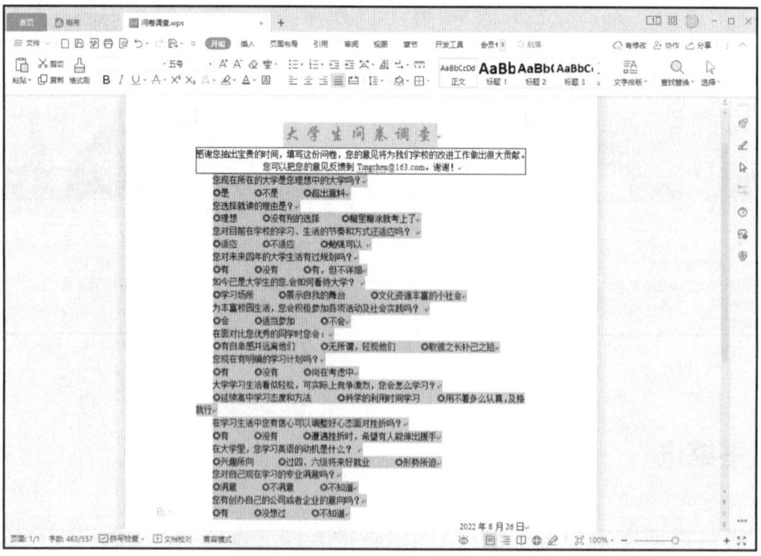

图 2-31

2.2.6　设置段落间距

段落间距的设置包括对文档行间距与段间距的设置。其中，行间距是指段落中行与行之间的距离；段间距是指前后相邻的段落之间的距离。下面详细介绍设置段落间距的方法。

【例 2-10】 设置段落间距。 视频

(1) 继续使用【例 2-9】的“问卷调查”文档，选中文本段落，在【开始】选项卡中单击【行距】下拉按钮，在弹出的菜单中选择【1.5】选项，如图 2-32 所示。

(2) 此时，选中段落的行距已被改变，如图 2-33 所示。

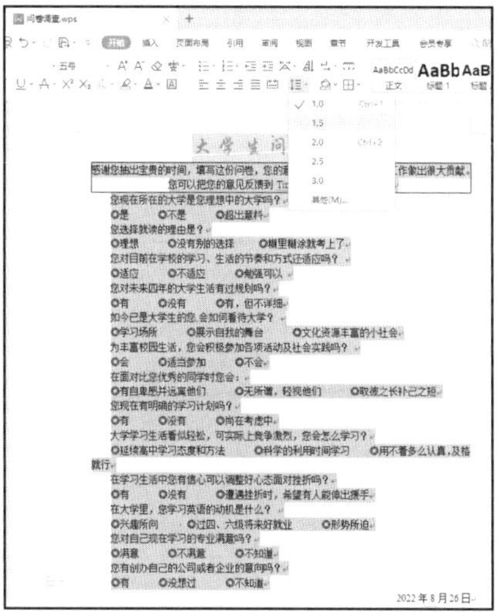

图 2-32

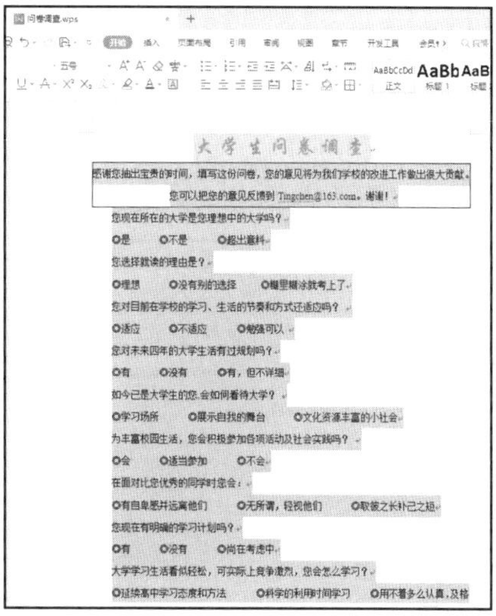

图 2-33

(3) 右击文本段落，在弹出的快捷菜单中选择【段落】命令，在打开的【段落】对话框中选择【缩进和间距】选项卡，在【间距】区域中设置【段前】和【段后】微调框的数值都是“0.5”，单击【确定】按钮，如图 2-34 所示。

(4) 此时，选中段落的间距已被改变，如图 2-35 所示。

图 2-34

图 2-35

2.3 设置项目符号和编号

使用项目符号和编号，可以对文字中并列的项目进行组织，或者将内容的顺序进行编号，以使这些项目的层次结构更加清晰、更有条理。

2.3.1 添加项目符号和编号

要添加项目符号和编号，首先选取要添加符号的段落，打开【开始】选项卡，单击【项目符号】按钮，将自动在每一段落前面添加项目符号；单击【编号】按钮，将以“1.”“2.”“3.”的形式编号。

若用户要添加其他样式的项目符号和编号，可以打开【开始】选项卡，单击【项目符号】旁的下拉按钮，从弹出的如图 2-36 所示的下拉菜单中选择项目符号的样式；单击【编号】下拉按钮，从弹出的如图 2-37 所示的下拉菜单中选择编号的样式。

图 2-36 项目符号样式

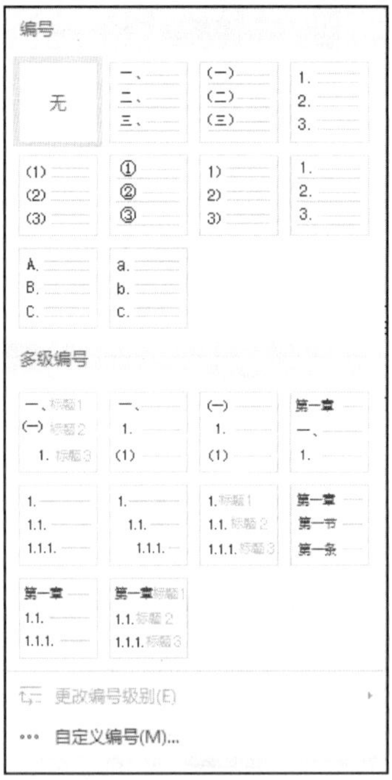

图 2-37 编号样式

【例 2-11】 在文档中添加项目符号和编号。 视频

(1) 继续使用【例 2-10】的“问卷调查”文档，选中文档中需要设置编号的文本，如图 2-38 所示。

(2) 在【开始】选项卡中单击【编号】下拉按钮，从弹出的下拉菜单中选择编号的样式，即可为所选段落添加编号，如图 2-39 所示。

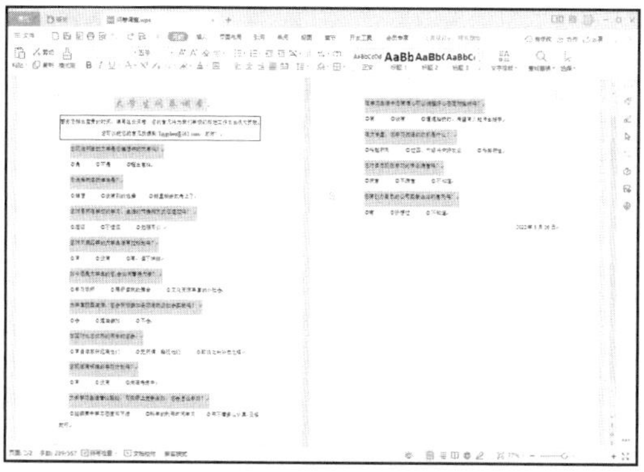

图 2-38

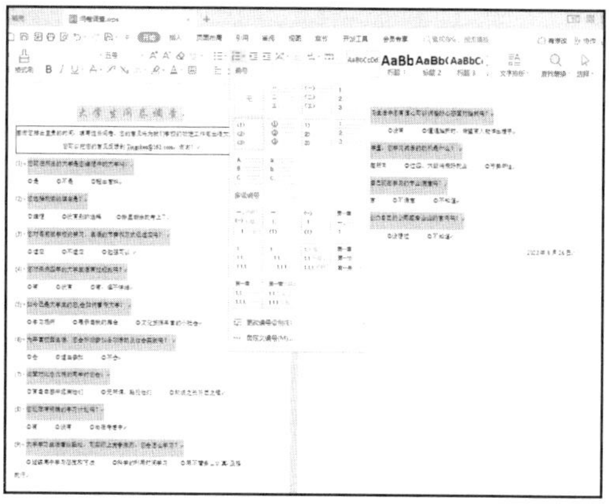

图 2-39

(3) 选中文档中需要添加项目符号的文本段落，如图 2-40 所示。

(4) 在【开始】选项卡中单击【项目符号】下拉按钮，从弹出的列表框中选择一种项目样式(此处选择一款免费的稻壳项目符号)，即可为段落添加项目符号，如图 2-41 所示。

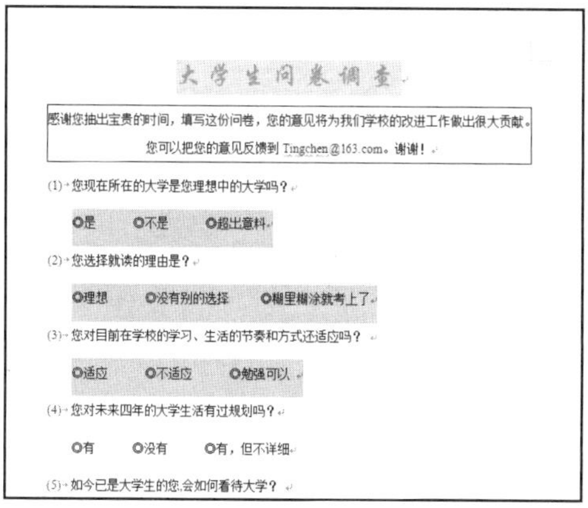

图 2-40

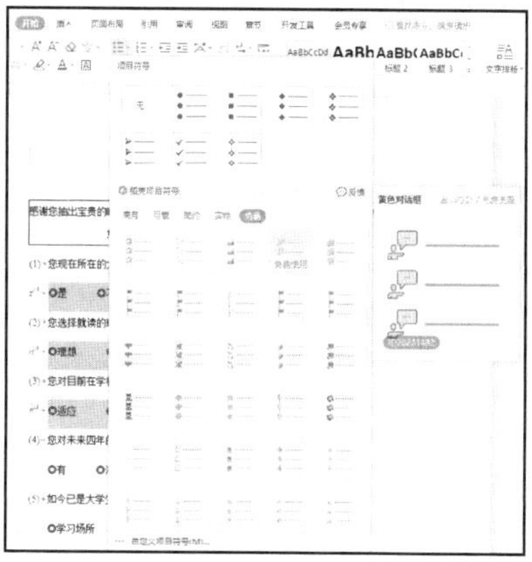

图 2-41

2.3.2 自定义项目符号和编号

在使用项目符号和编号功能时，用户除了可以使用系统自带的项目符号和编号样式，还可以对项目符号和编号进行自定义设置，以满足不同用户的需求。

1. 自定义项目符号

选取项目符号段落，打开【开始】选项卡，单击【项目符号】下拉按钮，在弹出的下拉菜单中选择【自定义项目符号】命令，打开【项目符号和编号】对话框，选择一种项目符号，单击【自定义】按钮，如图 2-42 所示。打开【自定义项目符号列表】对话框，单击【字符】按钮，如图 2-43 所示。

图 2-42

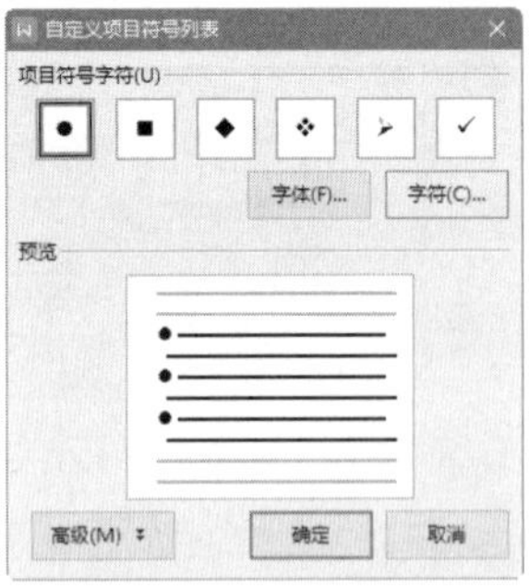

图 2-43

打开【符号】对话框，从中选择合适的符号作为项目符号，单击【插入】按钮，如图 2-44 所示。返回【自定义项目符号列表】对话框，单击【高级】按钮(单击后变为【常规】按钮)，设置项目符号的位置及缩进等选项，如图 2-45 所示。

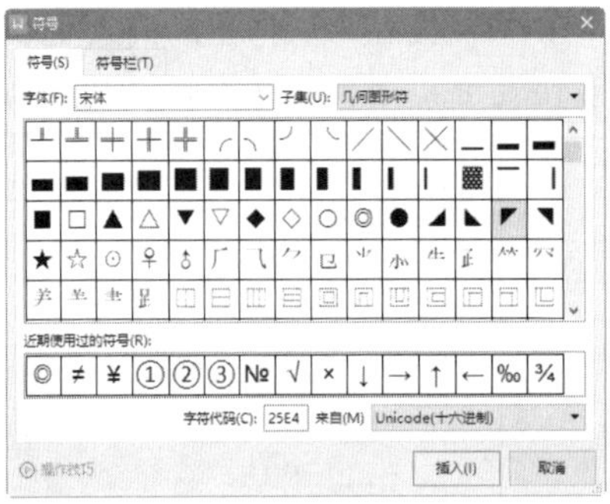

图 2-44

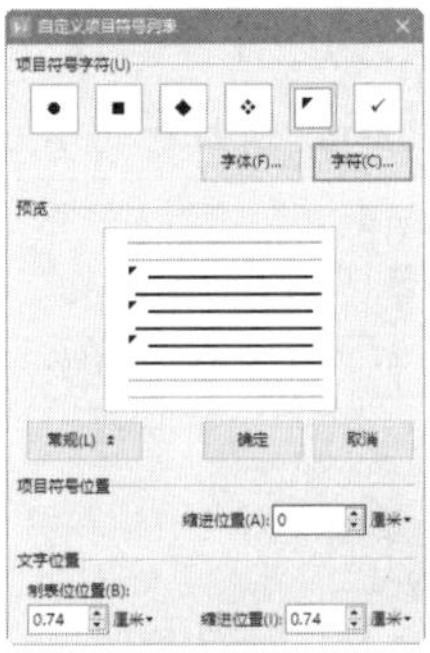

图 2-45

2. 自定义编号

选取编号段落，打开【开始】选项卡，单击【编号】下拉按钮，从弹出的下拉菜单中选择【自定义编号】命令，打开【项目符号和编号】对话框，在【编号】选项卡中选择一种编号，单击【自定义】按钮，如图 2-46 所示。打开【自定义编号列表】对话框，在【编号样式】下拉列表中选择其他编号的样式，并在【起始编号】文本框中输入起始编号；单击【字体】按钮，在打开的对话框中设置项目编号的字体；单击【高级】按钮(单击后变为【常规】按钮)，设置编号位置和文字位置等选项，如图 2-47 所示。

图 2-46

图 2-47

计算机基础与实训教材系列

2.4　实例演练

聘用合同是公司常用的文档资料之一，企业在遵循法律法规的前提下，可根据自身情况，制定合理、合法、有效的聘用合同。本节以制作聘用合同为例，对本章所学知识点进行综合运用。

【例 2-12】 制作一个“聘用合同”文字文稿。 视频

(1) 启动 WPS Office，新建一个名为“聘用合同”的空白文字文稿，如图 2-48 所示。

(2) 切换至中文输入法，输入以下文本，如图 2-49 所示。

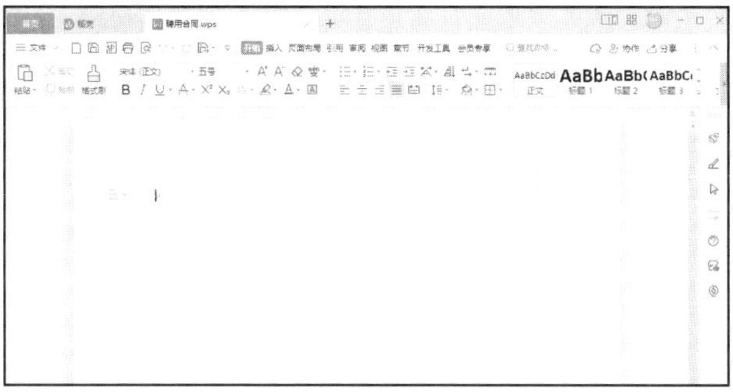

图 2-48

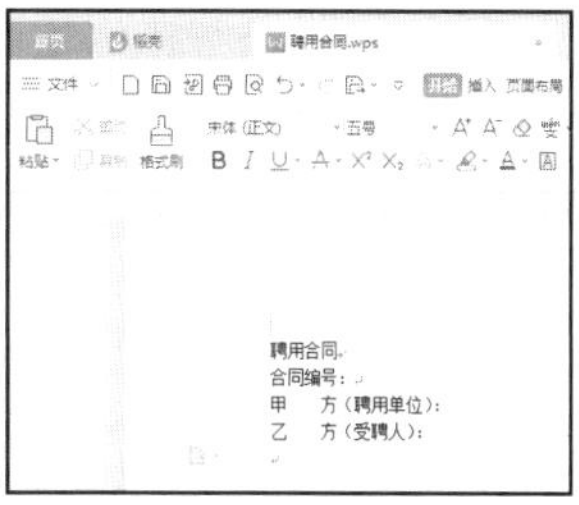

图 2-49

(3) 选择“聘用合同”文字，在【开始】选项卡中设置字体为【宋体】、字号为【初号】【加粗】，单击【居中对齐】按钮设置居中对齐，如图 2-50 所示。

(4) 将光标留在该标题文字中，右击，在弹出的快捷菜单中选择【段落】命令，打开【段落】对话框，在【缩进和间距】选项卡中设置间距【段前】为【4 行】，设置【行距】为【1.5 倍行距】，单击【确定】按钮，如图 2-51 所示。

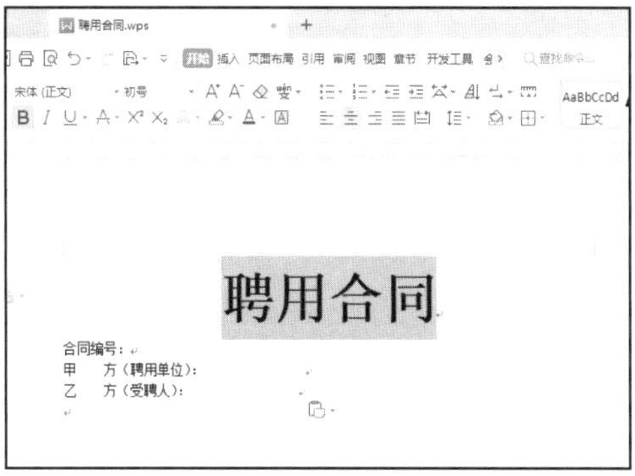

图 2-50

图 2-51

(5) 选中标题文字，在【开始】选项卡中单击【中文版式】按钮，在下拉列表中选择【调整宽度】命令，如图 2-52 所示。

(6) 打开【调整宽度】对话框，将【新文字宽度】设置为【7 字符】，单击【确定】按钮，如图 2-53 所示。

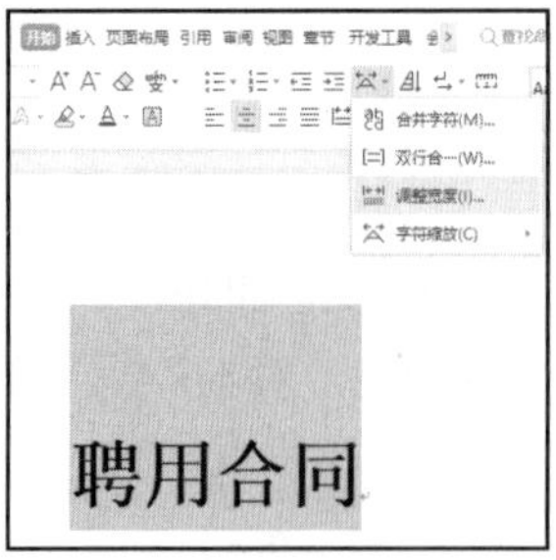

图 2-52

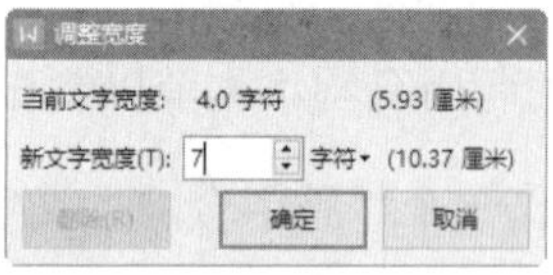

图 2-53

(7) 选中第二段文字“合同编号：”，设置字体为【宋体】、字号为【三号】【加粗】，单击【右对齐】按钮设置右对齐，效果如图 2-54 所示。

(8) 选中最后两段文字，设置字体为【宋体】、字号为【三号】【加粗】，在【段落】组中不断单击【增加缩进量】按钮，即可以一个字符为单位向右侧缩进至合适位置，如图 2-55 所示。

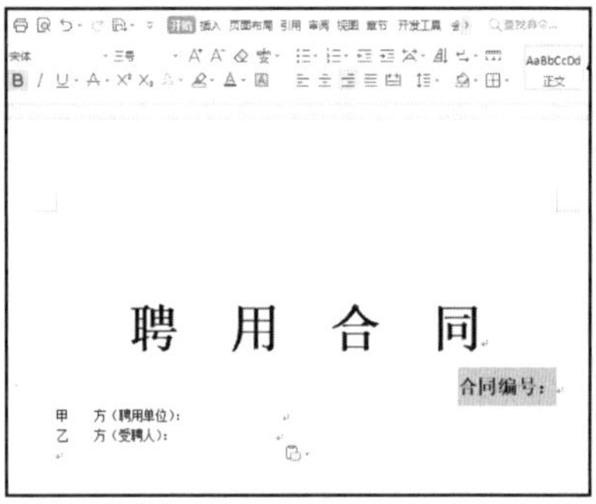

图 2-54

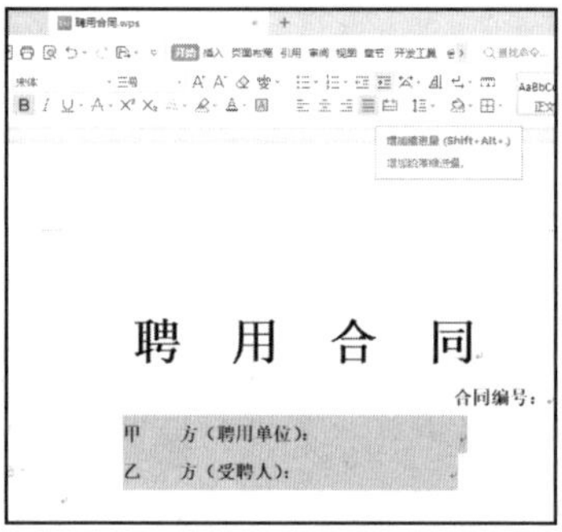

图 2-55

(9) 选中最后两段文字调整行距，在【开始】选项卡中单击【行距】按钮，在弹出的下拉列表中选择【2.5】，如图 2-56 所示。

(10) 分别选中最后两段文字调整段前段后间距，打开【段落】对话框，设置第一段段前间距为 8 行，第二段段后间距为 8 行，如图 2-57 所示。

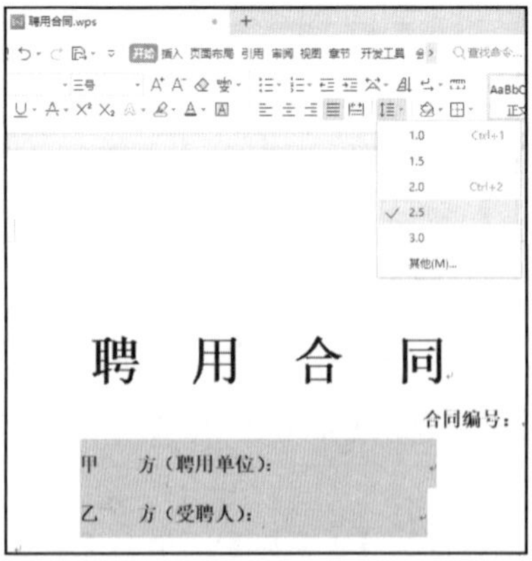

图 2-56

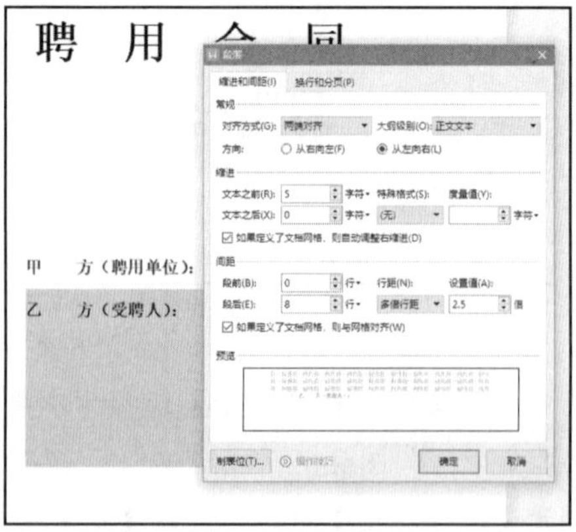

图 2-57

(11) 在“甲方”“乙方”的中间和右侧添加合适的空格，选中右侧的空格，在【开始】选项卡的【字体】组中单击【下画线】按钮，即可为选中的空格加上下画线，此时合同首页制作完成，如图 2-58 所示。

(12) 将光标置于第二页开头，输入合同正文，如图 2-59 所示。

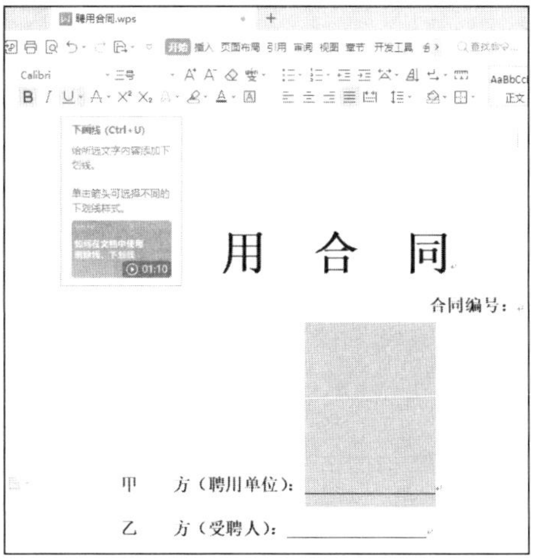

图 2-58

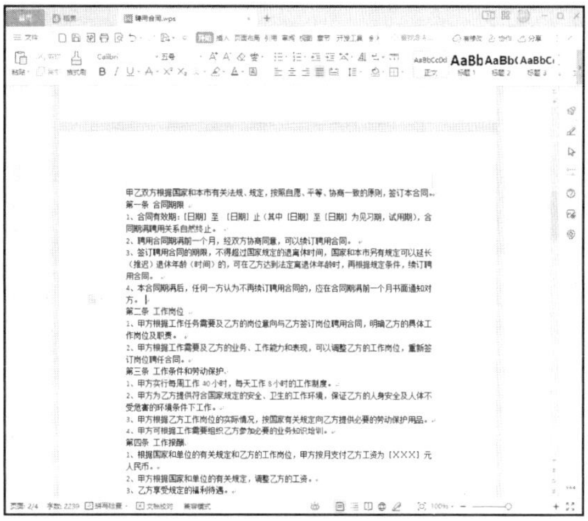

图 2-59

(13) 选中正文内容，设置字体为【宋体】、字号为【小四】，如图 2-60 所示。

(14) 选中正文内容，打开【段落】对话框，设置【首行缩进】为 2 字符，【行距】为 1.5 倍，如图 2-61 所示。

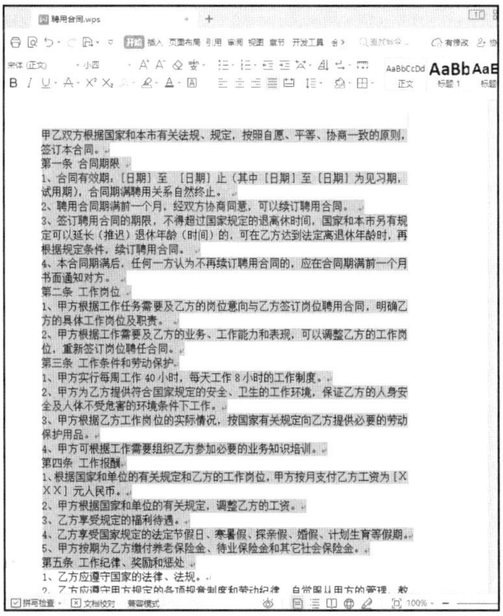

图 2-60

图 2-61

(15) 选中正文中需要添加项目符号的文字段落，单击【开始】选项卡中的【项目符号】下拉按钮，在下拉列表中选择一种项目符号，如图 2-62 所示。

(16) 在“甲方名称：”“代表签字：”等文本后添加下画线，制作完成后保存文档，如图 2-63 所示。

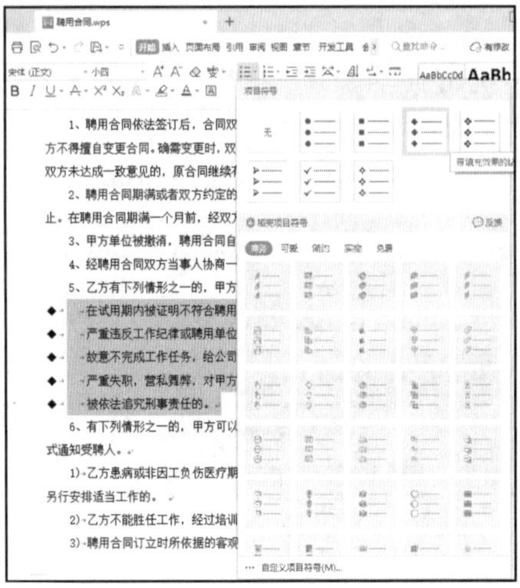

图 2-62

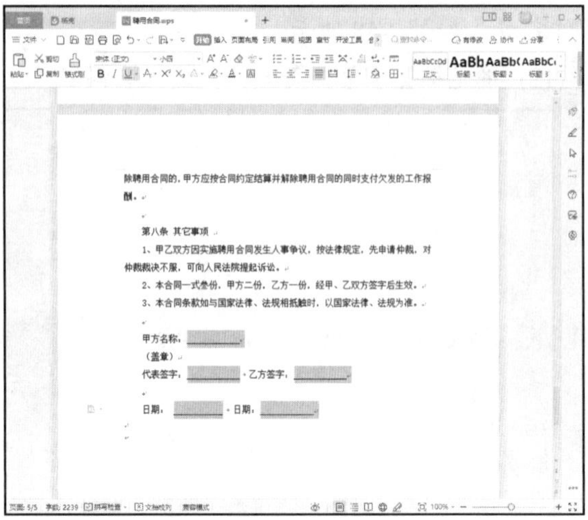

图 2-63

2.5 习题

1. 如何查找和替换文本？
2. 如何设置字符边框和底纹？
3. 如何设置段落缩进？
4. 如何设置项目符号和编号？

第 3 章 文档的图文混排

在 WPS Office 文档中适当地插入一些图形和图片，不仅会使文章显得生动有趣，还能帮助读者更直观地理解文章内容。本章将主要介绍图片、艺术字、形状、文本框、图表等插入与编辑的操作技巧，用户通过学习可以掌握使用 WPS Office 进行图文排版方面的知识。

本章重点

- 插入图片
- 插入艺术字
- 添加文本框
- 添加表格

二维码教学视频

【例 3-1】 插入图片
【例 3-2】 调整图片大小
【例 3-3】 设置图片环绕
【例 3-4】 添加图片轮廓
【例 3-5】 添加艺术字
【例 3-6】 编辑艺术字

本章其他视频参见教学视频二维码

3.1 插入图片

在制作文档的过程中，有时需要插入图片配合文字解说。图片能直观地表达需要表达的内容，既可以美化文档页面，又可以让读者轻松地领会作者想要表达的意图，给读者带来直观的视觉冲击。

3.1.1 插入计算机中的图片

在 WPS Office 文字文档中，可以插入计算机中的图片。下面详细介绍插入计算机中的图片的方法。

【例 3-1】 创建“公司简介”文字文稿，输入文字后插入图片。 视频

(1) 启动 WPS Office，新建一个以“公司简介”为名的空白文字文稿，如图 3-1 所示。

(2) 选择中文输入法，输入正文文本，如图 3-2 所示。

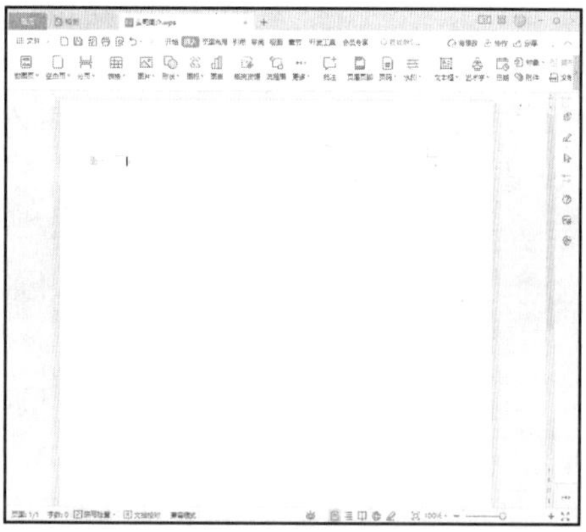

图 3-1

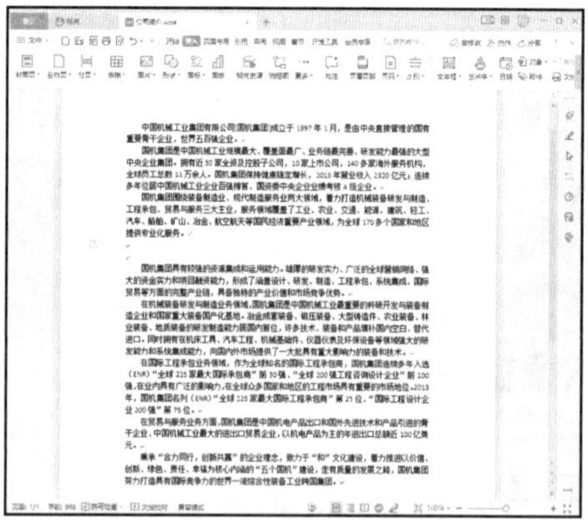

图 3-2

(3) 将光标定位在需要插入图片的位置，选择【插入】选项卡，单击【图片】下拉按钮，在弹出的菜单中选择【本地图片】选项，如图 3-3 所示。

(4) 在打开的【插入图片】对话框中选中 2 张图片，单击【打开】按钮，如图 3-4 所示。

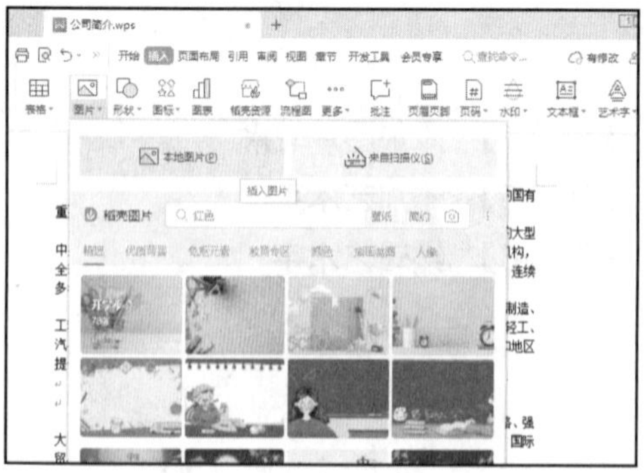

图 3-3

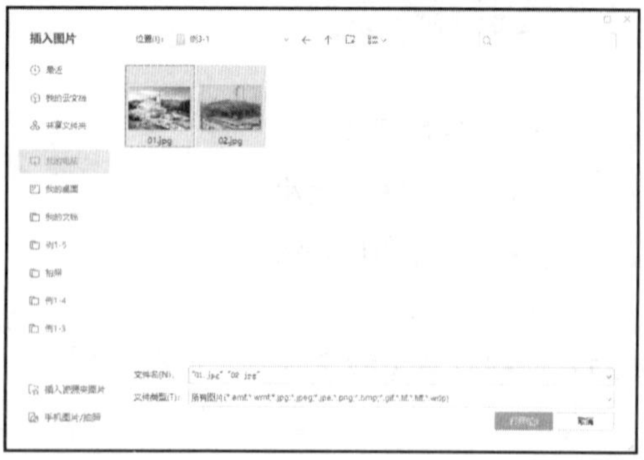

图 3-4

(5) 此时，图片已经插入文档中，通过以上步骤即可完成在文档中插入计算机中的图片的操作，如图 3-5 所示。

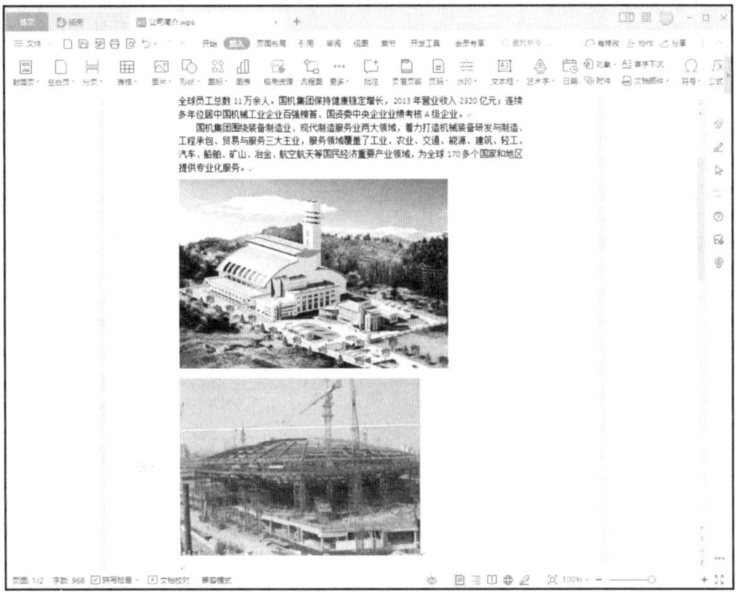

图 3-5

3.1.2　调整图片大小

为了使插入的图片更加符合文档显示效果，用户还可以调整图片的大小。下面详细介绍为图片调整大小的方法。

【例 3-2】 调整插入图片的大小。 视频

(1) 继续使用【例 3-1】的“公司简介”文档，选中图片，拖曳周边的控制点即可调整图片的大小，如图 3-6 所示。

(2) 或者在【图片工具】选项卡的【高度】和【宽度】文本框中输入数值，即可精确控制图片的大小，如图 3-7 所示

图 3-6

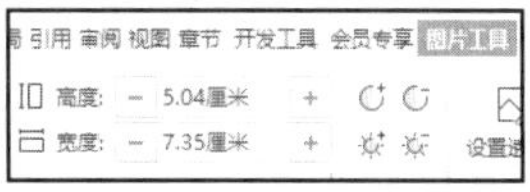

图 3-7

3.1.3 设置图片的环绕方式

在文档中直接插入图片后，如果要调整图片的位置，则应先设置图片的文字环绕方式，再进行图片的调整操作。下面详细介绍设置图片环绕方式的操作方法。

【例 3-3】 设置图片的环绕方式。 视频

(1) 继续使用【例 3-2】的“公司简介”文档，选中左侧图片，在【图片工具】选项卡中单击【文字环绕】下拉按钮，选择【四周型环绕】命令，如图 3-8 所示。

(2) 按住图片往上移动，呈现文字环绕在图片四周，如图 3-9 所示。

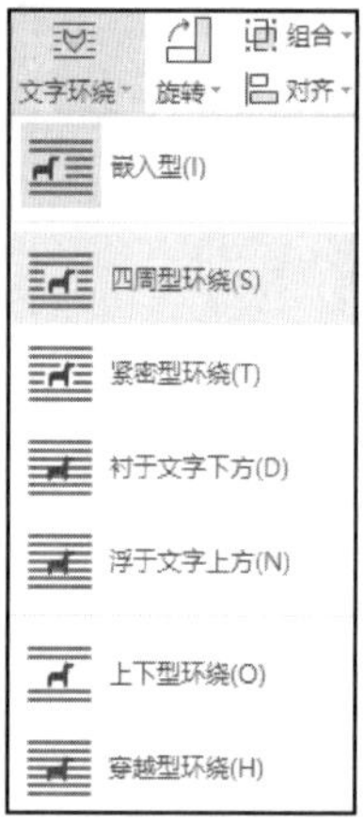

图 3-8

图 3-9

(3) 选择相同命令，将第 2 张图片也呈四周型环绕状态，如图 3-10 所示。

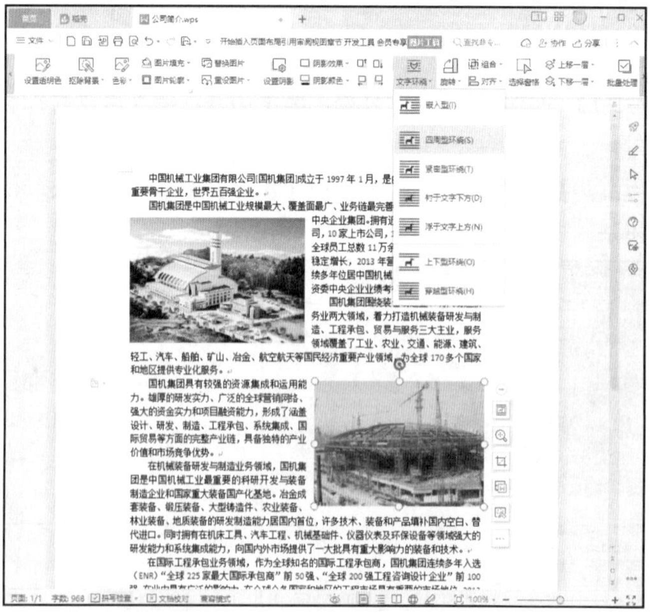

图 3-10

3.1.4　为图片添加轮廓

为了使插入的图片更加美观，还可以为图片添加轮廓效果。下面详细介绍为图片添加轮廓的方法。

【例 3-4】 添加图片轮廓。 视频

(1) 继续使用【例 3-3】的“公司简介”文档，选中上面的图片，在【图片工具】选项卡中单击【图片轮廓】下拉按钮，选择【线型】|【2.25 磅】命令，如图 3-11 所示。

(2) 选择一种渐变颜色，此时该图边框如图 3-12 所示。

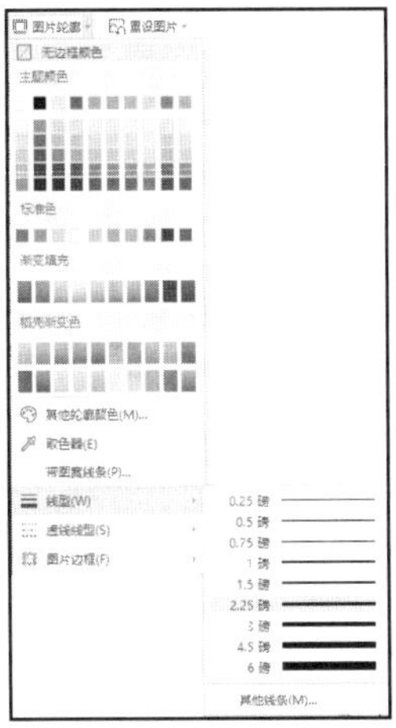

图 3-11

图 3-12

(3) 选中下面的图片，在【图片工具】选项卡中单击【图片轮廓】下拉按钮，选择【虚线线型】|【方点】命令，并保持 2.25 磅的线型，如图 3-13 所示。

(4) 此时，该图轮廓形状如图 3-14 所示。

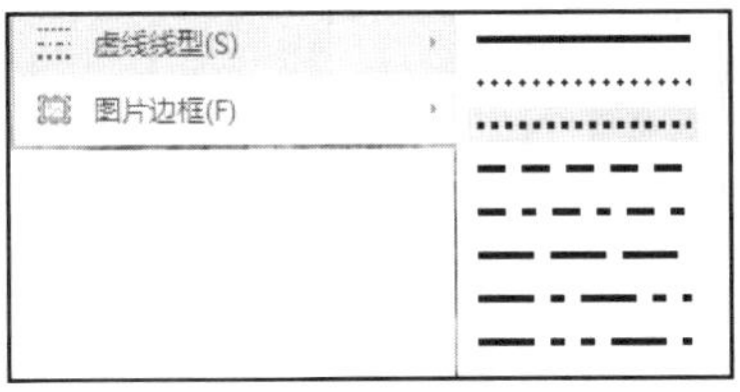

图 3-13

图 3-14

3.2　插入艺术字

为了提升文档的整体显示效果，常常需要应用一些具有艺术效果的文字。WPS Office 提供了插入艺术字的功能，并预设了多种艺术字效果以供选择，用户还可以根据需要自定义艺术字效果。

3.2.1 添加艺术字

在文档中插入艺术字可有效地提高文档的可读性，WPS Office 提供了 15 种艺术字样式，用户可以根据实际情况选择合适的样式来美化文档。

【例 3-5】 添加艺术字。 视频

(1) 继续使用【例 3-4】的“公司简介”文档，选择【插入】选项卡，单击【艺术字】下拉按钮，选择一种艺术字样式，如图 3-15 所示。

(2) 按 Enter 键换行，将艺术字文本框放置于正文上方，如图 3-16 所示。

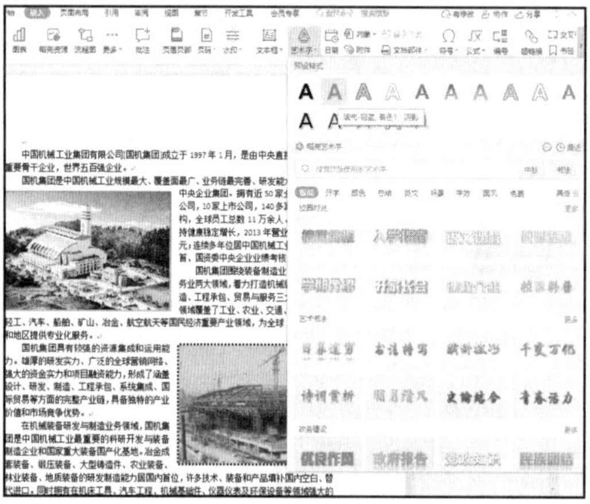

图 3-15

图 3-16

(3) 在艺术字文本框中输入文字内容并调整位置，如图 3-17 所示。

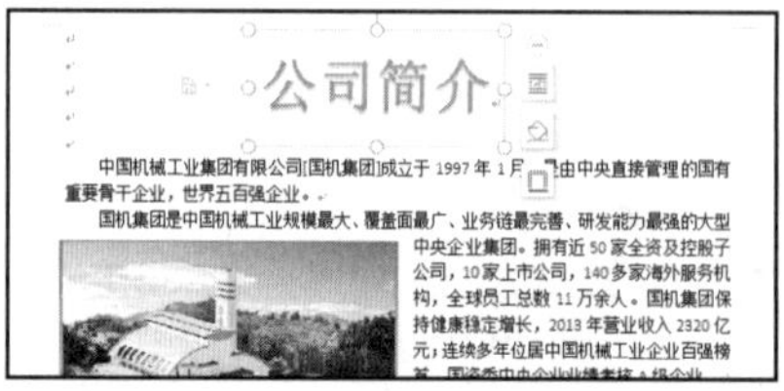

图 3-17

3.2.2 编辑艺术字

添加艺术字后，如果对艺术字的效果不满意，可重新对其进行编辑，主要是对艺术字的样式、填充颜色、边框颜色、填充效果等进行设置。下面介绍编辑艺术字的方法。

【例 3-6】 编辑艺术字。 视频

(1) 继续使用【例 3-5】的“公司简介”文档，选中艺术字文本框，在【文本工具】选项卡中单击【文本填充】下拉按钮，选中一种渐变填充色，如图 3-18 所示。

(2) 单击【形状填充】下拉按钮，选中浅绿色，如图 3-19 所示。

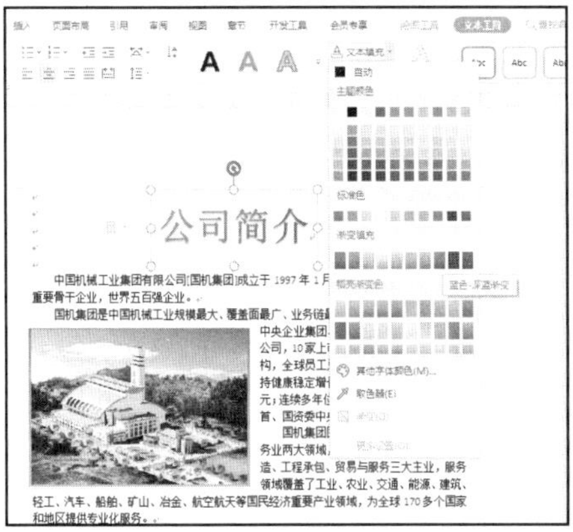

图 3-18

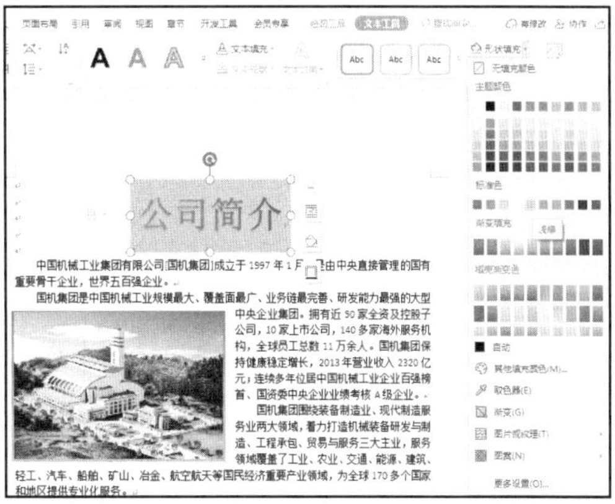

图 3-19

(3) 单击【艺术字样式】框旁的下拉按钮，选择其他艺术字样式，完成编辑艺术字的操作，如图 3-20 所示。

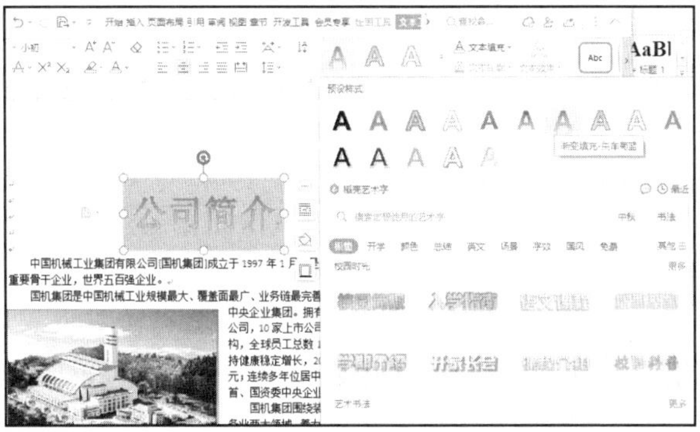

图 3-20

3.3 添加形状

通过 WPS Office 提供的绘制图形功能，用户可以绘制出各种各样的形状，如线条、椭圆和旗帜等，以满足文档设计的需要。用户还可以对绘制的形状进行编辑。本节将介绍在文档中插入与编辑形状的操作方法。

3.3.1 绘制形状

在制作文档的过程中适当地插入一些形状，可以使文档内容更加丰富、形象。下面介绍绘制形状的方法。

【例 3-7】 绘制形状。 视频

(1) 继续使用【例 3-6】的“公司简介”文档，选择【插入】选项卡，单击【形状】下拉按钮，在弹出的形状库中选择一种形状，如图 3-21 所示。

(2) 在文档中按 Enter 键换行，当鼠标指针变为十字形状时，在文档中单击并拖动指针绘制形状，拖至适当位置后释放鼠标即可绘制形状，如图 3-22 所示。

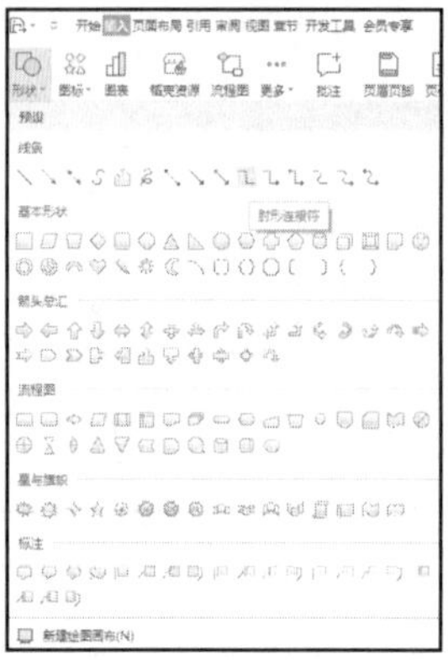

图 3-21

图 3-22

(3) 拖动形状上的锚点，可以调整形状的大小，如图 3-23 所示。

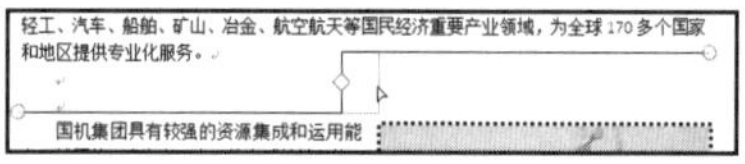

图 3-23

3.3.2 编辑形状

在文档中插入形状图形后，用户可以设置形状图形的格式，如设置形状图形的样式和效果等。

【例 3-8】 编辑形状。 视频

(1) 继续使用【例 3-7】的“公司简介”文档，选中形状图形，在【绘图工具】选项卡中单击【轮廓】下拉按钮，选择【箭头样式】命令，选择其中一款双箭头样式，如图 3-24 所示。

(2) 继续单击【轮廓】下拉按钮，选择【线型】|【4.5 磅】命令，如图 3-25 所示。

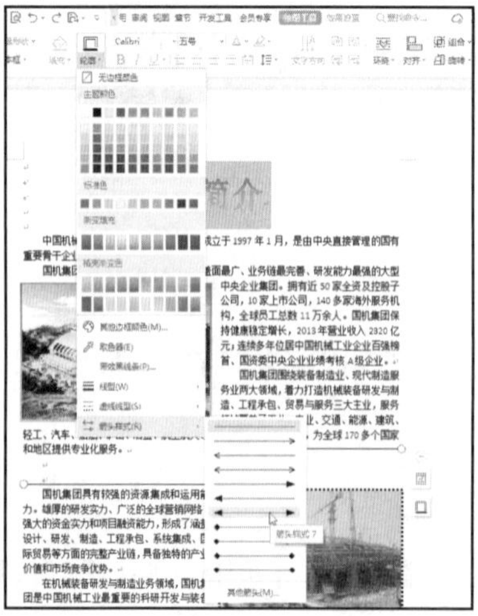

图 3-24

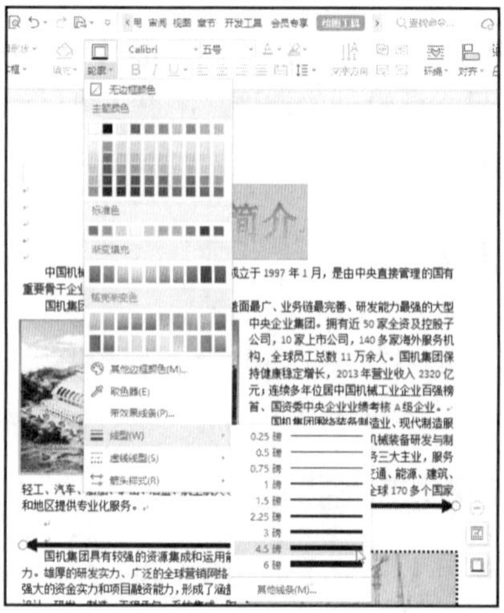

图 3-25

(3) 选择【效果设置】选项卡，单击【阴影效果】下拉按钮，选择一种阴影效果，如图 3-26 所示。

(4) 单击【阴影颜色】下拉按钮，选择绿色阴影，如图 3-27 所示。

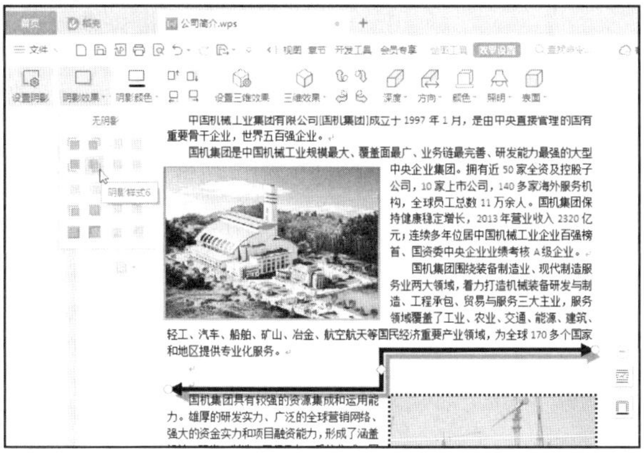
图 3-26

图 3-27

3.4　添加文本框

若要在文档的任意位置插入文本，可以通过文本框实现。WPS Office 提供的文本框进一步增强了图文混排的功能。通常情况下，文本框用于插入注释、批注或说明性文字。本节将介绍使用文本框的相关知识。

3.4.1　绘制文本框

在文档中可以插入横向、竖向和多行文字文本框，下面以绘制横向文本框为例，介绍插入文本框的方法。

【例 3-9】 绘制横向文本框。 视频

(1) 继续使用【例 3-8】的“公司简介”文档，选择【插入】选项卡，单击【文本框】下拉按钮，选择【横向】命令，如图 3-28 所示。

(2) 当鼠标指针变为十字形状时，在文档中单击并拖动指针绘制文本框，至适当位置释放鼠标即可绘制横向文本框，如图 3-29 所示。

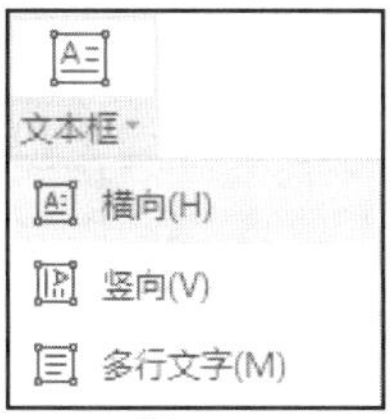

图 3-28

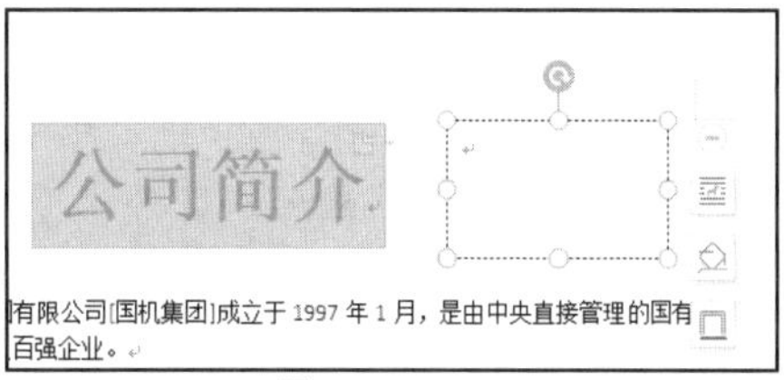

图 3-29

(3) 切换至中文输入法，输入文字内容，如图 3-30 所示。

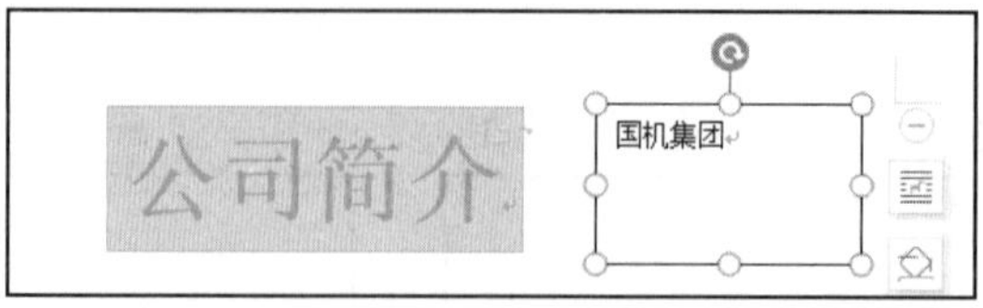

图 3-30

提示

横向文本框中的文本是从左到右、从上到下输入的，而竖向文本框中的文本则是从上到下、从右到左输入的。单击【文本框】下拉按钮，在弹出的选项中选择【竖向】选项，即可插入竖向文本框。

3.4.2 编辑文本框

在文档中插入文本框后，还可以根据实际需要对文本框进行编辑。下面介绍编辑文本框的方法。

【例 3-10】 编辑横向文本框。 视频

(1) 继续使用【例 3-9】的“公司简介”文档，选中文本框，在【开始】选项卡中，设置字体为【方正毡笔黑简体】，字号为【小二】，并拖曳文本框四周锚点，调整文本框的大小，如图 3-31 所示。

(2) 选择【绘图工具】选项卡，单击【填充】下拉按钮，在弹出的颜色库中选择一种填充颜色，如图 3-32 所示。

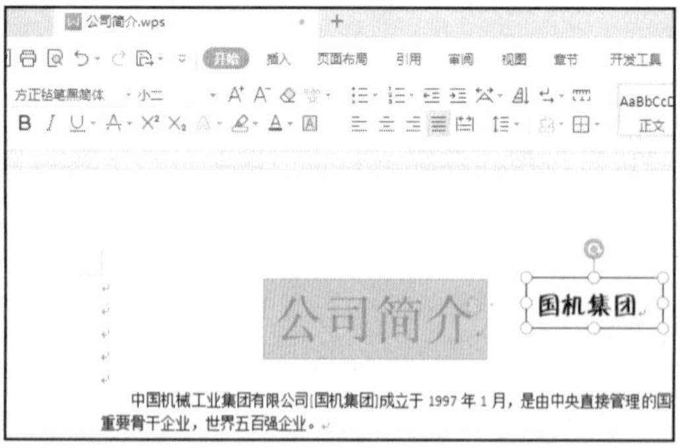

图 3-31

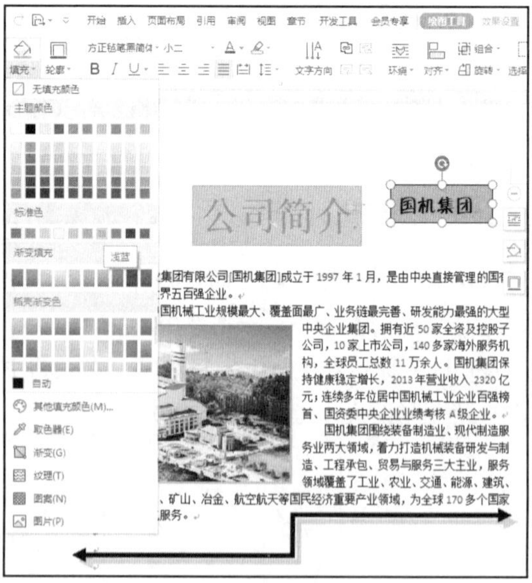

图 3-32

(3) 单击【轮廓】下拉按钮，在弹出的菜单中选择【无边框颜色】命令，如图 3-33 所示。

(4) 选择【效果设置】选项卡，单击【三维效果】下拉按钮，在弹出的菜单中选择一种三维样式，此时的文本框效果如图 3-34 所示。

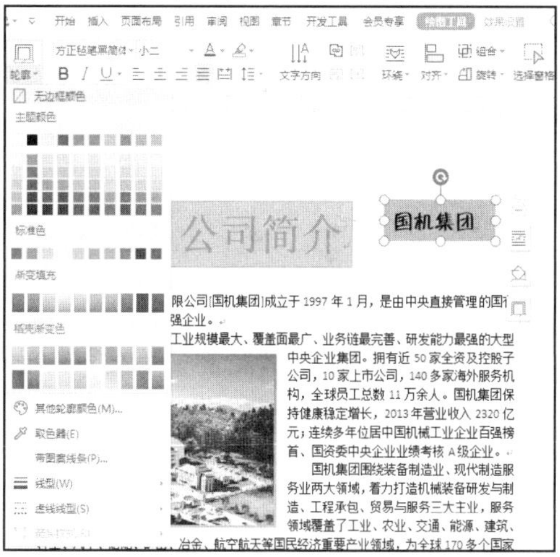

图 3-33

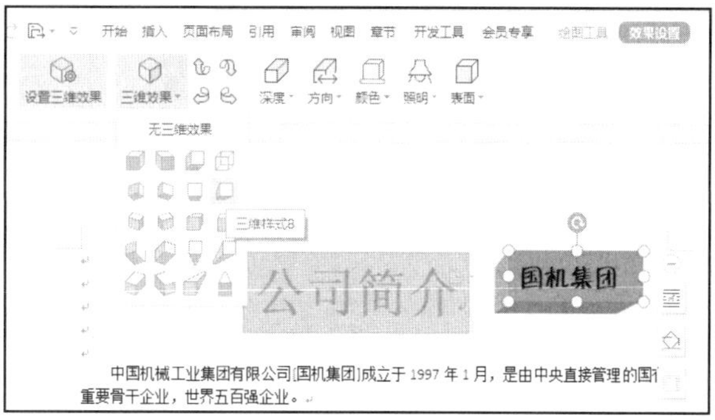

图 3-34

3.5　添加表格

为了更形象地说明问题，我们常常需要在文档中制作各种各样的表格。WPS Office 的文字文稿提供了表格功能，可以快速创建与编辑表格。

3.5.1　插入表格

WPS Office 文字文稿提供了多种创建表格的方法，不仅可以通过示意表格完成对表格的创建，还可以使用对话框插入表格。如果表格比较简单，也可以直接拖动鼠标来绘制表格。

1. 利用示意表格插入表格

在制作 WPS Office 文字文稿时，如果需要插入的表格行数未超过 8 或列数未超过 24，那么可以利用示意表格快速插入表格。下面介绍使用示意表格插入表格的方法。

【例 3-11】 使用示意表格快速插入表格。 视频

(1) 继续使用【例 3-10】的“公司简介”文档，在合适区域插入空行，然后选择【插入】选项卡，单击【表格】下拉按钮，在弹出的菜单中利用鼠标指针在示意表格中拖出一个 6 行 2 列的表格，如图 3-35 所示。

(2) 此时即可插入表格，完成使用示意表格插入表格的操作，效果如图 3-36 所示。

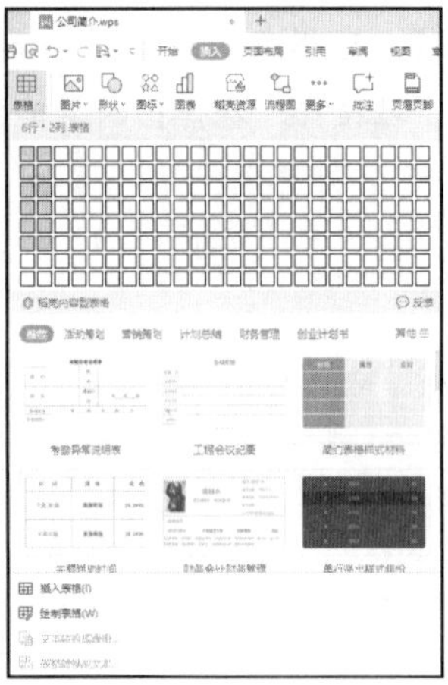

图 3-35

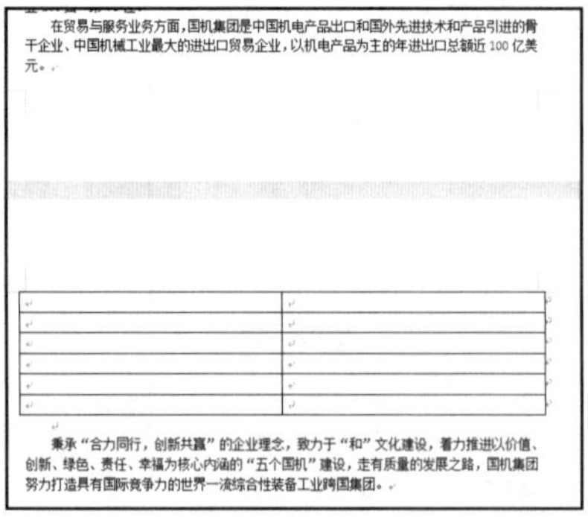

图 3-36

2. 通过对话框插入表格

在 WPS Office 文档中，除了可以利用示意表格快速插入表格，还可以通过【插入表格】对话框插入指定行和列的表格。

首先选择【插入】选项卡，单击【表格】下拉按钮，在弹出的菜单中选择【插入表格】命令，如图 3-37 所示。打开【插入表格】对话框，在【列数】和【行数】微调框中输入数值，单击【确定】按钮即可插入表格，如图 3-38 所示。

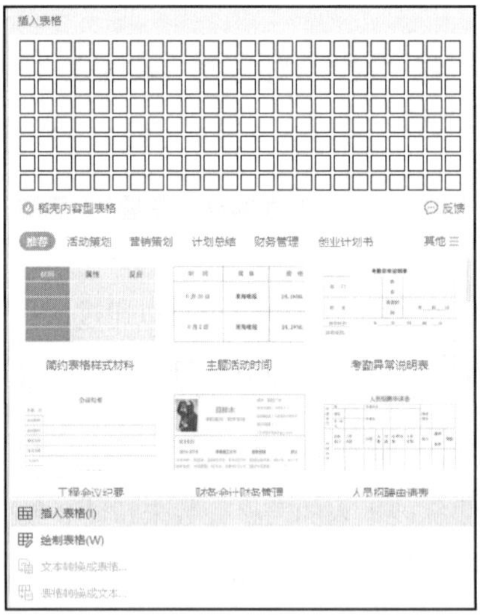

图 3-37

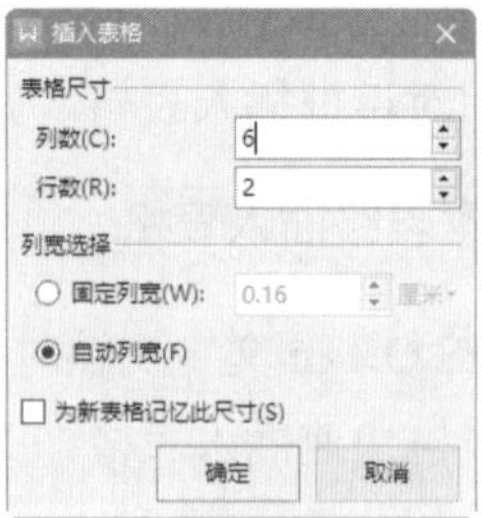

图 3-38

3. 手动绘制表格

在 WPS Office 文档中可以手动绘制指定行和列的表格。首先选择【插入】选项卡，单击【表格】下拉按钮，在弹出的菜单中选择【绘制表格】命令，如图 3-39 所示。当光标变为铅笔样式时，按住鼠标左键不放，在文档合适位置拖曳绘制 6 行 2 列的表格，如图 3-40 所示。

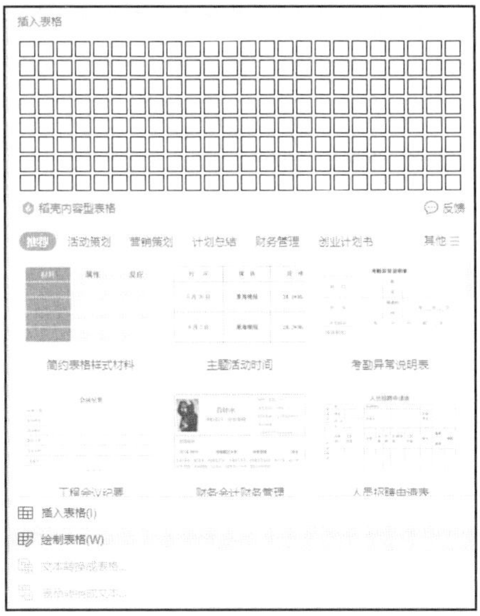

图 3-39

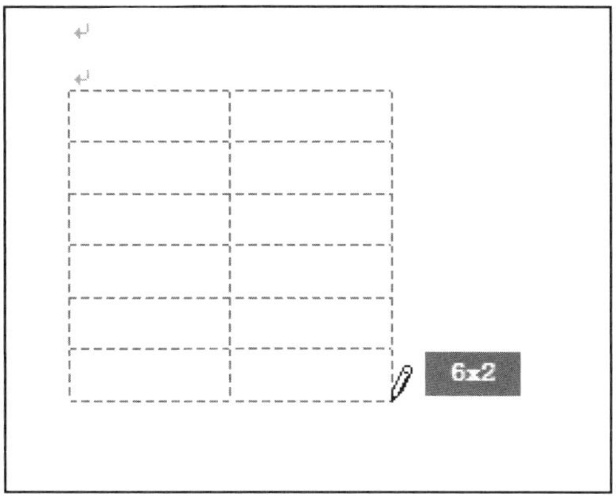

图 3-40

3.5.2 编辑表格

表格创建完成后，还需要对其进行编辑操作，如在表格中选定对象，插入行、列和单元格，删除行、列和单元格，合并和拆分单元格，以满足不同用户的需要。

1. 选定行、列和单元格

表格进行格式化之前，首先要选定表格编辑对象，然后才能对表格进行操作。选定表格编辑对象的鼠标操作方式有如下几种。

- 选定一个单元格：将鼠标移动至该单元格的左侧区域，当光标变为形状时单击鼠标。
- 选定整行：将鼠标移动至该行的左侧，当光标变为形状时单击。
- 选定整列：将鼠标移动至该列的上方，当光标变为形状时单击。
- 选定多个连续单元格：沿被选区域左上角向右下拖曳鼠标。
- 选定多个不连续单元格：选取第 1 个单元格后，按住 Ctrl 键不放，再分别选取其他的单元格。
- 选定整个表格：移动鼠标到表格左上角图标时单击。

2. 插入行、列和单元格

在创建好表格后，经常会因为情况变化或其他原因，需要插入一些新的行、列或单元格。

要向表格中添加行，需要先选定与需要插入行的位置相邻的行，选择的行数和要增加的行数相同，然后打开【表格工具】选项卡，单击【在上方插入行】或【在下方插入行】按钮；插入列的操作与插入行基本类似，只需单击【在左侧插入列】或【在右侧插入列】按钮，如图 3-41 所示。

要插入单元格，首先应选中单元格，右击，在弹出的快捷菜单中选择【插入】|【单元格】

命令，如图 3-42 所示。打开【插入单元格】对话框，如图 3-43 所示，如果要在选定的单元格左边添加单元格，可单击【活动单元格右移】单选按钮，此时增加的单元格会将选定的单元格和此行中其余的单元格向右移动相应的列数；如果要在选定的单元格上边添加单元格，可单击【活动单元格下移】单选按钮，此时增加的单元格会将选定的单元格和此列中其余的单元格向下移动相应的行数，而且在表格最下方也增加了相应数目的行。

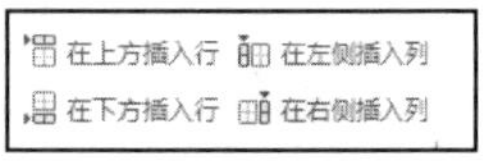

图 3-41

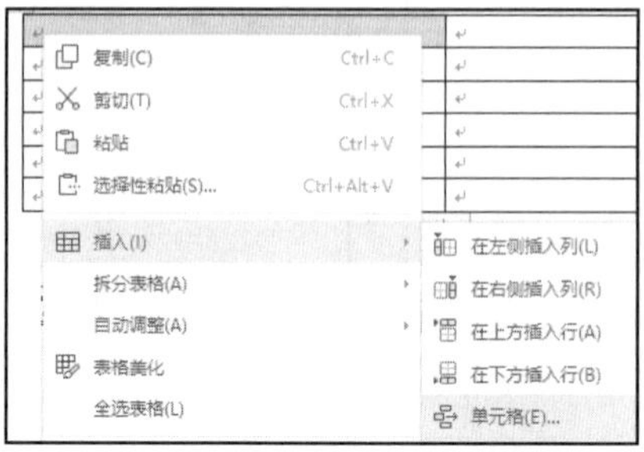

图 3-42

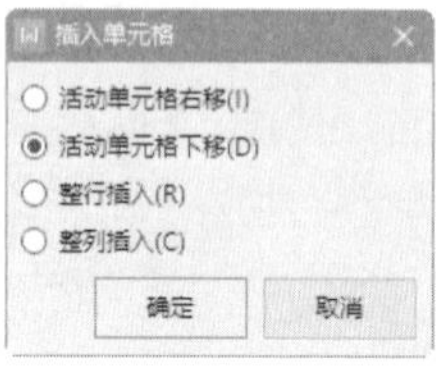

图 3-43

3. 删除行、列和单元格

选定需要删除的行，或将鼠标放置在该行的任意单元格中，在【表格工具】选项卡中单击【删除】下拉按钮，在打开的菜单中选择【行】命令即可，如图 3-44 所示。删除列的操作与删除行基本类似。

要删除单元格，可先选定若干单元格，然后在【表格工具】选项卡中单击【删除】按钮，在弹出的菜单中选择【单元格】命令，打开【删除单元格】对话框，如图 3-45 所示。选择删除单元格的方式后，单击【确定】按钮即可。

图 3-44

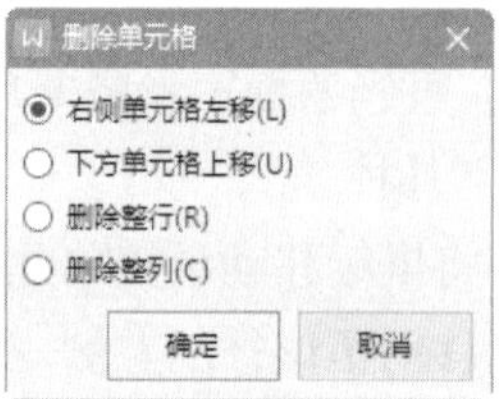

图 3-45

4. 合并与拆分单元格

在编辑表格的过程中，经常需要将多个单元格合并为一个单元格，或者将一个单元格拆分为多个单元格，此时就要用到合并和拆分功能。

在表格中选取要合并的单元格，打开【表格工具】选项卡，单击【合并单元格】按钮，如图 3-46 所示。此时会删除所选单元格之间的边界，建立起一个新的单元格，并将原来单元格的列宽和行高合并为当前单元格的列宽和行高，如图 3-47 所示。

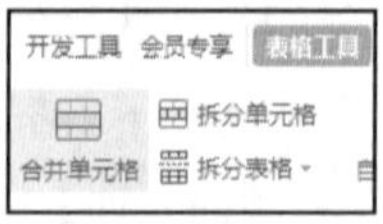

图 3-46

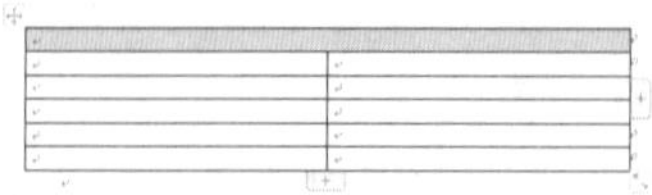

图 3-47

选取要拆分的单元格，打开【表格工具】选项卡，单击【拆分单元格】按钮，打开【拆分单元格】对话框，在【列数】和【行数】文本框中输入列数和行数，单击【确定】按钮，如图 3-48 所示。此时将按行数和列数拆分单元格，如图 3-49 所示。

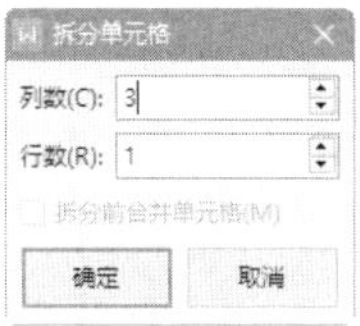

图 3-48

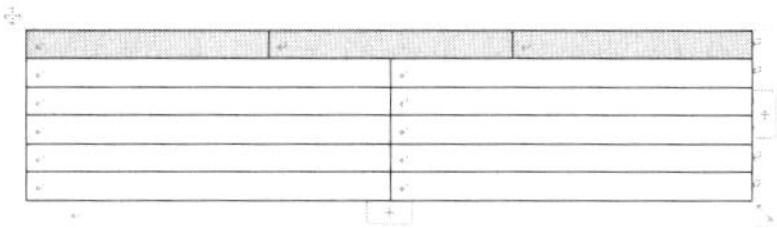

图 3-49

5. 输入表格文本

将插入点定位在表格的单元格中，然后直接利用键盘输入文本。在表格中输入文本，WPS Office 会根据文本的多少自动调整单元格的大小。

【例 3-12】 输入并设置表格文本。 视频

(1) 继续使用【例 3-11】的“公司简介”文档，在表格中定位光标，输入文字内容，如图 3-50 所示。

(2) 下面调整表格中文字的对齐方式。选中整个表格，选择【表格工具】选项卡，单击【对齐方式】下拉按钮，在弹出的菜单中选择【水平居中】命令，此时表格文本已经水平居中显示，如图 3-51 所示。

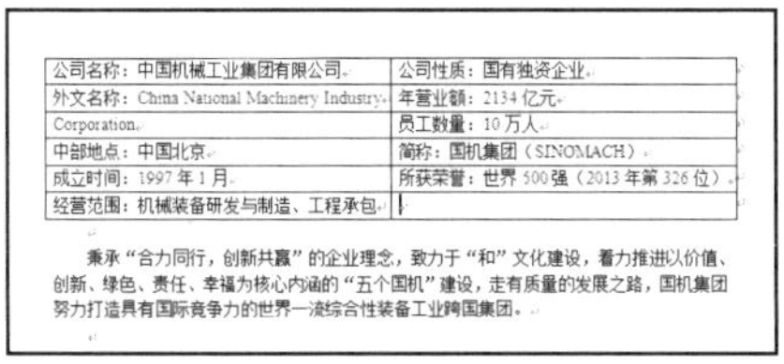

图 3-50

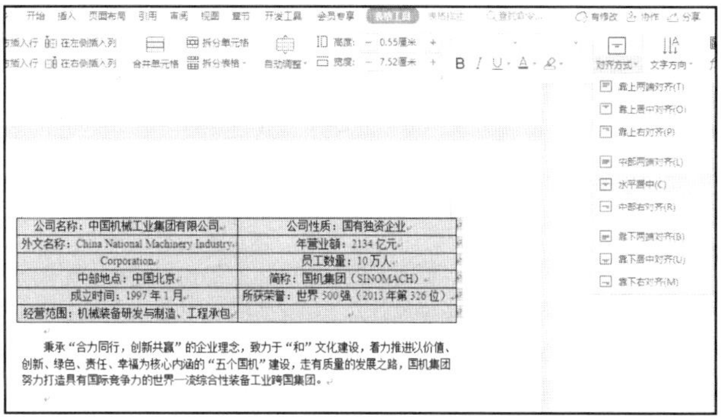

图 3-51

提示

在制作表格的过程中，有时需要调整文字的方向，如横向、竖向和倒立等，从而让 WPS Office 文档更美观或者更加符合制作需求。选择【表格工具】选项卡，单击【文字方向】下拉按钮，在弹出的菜单中选择相应的文字方向命令即可完成操作。

6. 设置边框和底纹

用户不仅可以为表格设置边框和底纹，还可以为单个单元格设置边框和底纹。下面介绍设置边框和底纹的方法。

【例 3-13】 设置表格边框和底纹。 视频

(1) 继续使用【例 3-12】的“公司简介”文档，选中表格第 1 行，选择【表格样式】选项卡，单击【底纹】下拉按钮，在弹出的菜单中选择一种颜色，如图 3-52 所示。

(2) 将光标定位在表格中，在【表格样式】选项卡中单击【边框】下拉按钮，在弹出的菜单中选择【边框和底纹】命令，如图 3-53 所示。

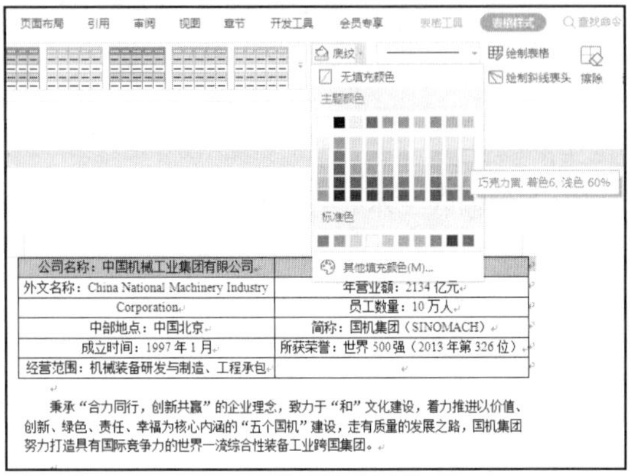

图 3-52

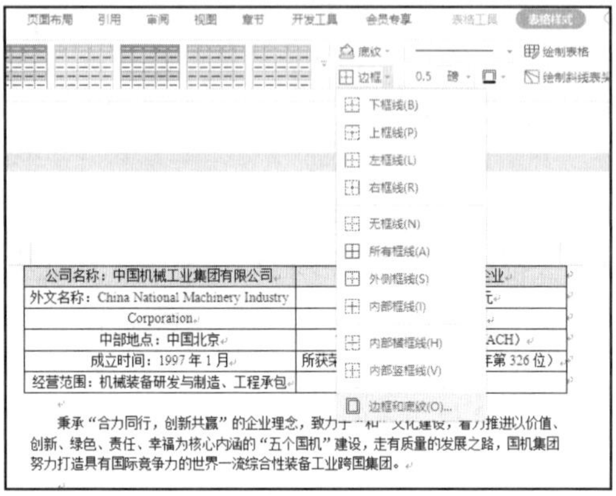

图 3-53

(3) 打开【边框和底纹】对话框，在【边框】选项卡的【设置】区域选择【全部】选项，在【线型】列表框中选择一种线条类型，在【颜色】下拉列表中选择一种颜色，在【宽度】下拉列表中选择【1.5 磅】选项，单击【确定】按钮，如图 3-54 所示。

(4) 通过以上步骤即可完成设置边框和底纹的操作，如图 3-55 所示。

图 3-54

图 3-55

提示

用户还可以应用 WPS Office 自带的一些表格样式，以达到快速美化表格的目的。选择【表格样式】选项卡，在【表格样式】下拉菜单中选择一个样式，即可快速应用该表格样式。

3.6　添加各种图表

WPS Office 为用户提供了各种图表，用来丰富文档内容，提高文档的可阅读性。本节将详细介绍在 WPS Office 中插入各类图表的知识。

3.6.1　插入图表

WPS Office 文字文档中提供了多种图表，如柱形图、折线图、饼图、条形图、面积图和散点图等，各种图表各有优点，适用于不同的场合。

要插入图表，可以打开【插入】选项卡，单击【图表】按钮，如图 3-56 所示。打开【图表】窗口。在该窗口中选中一种图表类型后，如图 3-57 所示，即可在文档中插入图表，同时会启动 WPS Office 表格文档，用于编辑图表中的数据，该操作将在后面表格的相关章节详细介绍，如图 3-58 所示。

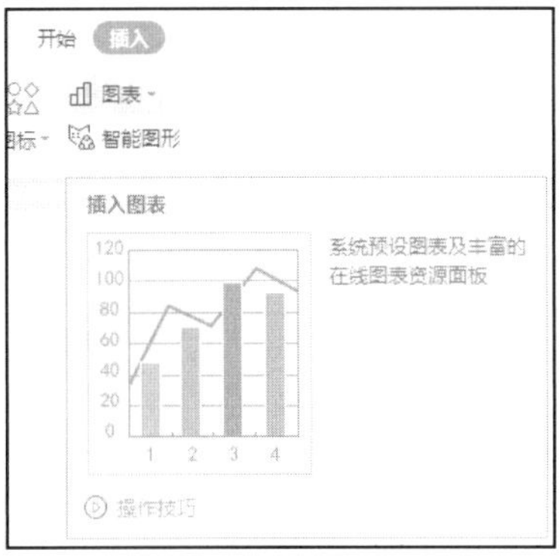

图 3-56

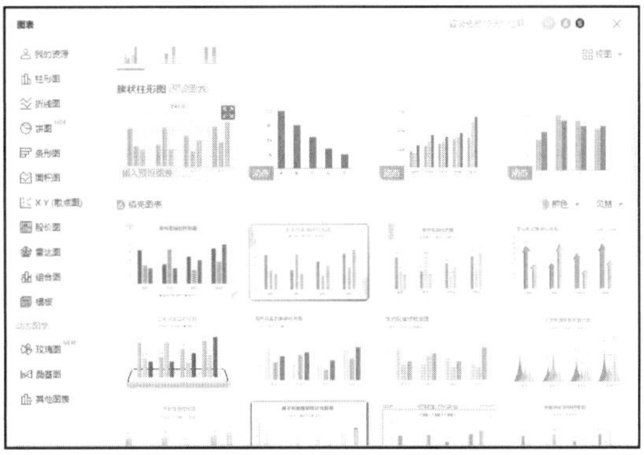

图 3-57

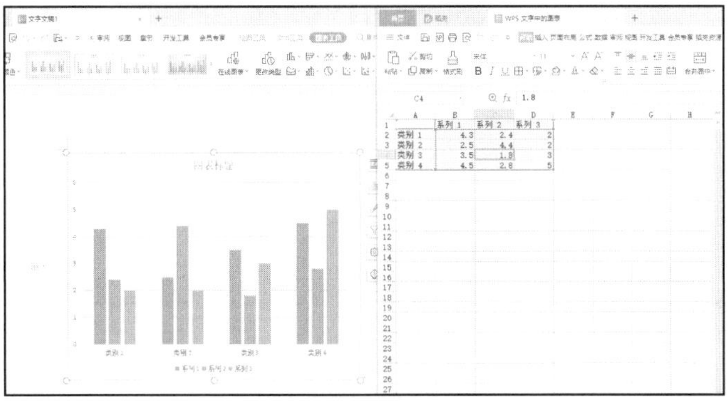

图 3-58

此外，WPS Office 还提供了在线图表，包含更丰富、复杂的图表范例，读者可以直接套用。例如，单击【插入】选项卡下的【图表】|【在线图表】按钮，打开列表框，选择一款动态饼图，如图 3-59 所示。此时在文字文档中插入该图表，并自动打开右侧的图表处理窗格，可以在其中设置图表的各类选项，如配色、标题、标签、图例等，如图 3-60 所示。

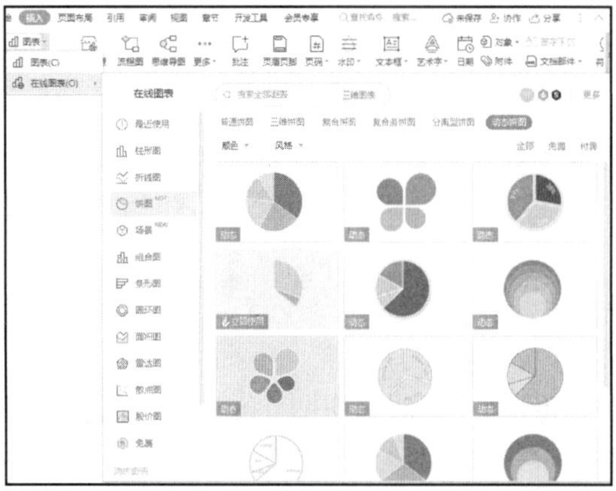

图 3-59

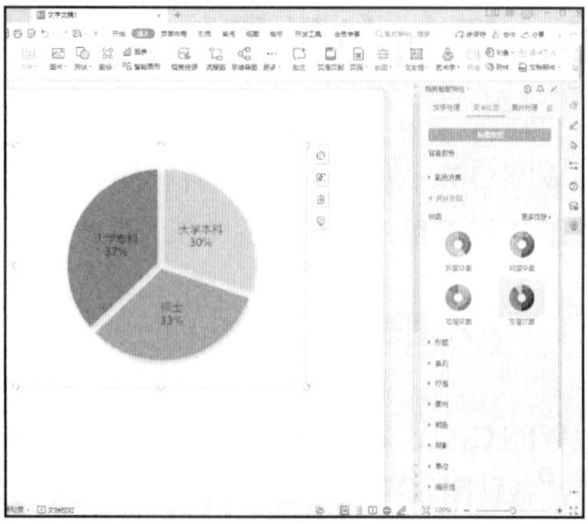

图 3-60

3.6.2 插入智能图形

智能图形类似 Office 中的 SmartArt 图形，主要用来说明各种概念性的内容。使用该功能，可以轻松制作各种结构图示，如结构图、矩阵图、关系图等，从而使文档更加形象生动。

如要插入一个关系图，则选择【插入】选项卡，单击【智能图形】按钮，在打开的【智能图形】模板窗口中选中一个合适的关系图模板，如图 3-61 所示，此时关系图已经插入文档中，读者可以根据需要添加文本内容，如图 3-62 所示。

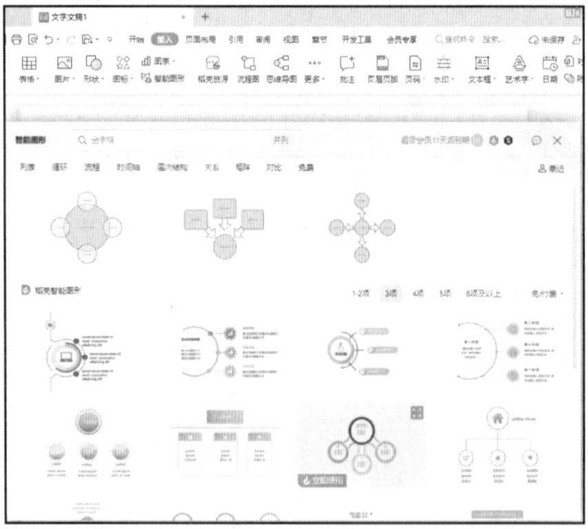

图 3-61

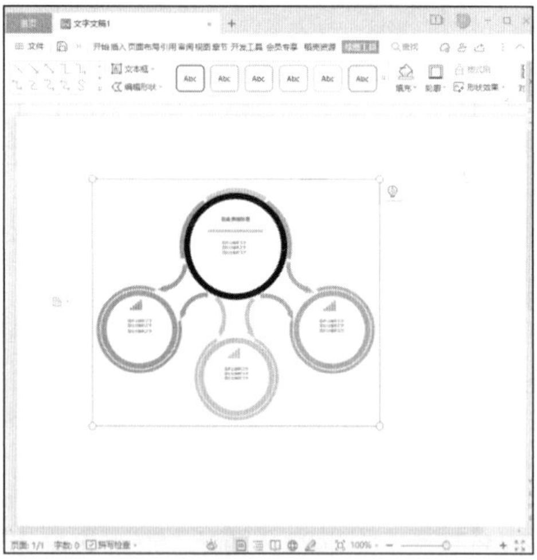

图 3-62

3.6.3 插入流程图和思维导图

WPS Office 文字文档还可以插入流程图和思维导图。在【插入】选项卡中，单击【流程图】按钮，如图 3-63 所示。在打开的【流程图】窗口的搜索框中输入关键字搜索图形，显示搜索后的流程图模板选择界面，选择一个模板，如图 3-64 所示。

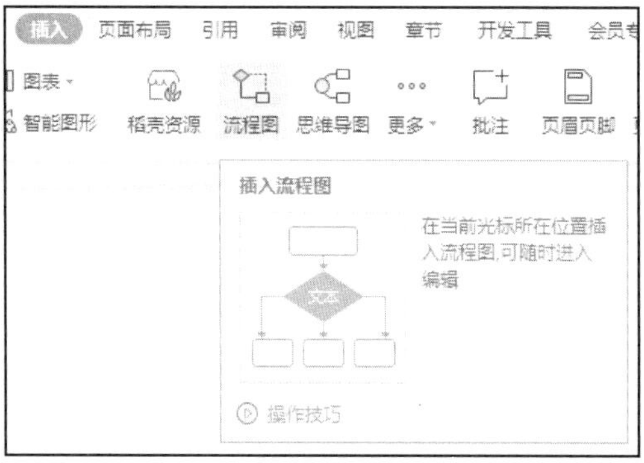

图 3-63

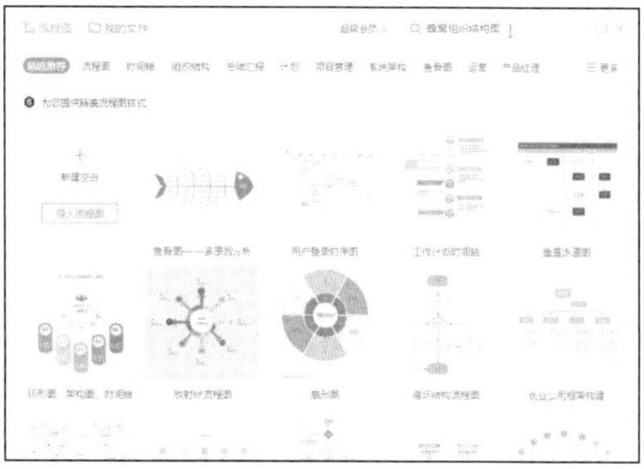

图 3-64

打开扩展界面，选中该模板图形样式，如图 3-65 所示。此时打开组织结构图的编辑窗口，用户可以对结构图进行编辑，包括输入内容、调整结构图颜色和形状等，设置完成后单击【插入】按钮，这样设置好的结构图就插入文档中了，如图 3-66 所示。

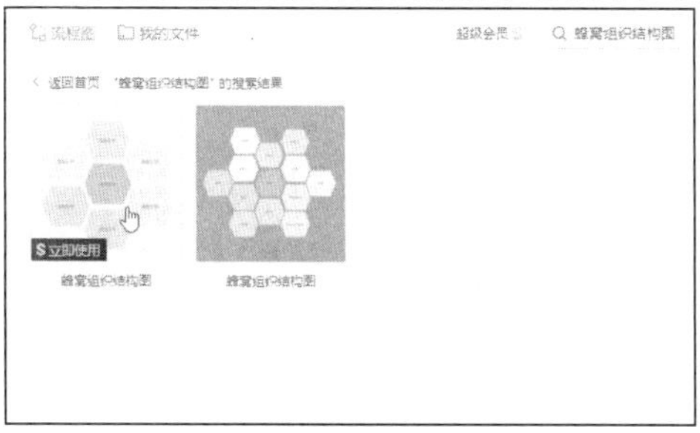

图 3-65

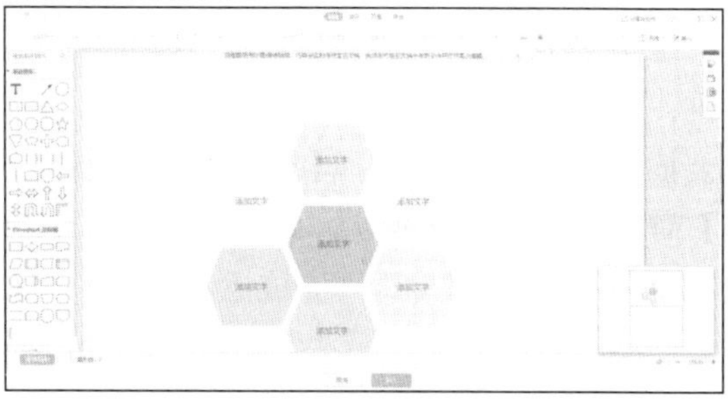

图 3-66

插入思维导图与插入流程图类似，选择【插入】选项卡，单击【思维导图】按钮，进入思维导图模板选择界面，选择一个思维导图模板，单击该模板的图形样式，如图 3-67 所示。

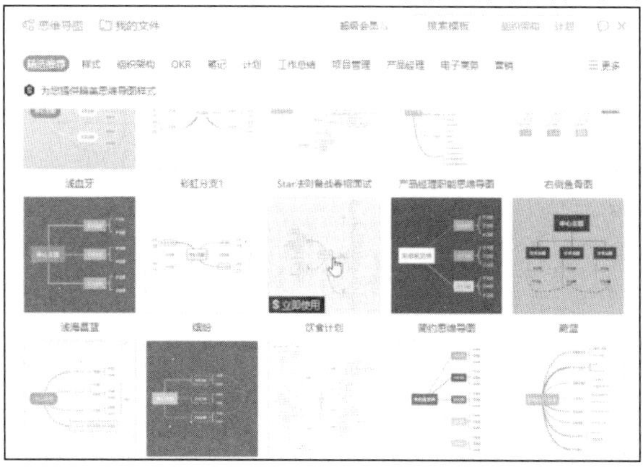

图 3-67

此时打开思维导图的编辑窗口，用户可以对思维导图进行编辑，包括输入内容、调整导图颜色和形状等，设置完成后单击【插入】按钮，这样设置好的思维导图就插入文档中了，如图 3-68 所示。

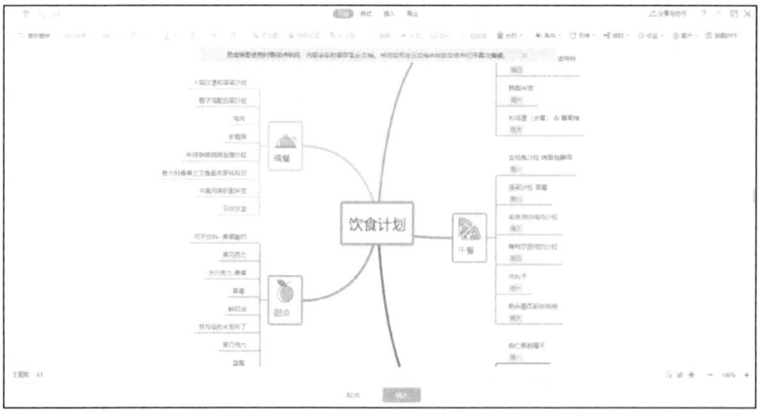

图 3-68

3.6.4 插入二维码

二维码又称二维条形码，它是利用黑白相间的图形记录数据符号信息的，使用电子扫描设备，如手机、平板电脑等，可自动识别以实现信息的自动处理。

要插入二维码，首先选择【插入】选项卡，单击【更多】下拉按钮，在弹出的菜单中选择【二维码】命令，如图 3-69 所示。此时打开【插入二维码】对话框，在【输入内容】文本框中输入网址，单击【确定】按钮即可完成插入二维码的操作，如图 3-70 所示。

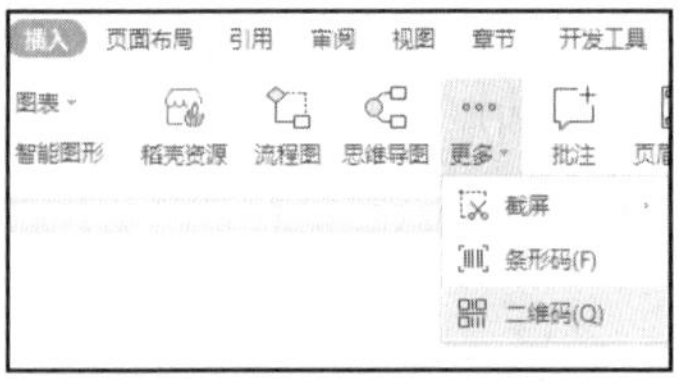

图 3-69

图 3-70

提示

名片、电话号码和 Wi-Fi 也可以生成二维码，打开【插入二维码】对话框，在左上角选择不同的选项即可，然后根据提示输入相应的内容，单击【确定】按钮，即可生成相应的二维码图片。

二维码默认都是黑色的正方形样式，读者可以对二维码的颜色、图案样式、大小等进行编辑。如要改变颜色，可以先选中二维码，单击右侧的【编辑扩展对象】按钮，如图 3-71 所示。在打开的【编辑二维码】对话框中单击右下角【颜色设置】选项卡中的【前景色】按钮，在弹出的颜色列表中选择一种颜色，单击【确定】按钮，即可改变二维码的颜色，如图 3-72 所示。

图 3-71

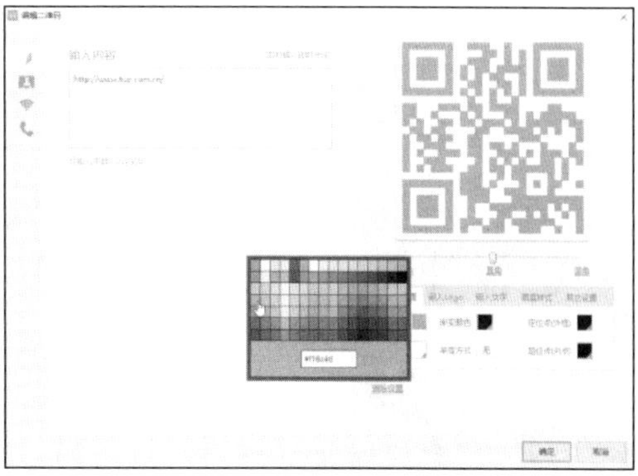

图 3-72

3.7　实例演练

通过前面内容的学习，读者应该已经掌握在文字文档中进行图文混排设计等技能，下面以制作“企业内刊”文档作为案例演练，巩固本章所学内容。

【例 3-14】 制作“企业内刊”文档。 视频

(1) 启动 WPS Office，新建名为“企业内刊”的文字文稿，单击【页面布局】选项卡中的【背景】下拉按钮，选择一种颜色作为文档背景色，如图 3-73 所示。

(2) 选择【插入】选项卡，单击【图片】下拉按钮，在弹出的菜单中选择【本地图片】选项，在打开的【插入图片】对话框中选中 3 张图片，单击【打开】按钮，如图 3-74 所示。

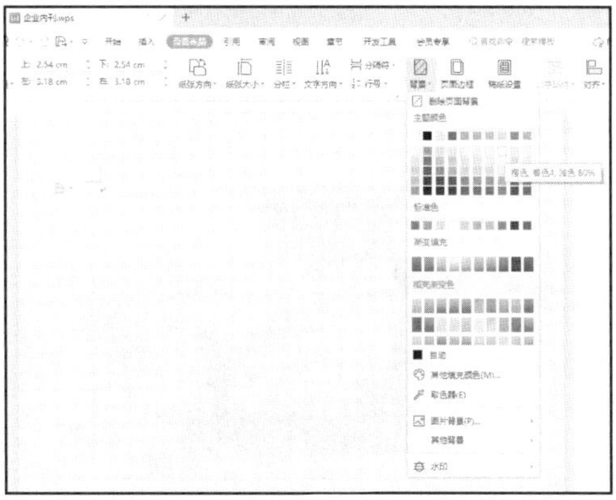

图 3-73

图 3-74

(3) 分别选中 3 张插入的图片，在【图片工具】选项卡中单击【文字环绕】按钮，在下拉菜单中选择【浮于文字上方】选项，如图 3-75 所示。

(4) 选中 1 张图片，单击【图片格式】选项卡下的【裁剪】按钮，单击图片边框上出现的黑色竖线，并按住鼠标左键拖动鼠标，进行图片裁剪，如图 3-76 所示。

图 3-75

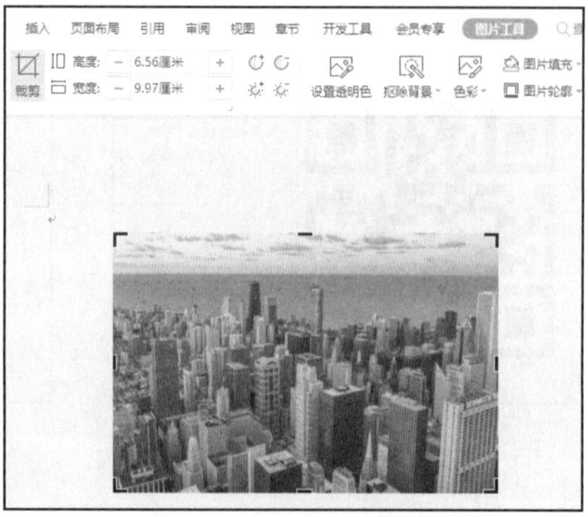

图 3-76

(5) 单击【插入】选项卡的【文本框】按钮，在下拉菜单中选择【横向】选项，在界面中按住鼠标左键不放，拖动鼠标绘制 2 个文本框，然后输入文本并设置字体格式，如图 3-77 所示。

(6) 选中这 2 个文本框，在【绘图工具】选项卡中分别单击【填充】和【轮廓】按钮，选择【无填充颜色】选项和【无边框颜色】，如图 3-78 所示。

图 3-77

图 3-78

(7) 单击【插入】选项卡的【形状】按钮，在下拉菜单中选择【肘形连接符】选项，在页面中按住鼠标左键不放，拖动鼠标绘制一个折线，如图 3-79 所示。

(8) 选中折线形状，在【绘图工具】选项卡中单击【轮廓】按钮，设置【线型】为【3 磅】，选择一种填充颜色，如图 3-80 所示。

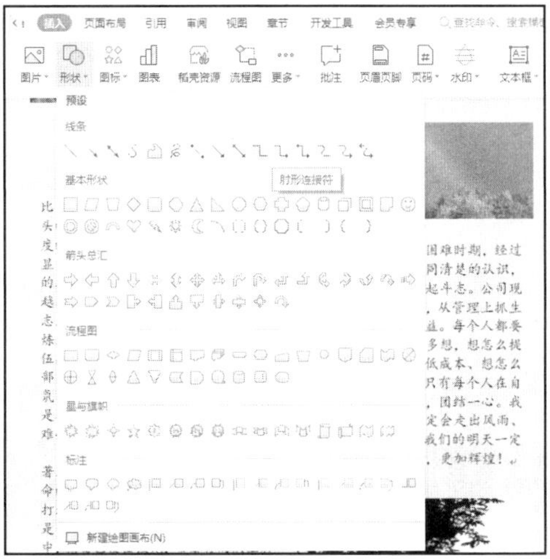

图 3-79

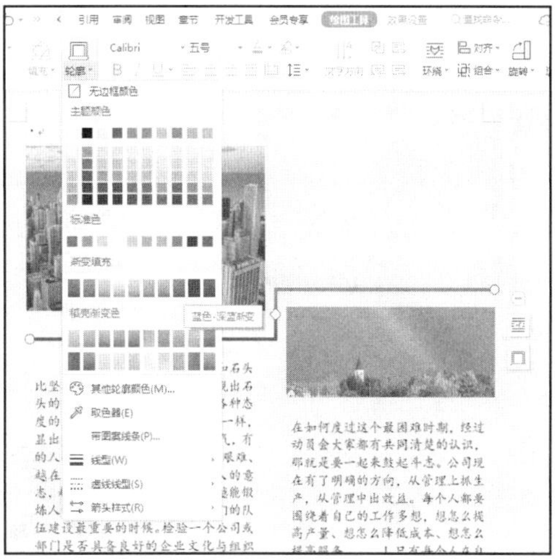

图 3-80

(9) 单击【插入】选项卡中的【图标】下拉按钮，选择一款图标，如图 3-81 所示。

(10) 将图标插入文档中，调整图标的大小和位置，最后的文档效果如图 3-82 所示。

图 3-81

图 3-82

3.8 习题

1. 如何设置图片的环绕方式？
2. 如何绘制和编辑文本框？
3. 如何插入流程图和思维导图？

第 4 章

文档的排版设计

为了提高文档的编辑效率，创建具有特殊版式的文档，WPS Office 提供了许多便捷的操作方式及管理工具来优化文档的格式编排。本章将主要介绍页面设置、文档样式、插入目录、插入页眉和页脚以及一些特殊格式的操作技巧，用户通过本章的学习可以掌握使用 WPS Office 编辑文档格式与排版方面的知识。

本章重点

- 设置文档页面格式
- 插入页眉、页脚和页码
- 添加目录和备注
- 设置文档样式

二维码教学视频

【例 4-1】 设置页边距
【例 4-2】 设置纸张方向和大小
【例 4-3】 设置大纲级别
【例 4-4】 添加并设置目录
【例 4-5】 添加脚注
【例 4-6】 添加批注

本章其他视频参见教学视频二维码

4.1　设置文档页面格式

在处理文字文档的过程中，为了使文档页面更加美观，用户可以根据需求规范文档的页面，如设置页边距、纸张大小、文档网格等，从而制作出一个要求较为严格的文档版面。

4.1.1　设置页边距

页边距就是页面上打印区域之外的空白空间，设置页边距包括调整上、下、左、右边距，调整装订线的距离等。

【例 4-1】 创建“员工手册”文字文稿，设置文档的页边距。 视频

(1) 启动 WPS Office，新建一个以“员工手册”为名的空白文字文稿，选择【页面布局】选项卡，单击【页边距】下拉按钮，在弹出的菜单中选择【自定义页边距】命令，如图 4-1 所示。

(2) 打开【页面设置】对话框，在【页边距】选项卡下的【页边距】区域中将【上】【下】选项的数值都设置为 2，【左】【右】选项的数值都设置为 3，单击【确定】按钮，如图 4-2 所示。

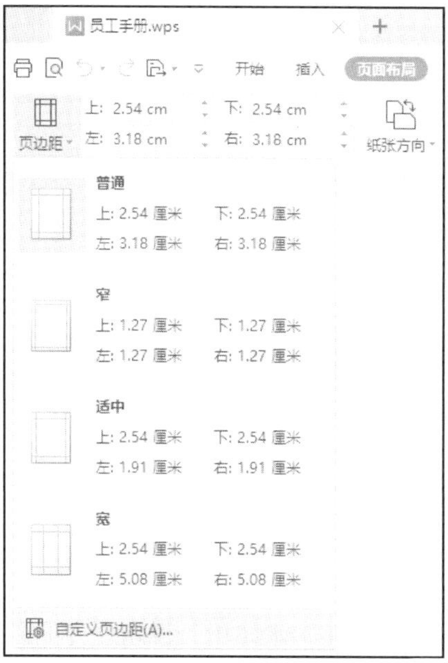

图 4-1

图 4-2

提示

在【页面布局】选项卡中单击【页边距】下拉按钮，弹出的菜单中直接显示了几个预设好的页边距选项，包括【普通】【窄】【适中】和【宽】选项，用户可以直接选择这些选项来调整页边距。在使用【页面设置】对话框调整完页边距后，再次单击【页边距】下拉按钮，在弹出的菜单中会显示上次自定义设置的页边距，方便用户直接选择。

4.1.2 设置纸张

在【页面布局】选项卡中单击【纸张方向】和【纸张大小】按钮，在弹出的菜单中选择设定的规格选项，即可快速设置纸张方向和大小。

【例 4-2】 设置文档的纸张方向和大小。 视频

(1) 继续使用【例 4-1】的“员工手册”文档，选择【页面布局】选项卡，单击【纸张方向】下拉按钮，在弹出的菜单中选择【纵向】选项，如图 4-3 所示。

(2) 单击【纸张大小】下拉按钮，在弹出的菜单中选择【A4】选项，如图 4-4 所示。

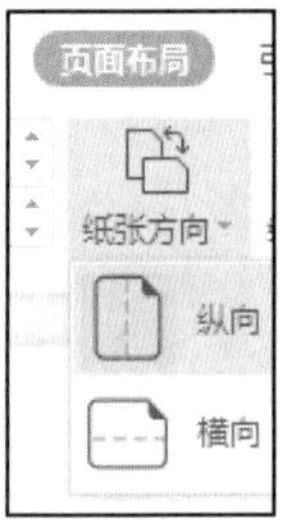

图 4-3

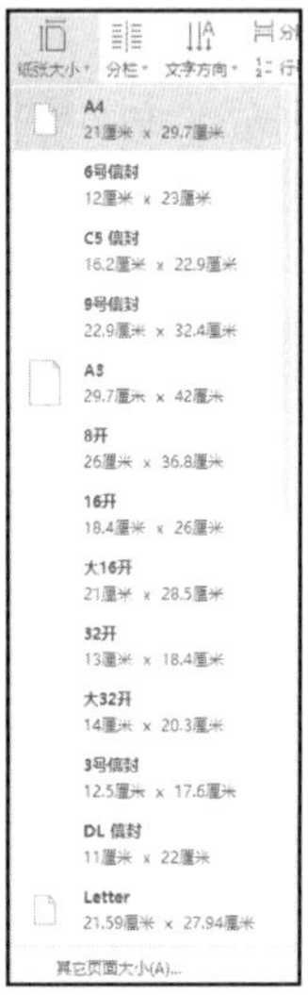

图 4-4

提示

在【纸张大小】下拉菜单中选择【其他页面大小】命令，在打开的【页面设置】对话框中选择【纸张】选项卡，用户可以在其中对纸张大小进行更详细的设置。

4.1.3 添加水印

水印是指将文本或图片以水印的方式设置为页面背景。文字水印用于说明文件的属性，如一些重要文档中都带有“机密文件”字样的水印。图片水印大多用于修饰文档，如一些杂志的页面背景通常为淡化后的图片。

首先选择【插入】选项卡，单击【水印】下拉按钮，在弹出的菜单中选择【插入水印】命令，如图 4-5 所示，打开【水印】对话框进行设置。

如果要插入文字水印，在【水印】对话框中勾选【文字水印】复选框，输入水印的内容，然后在该区域下方设置水印的格式，在右侧预览水印效果，单击【确定】按钮即可插入水印，如图 4-6 所示。

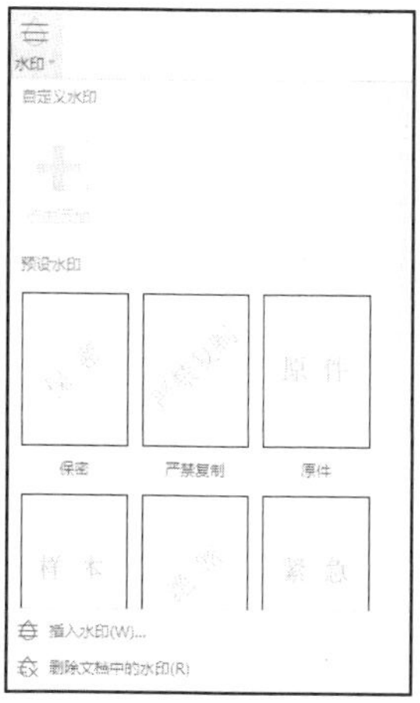

图 4-5

图 4-6

4.2　添加目录和备注

WPS Office 提供了处理长文档的功能和添加说明性文字的编辑工具。例如，使用大纲视图方式查看和组织文档，使用目录提示长文档的纲要，添加批注、脚注等备注阐述观点等。

4.2.1　设置大纲级别

用户制作好长文档后，需要为其中的标题设置级别，这样可以便于查找和修改内容。

【例 4-3】 为标题设置大纲级别。 视频

(1) 继续使用【例 4-2】的“员工手册”文档，输入正文内容，如图 4-7 所示。

(2) 将插入点放在文档中的一级标题处，然后右击，弹出快捷菜单，选择【段落】命令，如图 4-8 所示。

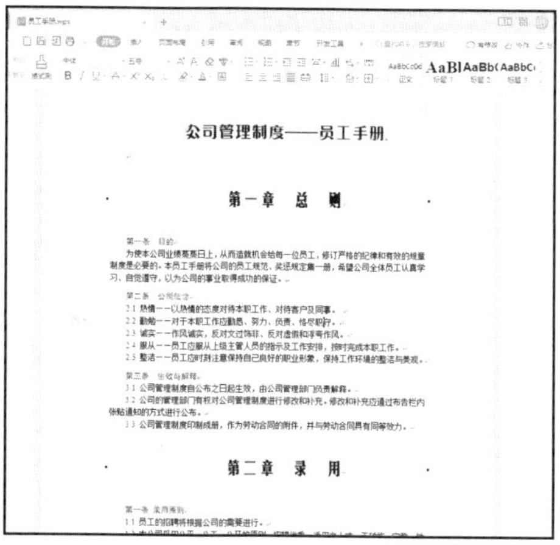

图 4-7

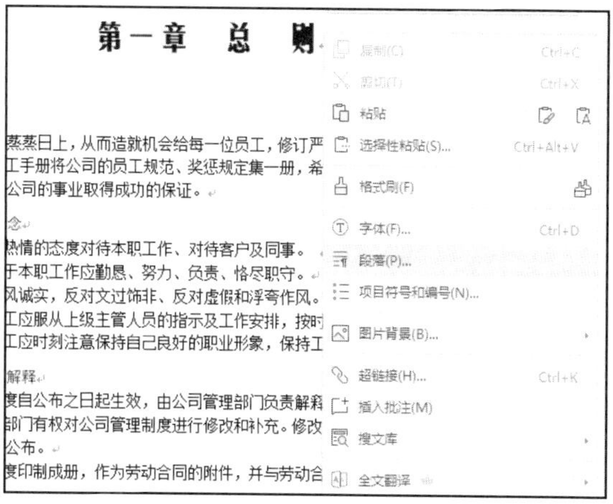

图 4-8

(3) 在打开的【段落】对话框中设置【大纲级别】为【1 级】，单击【确定】按钮，此时便完成第一个标题的大纲级别设置，如图 4-9 所示。

(4) 将插入点放在设置完大纲级别的标题处，然后单击【开始】选项卡中的【格式刷】按钮，此时鼠标变成了刷子形状，用鼠标单击同属于一级大纲的标题，即可将大纲级别格式进行复制和粘贴，如此便完成文档中所有一级标题的设置，如图 4-10 所示。

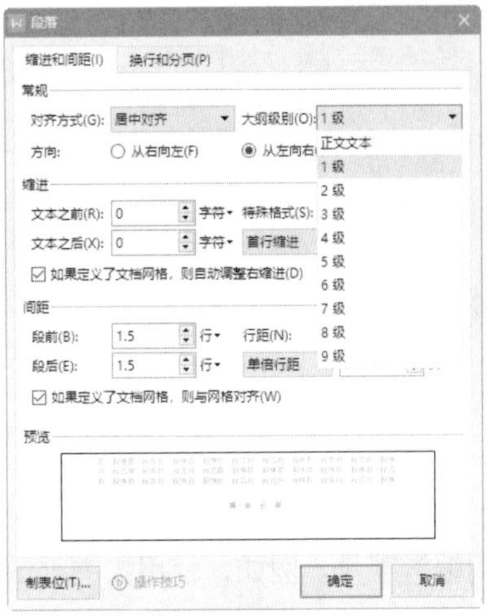

图 4-9

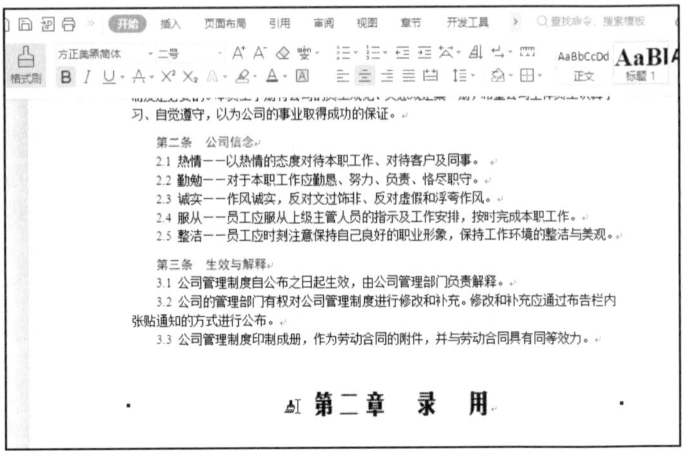

图 4-10

(5) 将插入点放在二级标题中(“第一条 目的”)，然后右击，在弹出的快捷菜单中选择【段落】命令，在打开的【段落】对话框中设置【大纲级别】为【2 级】，单击【确定】按钮，如图 4-11 所示。

(6) 使用前面格式刷的方法，完成文档中所有二级标题的设置，如图 4-12 所示。

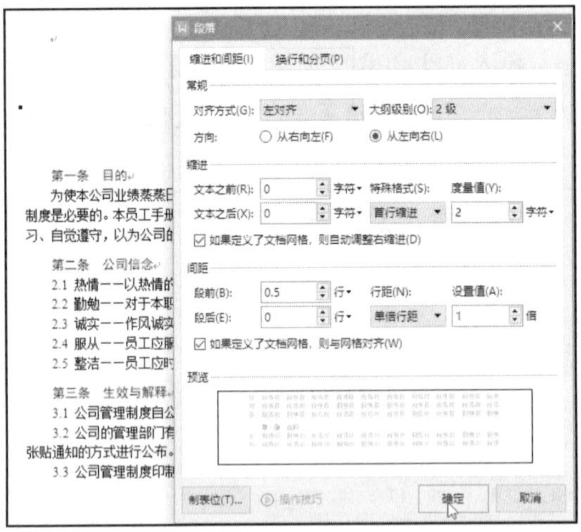

图 4-11

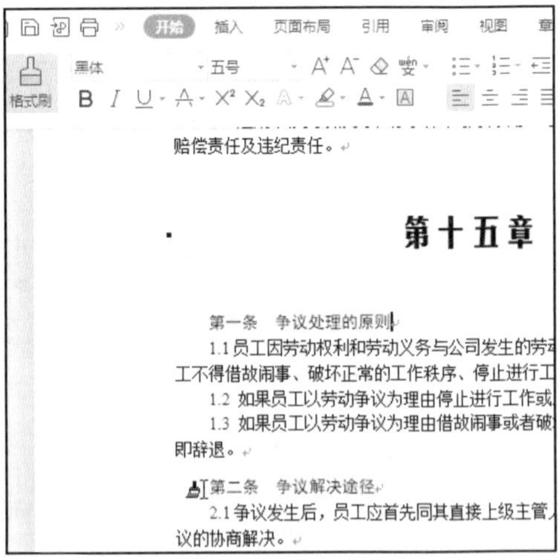

图 4-12

4.2.2　添加目录

目录与一篇文章的纲要类似，通过其可以了解全文的结构和整个文档所要讨论的内容。大纲级别设置完毕，接下来就可以生成目录了。

【例 4-4】 添加并设置目录。 视频

(1) 继续使用【例 4-3】的“员工手册”文档，将光标定位在需要生成目录的位置，切换到【引用】选项卡，选择【目录】下拉菜单中的【自定义目录】命令，如图 4-13 所示。

(2) 打开【目录】对话框，勾选【显示页码】复选框，设置【显示级别】为【2】，单击【确定】按钮，如图 4-14 所示。

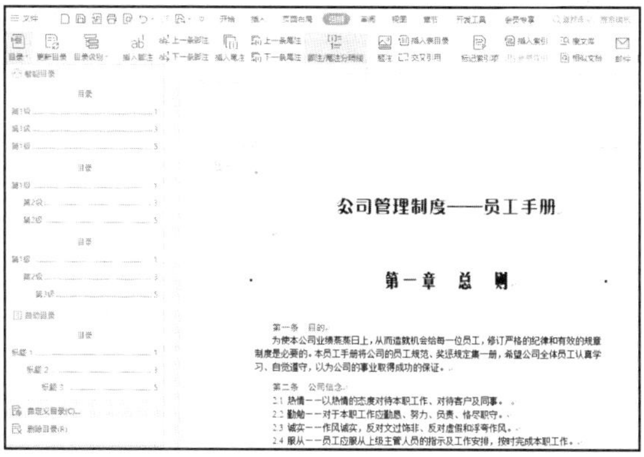

图 4-13

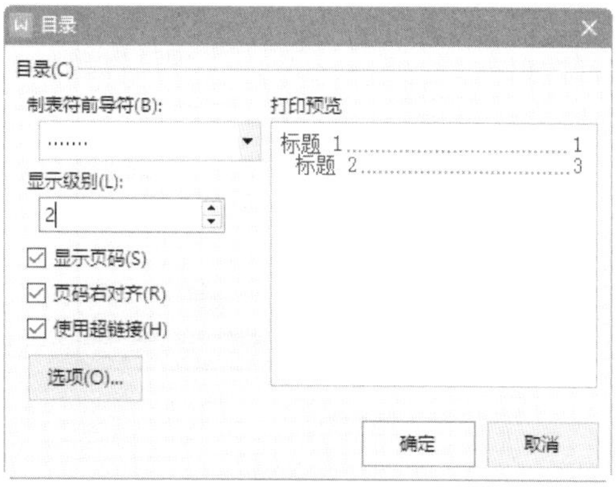

图 4-14

(3) 此时便完成了文档的目录生成，可以为目录页添加上“目录”二字，如图 4-15 所示。

(4) 选取整个目录，在【开始】选项卡【字体】中选择【华文中宋】选项，【字号】选择【小四】，目录的显示效果如图 4-16 所示。

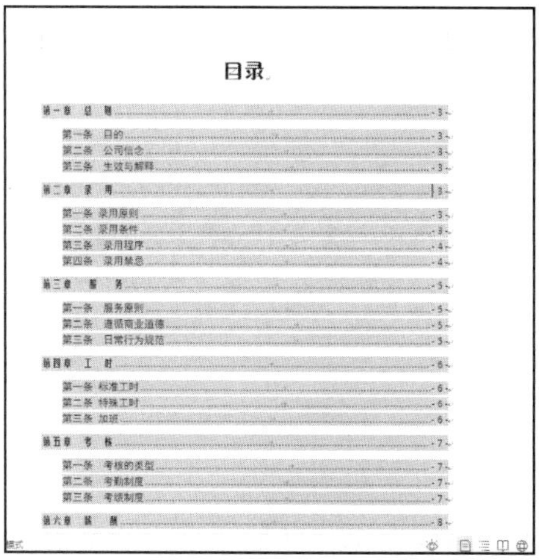

图 4-15

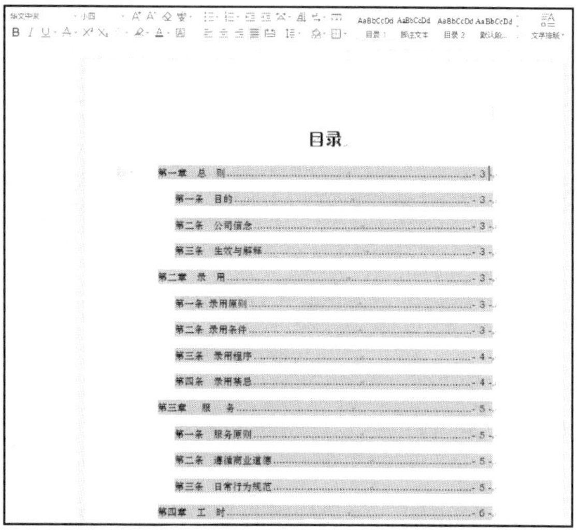

图 4-16

4.2.3 添加脚注

在编辑文档时，用户还可以为文档中的某个内容添加脚注，对其进行解释说明。

【例 4-5】 为文字内容添加脚注。 视频

(1) 继续使用【例 4-4】的“员工手册”文档，将光标定位至需要插入脚注的位置(“《劳动法》”之后)，选择【引用】选项卡，单击【插入脚注】按钮，如图 4-17 所示。

(2) 此时，文档的底端出现了一个脚注分隔线，在分隔线下方直接输入脚注内容即可，如图 4-18 所示。

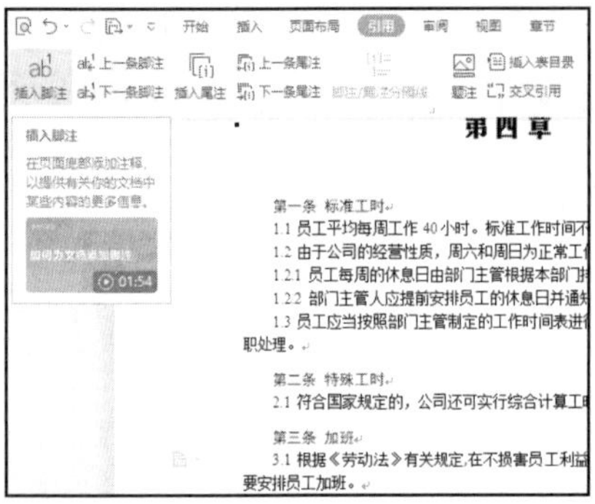

图 4-17

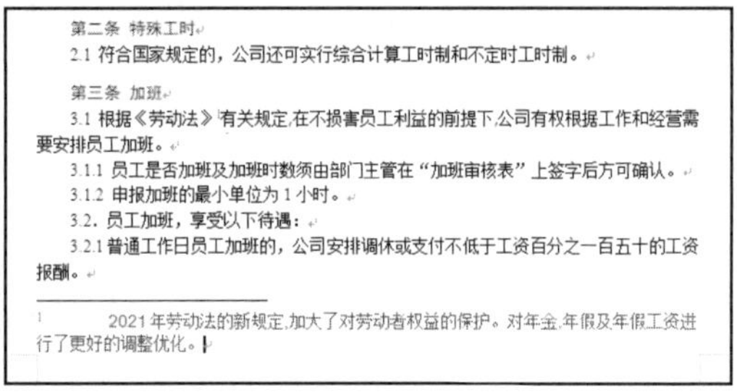

图 4-18

(3) 插入脚注后，文本后将出现脚注引用标记，将鼠标指针移至该标记，将显示脚注内容，如图 4-19 所示。

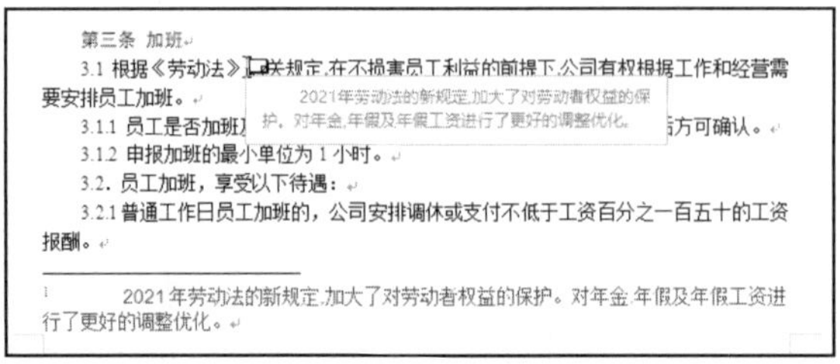

图 4-19

提示

此外，对于文字内容，可以单击【引用】选项卡中的【插入尾注】按钮添加尾注内容；对于图片或表格内容，可以单击【引用】选项卡中的【题注】按钮，在图片或表格上方或下方添加一段简短题注。

4.2.4 添加批注

批注是指审阅者给文档内容加上的注解或说明，或者是阐述批注者的观点，在上级审批文件、老师批改作业时非常有用。

【例 4-6】 在文档中添加批注。 视频

(1) 继续使用【例 4-5】的“员工手册”文档，选取文本“《劳动法》”，打开【审阅】选项卡，单击【插入批注】按钮，如图 4-20 所示。

(2) 此时，文档中会自动添加批注框，输入批注文本即可，如图 4-21 所示。

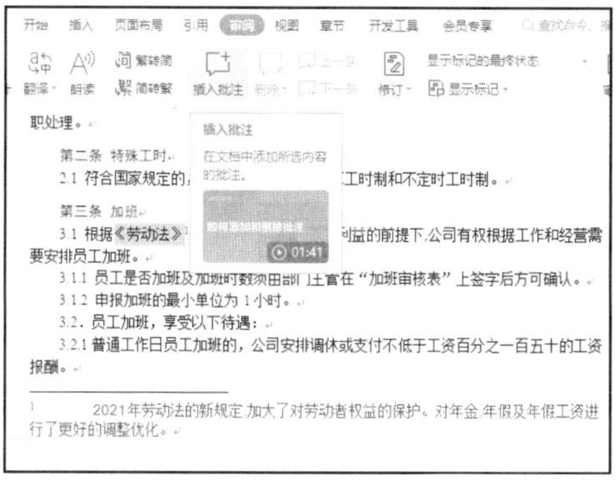

图 4-20

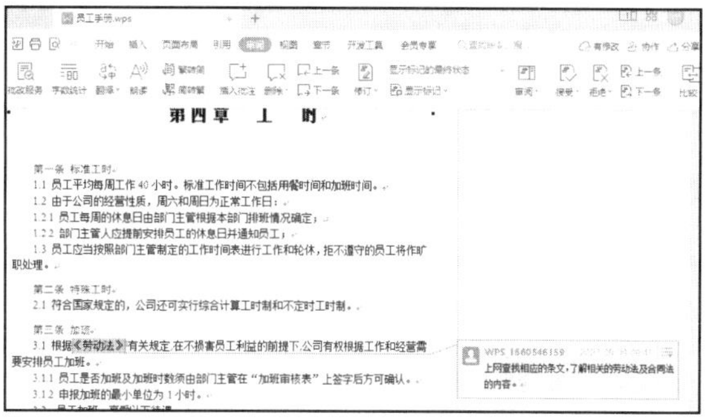

图 4-21

(3) 如果作者需要答复批注者，可以单击批注框内的【编辑批注】按钮，在下拉菜单中选择【答复】命令，如图 4-22 所示。

(4) 此时可以由作者输入回复文字，如图 4-23 所示。

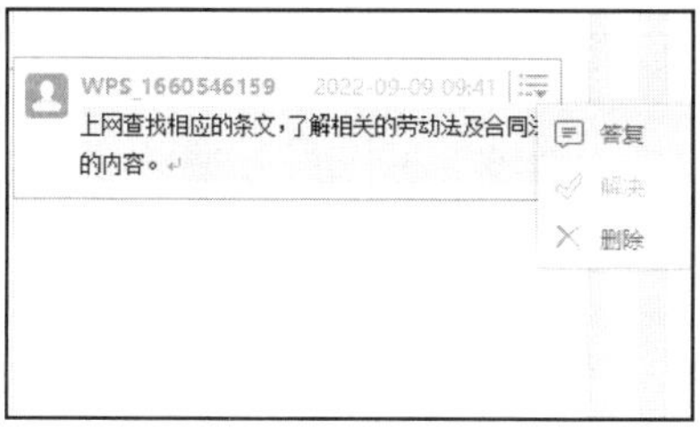

图 4-22

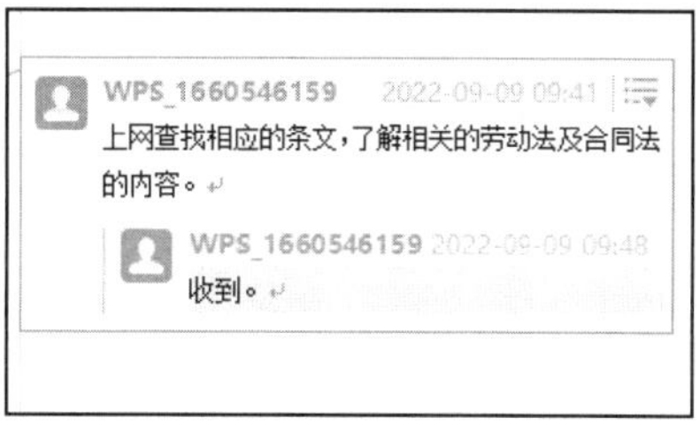

图 4-23

(5) 如要删除批注框，在图 4-22 所示的下拉菜单中选择【删除】命令即可。

4.3　插入页眉、页脚和页码

页眉是版心上边缘和纸张边缘之间的图形或文字，页脚则是版心下边缘与纸张边缘之间的图形或文字。页码一般添加在页眉或页脚中，也可以添加到其他地方。

4.3.1　插入页眉和页脚

书籍中奇偶页的页眉和页脚通常是不同的。在 WPS Office 中，可以为文档中的奇偶页设计不同的页眉和页脚。

【例 4-7】 为奇、偶页创建不同的页眉。 视频

(1) 打开“员工手册”文档，打开【插入】选项卡，单击【页眉页脚】按钮，切换至【页眉页脚】选项卡，单击【页眉页脚选项】按钮，如图 4-24 所示。

(2) 在打开的【页眉/页脚设置】对话框中勾选【奇偶页不同】复选框，单击【确定】按钮，如图 4-25 所示。

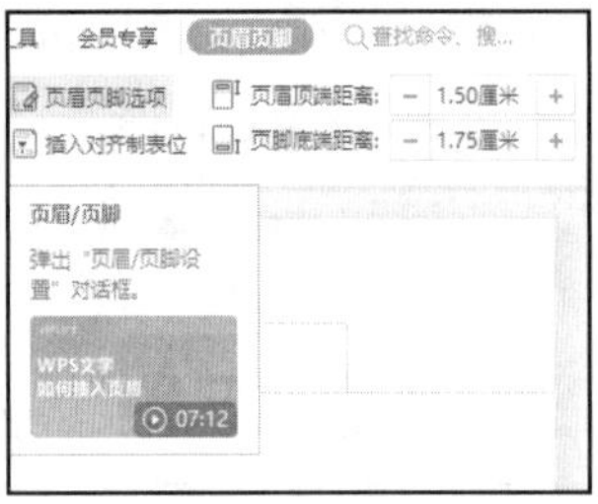

图 4-24

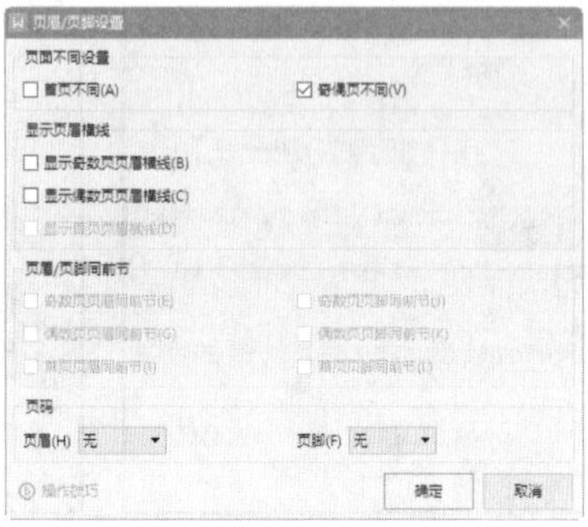

图 4-25

(3) 返回编辑区，将光标定位在奇数页页眉中，在【页眉页脚】选项卡中单击【图片】按钮，如图 4-26 所示。

(4) 在打开的【插入图片】对话框中选择一张图片，单击【打开】按钮，如图 4-27 所示。

图 4-26

图 4-27

(5) 返回编辑区，可以看到奇数页页眉中已经插入了图片，适当调整图片的大小，如图 4-28 所示。

(6) 将光标定位在偶数页页眉中，输入文本“羽欧科技公司”，并设置页眉文字的字体、字号、颜色，如图 4-29 所示。

图 4-28

图 4-29

(7) 设置完成后关闭页眉和页脚，可以看到奇数页页眉添加了图片，偶数页页眉添加了文字，如图 4-30 和图 4-31 所示。奇偶页页脚的设置方法与页眉相同，这里不再赘述。

图 4-30

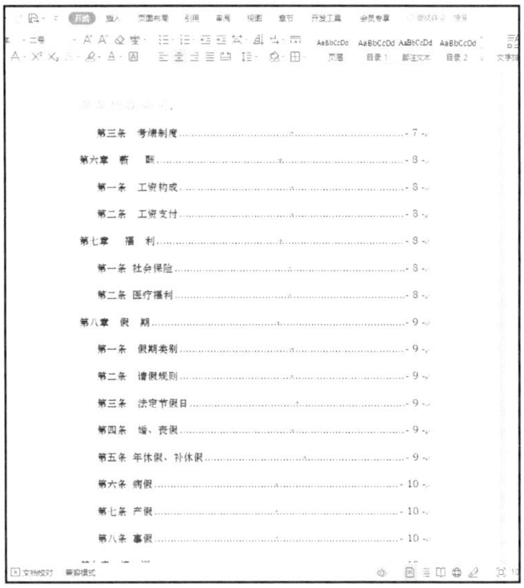

图 4-31

4.3.2　插入页码

对于长篇文档来说，为了方便浏览和查找，用户可以在文档中添加页码。下面介绍插入页码的方法。

【例 4-8】 插入并设置页码。 视频

(1) 继续使用【例 4-7】的“员工手册”文档，选择【插入】选项卡，单击【页码】下拉按钮，在弹出的菜单中选择【页码】命令，如图 4-32 所示。

(2) 打开【页码】对话框，在【样式】列表中选择一个样式，在【位置】列表中选择【底端居中】选项，单击【确定】按钮，如图 4-33 所示。

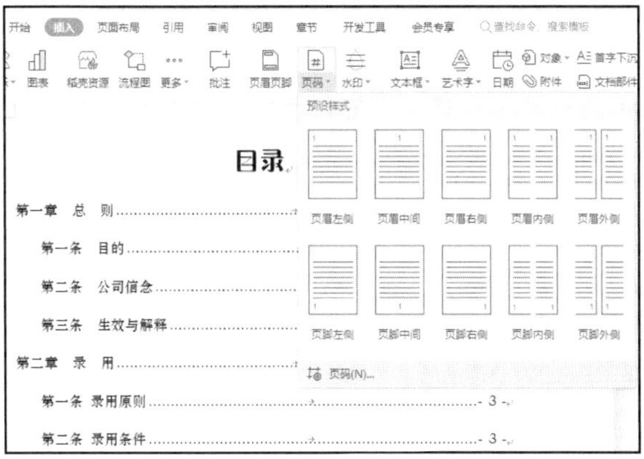

图 4-32

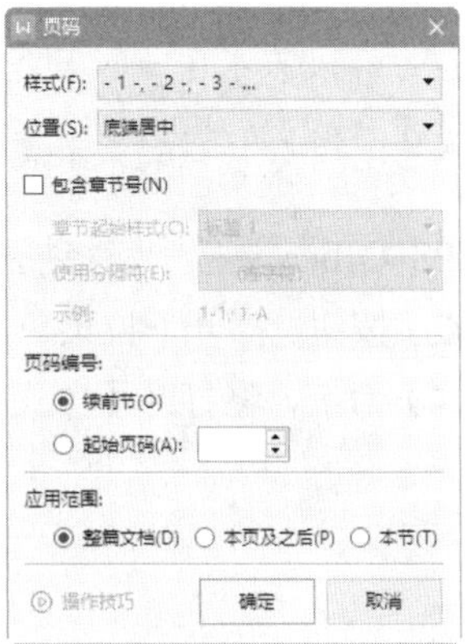

图 4-33

(3) 返回编辑区，可以看到已经从指定页面开始插入页码，如图 4-34 所示。

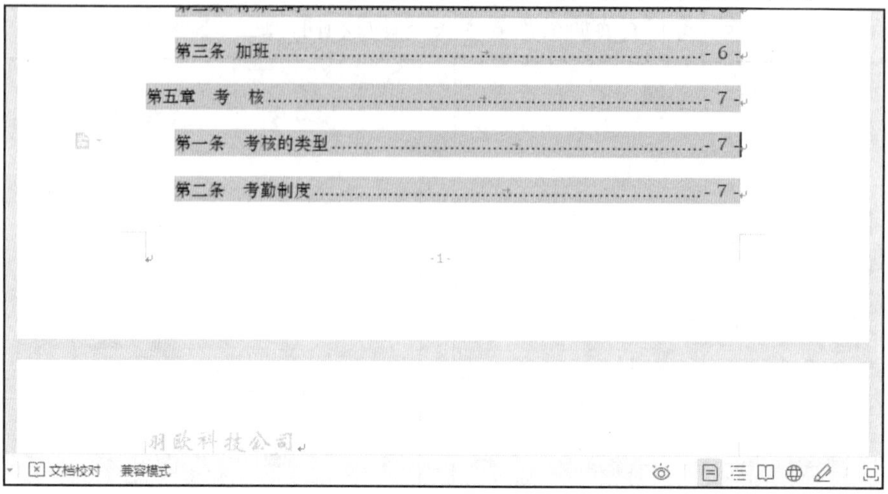

图 4-34

4.4 设置文档样式

样式就是字体格式和段落格式等特性的组合，在 WPS Office 中使用样式可以快速改变和美化文档的外观。

4.4.1 选择样式

样式是应用于文档中的文本、表格和列表的一套格式特征。它是 WPS Office 针对文档中一组格式进行的定义，这些格式包括字体、字号、字形、段落间距、行间距及缩进量等内容，其作用是方便用户对重复的格式进行设置。

提示

每个文档都基于一个特定的模板，每个模板中都会自带一些样式，又称为内置样式。如果需要应用的格式组合和某内置样式的定义相符，则可以直接应用该样式而不用新建文档的样式，如果内置样式中有部分样式定义和需要应用的样式不相符，则可以自定义样式。

在 WPS Office 文档中，将插入点放置在要使用样式的段落中，选择【开始】选项卡，在样式框旁单击 按钮，打开下拉菜单，可以选择样式选项，如图 4-35 所示。在下拉菜单中选择【显示更多样式】命令，将打开【样式和格式】任务窗格，在列表框中同样可以选择样式，如图 4-36 所示。

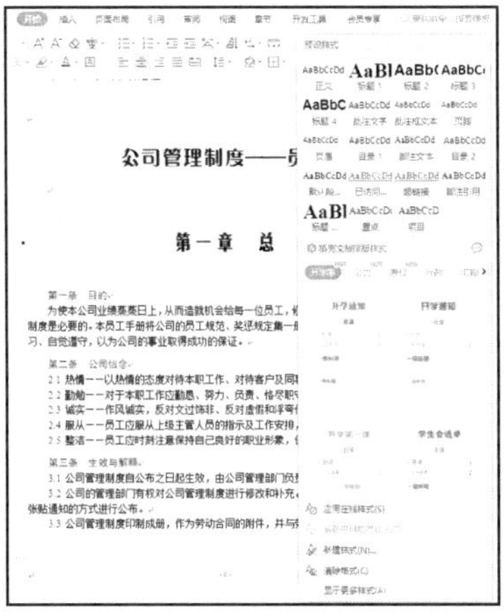

图 4-35

图 4-36

4.4.2　修改样式

如果某些内置样式无法完全满足某组格式设置的要求，则可以在内置样式的基础上进行修改。

【例 4-9】 修改【重点】样式。 视频

(1) 继续使用【例 4-8】的“员工手册”文档，将插入点定位在任意一处带有【重点】样式的文本中(如“第一条　目的”)，选择【开始】选项卡，在样式框旁单击按钮，打开下拉菜单，选择【显示更多样式】命令，打开【样式和格式】任务窗格，单击【重点】样式右侧的箭头按钮，从弹出的快捷菜单中选择【修改】命令，如图 4-37 所示。

(2) 打开【修改样式】对话框，在【属性】选项区域的【样式基于】下拉列表框中选择【无样式】选项；在【格式】选项区域的【字体】下拉列表框中选择【华文楷体】选项，在【字号】下拉列表框中选择【小三】选项，单击【格式】按钮，从弹出的快捷菜单中选择【段落】选项，如图 4-38 所示。

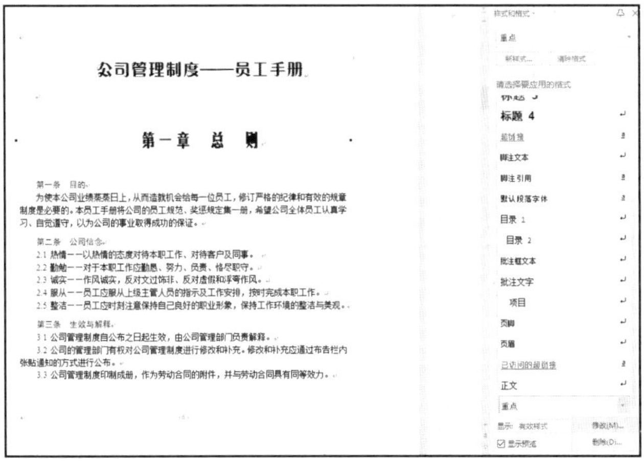

图 4-37

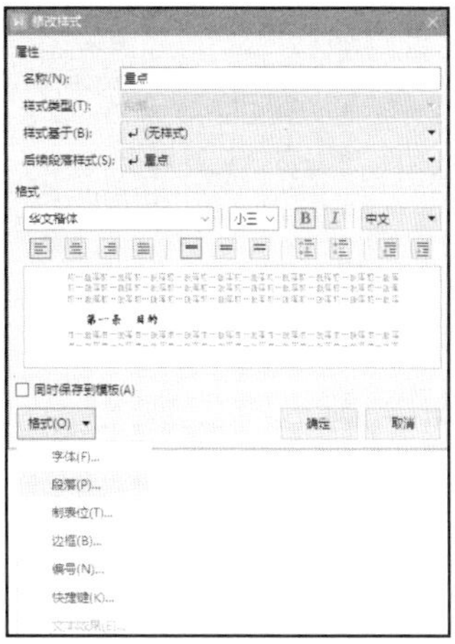

图 4-38

(3) 打开【段落】对话框，在【间距】选项区域中，将【段前】【段后】的距离均设置为“0.5 行”，并且将【行距】设置为【最小值】，【设置值】为“16 磅”，单击【确定】按钮，如图 4-39 所示。

(4) 返回至【修改样式】对话框，单击【格式】按钮，从弹出的快捷菜单中选择【边框】命令，打开【边框和底纹】对话框的【底纹】选项卡，在【填充】颜色面板中选择【矢车菊蓝，着色 5，淡色 60%】色块，单击【确定】按钮，如图 4-40 所示。

图 4-39

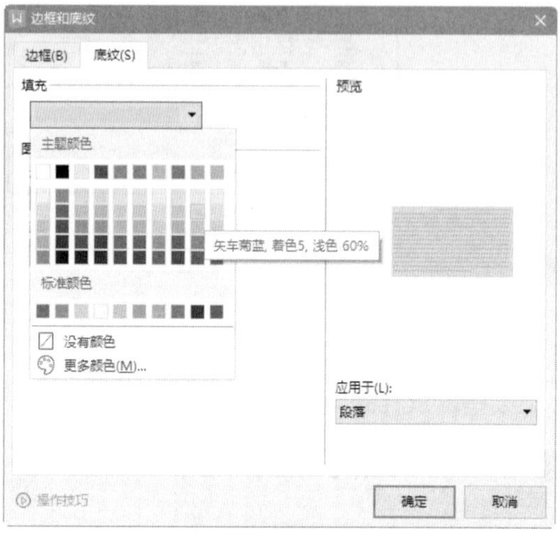

图 4-40

(5) 返回【修改样式】对话框，单击【确定】按钮。此时所有的【重点】样式修改成功，并自动应用到文档中，如图 4-41 所示。

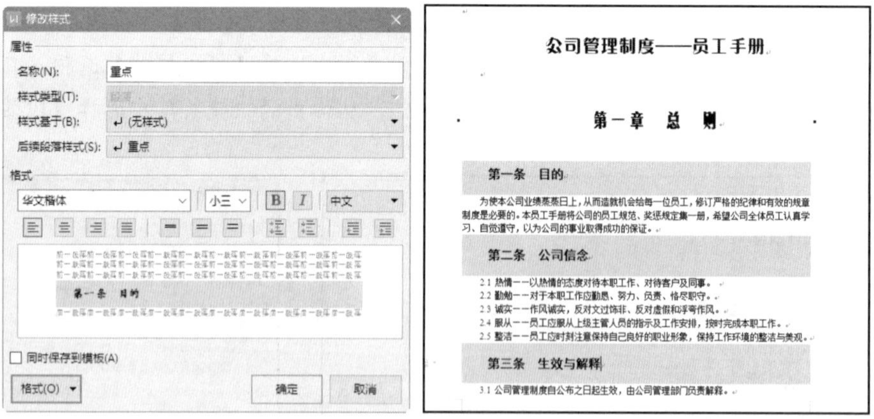

图 4-41

4.4.3 新建样式

如果现有文档的内置样式与所需格式设置相去甚远时，创建一个新样式将会更为便捷。

在【样式和格式】任务窗格中单击【新样式】按钮，如图 4-42 所示。打开【新建样式】对话框，如图 4-43 所示，在【名称】文本框中输入要新建的样式的名称；在【样式类型】下拉列表框中选择【字符】或【段落】选项；在【样式基于】下拉列表框中选择该样式的基准样式(基于样式是指最基本或原始的样式，文档中的其他样式都以此为基础)；单击【格式】按钮，可以为字符或段落设置格式。

图 4-42

图 4-43

4.4.4　删除样式

在 WPS Office 中，可以在【样式和格式】任务窗格中删除样式，但无法删除模板的内置样式。删除样式时，在【样式和格式】任务窗格中单击需要删除的样式旁的箭头按钮，在弹出的菜单中选择【删除】命令，打开确认删除对话框。单击【确定】按钮，即可删除该样式，如图 4-44 所示。

图 4-44

> **提示**
>
> 在【样式和格式】任务窗格中单击【清除格式】按钮，即可将插入点所在的段落样式清除，但不会删除文档中其他相同样式的段落。

4.5 设置特殊格式

一般报刊都需要创建带有特殊效果的文档，需要配合使用一些特殊的排版方式。WPS Office 提供了多种特殊的排版方式，如首字下沉、分栏、带圈字符等。

4.5.1 首字下沉

首字下沉是报刊中较为常用的一种文本修饰方式，使用该方式可以很好地改善文档的外观，使文档更引人注目。设置首字下沉，就是使第一段开头的第一个字放大。放大的程度用户可以自行设定，占据两行或者三行的位置，其他字符围绕在其右下方。

【例 4-10】 打开“面”文档，设置首字下沉。 视频

(1) 启动 WPS Office，打开一个名为“面”的文字文稿，并将鼠标指针插入正文第 1 段前，选择【插入】选项卡，单击【首字下沉】按钮，如图 4-45 所示。

(2) 打开【首字下沉】对话框，在【位置】区域选择【下沉】选项，在【字体】下拉列表中选择一种字体，如【华文琥珀】，在【下沉行数】微调框中输入数值 3，单击【确定】按钮，如图 4-46 所示。

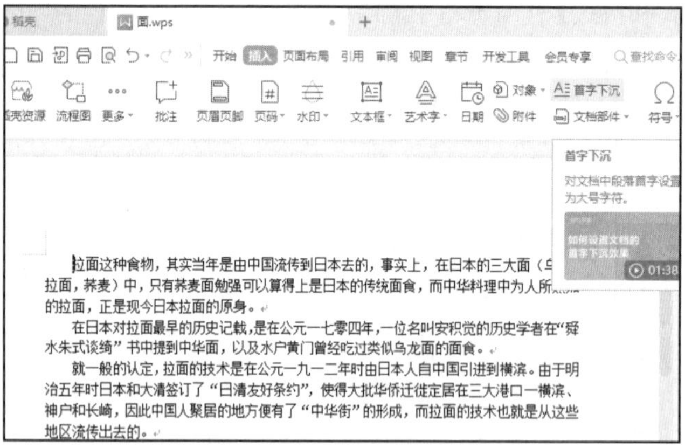

图 4-45

图 4-46

(3) 通过以上步骤即可完成设置首字下沉效果的操作，效果如图 4-47 所示。

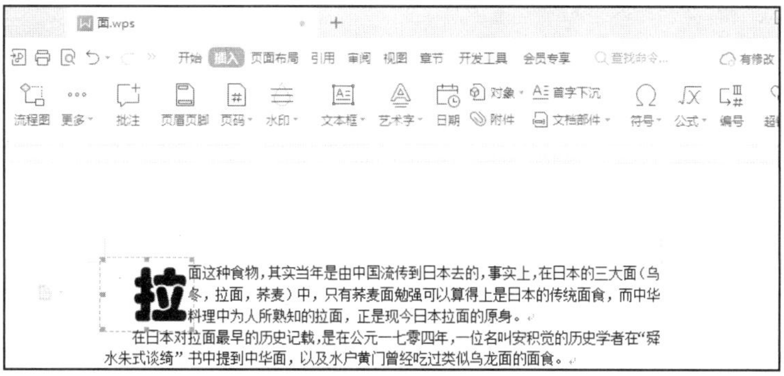

图 4-47

4.5.2　设置分栏

在阅读报刊时，常常会发现许多页面被分成多个栏目。这些栏目有的是等宽的，有的是不等宽的，使得整个页面布局显得错落有致，美观且易于读者阅读。分栏是指按实际排版需求将文本分成若干条块，使版面更为美观。

【例 4-11】　设置分两栏显示文本。视频

(1) 继续使用【例 4-10】的“面”文档，选中文档中的第 3 段文本，如图 4-48 所示。

(2) 选择【页面布局】选项卡，单击【分栏】下拉按钮，在下拉菜单中选择【更多分栏】命令，如图 4-49 所示。

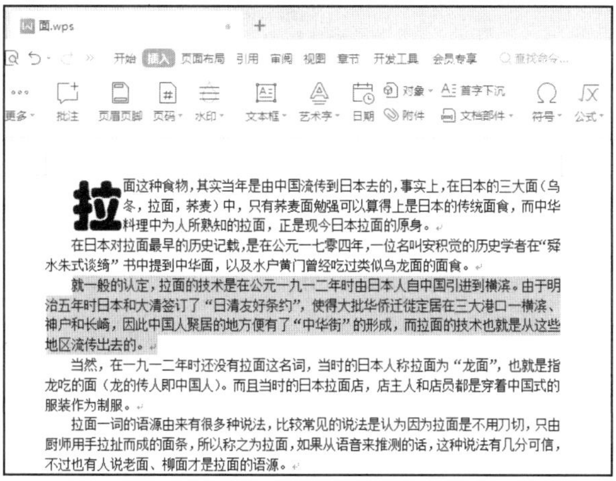

图 4-48

图 4-49

(3) 在打开的【分栏】对话框中选择【两栏】选项，勾选【栏宽相等】复选框和【分隔线】复选框，然后单击【确定】按钮，如图 4-50 所示。

(4) 此时选中的文本段落将以两栏的形式显示，如图 4-51 所示。

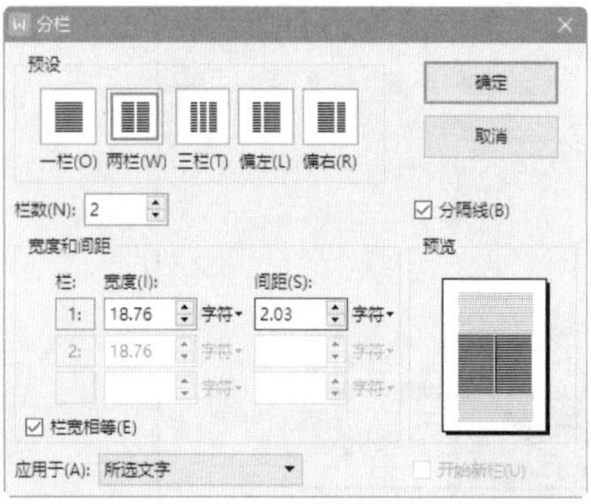

图 4-50

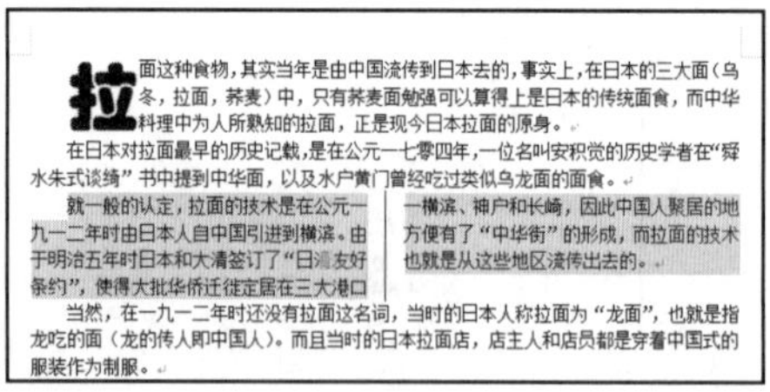

图 4-51

4.5.3 带圈字符

在编辑文字时，有时要输入一些特殊的文字，如圆圈围绕的文字、方框围绕的数字等，用于突出强调文字，下面介绍设置带圈字符的方法。

【例 4-12】 设置带圈字符。 视频

(1) 继续使用【例 4-11】的“面”文档，选中文本“面”，在【开始】选项卡中单击【拼音指南】下拉按钮，在弹出的菜单中选择【带圈字符】命令，如图 4-52 所示。

(2) 打开【带圈字符】对话框，在【样式】选项区域中选择带圈字符样式，如【缩小文字】；在【圈号】列表框中选择所需的圈号，单击【确定】按钮，如图 4-53 所示。

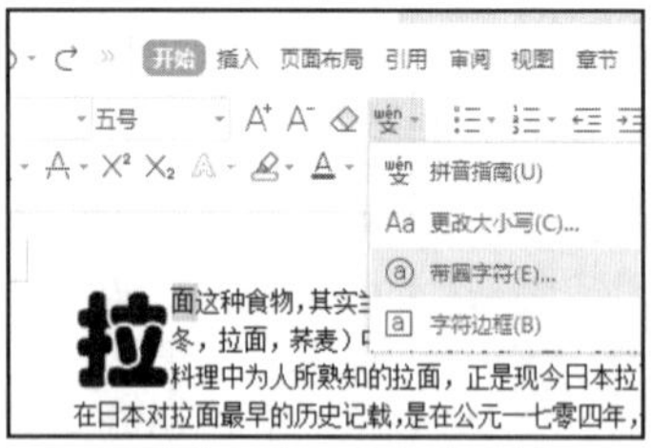

图 4-52

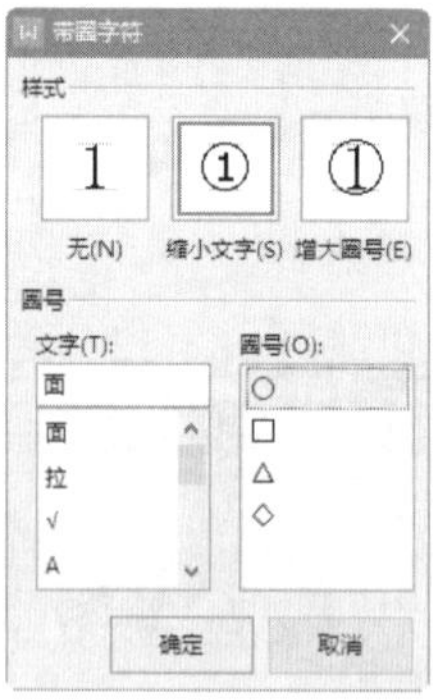

图 4-53

(3) 通过以上步骤即可完成设置带圈字符效果的操作，如图 4-54 所示。

图 4-54

4.5.4　合并字符

合并字符是将一行字符分成上、下两行，并按原来的一行字符空间进行显示。此功能在名片制作、出版书籍或发表文章等方面发挥较大的作用。

【例 4-13】 设置合并字符。 视频

(1) 继续使用【例 4-12】的“面”文档，选取正文第 1 段第 2 行中的文本“传统面食”，打开【开始】选项卡，单击【中文版式】按钮，在弹出的菜单中选择【合并字符】命令，如图 4-55 所示。

(2) 打开【合并字符】对话框，在【字体】下拉列表框中选择【华文行楷】选项，在【字号】下拉列表框中选择【12】，单击【确定】按钮，如图 4-56 所示。

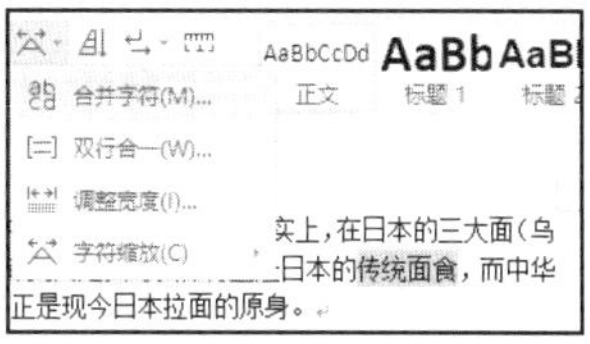

图 4-55

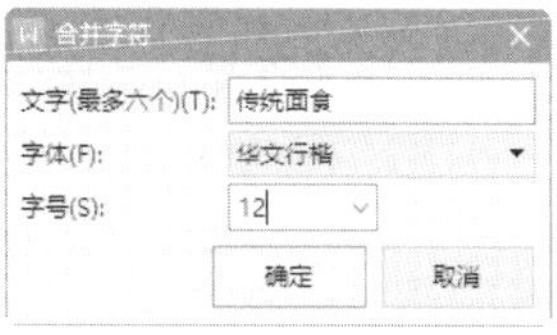

图 4-56

(3) 此时即可显示合并文本“传统面食”的效果，如图 4-57 所示。

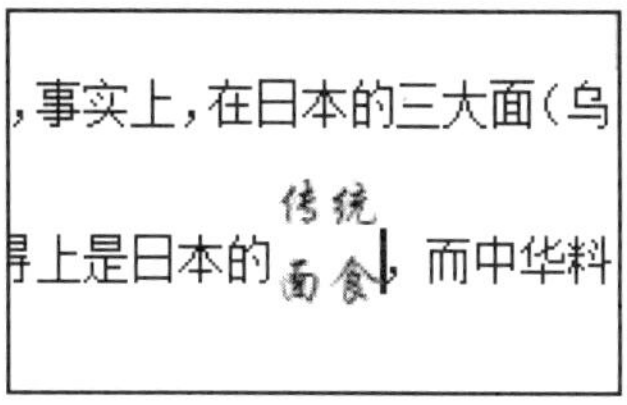

图 4-57

4.5.5　双行合一

双行合一效果能使所选的位于同一文本行的内容平均地分为两部分，前一部分排列在后一部分的上方。在必要的情况下，还可以给双行合一的文本添加不同类型的括号。

【例 4-14】 设置双行合一。 视频

(1) 继续使用【例 4-13】的“面”文档，选取正文第 2 段中的文本“安积觉”。打开【开始】选项卡，单击【中文版式】按钮，在弹出的菜单中选择【双行合一】命令，如图 4-58 所示。

(2) 打开【双行合一】对话框，勾选【带括号】复选框，在【括号样式】下拉列表框中选择一种括号样式，单击【确定】按钮，如图 4-59 所示。

(3) 此时即可显示双行合一文本“安积觉”的效果，如图 4-60 所示。

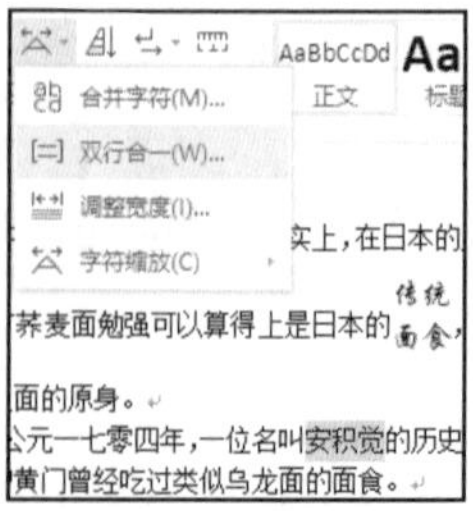

图 4-58

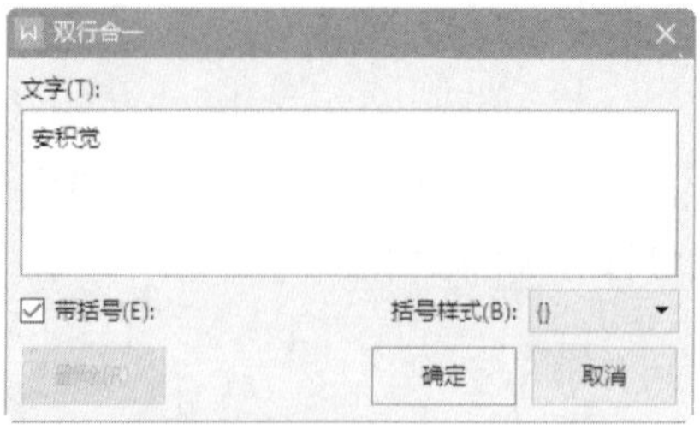

图 4-59

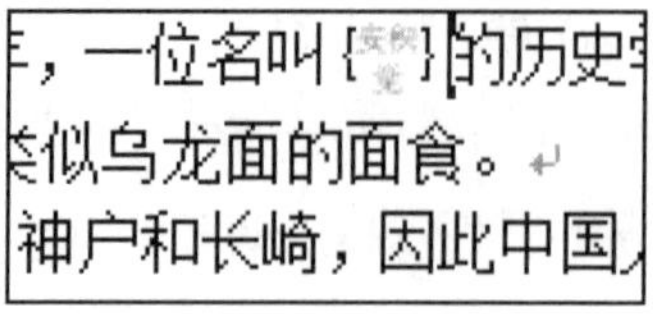

图 4-60

4.6 打印文档

完成文档的制作后，如果需要打印出来，必须先对其进行打印预览，按照用户的不同需求进行修改和调整，然后对打印文档的页面范围、打印份数和纸张大小等参数进行设置，最后将文档打印出来。

4.6.1 预览文档

在打印文档之前，如果想预览文档打印效果，可以使用打印预览功能。打印预览的效果与实际上打印的真实效果非常相近，使用该功能可以避免打印失误或不必要的损失。另外，还可以在预览窗格中对文档进行编辑，以得到满意的效果。

单击【文件】按钮，选择【打印】|【打印预览】命令，如图 4-61 所示。打开预览界面，选择【显示比例】中的比例选项，可以查看文档多页效果，如果看不清楚预览的文档，还可以拖动窗格下方的滑块对文档的显示比例进行调整，如图 4-62 所示。

图 4-61

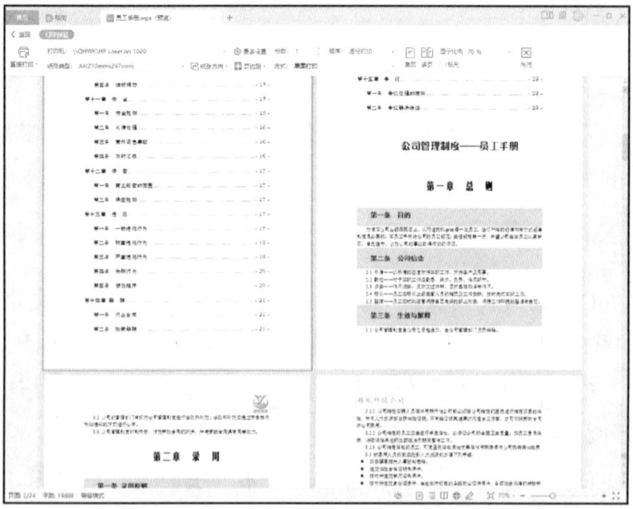

图 4-62

4.6.2　设置打印参数

如果一台打印机与计算机已正常连接，并且安装了所需的驱动程序，则可以直接输出所需的文档。

在文档中单击【文件】按钮，选择【打印】|【打印】命令，如图 4-63 所示。可以在打开的【打印】对话框中设置打印份数、打印机属性、打印页数和双面打印等。设置完成后，直接单击【确定】按钮，即可开始打印文档，如图 4-64 所示。

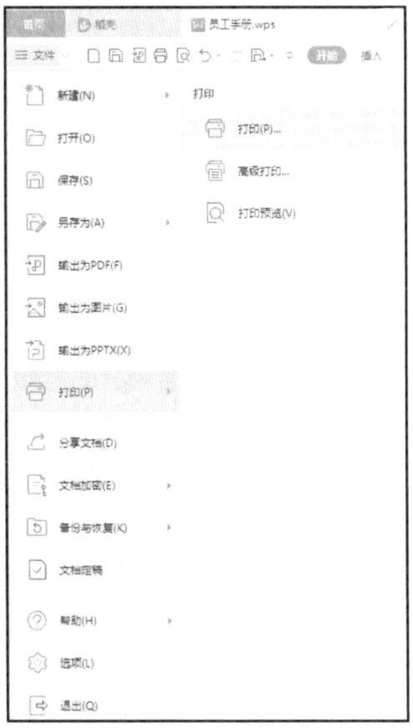

图 4-63

图 4-64

4.7　实例演练

通过前面内容的学习，读者应该已经掌握在文字文档中进行排版设计等技能，下面以修改并新建样式作为案例演练，巩固本章所学内容。

【例 4-15】　在“课程介绍”文档中修改并新建样式。 视频

(1) 启动 WPS Office，打开“课程介绍”文档。打开【开始】选项卡，单击【样式】下拉按钮，选择【显示更多样式】命令，打开【样式和格式】任务窗格。将插入点定位在“教材范围:”文本中，然后在【样式和格式】任务窗格中选择【标题 1】，再单击【标题 1】样式右侧的箭头按钮，从弹出的快捷菜单中选择【修改】命令，如图 4-65 所示。

(2) 打开【修改样式】对话框，在【属性】选项区域的【样式基于】下拉列表框中选择【无样式】选项；在【格式】选项区域的【字体】下拉列表框中选择【楷体】选项，在【字号】下拉列表框中选择【三号】选项；单击【格式】按钮，从弹出的快捷菜单中选择【段落】选项，如图 4-66 所示。

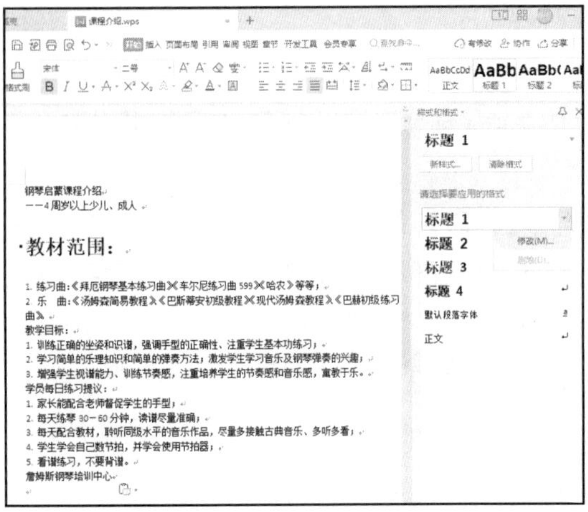

图 4-65

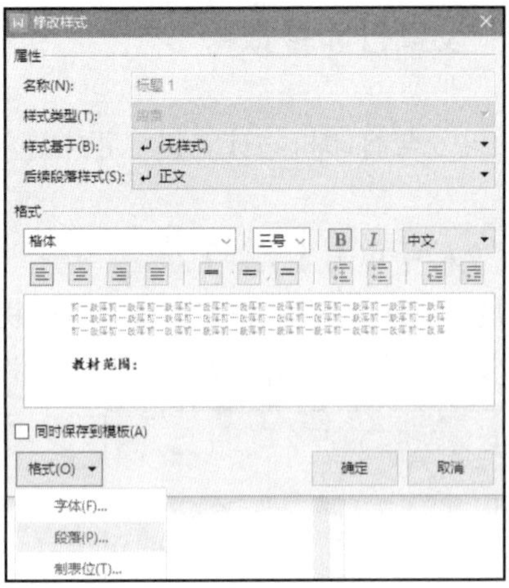

图 4-66

(3) 打开【段落】对话框，在【间距】选项区域中，将【段前】【段后】的距离均设置为“0.5 磅”，并且将【行距】设置为【最小值】,【设置值】为【16 磅】，单击【确定】按钮，如图 4-67 所示。

(4) 返回【修改样式】对话框，单击【格式】按钮，从弹出的快捷菜单中选择【边框】命令，打开【边框和底纹】对话框的【底纹】选项卡，在【填充】颜色面板中选择一种色块，单击【确定】按钮，如图 4-68 所示。

图 4-67

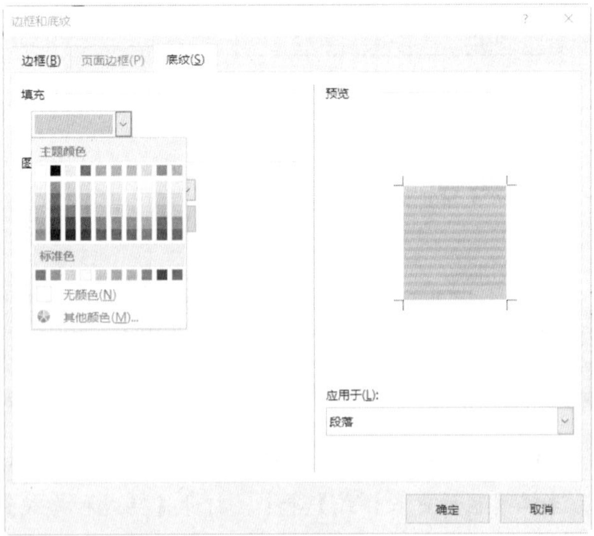

图 4-68

(5) 返回【修改样式】对话框，单击【确定】按钮。此时【标题 1】样式修改成功，并自动应用到文档中，如图 4-69 所示。

(6) 将插入点定位在正文文本中，使用同样的方法，修改【正文】样式，设置段落格式的行距为【固定值】,【设置值】为【15 磅】，此时修改后的【正文】样式自动应用到文档中，如图 4-70 所示。

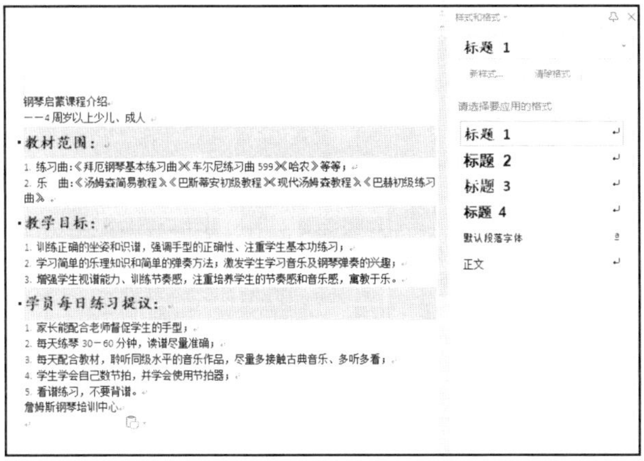

图 4-69

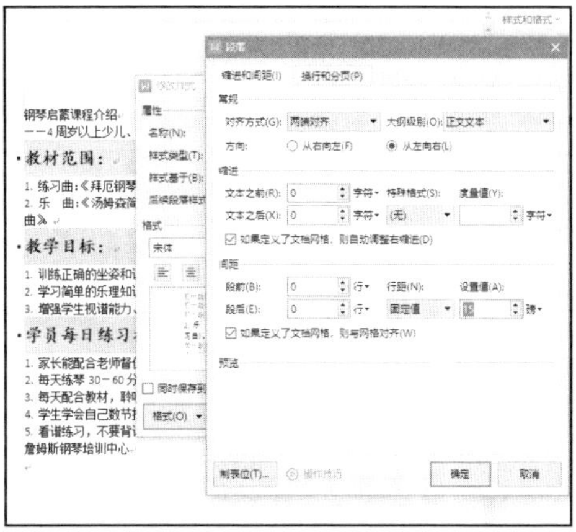

图 4-70

(7) 将插入点定位至文档最后一段文字中，打开【样式和格式】任务窗格，单击【新样式】按钮，如图 4-71 所示。

(8) 打开【新建样式】对话框，在【名称】文本框中输入“备注”；在【样式基于】下拉列表框中选择【无样式】选项；在【格式】选项区域的【字体】下拉列表框中选择【微软雅黑】选项，【字号】为【12】，单击【粗体】【斜体】按钮；然后单击【格式】按钮，在弹出的菜单中选择【段落】选项，如图 4-72 所示。

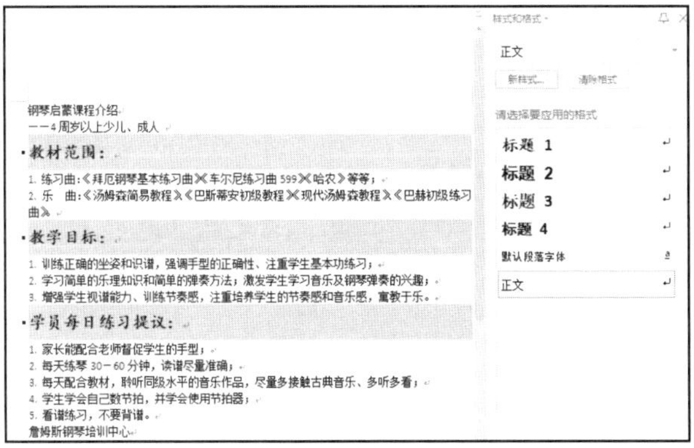

图 4-71

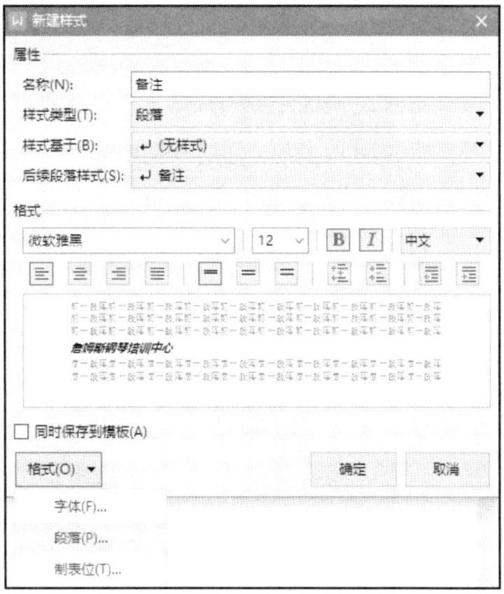

图 4-72

(9) 打开【段落】对话框的【缩进和间距】选项卡，设置【对齐方式】为【右对齐】，将【段前】间距设为“0.5 行”，单击【确定】按钮，如图 4-73 所示。

(10) 此时该段落文本将自动应用【备注】样式，并在【样式和格式】窗格中显示新样式，如图 4-74 所示。

图 4-73

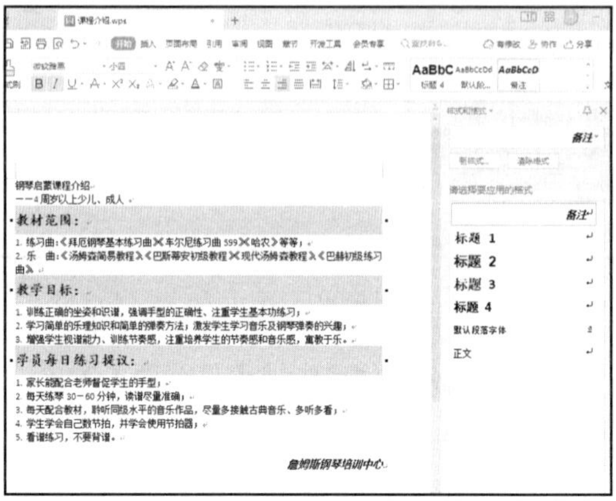

图 4-74

4.8 习题

1. 如何设置大纲级别？
2. 如何插入页眉、页脚和页码？
3. 如何设置文档样式？
4. 如何设置打印参数？

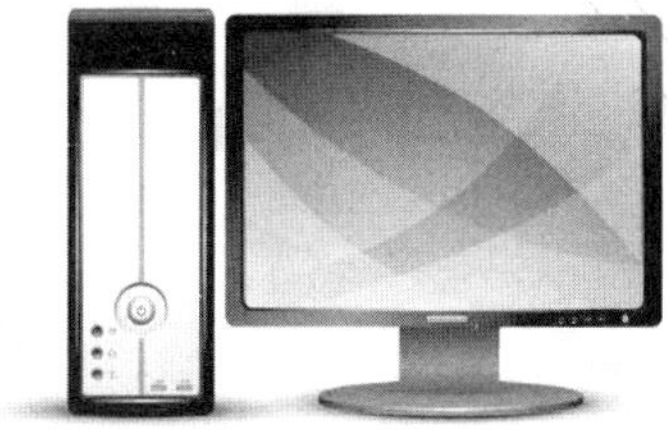

第 5 章

电子表格的基础操作

本章主要介绍工作簿、工作表和单元格的基本操作，以及录入数据和编辑数据方面的知识与技巧，同时还讲解了如何美化表格。通过本章的学习，读者可以掌握创建与编辑 WPS Office 表格方面的知识。

本章重点

- 工作簿的基础操作
- 工作表的基础操作
- 单元格的基本操作
- 设置表格格式

二维码教学视频

【例 5-1】 加密工作簿
【例 5-2】 分享工作簿
【例 5-3】 输入文本
【例 5-4】 输入文本型数据
【例 5-5】 填充数据
【例 5-6】 输入日期型数据

本章其他视频参见教学视频二维码

5.1 工作簿的基础操作

使用 WPS Office 表格创建的工作簿是用于存储和处理数据的工作文档，也称为电子表格。默认新建的工作簿以“工作簿 1”命名，并显示在标题栏的文档名处。WPS Office 提供了创建和保存工作簿、加密工作簿、分享工作簿等功能。

5.1.1 认识工作簿、工作表和单元

一个完整的 WPS Office 表格文档主要由 3 部分组成，分别是工作簿、工作表和单元格，这 3 部分相辅相成，缺一不可。

1. 工作簿

工作簿是 WPS Office 表格用来处理和存储数据的文件。新建的表格文件就是一个工作簿，它可以由一个或多个工作表组成。创建空白表格后，系统会打开一个名为“工作簿 1”的工作簿，如图 5-1 所示。

2. 工作表

工作表是在表格中用于存储和处理数据的主要文档，也是工作簿中的重要组成部分。在 WPS Office 中，用户可以在工作簿中通过单击 + 按钮新建工作表，如图 5-2 所示。

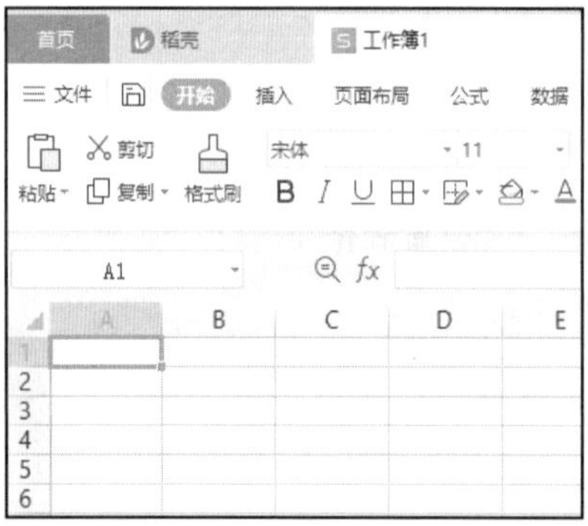

图 5-1

图 5-2

3. 单元格

单元格是工作表中的小方格，是 WPS Office 表格独立操作的最小单位。单元格的定位是通过它所在的行号和列标来确定的。图 5-3 表示选择了 A4 单元格。

单元格区域是一组被选中的相邻或分离的单元格。单元格区域被选中后，所选范围内的单元格都会高亮度显示，取消选中状态后又恢复原样。图 5-4 所示为选择了 B2:D6 单元格区域。

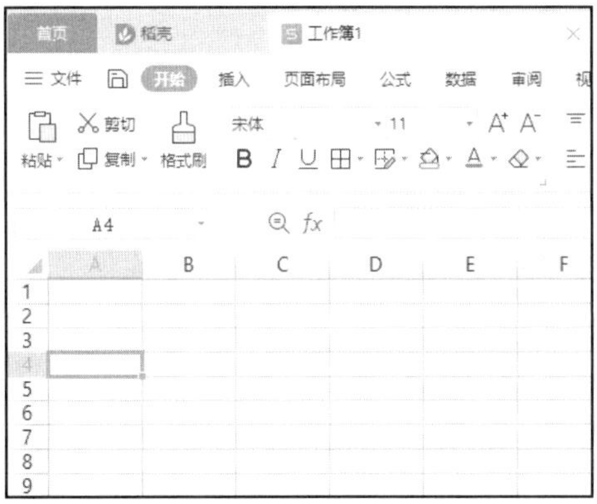

图 5-3

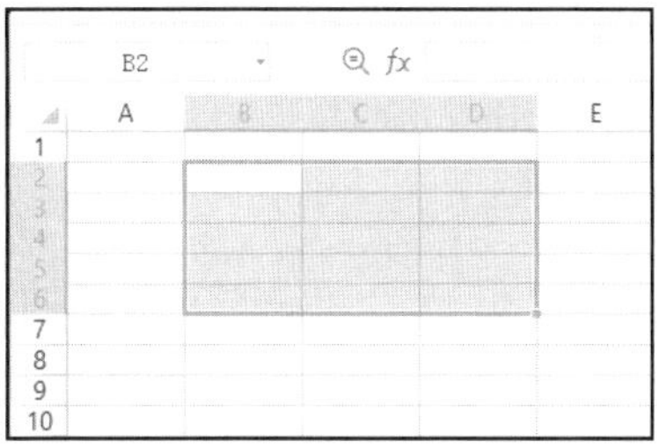

图 5-4

5.1.2　创建和保存工作簿

要使用 WPS Office 制作电子表格，首先应创建工作簿，然后以相应的名称保存工作簿。

1. 创建空白工作簿

启动 WPS Office 后，单击【新建】按钮，选择【新建表格】选项卡，然后单击【新建】界面中的【新建空白表格】选项，即可创建一个空白工作簿，如图 5-5 所示。

2. 使用模板新建工作簿

用户还可以通过软件自带的模板创建有“内容”的工作簿，从而大幅度地提高工作效率。例如，单击【新建】界面模板选项中的【员工考勤表】选项，浮现【立即使用】按钮后单击，如图 5-6 所示。

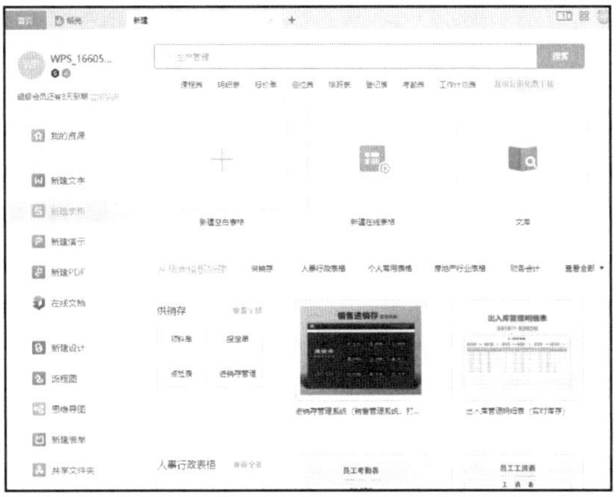

图 5-5

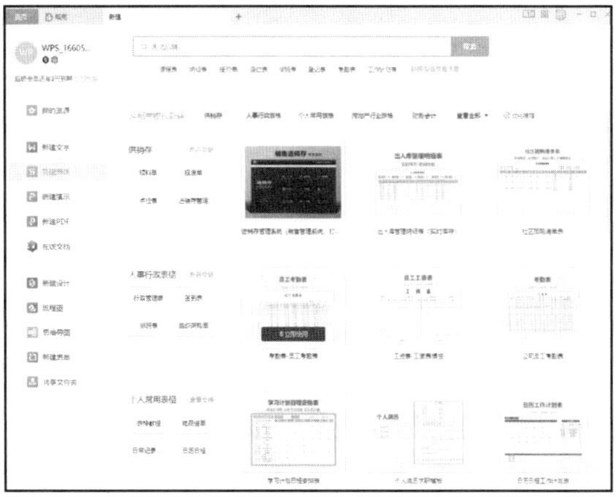

图 5-6

此时将开始联网下载该模板，下载模板完毕将创建相应的工作簿，如图 5-7 所示。

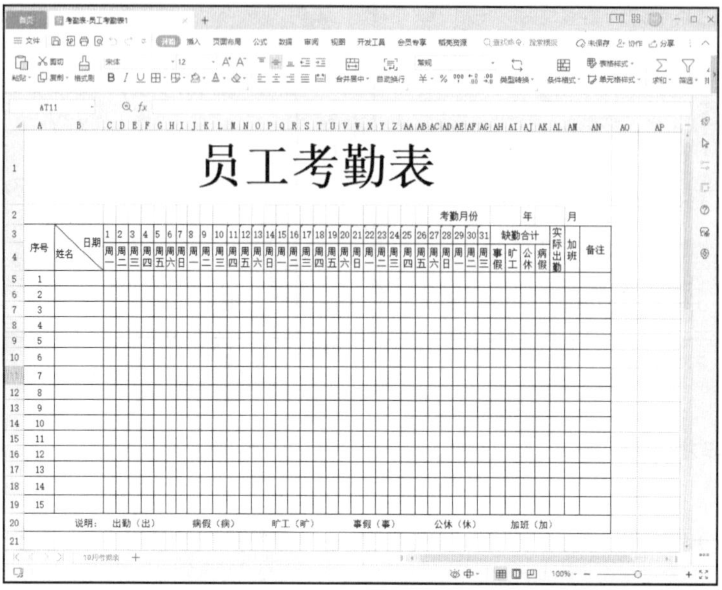

图 5-7

3. 保存工作簿

当用户需要将工作簿保存在计算机中时，可以单击【文件】按钮，在打开的菜单中选择【保存】或【另存为】选项，或者直接单击快速访问工具栏中的按钮，如图 5-8 所示。如果是未保存的工作簿，则可打开【另存文件】对话框，设置工作簿的存放路径、文件名等选项，单击【确定】按钮即可保存，如图 5-9 所示。

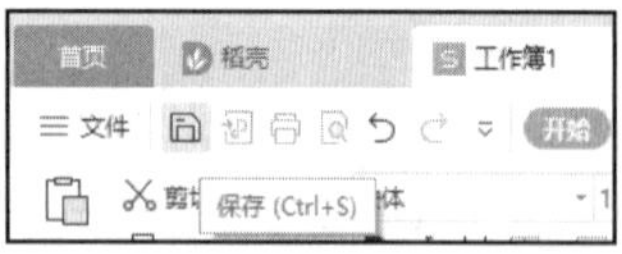

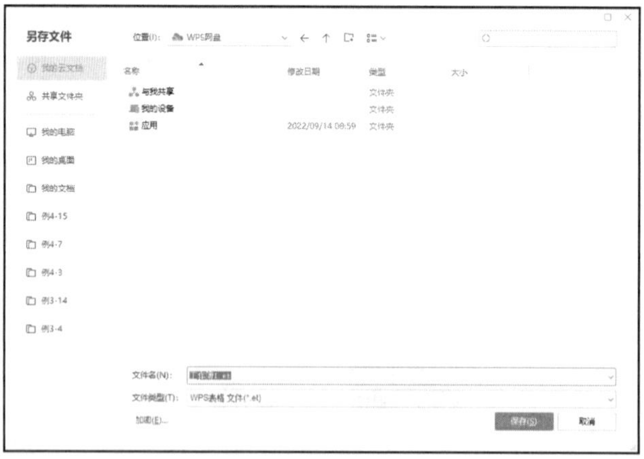

图 5-8

图 5-9

提示

如果是已经保存过的工作簿，单击【保存】按钮不会打开【另存文件】对话框，而是直接将编辑修改后的数据保存到当前工作簿中。保存后，工作簿的文件名、存放路径不会发生任何改变。

5.1.3　加密工作簿

在商务办公中，工作簿经常会有涉及公司机密的数据信息，这时通常需要为工作簿设置打开和修改密码。

【例 5-1】 加密工作簿。 视频

(1) 打开一个表格文件，单击【文件】按钮，在弹出的菜单中选择【文档加密】|【密码加密】命令，如图 5-10 所示。

(2) 在打开的【密码加密】对话框中设置【打开权限】和【编辑权限】的密码为“123”，单击【应用】按钮，如图 5-11 所示。

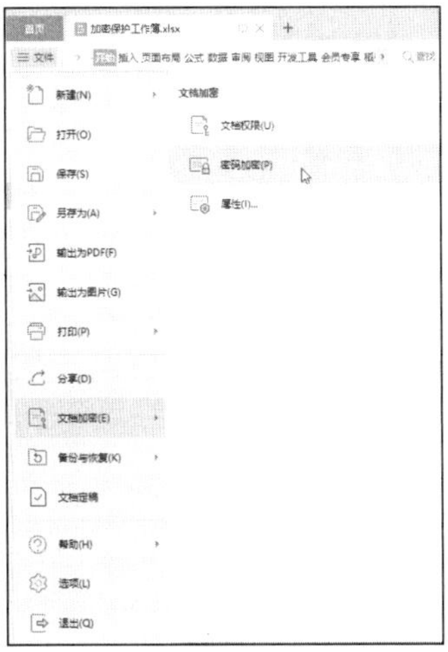

图 5-10

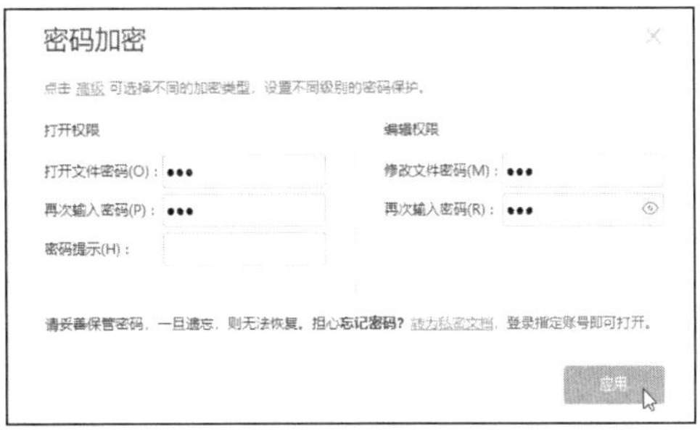

图 5-11

(3) 再次打开文档时，会打开【文档已加密】对话框，提示用户输入文档打开密码，在文本框中输入密码，单击【确定】按钮，如图 5-12 所示。

(4) 如果用户设置了编辑权限密码，则会继续打开【文档已设置编辑密码】对话框，提示用户输入密码，或者以只读模式打开。在文本框中输入密码，单击【解锁编辑】按钮，如图 5-13 所示。

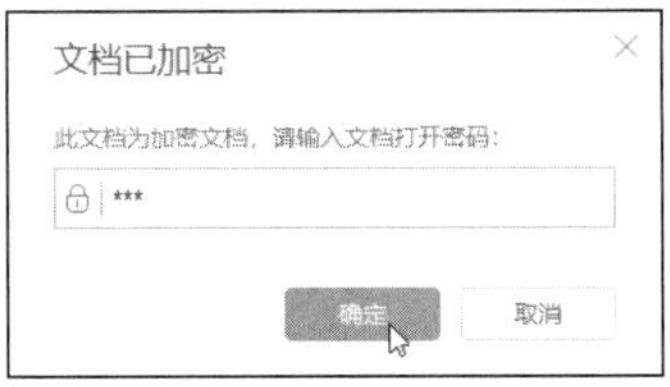

图 5-12

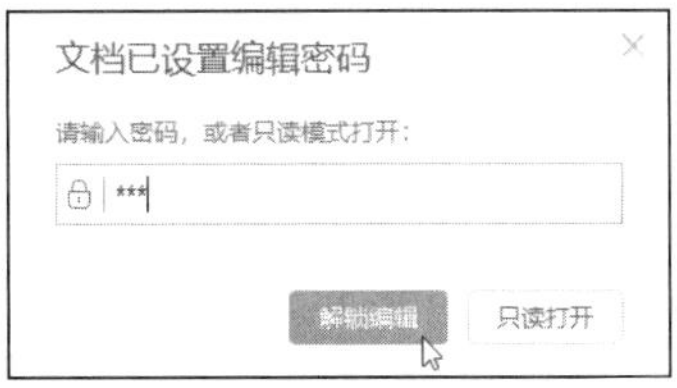

图 5-13

提示

打开【密码加密】对话框后，在【打开权限】和【编辑权限】中删除所有设置的密码信息，然后单击【应用】按钮，即可撤销工作簿的加密保护。

5.1.4 分享工作簿

在实际办公过程中，工作簿的数据信息有时需要多个部门的领导进行查阅，此时可以采用 WPS Office 的分享功能来实现。下面介绍分享工作簿的操作方法。

【例 5-2】 分享工作簿。 视频

(1) 打开一个表格文件，单击【文件】下拉按钮，在弹出的菜单中选择【分享】命令，如图 5-14 所示。

(2) 在打开的【另存云端开启“分享”】对话框中单击【上传到云端】按钮，如图 5-15 所示。

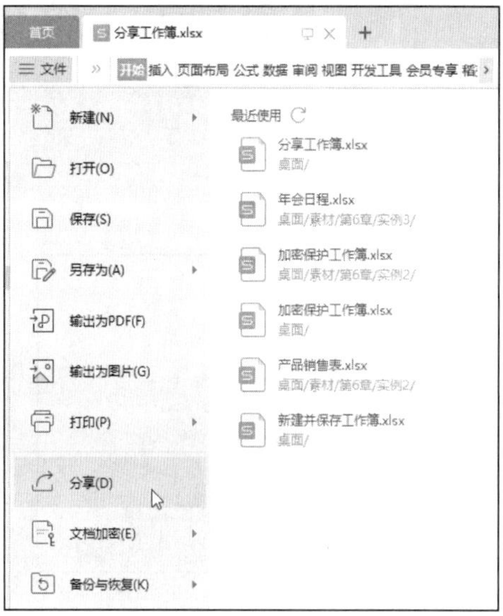

图 5-14

图 5-15

(3) 显示上传成功后，用户可以在打开的对话框中有选择性地发给联系人进行文档编辑，同时可以设置文档的共享权限，比如可以让他人只能浏览文档，不能对其进行修改等操作，如图 5-16 所示。

图 5-16

5.2　工作表的基础操作

本节主要介绍如何对工作表进行基本的管理，包括添加与删除工作表、重命名工作表、设置工作表标签的颜色及保护工作表等。

5.2.1　添加与删除工作表

在实际工作中可能会用到更多的工作表，需要用户在工作簿中添加新的工作表，而多余的工作表则可以直接删除。

在工作簿中单击【新建工作表】按钮，如图 5-17 所示。此时会在【Sheet1】工作表的右侧自动新建一个名为【Sheet2】的空白工作表，如图 5-18 所示。

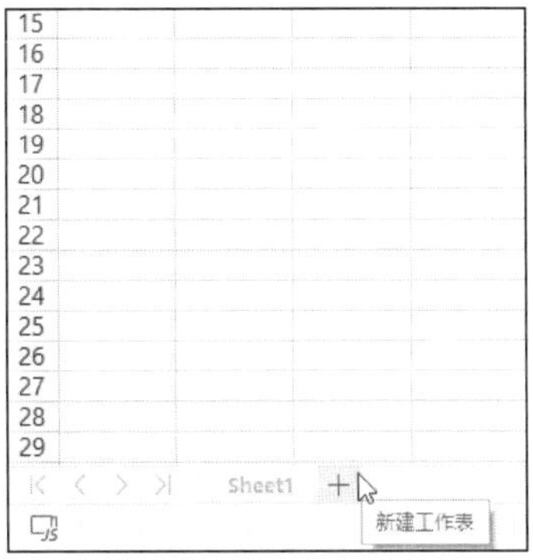

图 5-17

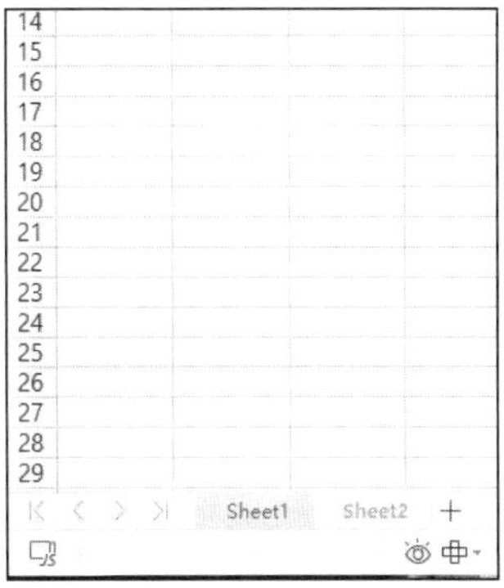

图 5-18

右击【Sheet1】工作表标签，在弹出的快捷菜单中选择【删除工作表】命令，如图 5-19 所示。此时 Sheet1 工作表已被删除，如图 5-20 所示。

图 5-19

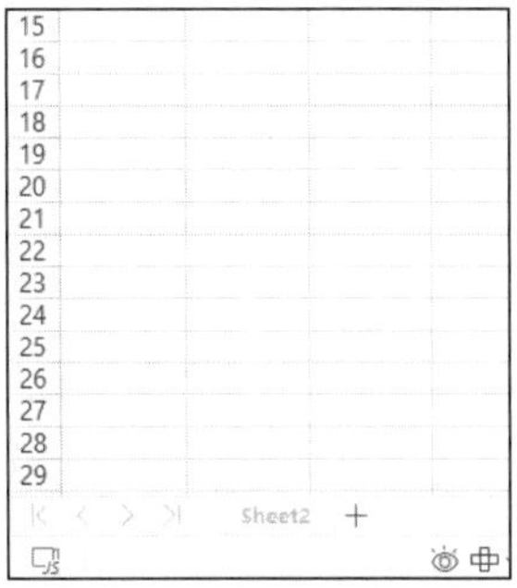

图 5-20

5.2.2 重命名工作表

在默认情况下，工作表以 Sheet1、Sheet2、Sheet3 依次命名，在实际应用中，为了区分工作表，可以根据表格名称、创建日期、表格编号等对工作表进行重命名。

首先右击【Sheet1】工作表标签，在弹出的快捷菜单中选择【重命名】命令，如图 5-21 所示。此时名称呈选中状态，使用输入法输入名称，如图 5-22 所示。

图 5-21

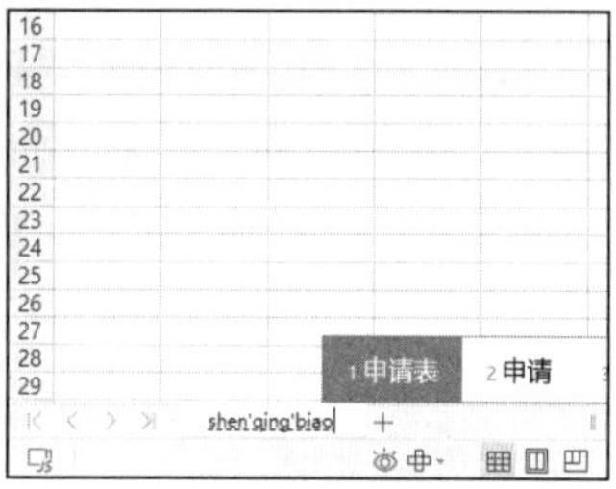

图 5-22

输入完成后按 Enter 键即可完成重命名工作表的操作，如图 5-23 所示。

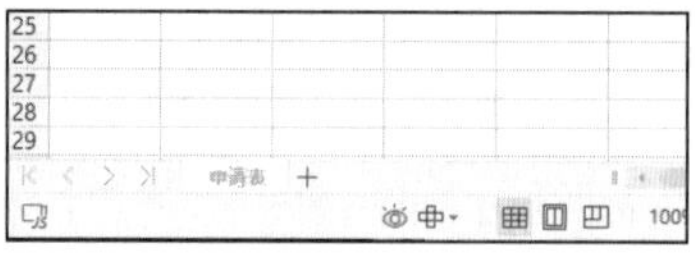

图 5-23

5.2.3 设置工作表标签的颜色

当一个工作簿中存在很多工作表，不方便用户查找时，可以通过更改工作表标签颜色的方式来标记常用的工作表，使用户能够快速查找到需要的工作表。

首先右击【Sheet1】工作表标签，在弹出的快捷菜单中选择【工作表标签颜色】命令，在打开的颜色库选项中选择一种颜色，如图 5-24 所示。此时工作表的标签颜色已经被更改，如图 5-25 所示。

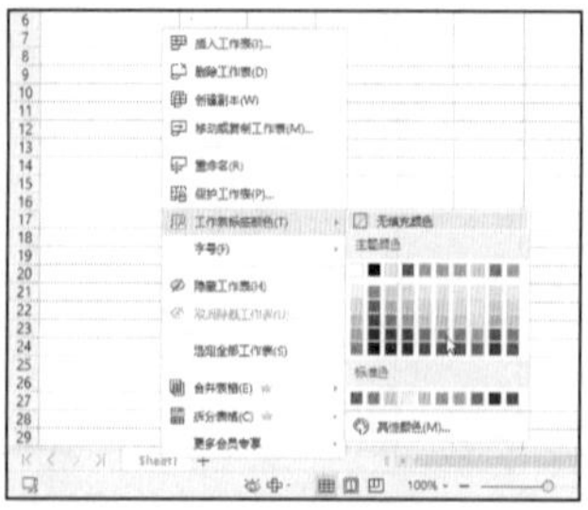

图 5-24

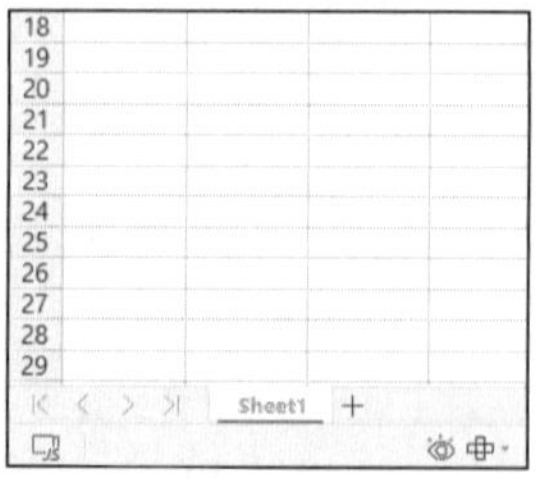

图 5-25

5.2.4　保护工作表

为了防止重要表格中的数据泄露，可以为表格设置保护。下面介绍保护工作表的方法。

首先打开一个表格文件，选择【审阅】选项卡，单击【保护工作表】按钮，如图 5-26 所示。在弹出的【保护工作表】对话框的【密码(可选)】文本框中输入“123”，在列表框中勾选【选定锁定单元格】和【选定未锁定单元格】复选框，单击【确定】按钮，如图 5-27 所示。

图 5-26

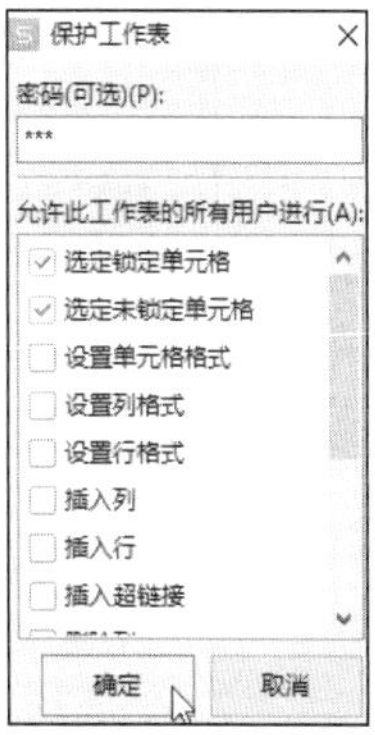

图 5-27

返回编辑区，此时如果对工作表中的内容进行修改，会弹出一段提示文字，提示用户不能修改，如图 5-28 所示。

图 5-28

5.3　单元格的基本操作

为使制作的表格更加整洁美观，用户可以对单元格进行编辑整理，常用的操作包括插入与删除单元格、合并和拆分单元格、调整单元格的行高与列宽等，以方便数据的输入和编辑。本节将详细介绍单元格的基本操作方法。

5.3.1　插入与删除单元格

在编辑工作表的过程中，经常需要进行单元格、行和列的插入或删除等编辑操作。

1. 插入行、列和单元格

在工作表中选定要插入行、列或单元格的位置，在【开始】选项卡中单击【行和列】下拉按钮，从弹出的下拉菜单中选择【插入单元格】下的相应命令即可插入行、列和单元格，如图 5-29 所示。

若选择【插入单元格】|【插入单元格】命令，打开【插入】对话框，单击【活动单元格下移】单选按钮，然后单击【确定】按钮，如图 5-30 所示，即可在此单元格之上插入一个空白单元格。

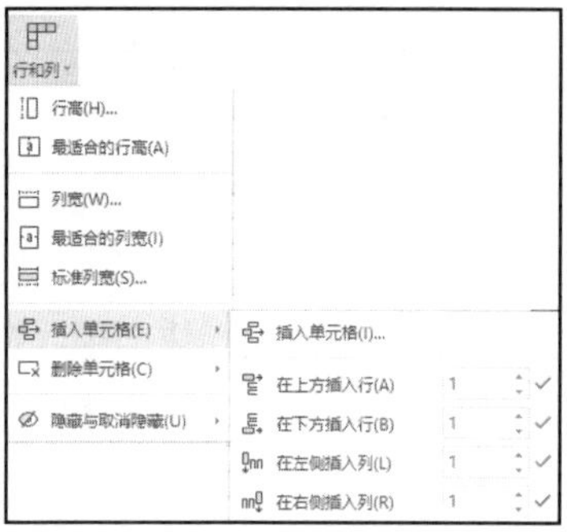

图 5-29

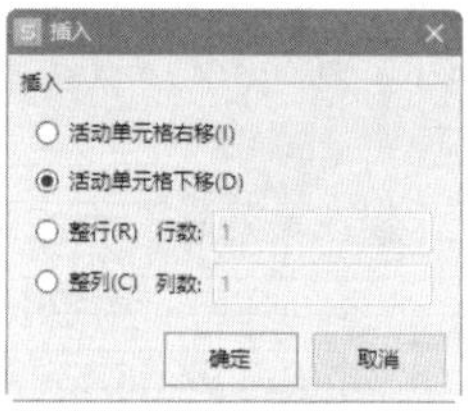

图 5-30

2. 删除行、列和单元格

选中准备删除的单元格，在【开始】选项卡中单击【行和列】下拉按钮，在弹出的菜单中选择【删除单元格】命令下的相应命令即可删除行、列和单元格，如图 5-31 所示。

若选择【删除单元格】|【删除单元格】命令，打开【删除】对话框，单击【下方单元格上移】单选按钮，然后单击【确定】按钮，如图 5-32 所示，即可把刚刚添加的单元格删除。

图 5-31

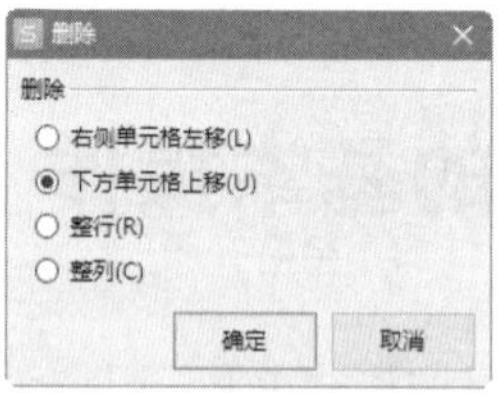

图 5-32

5.3.2 合并与拆分单元格

如果用户希望将两个或两个以上的单元格合并为一个单元格，则可以通过合并单元格的操作来完成。对于已经合并的单元格，可根据需要将其拆分为多个单元格。

例如，在表格中选中 A1:G1 单元格区域，在【开始】选项卡中单击【合并居中】下拉按钮，在弹出的菜单中选择【合并居中】命令，如图 5-33 所示。合并后的 A1 单元格将居中显示，如图 5-34 所示。

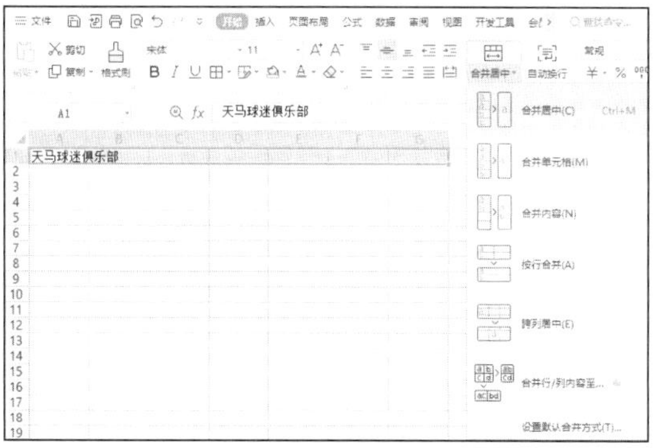

图 5-33

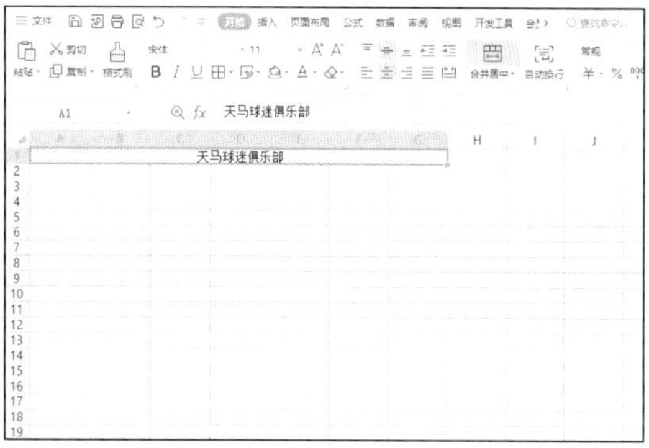

图 5-34

选中准备进行拆分的单元格，单击【合并居中】下拉按钮，在弹出的菜单中选择【拆分并填充内容】命令，如图 5-35 所示。单元格将被拆分并且每个单元格中都会填充拆分前的内容，如图 5-36 所示。

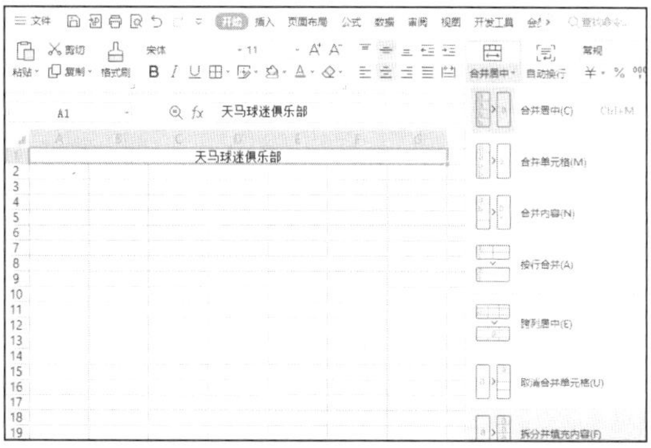

图 5-35

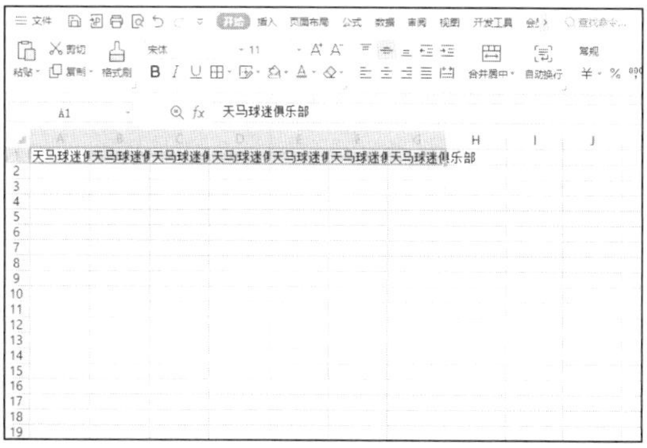

图 5-36

5.3.3　调整行高与列宽

要设置行高和列宽，有以下几种方式可以进行操作。

1. 拖动鼠标更改

要改变行高和列宽，可以直接在工作表中拖动鼠标进行操作。比如要设置行高，用户可以在工作表中选中单行，将鼠标指针放置在行与行标签之间，出现黑色双向箭头时，按住鼠标左键不放，向上或向下拖动，此时会出现提示框，提示框中会显示当前的行高，如图 5-37 所示，调整至所需的行高后松开鼠标左键即可完成行高的设置。设置列宽的方法与此操作类似。

2. 精确设置行高和列宽

要精确设置行高和列宽，用户可以选定单行或单列，然后选择【开始】选项卡，单击【行和列】下拉按钮，在弹出的菜单中选择【行高】或【列宽】命令，打开【行高】或【列宽】对话框，输入精确的数字，最后单击【确定】按钮完成操作，如图 5-38 所示。

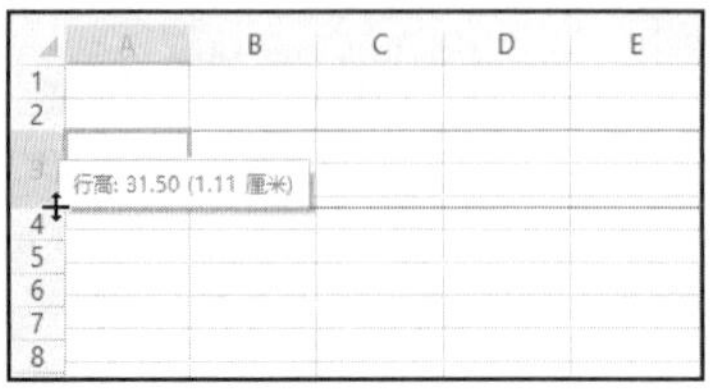

图 5-37

图 5-38

3. 设置最适合的行高和列宽

有时表格中多种数据内容长短不一，看上去较为凌乱，用户可以通过设置最适合的行高和列宽来适配表格，从而提高表格的美观度。

用户在【开始】选项卡中单击【行和列】下拉按钮，在弹出的菜单中选择【最适合的行高】命令，此时将自动调整表格各列的行高。用同样的方法，选择【最适合的列宽】命令，即可调整所选内容至最适合的列宽，如图 5-39 和图 5-40 所示。

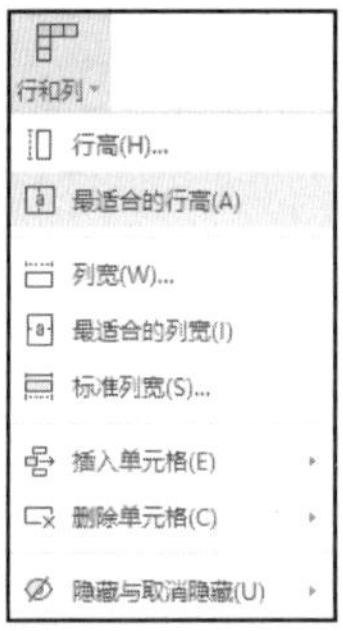

图 5-39

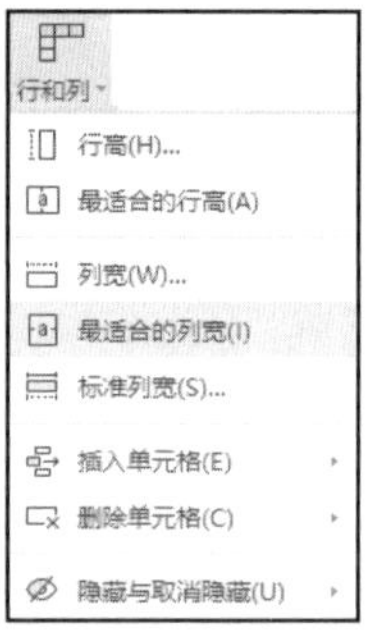

图 5-40

5.4 输入数据

数据是表格中不可或缺的元素，WPS Office 中常见的数据类型有文本型、数字型、日期和时间型、公式等，输入不同的数据类型，其显示方式也不相同。本节将介绍输入不同类型数据的操作方法。

5.4.1 输入文本内容

普通文本信息是表格中最常见的一种信息，不需要设置数据类型就可以输入。

【例 5-3】 创建表格并输入文本信息。 视频

(1) 新建一个名为“员工档案表”的工作簿，选中 A1:H1 单元格区域，在【开始】选项卡中单击【合并居中】下拉按钮，在弹出的菜单中选择【合并居中】命令，如图 5-41 所示。

(2) 此时 A1:H1 单元格区域合并为 A1 单元格，切换至中文输入法，输入标题文本，如图 5-42 所示。

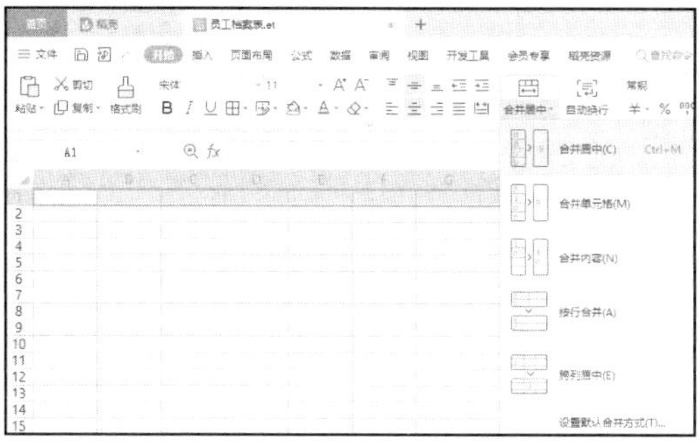

图 5-41

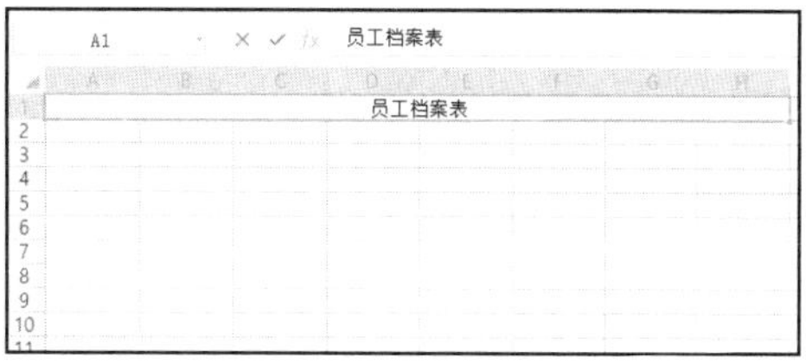

图 5-42

(3) 按照同样的方法，继续输入其他文本内容，如图 5-43 所示。

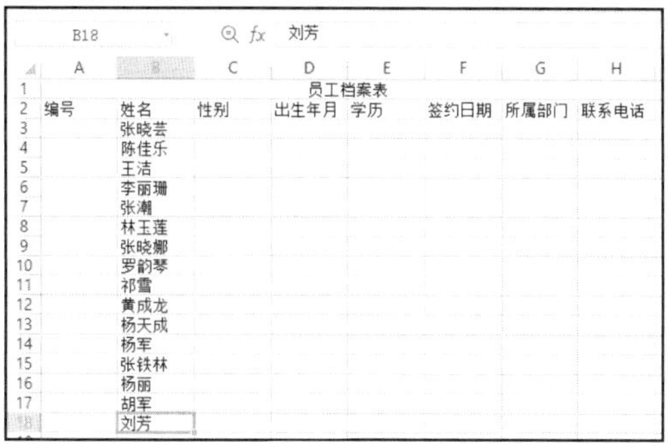

图 5-43

5.4.2 输入文本型数据

文本型数据通常指的是一些非数值型文字、符号等，如企业的部门名称、员工的考核科目、产品的名称等。除此之外，许多不代表数量的、不需要进行数值计算的数字，也可以保存为文本形式，如电话号码、身份证号码、股票代码等。如果在数值的左侧输入 0，将被自动省略，如输入 001，会自动将该值转换为常规的数值格式 1，若要使数字保持输入时的格式，则需要将数值转换为文本，即文本型数据，可在输入数值时先输入单引号“’”。

【例 5-4】 输入文本型数据。 视频

(1) 继续使用【例 5-3】的“员工档案表”工作簿，在需要输入文本型数据的单元格中将输入法切换到英文状态，输入单引号“’”，如图 5-44 所示。

(2) 然后输入“001”，自动识别为文本型数据，如图 5-45 所示。

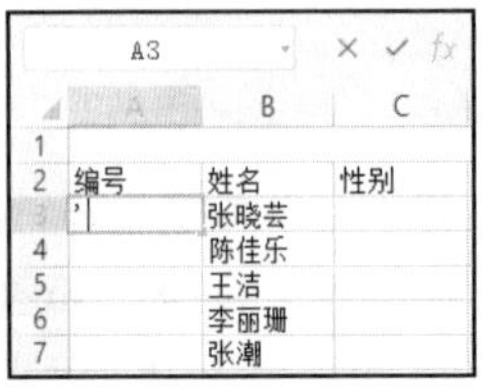

图 5-44

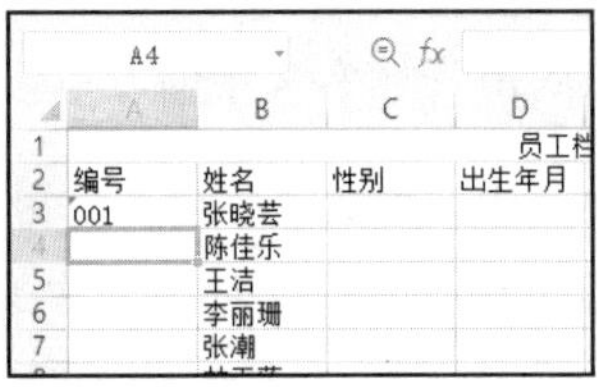

图 5-45

5.4.3 填充数据

当需要在连续的单元格中输入相同或者有规律的数据(等差或等比)时，可以使用 WPS 提供的填充数据功能来实现。

【例 5-5】 自动填充数据。 视频

(1) 继续使用【例 5-4】的“员工档案表”工作簿，由于员工编号是顺序递增的，因此可以利用“填充序列”功能完成其他编号内容的填充。将鼠标放到第一个员工编号单元格右下方，当鼠标变成黑色十字形时，按住鼠标左键不放。往下拖动，直到拖动的区域覆盖完所有需要填充编号序列的单元格，如图 5-46 所示。

(2) 此时编号完成数据填充，效果如图 5-47 所示。

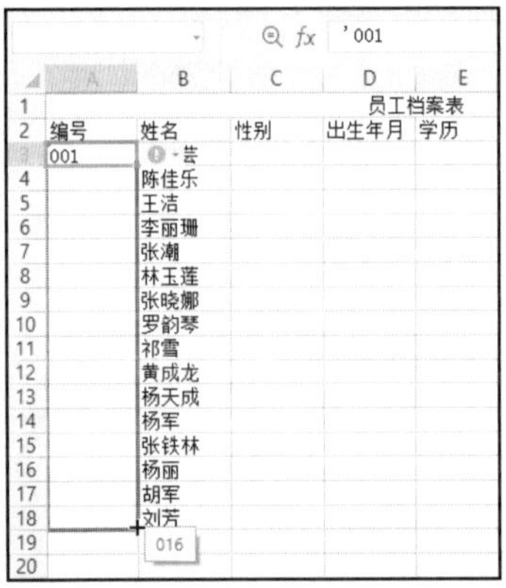

图 5-46

图 5-47

5.4.4 输入日期型数据

在电子表格中，日期和时间是以一种特殊的数值形式存储的。日期系统的序列值是一个整数数值，一天的数值单位是 1，那么 1 小时则可以表示为 1/24 天，1 分钟可以表示为 1/(24×60)天，等等，一天中的每一个时刻都可以由小数形式的序列值来表示。

【例 5-6】 输入日期型数据。 视频

(1) 继续使用【例 5-5】的“员工档案表”工作簿，选中 D3:D18 单元格区域，在【开始】选项卡中单击【数字格式】下拉按钮，选择【其他数字格式】命令，如图 5-48 所示。

(2) 打开【单元格格式】对话框，选择【分类】为【日期】，在【类型】列表框中选择一种日期格式，然后单击【确定】按钮，如图 5-49 所示。

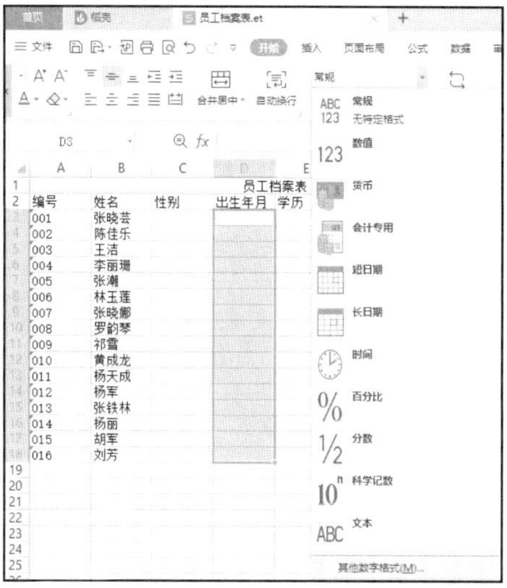

图 5-48

图 5-49

(3) 此时在单元格中输入日期数据即可，如图 5-50 所示。

(4) 使用相同的方法，在 F3:F18 单元格区域内输入日期型数据，如图 5-51 所示。

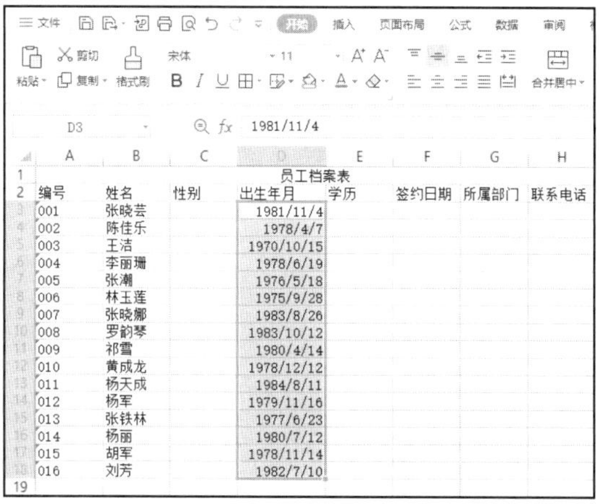

图 5-50

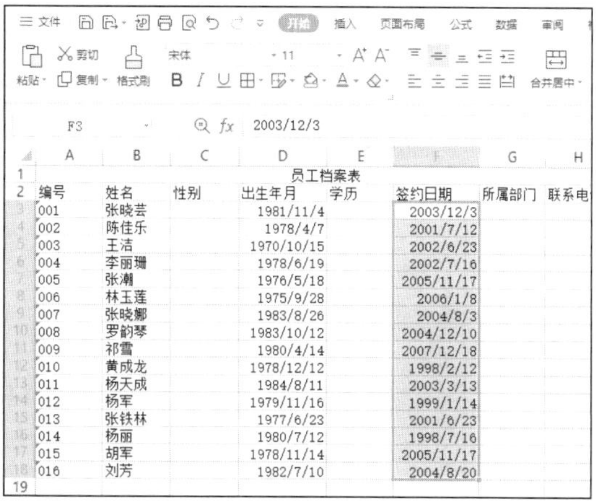

图 5-51

5.4.5　输入特殊符号

实际应用中可能需要输入特殊符号，如℃、?、§等，在 WPS Office 中可以轻松输入这类符号。

首先选中单元格，选择【插入】选项卡，单击【符号】下拉按钮，在弹出的菜单中选择【其他符号】命令，如图 5-52 所示。在打开的【符号】对话框中选择【符号】选项卡，选择要插入的符号如【π】，单击【插入】按钮即可在单元格中插入该特殊符号，如图 5-53 所示。

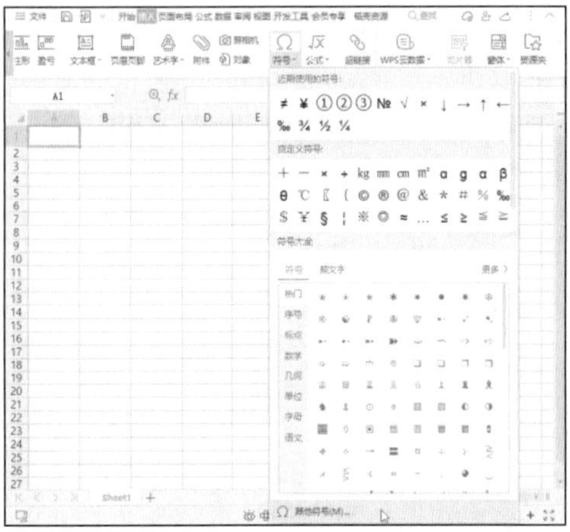

图 5-52

图 5-53

5.4.6 不同单元格同时输入数据

在输入表格数据时，若某些单元格中需要输入相同的数据，此时可同时输入。方法是同时选中要输入相同数据的多个单元格，输入数据后按 Ctrl+Enter 组合键即可。

【例 5-7】 在不同单元格中同时输入数据。 视频

(1) 继续使用【例 5-6】的“员工档案表”工作簿，按住键盘上的 Ctrl 键，选中要输入数据“大专”的多个单元格，如图 5-54 所示。

(2) 此时直接输入“大专”，如图 5-55 所示。

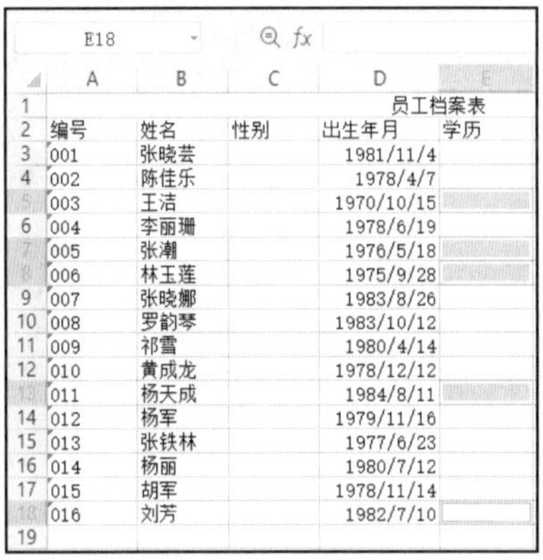

图 5-54

图 5-55

(3) 按下键盘上的 Ctrl+Enter 组合键，此时选中的单元格中会自动填充输入的数据“大专”，如图 5-56 所示。

(4) 使用相同的方法输入【性别】和【所属部门】列内的数据，并在【联系电话】列内直接输入数据，最后完成数据的录入，如图 5-57 所示。

E18　　fx　大专

编号	姓名	性别	出生年月	学历
001	张晓芸		1981/11/4	
002	陈佳乐		1978/4/7	
003	王洁		1970/10/15	大专
004	李丽珊		1978/6/19	
005	张潮		1976/5/18	大专
006	林玉莲		1975/9/28	大专
007	张晓卿		1983/8/26	
008	罗韵琴		1983/10/12	
009	祁雪		1980/4/14	
010	黄成龙		1978/12/12	
011	杨天成		1984/8/11	大专
012	杨军		1979/11/16	
013	张铁林		1977/6/23	
014	杨丽		1980/7/12	
015	胡军		1978/11/14	
016	刘芳		1982/7/10	大专

图 5-56

员工档案表

编号	姓名	性别	出生年月	学历	签约日期	所属部门	联系电话
001	张晓芸	女	1981/11/4	本科	2003/12/3	编辑	138****8262
002	陈佳乐	女	1978/4/7	本科	2001/7/12	工程	135****4251
003	王洁	女	1970/10/15	大专	2002/6/23	编辑	139****6873
004	李丽珊	女	1978/6/19	本科	2002/7/16	策划	133****1269
005	张潮	男	1976/5/18	大专	2005/11/17	编辑	135****3563
006	林玉莲	女	1975/9/28	大专	2006/1/8	编辑	132****4023
007	张晓卿	女	1983/8/26	本科	2004/8/3	工程	138****7866
008	罗韵琴	女	1983/10/12	硕士	2004/12/10	编辑	138****2920
009	祁雪	女	1980/4/14	本科	2007/12/18	编辑	137****4227
010	黄成龙	男	1978/12/12	本科	1998/2/12	财务	133****0589
011	杨天成	男	1984/8/11	大专	2003/3/13	编辑	139****2080
012	杨军	男	1979/11/16	本科	1999/1/14	编辑	138****7262
013	张铁林	男	1977/6/23	高中	2001/6/23	后勤	138****6314
014	杨丽	男	1980/7/12	本科	1998/7/16	财务	135****2264
015	胡军	男	1978/11/14	硕士	2005/11/17	工程	133****5554
016	刘芳	女	1982/7/10	大专	2004/8/20	策划	138****7623

图 5-57

5.4.7　指定数据的有效范围

在默认情况下，用户可以在单元格中输入任何数据，但在实际工作中，经常需要给一些单元格或单元格区域定义有效数据范围。下面介绍指定数据有效范围的操作方法。

【例 5-8】 指定数据的有效范围。 视频

(1) 继续使用【例 5-7】的“员工档案表”工作簿，选中 A19 单元格，选择【数据】选项卡，单击【有效性】按钮，如图 5-58 所示。

(2) 打开【数据有效性】对话框，在【允许】列表中选择【整数】选项，在【数据】列表中选择【介于】选项，在【最大值】和【最小值】文本框中输入数值，单击【确定】按钮，如图 5-59 所示。

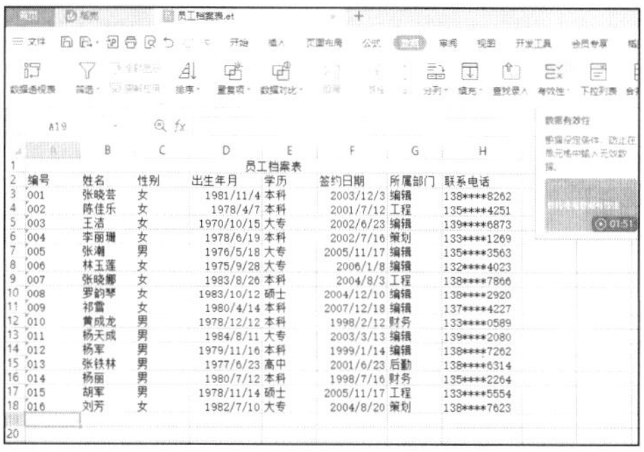

图 5-58

图 5-59

(3) 返回表格，选中一个已经设置了有效范围的单元格，输入有效范围以外的数字，按 Enter 键完成输入，此时会弹出错误提示框，提示输入内容不符合条件，如图 5-60 所示。

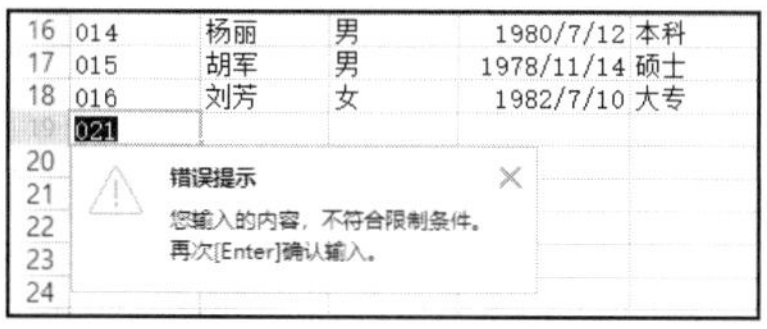

图 5-60

5.5 设置表格格式

为了使工作表中的某些数据醒目和突出，也为了使整个版面更为丰富，通常需要对不同的单元格和数据设置不同的格式。

5.5.1 突出显示重复项

当需要查找表格中相同的数据时，可以通过设置显示重复项来进行查找，这样既快速又方便。下面介绍突出显示重复项的操作方法。

【例 5-9】 在表格中显示重复项。 视频

(1) 继续使用【例 5-8】的“员工档案表”工作簿，选中 E14:E18 单元格区域，选择【数据】选项卡，单击【重复项】下拉按钮，在弹出的菜单中选择【设置高亮重复项】命令，如图 5-61 所示。

(2) 此时打开【高亮显示重复值】对话框，保持默认设置，单击【确定】按钮，如图 5-62 所示。

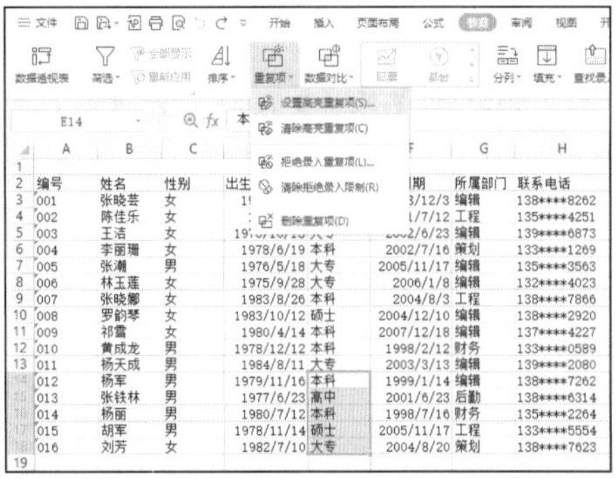

图 5-61

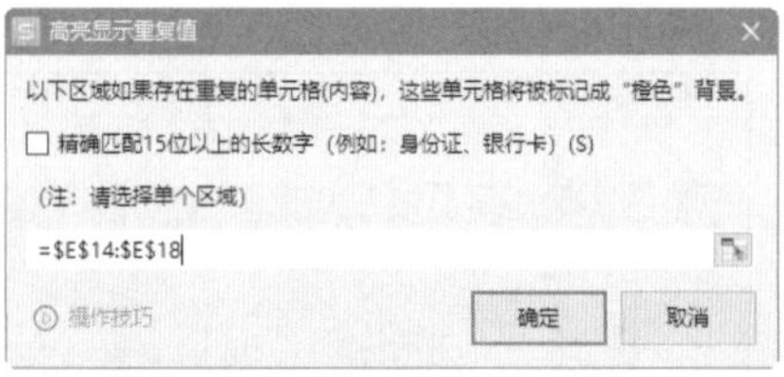

图 5-62

(3) 返回表格，重复数值的单元格都被橙色填充高亮显示，如图 5-63 所示。要想清除高亮显示重复值，可以单击【重复项】下拉按钮，在弹出的菜单中选择【清除高亮重复项】命令。

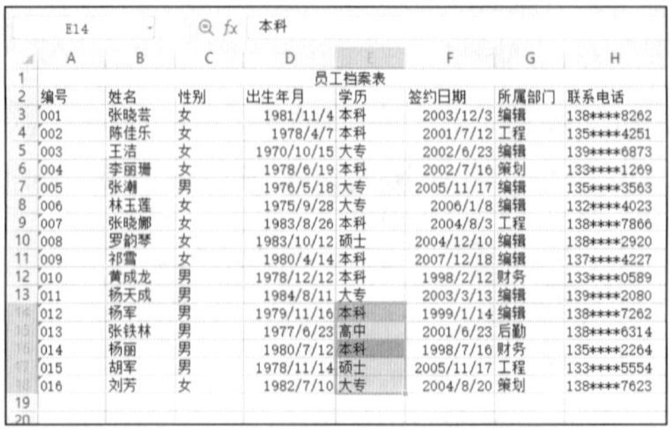

图 5-63

5.5.2　设置边框和底纹

默认状态下，单元格的边框在屏幕上显示为浅灰色，但工作表中的框线在打印时并不显示出来。一般情况下，用户在打印工作表或突出显示某些单元格时，需要添加一些边框和底纹以使工作表更美观易懂。

【例 5-10】 为表格设置边框和底纹。 视频

(1) 继续使用【例 5-9】的“员工档案表”工作簿，选中 A2:H18 单元格区域，在【开始】选项卡中单击【单元格】下拉按钮，在弹出的菜单中选择【设置单元格格式】命令，如图 5-64 所示。

(2) 打开【单元格格式】对话框，选择【边框】选项卡，在【样式】区域选择一种边框样式，在【颜色】列表中选择一种颜色，在【预置】区域单击【外边框】和【内部】按钮，单击【确定】按钮，如图 5-65 所示。

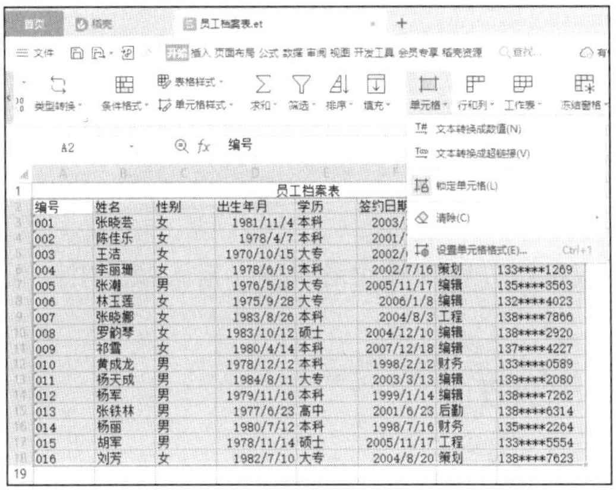

图 5-64

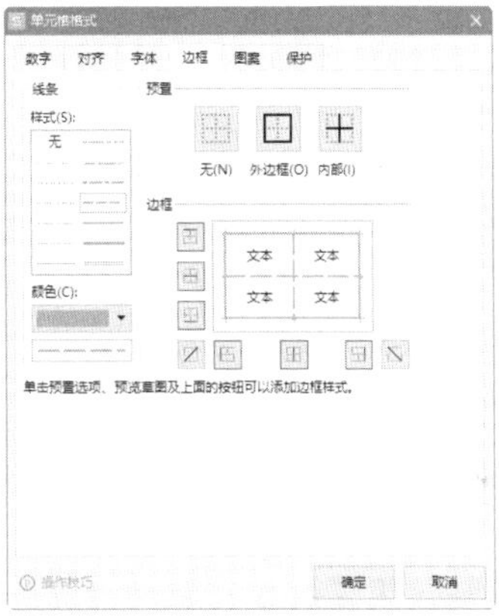

图 5-65

(3) 返回表格，此时的表格已经添加边框，如图 5-66 所示。

(4) 选中 A2:H2 单元格区域，在【开始】选项卡中单击【单元格】下拉按钮，在弹出的菜单中选择【设置单元格格式】命令，如图 5-67 所示。

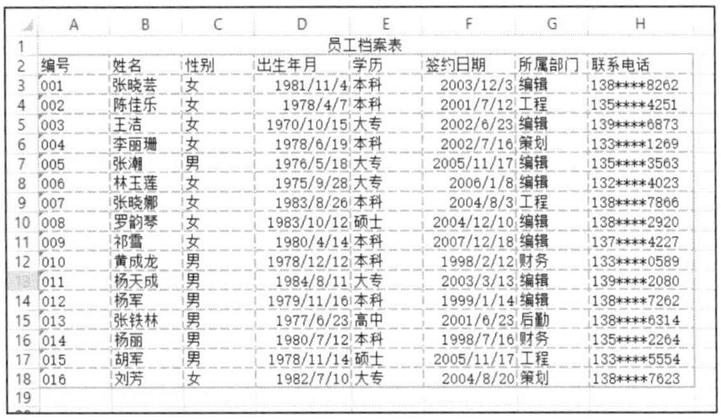

	A	B	C	D	E	F	G	H
1	员工档案表							
2	编号	姓名	性别	出生年月	学历	签约日期	所属部门	联系电话
3	001	张晓芸	女	1981/11/4	本科	2003/12/3	编辑	138****8262
4	002	陈佳乐	女	1978/4/7	本科	2001/7/12	工程	135****4251
5	003	王洁	女	1970/10/15	大专	2002/6/23	编辑	139****6873
6	004	李丽珊	女	1978/6/19	本科	2002/7/16	策划	133****1269
7	005	张潮	男	1976/5/18	大专	2005/11/17	编辑	135****3563
8	006	林玉莲	女	1975/9/28	大专	2006/1/8	编辑	132****4023
9	007	张晓娜	女	1983/8/26	本科	2004/8/3	工程	138****7866
10	008	罗韵琴	女	1983/10/12	硕士	2004/12/10	编辑	138****2920
11	009	祁雪	女	1980/4/14	本科	2007/12/18	编辑	137****4227
12	010	黄成龙	男	1978/12/12	本科	1998/2/12	财务	133****0589
13	011	杨天成	男	1984/8/11	大专	2003/3/13	编辑	139****2080
14	012	杨军	男	1979/11/16	本科	1999/1/14	编辑	138****7262
15	013	张铁林	男	1977/6/23	高中	2001/6/23	后勤	138****6314
16	014	杨丽	男	1980/7/12	本科	1998/7/16	财务	135****2264
17	015	胡军	男	1978/11/14	硕士	2005/11/17	工程	133****5554
18	016	刘芳	女	1982/7/10	大专	2004/8/20	策划	138****7623
19								

图 5-66

图 5-67

(5) 打开【单元格格式】对话框，选择【图案】选项卡，选择一款底纹颜色，单击【确定】按钮，如图 5-68 所示。

(6) 返回表格，此时选中的单元格区域已经添加底纹颜色，如图 5-69 所示。

图 5-68

编号	姓名	性别	出生年月	学历	签约日期	所属部门	联系电话
001	张晓芸	女	1981/11/4	本科	2003/12/3	编辑	138****8262
002	陈佳乐	女	1978/4/7	本科	2001/7/12	工程	135****4251
003	王洁	女	1970/10/15	大专	2002/6/23	编辑	139****6873
004	李丽珊	女	1978/6/19	本科	2002/7/16	策划	133****1269
005	张潮	男	1976/5/18	大专	2005/11/17	编辑	135****3563
006	林玉莲	女	1975/9/28	大专	2006/1/8	编辑	132****4023
007	张晓娜	女	1983/8/26	本科	2004/8/3	工程	138****7866
008	罗韵琴	女	1983/10/12	硕士	2004/12/10	编辑	138****2920
009	祁雪	女	1980/4/14	本科	2007/12/18	编辑	137****4227
010	黄成龙	男	1978/12/12	本科	1998/2/12	财务	133****0589
011	杨天成	男	1984/8/11	大专	2003/3/13	编辑	139****2080
012	杨军	男	1979/11/16	本科	1999/1/14	编辑	138****7262
013	张铁林	男	1977/6/23	高中	2001/6/23	后勤	138****6314
014	杨丽	男	1980/7/12	本科	1998/7/16	财务	135****2264
015	胡军	男	1978/11/14	硕士	2005/11/17	工程	133****5554
016	刘芳	女	1982/7/10	大专	2004/8/20	策划	138****7623

图 5-69

5.5.3 应用单元格样式

WPS Office 不仅能为表格设置整体样式，还可以为单元格或单元格区域应用样式。下面介绍应用单元格样式的操作方法。

【例 5-11】 为表格应用单元格样式。 视频

(1) 继续使用【例 5-10】的“员工档案表”工作簿，选中 A3:H18 单元格区域，在【开始】选项卡中单击【单元格样式】下拉按钮，在弹出的菜单中选择一种样式，如图 5-70 所示。

(2) 返回表格，即可查看应用的单元格样式效果，如图 5-71 所示。

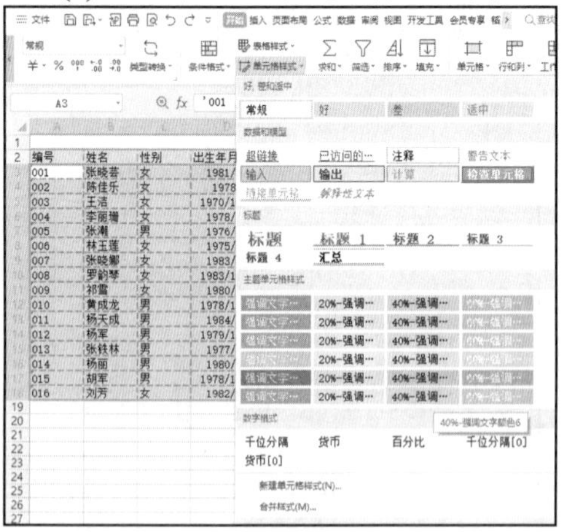

图 5-70

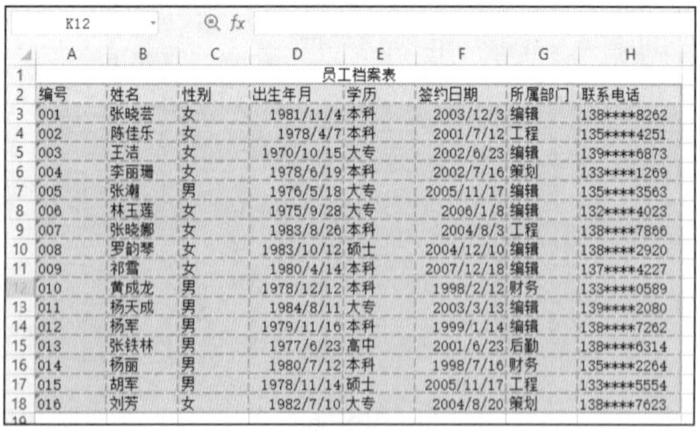

图 5-71

(3) 选中 A1 单元格，单击【单元格样式】下拉按钮，在弹出的菜单中选择一种样式，如图 5-72 所示。

(4) 返回表格显示样式效果，设置 A1 中标题的字体和字号，如图 5-73 所示。

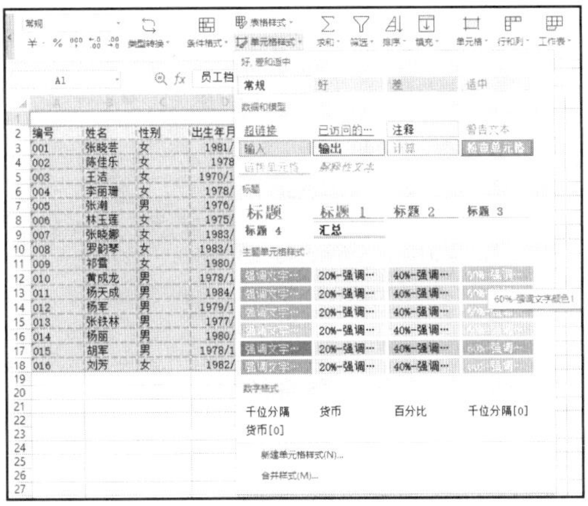

图 5-72

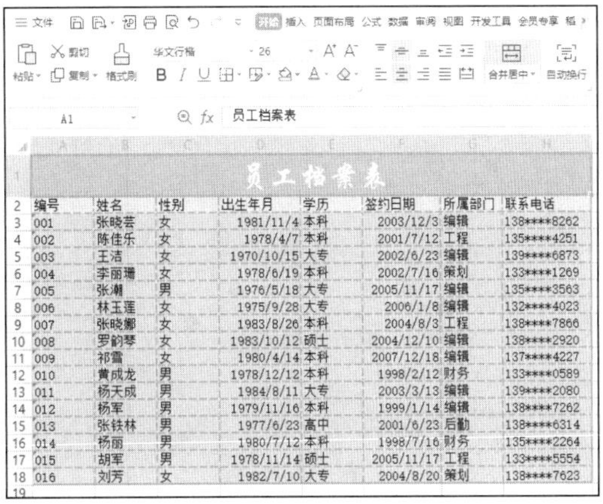

图 5-73

5.6　实例演练

通过前面内容的学习，读者应该已经掌握在表格中输入数据、修改表格格式等方法，本节以制作“财务支出表”工作簿为例，对本章所学知识点进行综合运用。

【例 5-12】 制作一个“财务支出表”工作簿。 视频

(1) 启动 WPS Office，新建一个名为“财务支出表”的空白表格，在表格第一行中输入标题，设置文本格式并合并单元格，将文字居中，如图 5-74 所示。

(2) 在表格中输入数据，如图 5-75 所示。

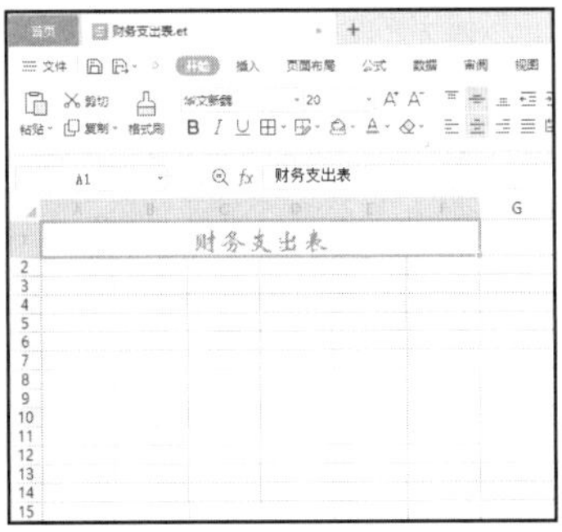

图 5-74

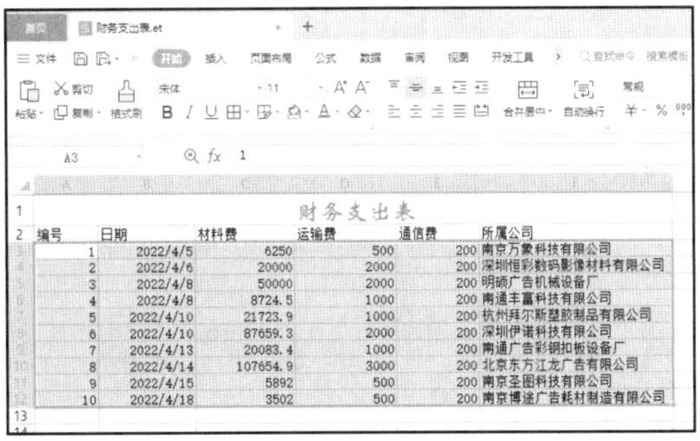

图 5-75

(3) 选定 B3:B12 单元格区域并右击，打开快捷菜单，选择【设置单元格格式】命令，打开【单元格格式】对话框，选择【数字】选项卡，在【分类】列表框中选择【日期】选项，在【类型】列表框中选择一种日期格式，单击【确定】按钮，如图 5-76 所示。

(4) 选定 C3:E12 单元格区域，在【开始】选项卡中打开【数字格式】下拉列表，选择【货币】选项，将其数据设置为货币格式，如图 5-77 所示。

图 5-76

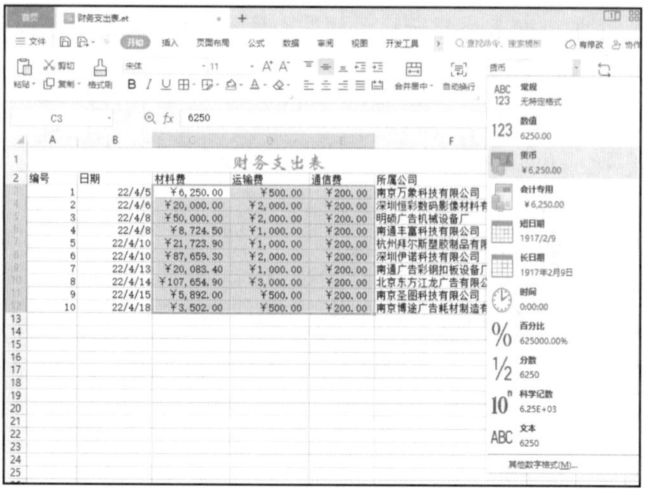

图 5-77

(5) 选中 A2:F12 单元格区域，打开【开始】选项卡，单击【所有框线】下拉按钮，从弹出的菜单中选择【其他边框】命令，打开【单元格格式】对话框的【边框】选项卡，在【线条】选项区域的【样式】列表框中选择一种样式并选择颜色，在【预置】选项区域中单击【外边框】按钮，然后单击【确定】按钮，如图 5-78 所示。

(6) 选定 A2:F2 单元格区域，打开【单元格格式】对话框的【图案】选项卡，在【颜色】选项区域中为列标题单元格选择一种颜色，然后单击【确定】按钮，如图 5-79 所示。

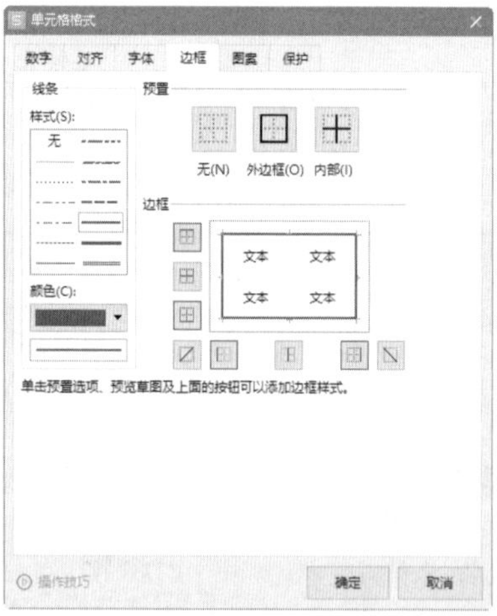

图 5-78

图 5-79

(7) 此时可以查看设置边框和底纹后的表格效果，如图 5-80 所示。

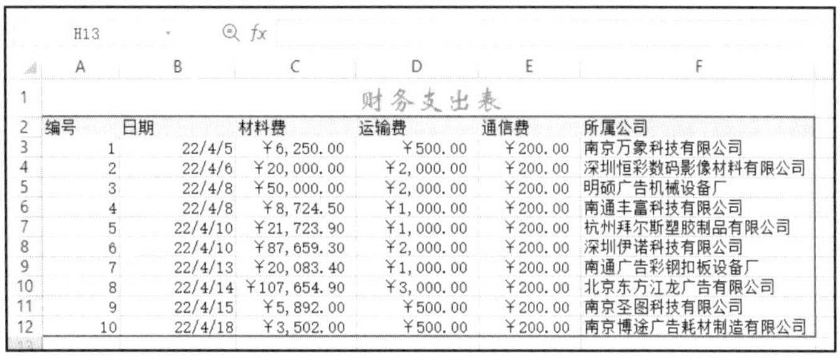

	A	B	C	D	E	F
1	财务支出表					
2	编号	日期	材料费	运输费	通信费	所属公司
3	1	22/4/5	￥6,250.00	￥500.00	￥200.00	南京万象科技有限公司
4	2	22/4/6	￥20,000.00	￥2,000.00	￥200.00	深圳恒彩数码影像材料有限公司
5	3	22/4/8	￥50,000.00	￥2,000.00	￥200.00	明硕广告机械设备厂
6	4	22/4/8	￥8,724.50	￥1,000.00	￥200.00	南通丰富科技有限公司
7	5	22/4/10	￥21,723.90	￥1,000.00	￥200.00	杭州拜尔斯塑胶制品有限公司
8	6	22/4/10	￥87,659.30	￥2,000.00	￥200.00	深圳伊诺科技有限公司
9	7	22/4/13	￥20,083.40	￥1,000.00	￥200.00	南通广告彩钢扣板设备厂
10	8	22/4/14	￥107,654.90	￥3,000.00	￥200.00	北京东方江龙广告有限公司
11	9	22/4/15	￥5,892.00	￥500.00	￥200.00	南京圣图科技有限公司
12	10	22/4/18	￥3,502.00	￥500.00	￥200.00	南京博途广告耗材制造有限公司

图 5-80

(8) 选定 A2:F12 单元格区域，选择【开始】选项卡，单击【行和列】下拉按钮，选择【最适合的列宽】命令，即可调整所选内容最适合的列宽，如图 5-81 所示。

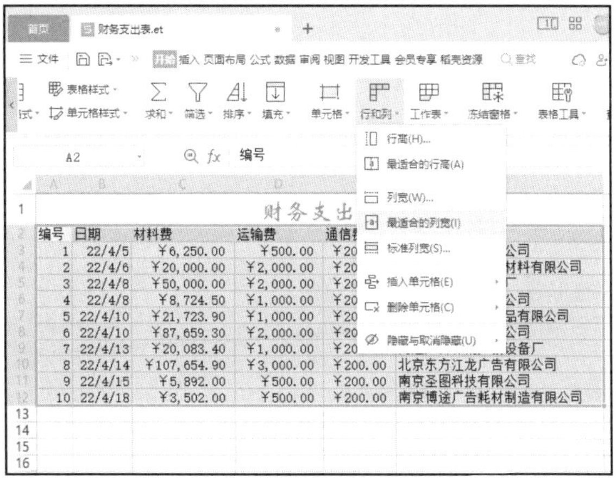

图 5-81

(9) 选定 F3:F12 单元格区域，在【开始】选项卡中单击【单元格样式】按钮，在弹出的菜单中选择一种样式，如图 5-82 所示。

(10) 此时选定的单元格区域会自动套用该样式，效果如图 5-83 所示。

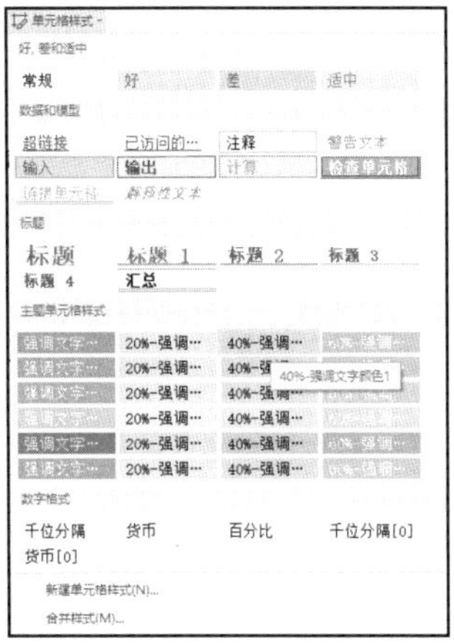

图 5-82

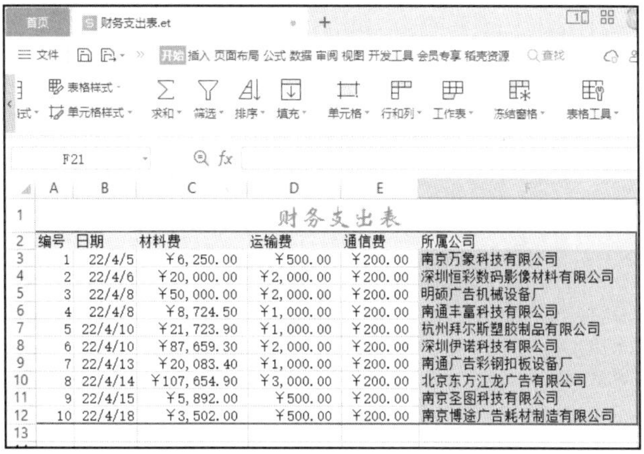

图 5-83

5.7 习题

1. 简述工作簿的基础操作方法。
2. 简述工作表的基础操作方法。
3. 简述单元格的基本操作方法。
4. 如何设置表格格式？

第 6 章

使用公式与函数

在 WPS Office 中，公式和函数不仅可以帮助用户快速并准确地计算表格中的数据，还可以解决办公中的各种查询与统计问题。本章主要介绍使用公式、检查与审核公式，以及函数的基本操作的知识与技巧，同时还会讲解常用函数的应用。通过学习本章内容，读者可以掌握使用 WPS Office 计算表格数据方面的知识。

本章重点

- 使用公式
- 使用函数
- 使用名称
- 常用函数的应用

二维码教学视频

【例 6-1】 输入公式求和
【例 6-2】 输入函数计算
【例 6-3】 嵌套函数
【例 6-4】 定义名称
【例 6-5】 使用名称计算
【例 6-6】 提取员工信息

本章其他视频参见教学视频二维码

6.1 使用公式

输入公式是使用函数的第一步，WPS Office 中的公式是一种对工作表的数值进行计算的等式，它可以帮助用户快速完成各种复杂的数据运算。

6.1.1 认识公式和函数

公式是对工作表中的数据进行计算和操作的等式。函数是 WPS Office 中预定义的一些公式，它将一些特定的计算过程通过程序固定下来，使用一些称为参数的特定数值按特定的顺序或结构进行计算，将其命名后可供用户调用。

1. 公式

在输入公式之前，用户应了解公式的组成和含义。公式的特定语法或次序如下：最前面是等号“=”，然后是公式的表达式，表达式中包含运算符、数值或任意字符串、函数及其参数和单元格引用等元素，如图 6-1 所示。

图 6-1

公式主要由以下几个元素构成。

- 运算符：运算符用于对公式中的元素进行特定的运算，或者用来连接需要运算的数据对象，并说明进行了哪种公式运算，如加“+”、减“－”、乘“*”、除“/”等。
- 常量数值：常量数值用于输入公式中的值、文本。
- 单元格引用：利用公式引用功能对所需的单元格中的数据进行引用。
- 函数：WPS Office 提供的函数或参数，可返回相应的函数值。

2. 函数

函数由函数名和参数两部分组成，由连接符相连，如“=SUM(A1:G10)”表示对 A1:G10 单元格区域内所有数据求和。

函数主要由如下几个元素构成。

- 连接符：包括“=”“,”“()”等，这些连接符都必须是英文符号。
- 函数名：需要执行运算的函数的名称，一个函数只有一个名称，它决定了函数的功能和用途。

- 函数参数：函数中最复杂的组成部分，它规定了函数的运算对象、顺序和结构等。参数可以是数字、文本、数组或单元格区域的引用等，参数必须符合相应的函数要求才能产生有效值。

提示

函数与公式既有区别又有联系。函数是公式的一种，是已预先定义计算过程的公式，函数的计算方式和内容已完全固定，用户只能通过改变函数参数的取值来更改函数的计算结果。用户也可以自定义计算过程和计算方式，或更改公式的所有元素来更改计算结果。

6.1.2　使用运算符

运算符是用来对公式中的元素进行运算而规定的特殊字符。WPS Office 中包含 3 种类型的运算符：算术运算符、字符连接运算符和关系运算符。

1. 算术运算符

算术运算符用来完成基本的数学运算，如加、减、乘、除等运算。算术运算符的基本含义如表 6-1 所示。

表 6-1　算术运算符

算术运算符	含　义	示　例
+(加号)	加法	5+8
－(减号)	减法或负号	8－5
*(星号)	乘法	5*8
/(正斜号)	除法	8/2
%(百分号)	百分比	85%
^(脱字号)	乘方	8^2

2. 字符连接运算符

字符连接运算符是一种可以将一个或多个文本连接为一个组合文本的运算符号，字符连接运算符使用“&”连接一个或多个文本字符串，从而产生新的文本字符串。字符连接运算符的基本含义如表 6-2 所示。

表 6-2　字符连接运算符

字符连接运算符	含　义	示　例
&(和号)	两个文本连接起来产生一个连续的文本值	“你”&“好”得到“你好”

3. 关系运算符

关系运算符用于比较两个数值间的大小关系，并产生逻辑值 TRUE(真)或 FALSE (假)。关系运算符的基本含义如表 6-3 所示。

表 6-3　关系运算符

关系运算符	含　义	示　例
=(等号)	等于	A=B
>(大于号)	大于	A>B
<(小于号)	小于	A<B
>=(大于或等于号)	大于或等于	A>=B
<=(小于或等于号)	小于或等于	A<=B
<>(不等号)	不等于	A<>B

6.1.3　单元格引用

单元格的引用是指单元格在工作表中坐标位置的标识。单元格的引用包括绝对引用、相对引用和混合引用 3 种。

单元格的相对引用是基于包含公式和引用的单元格的相对位置而言的。如果公式所在单元格的位置改变，引用也将随之改变。如果多行或多列地复制公式，引用会自动调整。默认情况下，新公式使用相对引用。

单元格中的绝对引用则总是在指定位置引用单元格(如$A$1)。如果公式所在单元格的位置改变，绝对引用的单元格也始终保持不变。如果多行或多列地复制公式，绝对引用将不做调整。

混合引用包括绝对列和相对行(如$A1)，或者绝对行和相对列(如 A$1)两种形式。如果公式所在单元格的位置改变，则相对引用改变，而绝对引用不变。如果多行或多列地复制公式，则相对引用自动调整，而绝对引用不做调整。

提示

如果要引用同一工作簿其他工作表中的单元格，表达方式为“工作表名称!单元格地址”；如果要引用一个不同工作簿中的单元格或单元格区域，表达方式为“[工作簿名称]工作表名称!单元格地址”。

6.1.4　输入公式

输入公式的方法与输入文本的方法类似，具体步骤为：选择要输入公式的单元格，然后在编辑栏中直接输入“=”符号，再输入公式内容，按 Enter 键，即可将公式运算的结果显示在所选单元格中。

【例 6-1】 创建“考核表”工作簿，输入公式求和。 视频

(1) 启动 WPS Office，新建一个以“考核表”为名的工作簿，输入数据并设置表格格式，如图 6-2 所示。

(2) 选中 G3 单元格，然后在编辑栏中输入公式“=C3+D3+E3+F3”，按 Enter 键，即可在 G3 单元格中显示公式计算结果，如图 6-3 所示。

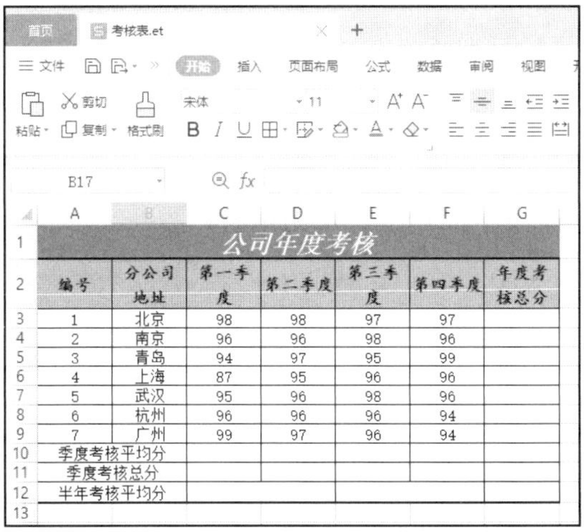

图 6-2

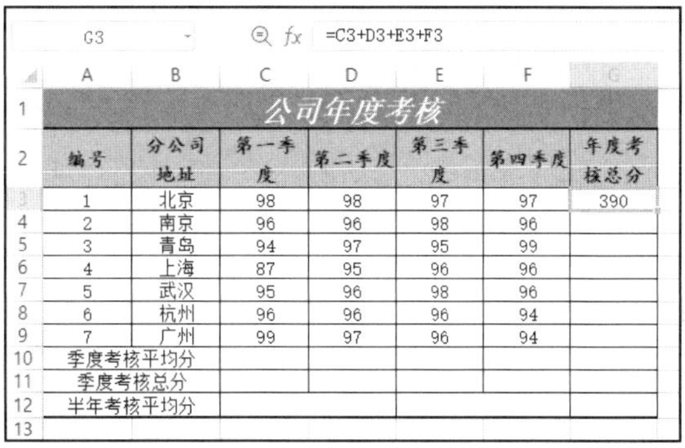

图 6-3

(3) 通过复制公式操作，可以快速地在其他单元格中输入公式。选中 G3 单元格，在【开始】选项卡中单击【复制】按钮，如图 6-4 所示。复制 G3 单元格中的内容，选定 G4 单元格，在【开始】选项卡单击【粘贴】按钮，即可将公式复制到 G4 单元格中，如图 6-5 所示。

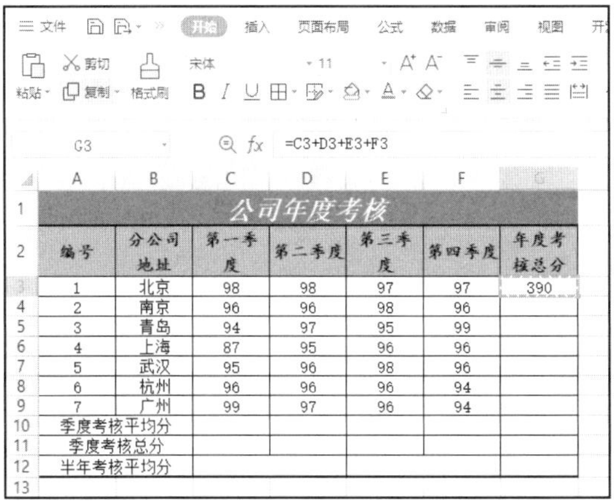

图 6-4

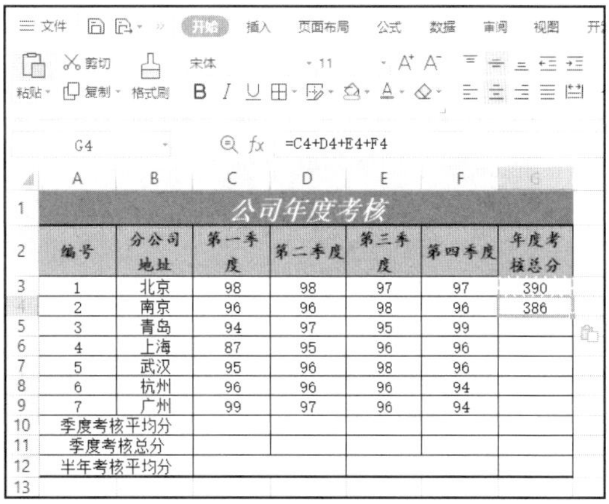

图 6-5

(4) 将光标移动至 G4 单元格边框，当光标变为✚形状时，拖曳鼠标选择 G5:G9 单元格区域，如图 6-6 所示。

(5) 释放鼠标，即可将 G4 单元格中的公式相对引用至 G5:G9 单元格区域中，效果如图 6-7 所示。

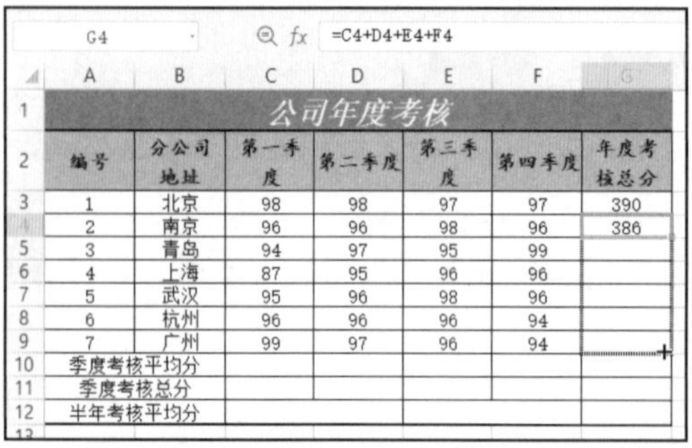

G4 =C4+D4+E4+F4

	A	B	C	D	E	F	G
1	公司年度考核						
2	编号	分公司地址	第一季度	第二季度	第三季度	第四季度	年度考核总分
3	1	北京	98	98	97	97	390
4	2	南京	96	96	98	96	386
5	3	青岛	94	97	95	99	
6	4	上海	87	95	96	96	
7	5	武汉	95	96	98	96	
8	6	杭州	96	96	96	94	
9	7	广州	99	97	96	94	
10	季度考核平均分						
11	季度考核总分						
12	半年考核平均分						

图 6-6

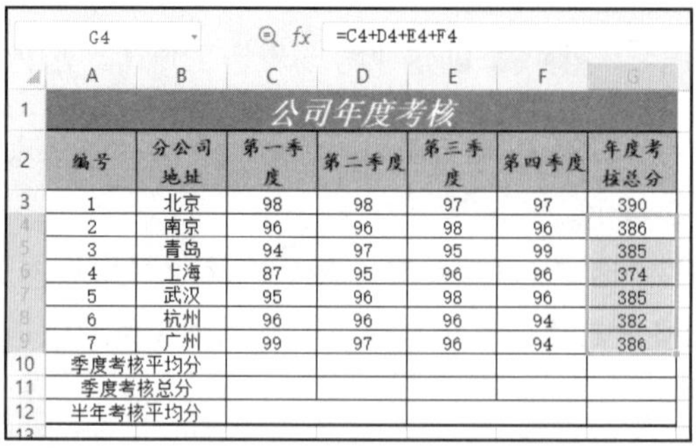

G4 =C4+D4+E4+F4

	A	B	C	D	E	F	G
1	公司年度考核						
2	编号	分公司地址	第一季度	第二季度	第三季度	第四季度	年度考核总分
3	1	北京	98	98	97	97	390
4	2	南京	96	96	98	96	386
5	3	青岛	94	97	95	99	385
6	4	上海	87	95	96	96	374
7	5	武汉	95	96	98	96	385
8	6	杭州	96	96	96	94	382
9	7	广州	99	97	96	94	386
10	季度考核平均分						
11	季度考核总分						
12	半年考核平均分						

图 6-7

6.1.5　检查与审核公式

公式作为电子表格中数据处理的核心，在使用过程中出错的概率较大。为了有效地避免输入的公式出错，需要对公式进行检查或审核，使公式能够按照预想的方式计算出结果。

1. 检查公式

在 WPS Office 中，查询公式错误的原因可以通过【错误检查】功能实现，该功能根据设定的规则对输入的公式自动进行检查。

首先选中公式所在的单元格，选择【公式】选项卡，单击【错误检查】按钮，如图 6-8 所示。打开【WPS 表格】对话框，提示完成了整个工作表的错误检查，此处没有检查出公式错误，单击【确定】按钮即可，如图 6-9 所示。

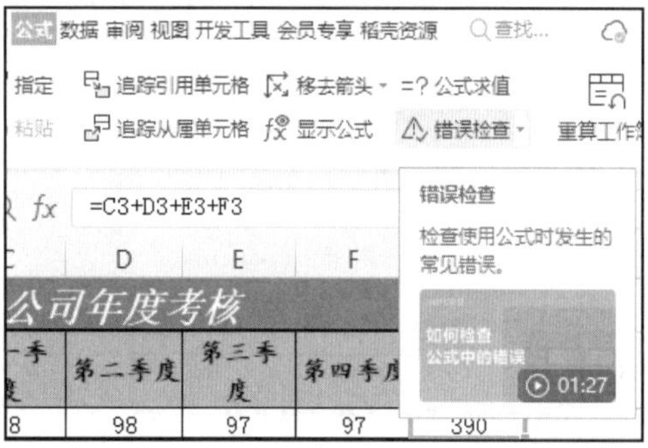

图 6-8

图 6-9

提示

如果检测到公式错误，会打开【错误检查】对话框，显示公式错误位置及错误原因，单击【在编辑栏中编辑】按钮，返回表格，在编辑栏中输入正确的公式，然后单击对话框中的【下一个】按钮，系统会自动检查表格中的下一个错误。

2. 审核公式

在公式中引用单元格进行计算时，为了降低使用公式时发生错误的概率，可以利用 WPS Office 提供的公式审核功能对公式的正确性进行审核。

首先选中公式所在的单元格，选择【公式】选项卡，单击【追踪引用单元格】按钮，如图 6-10 所示。此时表格会自动追踪公式单元格中所显示值的数据来源，并用蓝色箭头将相关单元格标注出来，如图 6-11 所示。

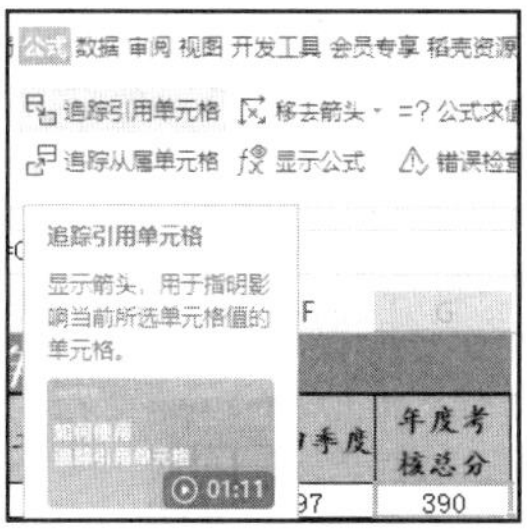

图 6-10

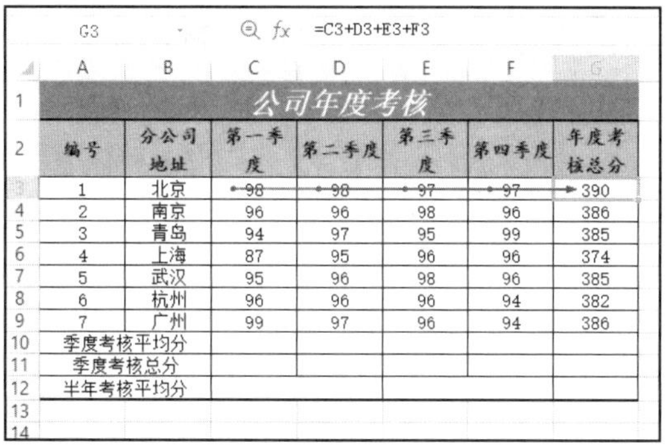

图 6-11

提示

如果选中公式所引用的数据单元格，单击【追踪从属单元格】按钮，将会显示蓝色箭头指向公式单元格，表示该数据从属于公式。

6.2　使用函数

在 WPS Office 中，将一组特定功能的公式组合在一起，就形成了函数。利用公式可以计算一些简单的数据，而利用函数则可以很容易地完成各种复杂数据的处理工作，并简化公式的使用。

6.2.1　函数的类型

WPS Office 为用户提供了 6 种常用的函数类型，包括财务函数、逻辑函数、查找与引用函数、文本函数、日期和时间函数、数学和三角函数等，在【公式】选项卡中可查看函数类型。函数的分类如表 6-4 所示。

表 6-4　函数的分类

分　类	功　能
财务函数	用于对财务进行分析和计算
逻辑函数	用于进行数据逻辑方面的运算
查找与引用函数	用于查找数据或单元格引用
文本函数	用于处理公式中的字符、文本或对数据进行计算与分析
日期和时间函数	用于分析和处理时间和日期值
数学和三角函数	用于进行数学计算

6.2.2 输入函数

AVERAGE 函数用于计算参数的算术平均数，SUM 函数是返回某一单元格区域中的所有数字之和，这两个函数是最常用的函数，下面将介绍输入函数的方法。

【例 6-2】 输入函数求和、求平均值。 视频

(1) 继续使用【例 6-1】的“考核表”工作簿，选定 C10 单元格，在【公式】选项卡中单击【插入函数】按钮，如图 6-12 所示。

(2) 打开【插入函数】对话框，在【或选择类别】下拉列表框中选择【常用函数】选项，然后在【选择函数】列表框中选择【AVERAGE】选项，单击【确定】按钮，如图 6-13 所示。

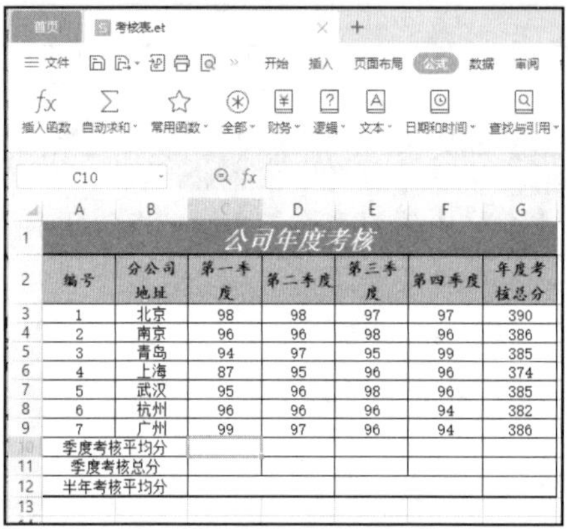

图 6-12

图 6-13

(3) 打开【函数参数】对话框，在【数值 1】文本框中输入计算平均值的范围，这里输入 C3:C9，单击【确定】按钮，如图 6-14 所示。

(4) 在 C10 单元格中显示计算结果，再使用同样的方法，在 D10:F10 单元格区域中插入平均值函数 AVERAGE，计算平均值，如图 6-15 所示。

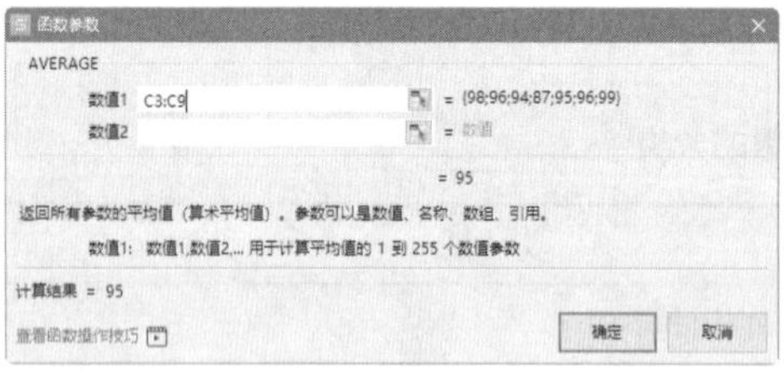

图 6-14

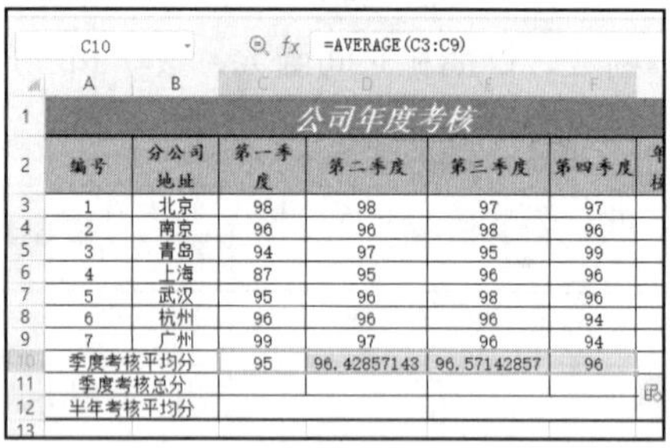

图 6-15

(5) 选定 C11 单元格，在【公式】选项卡中单击【插入函数】按钮，打开【插入函数】对话框，选择【常用函数】选项，然后在【选择函数】列表框中选择【SUM】选项，单击【确定】按钮，如图 6-16 所示。

(6) 打开【函数参数】对话框，在 SUM 选项区域的【数值 1】文本框中输入计算求和的范围，这里输入 C3:C9，单击【确定】按钮，如图 6-17 所示。

图 6-16

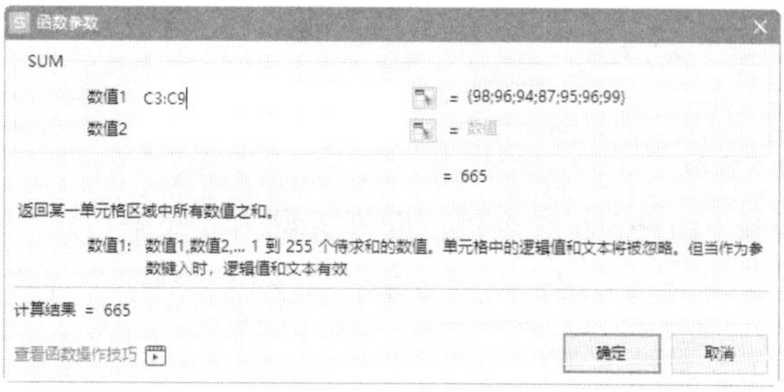

图 6-17

(7) 此时即可在 C11 单元格中显示计算结果，如图 6-18 所示

(8) 使用相对引用的方式，在 D11:F11 单元格区域中相对引用 C11 的函数进行计算，如图 6-19 所示。

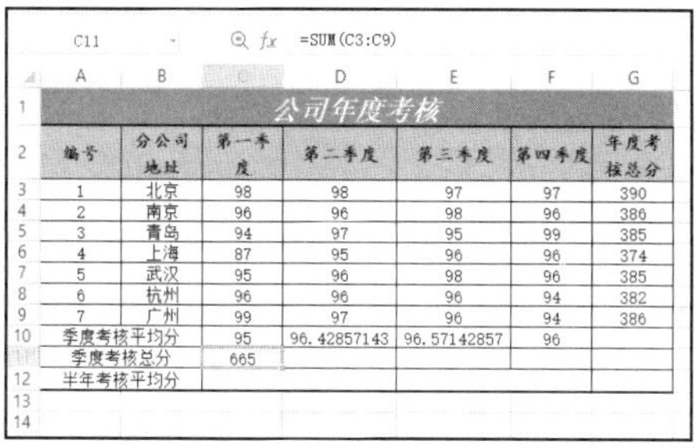

C11 =SUM(C3:C9)

公司年度考核						
编号	分公司地址	第一季度	第二季度	第三季度	第四季度	年度考核总分
1	北京	98	98	97	97	390
2	南京	96	96	98	96	386
3	青岛	94	97	95	99	385
4	上海	87	95	96	96	374
5	武汉	95	96	98	96	385
6	杭州	96	96	96	94	382
7	广州	99	97	96	94	386
季度考核平均分		95	96.42857143	96.57142857	96	
季度考核总分		665				
半年考核平均分						

图 6-18

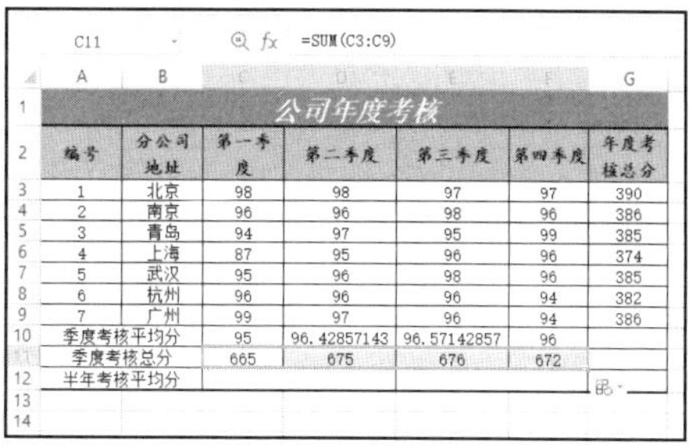

C11 =SUM(C3:C9)

公司年度考核						
编号	分公司地址	第一季度	第二季度	第三季度	第四季度	年度考核总分
1	北京	98	98	97	97	390
2	南京	96	96	98	96	386
3	青岛	94	97	95	99	385
4	上海	87	95	96	96	374
5	武汉	95	96	98	96	385
6	杭州	96	96	96	94	382
7	广州	99	97	96	94	386
季度考核平均分		95	96.42857143	96.57142857	96	
季度考核总分		665	675	676	672	
半年考核平均分						

图 6-19

6.2.3 嵌套函数

一个函数表达式中包括一个或多个函数，函数与函数之间可以层层相套，括号内的函数作为括号外函数的一个参数，这样的函数即为嵌套函数。使用该功能的方法为先插入内置函数，然后通过修改函数达到函数的嵌套使用。

【例 6-3】 使用嵌套函数进行计算。 视频

(1) 继续使用【例 6-2】的“考核表”工作簿，选中 C12 单元格，打开【公式】选项卡，单击【自动求和】下拉按钮，从弹出的下拉菜单中选择【平均值】命令，即可插入 AVERAGE 函数，如图 6-20 所示。

(2) 在编辑栏中，修改函数为“=AVERAGE(C3+D3,C4+D4,C5+D5,C6+D6,C7+D7,C8+D8,C9+D9)”，如图 6-21 所示。

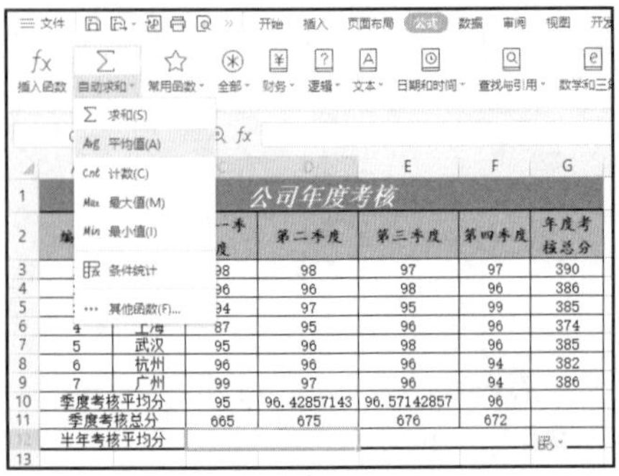

图 6-20

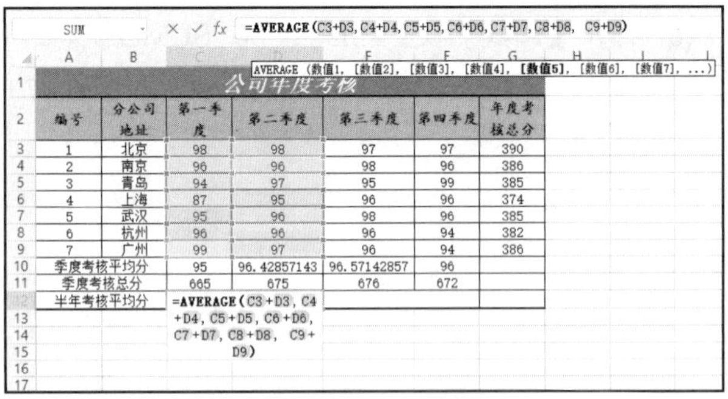

图 6-21

(3) 按 Ctrl+Enter 组合键，即可实现函数嵌套功能，并显示计算结果，如图 6-22 所示。

(4) 使用相对引用函数的方法，在 E12 中计算下半年的考核平均分，如图 6-23 所示。

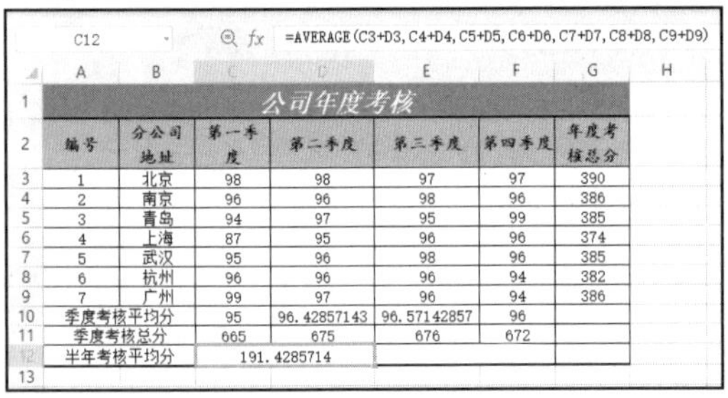

图 6-22

图 6-23

6.3 使用名称

名称是工作簿中某些项目或数据的标识符。在公式或函数中使用名称代替数据区域进行计算，可以使公式更为简洁，从而避免输入出错。

6.3.1 定义名称

名称作为一种特殊的公式，也是以“=”开始的，可以由常量数据、常量数组、单元格引用、函数与公式等元素组成，并且每个名称都具有唯一的标识，可以便于在其他名称或公式中使用。与一般公式有所不同的是，普通公式存在于单元格中，名称保存在工作簿中，并在程序运行时通过其唯一标识(名称的命名)进行调用。

为了方便处理表格数据，可以将一些常用的单元格区域定义为特定的名称。

【例 6-4】 为单元格区域定义名称。 视频

(1) 继续使用【例 6-1】的“考核表”工作簿，选定 C3:C9 单元格区域，打开【公式】选项卡，单击【名称管理器】按钮，如图 6-24 所示。

(2) 打开【名称管理器】对话框，单击【新建】按钮，如图 6-25 所示。

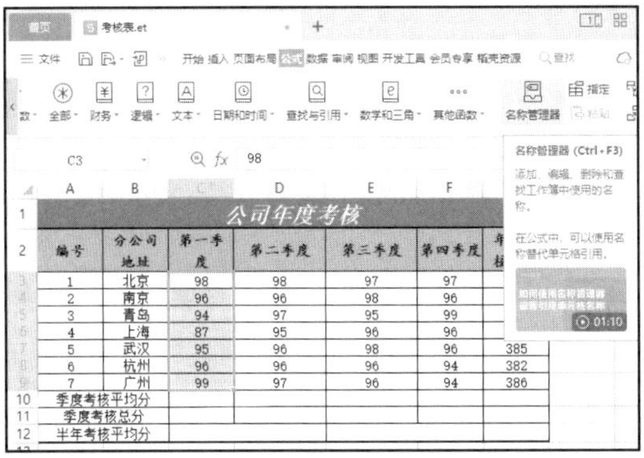

图 6-24

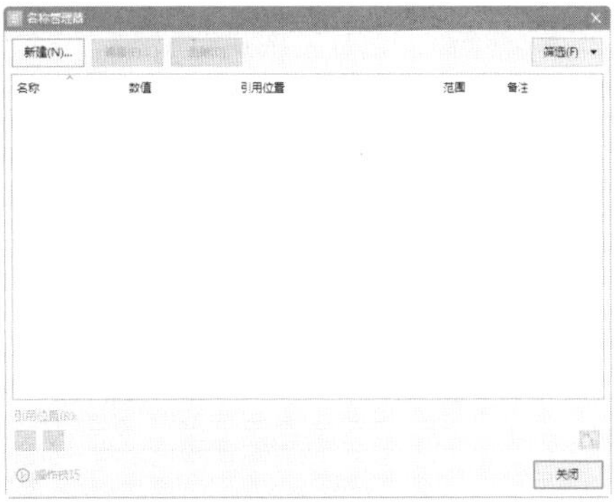

图 6-25

(3) 打开【新建名称】对话框，在【名称】文本框中输入单元格区域的名称，在【引用位置】文本框中可以修改单元格区域，单击【确定】按钮，如图 6-26 所示。

(4) 返回【名称管理器】对话框，单击【关闭】按钮，如图 6-27 所示。

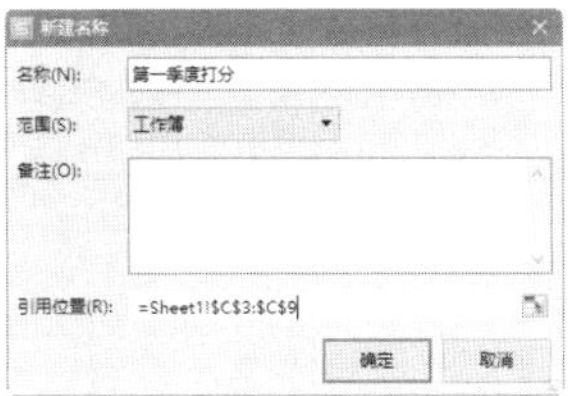

图 6-26

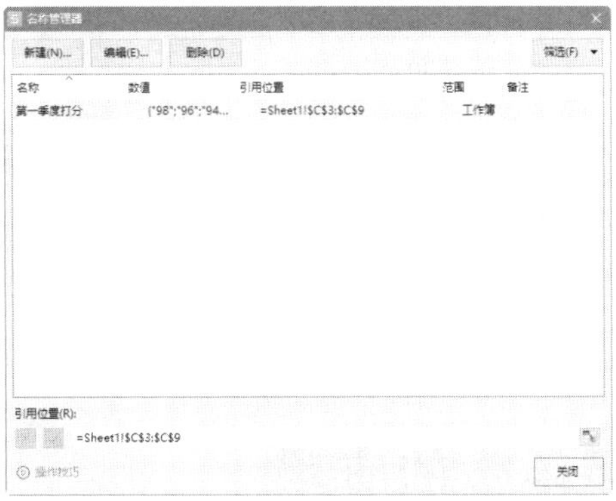

图 6-27

(5) 此时即可在编辑栏中显示 C3:C9 单元格区域的名称“第一季度打分”，如图 6-28 所示。

(6) 使用相同的方法，将 D3:D9、E3:E9、F3:F9 单元格区域分别定义名称为“第二季度打分”“第三季度打分”“第四季度打分”，如图 6-29 所示。

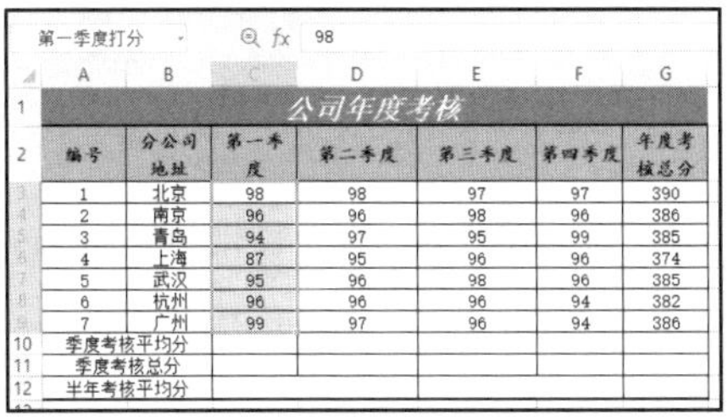

图 6-28

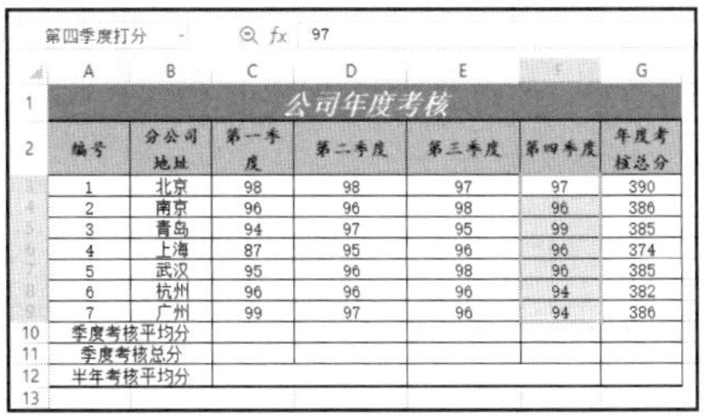

图 6-29

6.3.2　用名称进行计算

定义了单元格名称后，可以使用名称来代替单元格区域进行计算。

【例 6-5】 使用名称进行计算。 视频

(1) 继续使用【例 6-4】的“考核表”工作簿，选中 C10 单元格，在编辑栏中输入公式“=AVERAGE(第一季度打分)”，按 Ctrl+Enter 组合键，计算出第一季度的考核平均分，如图 6-30 所示。

(2) 使用同样的方法，在 D10、E10、F10 单元格中输入公式，得出计算结果。在其他单元格中输入其他公式(使用 SUM 和 AVERAGE 函数)，代入定义名称，得出计算结果，如图 6-31 所示。

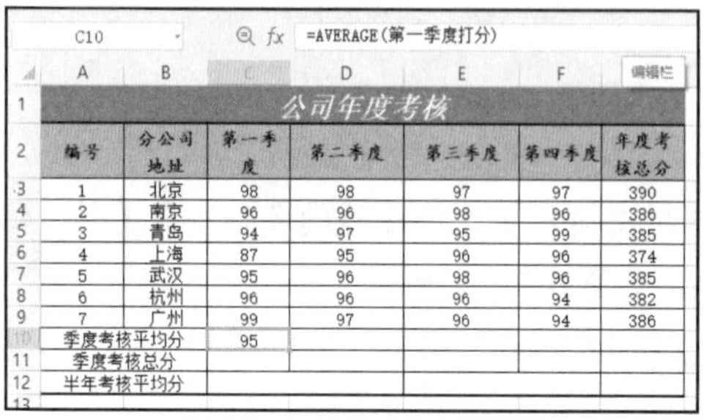

C10 =AVERAGE(第一季度打分)

公司年度考核						
编号	分公司地址	第一季度	第二季度	第三季度	第四季度	年度考核总分
1	北京	98	98	97	97	390
2	南京	96	96	98	96	386
3	青岛	94	97	95	99	385
4	上海	87	95	96	96	374
5	武汉	95	96	98	96	385
6	杭州	96	96	96	94	382
7	广州	99	97	96	94	386
季度考核平均分		95				
季度考核总分						
半年考核平均分						

图 6-30

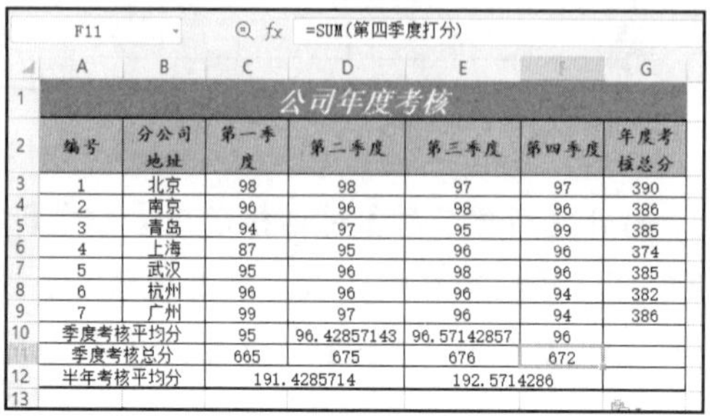

F11 =SUM(第四季度打分)

公司年度考核						
编号	分公司地址	第一季度	第二季度	第三季度	第四季度	年度考核总分
1	北京	98	98	97	97	390
2	南京	96	96	98	96	386
3	青岛	94	97	95	99	385
4	上海	87	95	96	96	374
5	武汉	95	96	98	96	385
6	杭州	96	96	96	94	382
7	广州	99	97	96	94	386
季度考核平均分		95	96.42857143	96.57142857	96	
季度考核总分		665	675	676	672	
半年考核平均分		191.4285714		192.5714286		

图 6-31

提示

通常情况下，可以对多余的或未被使用过的名称进行删除。打开【名称管理器】对话框，选择要删除的名称，单击【删除】按钮，此时系统会自动打开对话框，提示用户是否确定要删除该名称，单击【确定】按钮即可。

6.4 常用函数的应用

本节以制作员工工资明细表为例，介绍 WPS Office 中常用函数应用的知识，包括使用文本函数提取信息、使用日期和时间函数计算工龄、使用逻辑函数计算业绩提成、使用统计函数计算最高销售额，以及使用查找与引用函数计算个人所得税等内容。

6.4.1 使用文本函数提取员工信息

员工信息是工资表中不可缺少的一项信息，逐个输入不仅浪费时间且容易出现错误，文本函数则很擅长处理这种字符串类型的数据。下面介绍使用文本函数提取员工信息的操作方法。

【例 6-6】 使用文本函数提取员工信息。 视频

(1) 打开素材工作表，选中 B3 单元格，输入“=TEXT(员工基本信息!A3,0)”，如图 6-32 所示。

(2) 按 Enter 键显示结果，选中 B3 单元格，将鼠标指针移至单元格右下角，指针变为黑色十字形状后，拖动鼠标指针向下填充，将公式填充至 B12 单元格，员工编号填充完成，如图 6-33 所示。

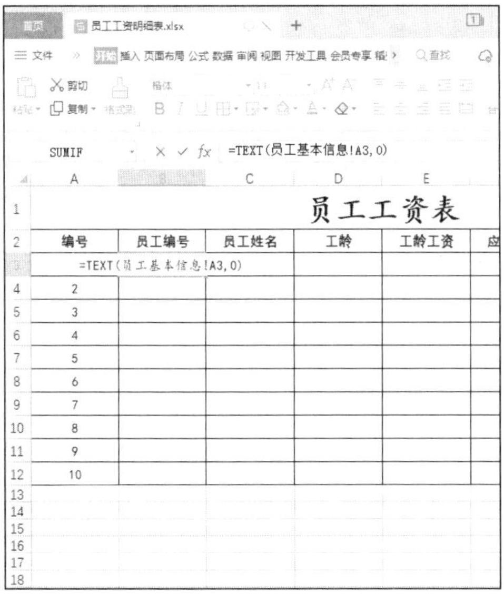

图 6-32

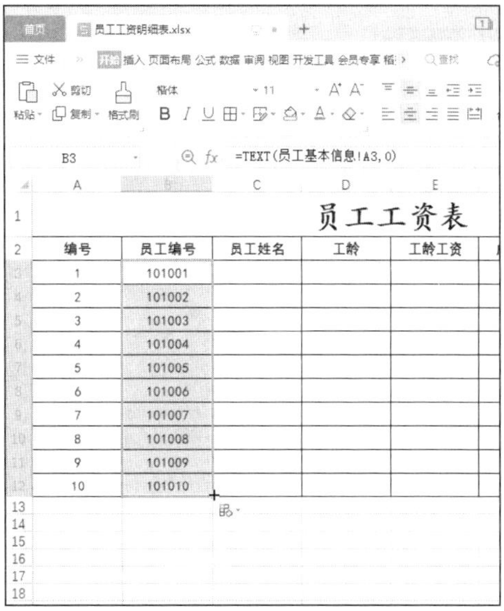

图 6-33

(3) 选中 C3 单元格，输入“=TEXT(员工基本信息!B3,0)”，如图 6-34 所示。

(4) 按 Enter 键显示结果，选中 C3 单元格，将鼠标指针移至单元格右下角，指针变为黑色十字形状，拖动鼠标指针向下填充，将公式填充至 C12 单元格，员工姓名填充完成，如图 6-35 所示。

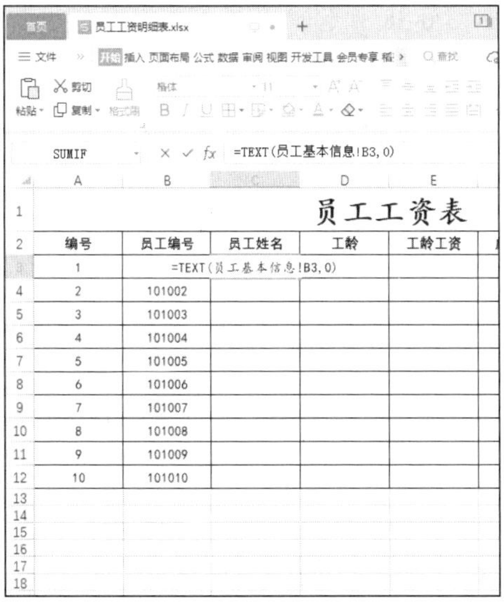

图 6-34

图 6-35

6.4.2 使用日期和时间函数计算工龄

员工的工龄是计算员工工龄工资的依据，下面介绍使用日期和时间函数计算员工工龄的操作方法。

【例 6-7】 使用日期和时间函数计算工龄。 视频

(1) 继续使用【例 6-6】的“员工工资明细表”工作簿，选中 D3 单元格，计算方法是使用当日日期减去入职日期，输入“=DATEDIF(员工基本信息!C3,TODAY(),"y")”，如图 6-36 所示。

(2) 按 Enter 键显示结果，选中 D3 单元格，将鼠标指针移至单元格右下角，指针变为黑色十字形状后，拖动鼠标指针向下填充，将公式填充至 D12 单元格，工龄填充完成，如图 6-37 所示。

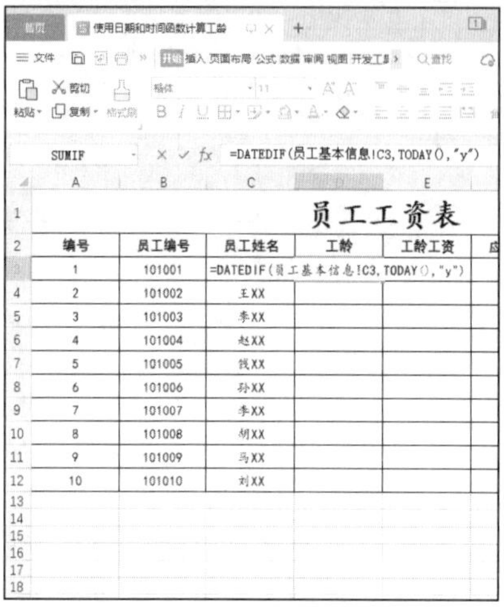

图 6-36

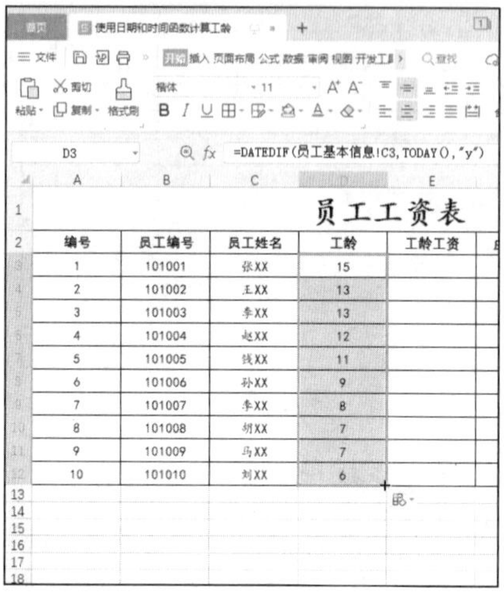

图 6-37

(3) 选中 E3 单元格，输入公式“=D3*100”，如图 6-38 所示。

(4) 按 Enter 键显示结果，选中 E3 单元格，将鼠标指针移至单元格右下角，指针变为黑色十字形状后，拖动鼠标指针向下填充，将公式填充至 E12 单元格，员工工龄工资填充完成，如图 6-39 所示。

图 6-38

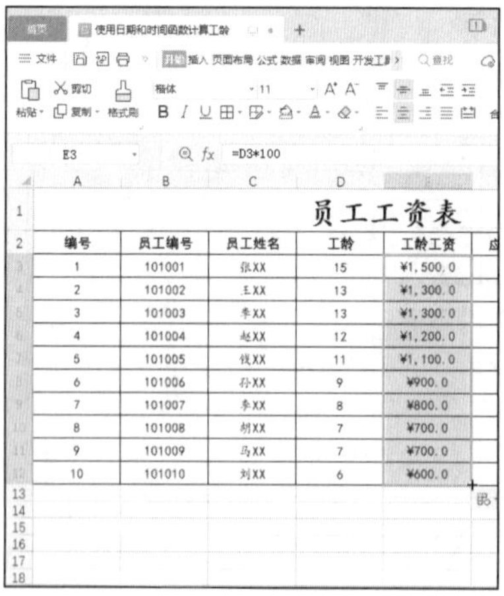

图 6-39

6.4.3 使用逻辑函数计算业绩提成奖金

企业根据员工的业绩划分为几个等级，每个等级的业绩提成奖金不同，逻辑函数可以用来进行复核检验，因此很适合计算这种类型的数据。下面介绍使用逻辑函数计算业绩提成奖金的操作方法。

【例 6-8】 使用逻辑函数计算业绩提成奖金。 视频

(1) 继续使用【例 6-7】的“员工工资明细表”工作簿，切换至“销售业绩表”工作表，选中 D3 单元格，输入“=HLOOKUP(C3,业绩奖金标准!$B$2:$F$3,2)”，如图 6-40 所示。

图 6-40

(2) 按 Enter 键显示结果，选中 D3 单元格，将鼠标指针移至单元格右下角，指针变为黑色十字形状后，拖动鼠标指针向下填充，将公式填充至 D12 单元格，奖金比例填充完成，如图 6-41 所示。

(3) 选中 E3 单元格，输入公式“=IF(C3<50000,C3*D3,C3*D3+500)”，如图 6-42 所示。

图 6-41

图 6-42

(4) 按 Enter 键显示结果，选中 E3 单元格，将鼠标指针移至单元格右下角，指针变为黑色十字形状后，拖动鼠标指针向下填充，将公式填充至 E12 单元格，员工奖金填充完成，如图 6-43 所示。

员工编号	员工姓名	销售额	奖金比例	奖金
101001	张XX	48000	0.1	4800
101002	王XX	38000	0.07	2660
101003	李XX	52000	0.15	8300
101004	赵XX	45000	0.1	4500
101005	钱XX	45000	0.1	4500
101006	孙XX	62000	0.15	9800
101007	李XX	30000	0.07	2100
101008	胡XX	34000	0.07	2380
101009	马XX	24000	0.03	720
101010	刘XX	8000	0	0

图 6-43

6.4.4 使用统计函数计算最高销售额

公司会对业绩突出的员工进行表彰，因此需要在众多销售数据中找出最高的销售额和对应的员工。统计函数作为专门统计分析的函数，可以快捷地在工作表中找到相应数据。下面介绍使用统计函数计算最高销售额的操作方法。

【例 6-9】 使用统计函数计算最高销售额。 视频

(1) 继续使用【例 6-8】的“员工工资明细表”工作簿，切换至“销售业绩表”工作表，选中 G3 单元格，单击编辑栏左侧的【插入函数】按钮，如图 6-44 所示。

(2) 此时打开【插入函数】对话框，在【选择函数】列表框中选中【MAX】函数，单击【确定】按钮，如图 6-45 所示。

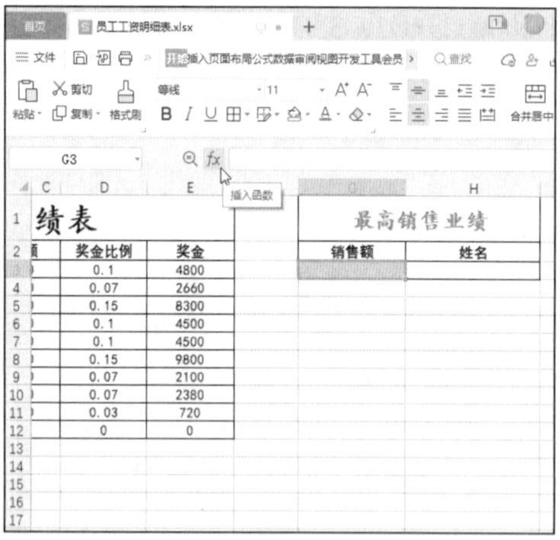

图 6-44

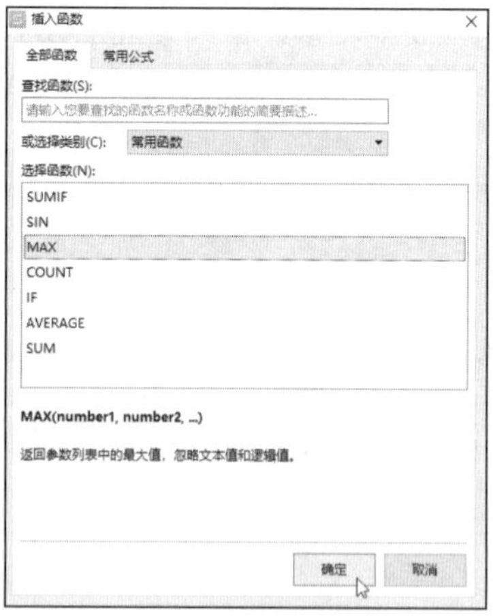

图 6-45

(3) 此时打开【函数参数】对话框，在【数值 1】文本框中输入“C3:C12”，单击【确定】按钮，如图 6-46 所示。

(4) 返回表格，G3 单元格显示计算结果，如图 6-47 所示。

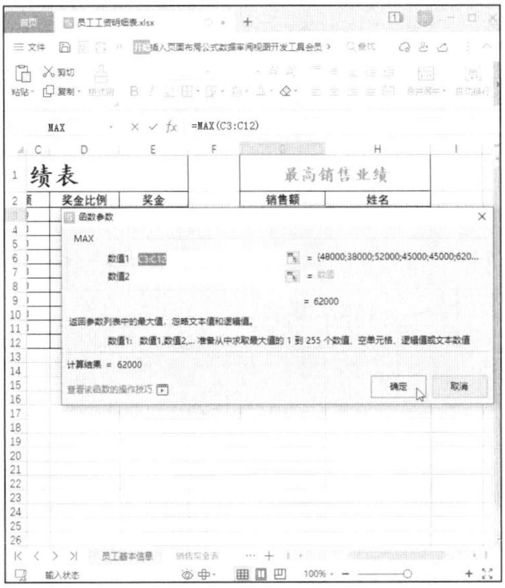

图 6-46

图 6-47

(5) 选中 H3 单元格，输入公式"=INDEX(B3:B12,MATCH(G3,C3:C12,))"，如图 6-48 所示。

(6) 按 Enter 键显示结果，如图 6-49 所示。

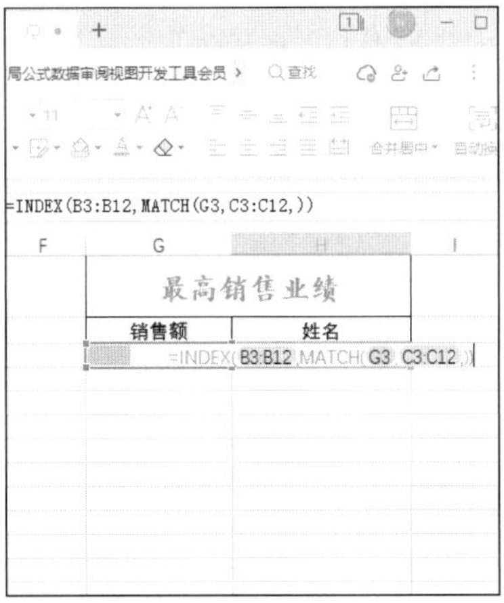

图 6-48

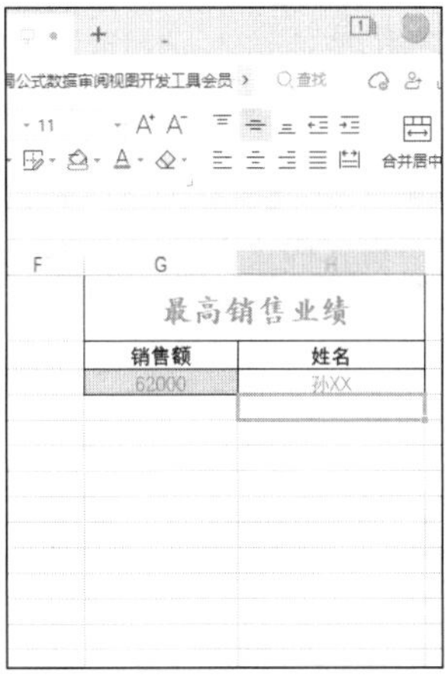

图 6-49

6.4.5　计算个人所得税

我国根据个人收入的不同以阶梯形式的方式征收个人所得税，因此直接计算起来比较复杂，这类问题可以使用查找与引用函数来解决。下面介绍使用查找与引用函数计算个人所得税的操作方法。

【例 6-10】 使用查找与引用函数计算个人所得税。 视频

(1) 继续使用【例 6-9】的"员工工资明细表"工作簿，切换至"工资表"工作表，选中 F3 单元格，输入"=员工基本信息!D3－员工基本信息!E3+工资表!E3+销售奖金表!E3"，如图 6-50 所示。

(2) 按 Enter 键显示结果，选中 F3 单元格，将鼠标指针移至单元格右下角，指针变为黑色十字形状后，拖动鼠标指针向下填充，将公式填充至 F12 单元格，员工应发工资填充完成，如图 6-51 所示。

图 6-50

图 6-51

(3) 选中 G3 单元格，输入“=IF(F3<税率表!E$2,0,LOOKUP(工资表!F3－税率表!E$2,税率表!C$4:C$10,(工资表!F3－税率表!E$2)*税率表!D$4:D$10－税率表!E$4:E$10))”，如图 6-52 所示。

(4) 按 Enter 键显示结果，选中 G3 单元格，将鼠标指针移至单元格右下角，指针变为黑色十字形状后，拖动鼠标指针向下填充，将公式填充至 G12 单元格，员工个人所得税填充完成，如图 6-53 所示。

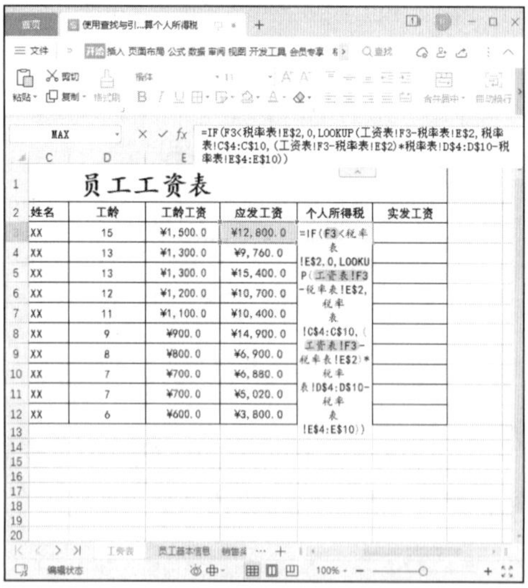

图 6-52

图 6-53

6.4.6　计算个人实发工资

员工工资明细表最重要的一项就是员工的实发工资，下面介绍计算个人实发工资的操作方法。

【例 6-11】 计算实发工资。 视频

(1) 继续使用【例 6-10】的“员工工资明细表”工作簿，选中 H3 单元格，输入“=F3－G3”，如图 6-54 所示。

(2) 按 Enter 键显示结果，选中 H3 单元格，将鼠标指针移至单元格右下角，指针变为黑色十字形状后，拖动鼠标指针向下填充，将公式填充至 H12 单元格，员工实发工资填充完成，如图 6-55 所示。

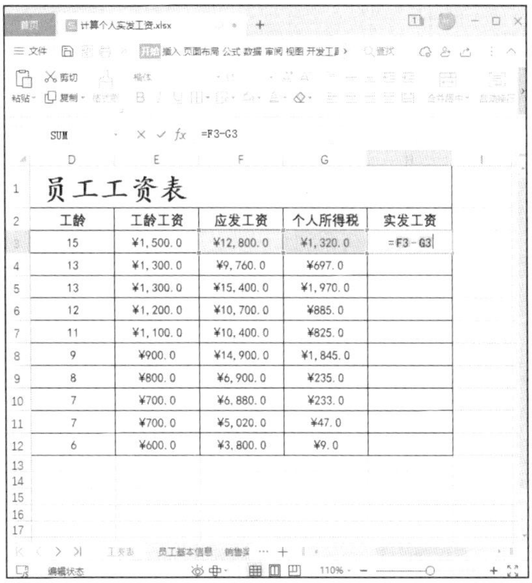

图 6-54

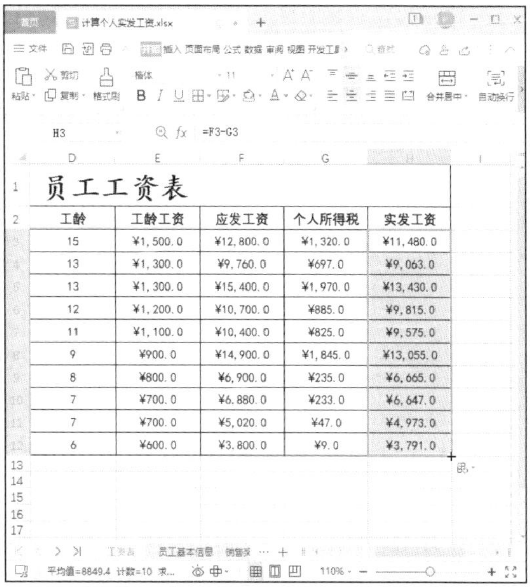

图 6-55

6.5　实例演练

通过前面内容的学习，读者应该已经掌握在表格中使用公式计算数据的方法。下面以使用文本函数处理文本信息作为案例演练，巩固本章所学内容。

【例 6-12】 使用文本函数处理文本信息。 视频

(1) 启动 WPS Office，新建“培训安排信息统计”工作簿，并在其中输入数据，如图 6-56 所示。

(2) 选中 D3 单元格，在编辑栏中输入“=LEFT(B3,1)&IF(C3="女","女士","先生")”，如图 6-57 所示。

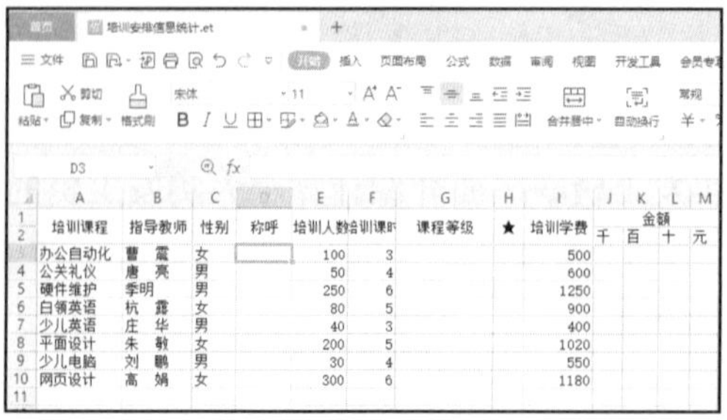

图 6-56

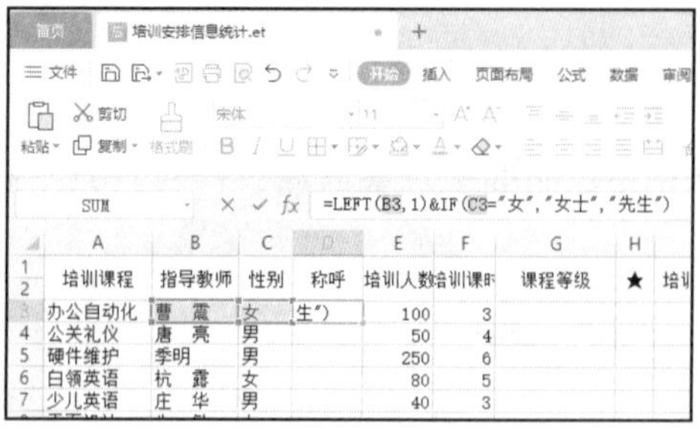

图 6-57

(3) 按 Ctrl+Enter 组合键，即可从信息中提取“曹震”的称呼“曹女士”，如图 6-58 所示。

(4) 将光标移动至 D3 单元格右下角，待光标变为黑色十字形时，按住鼠标左键向下拖至 D10 单元格，进行公式填充，从而提取所有教师的称呼，如图 6-59 所示。

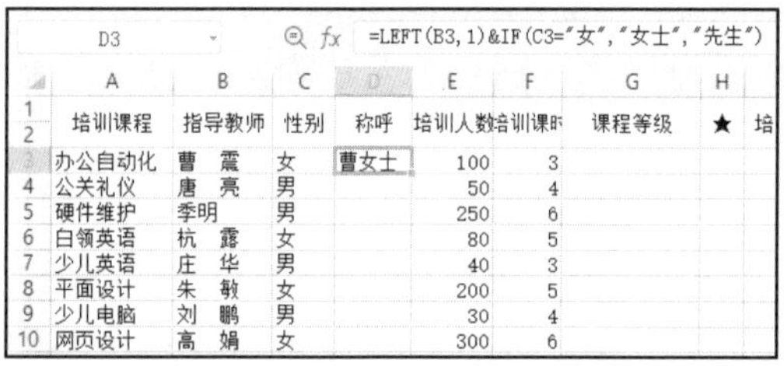

图 6-58

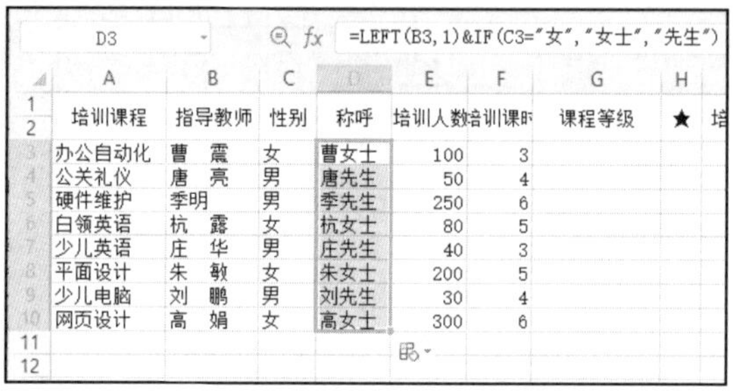

图 6-59

(5) 选中 G3 单元格，在编辑栏中输入公式“=REPT(H1,INT(F3))”，按 Ctrl+Enter 组合键，计算公式结果，如图 6-60 所示。

(6) 在编辑栏中选中“H1”，按 F4 快捷键，将其更改为绝对引用方式“$H$1”。按 Ctrl+Enter 组合键，结果如图 6-61 所示。

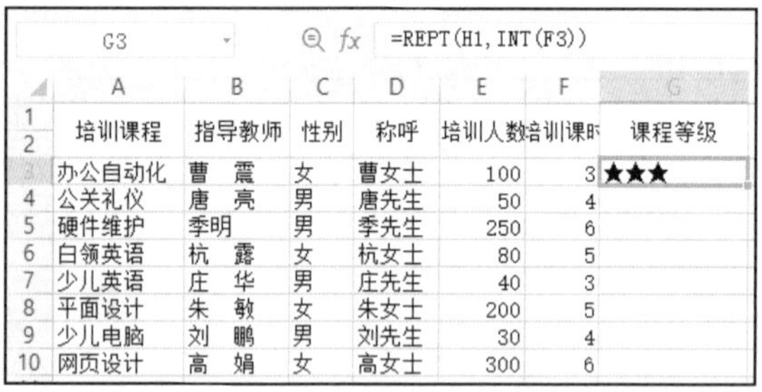

图 6-60

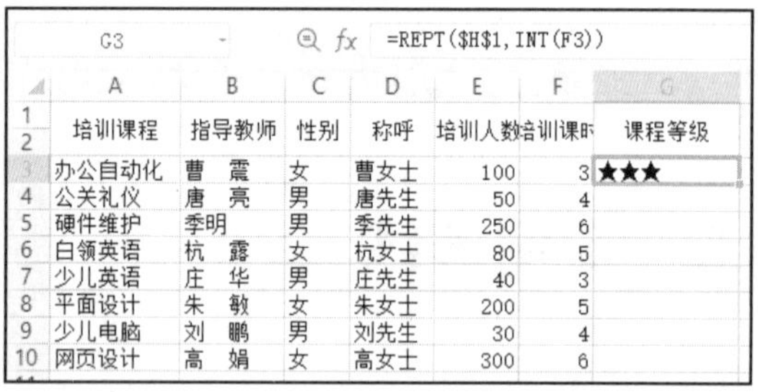

图 6-61

(7) 使用相对引用方式复制公式至 G4:G10 单元格区域，计算不同的培训课程所对应的课程等级，如图 6-62 所示。

(8) 选中 J3 单元格，在编辑栏中输入公式“=IF(LEN(I3)=4,MID(I3,1,1),0)”，按 Ctrl+Enter 组合键，从“办公自动化”的“培训学费”中提取“千”位数额，如图 6-63 所示。

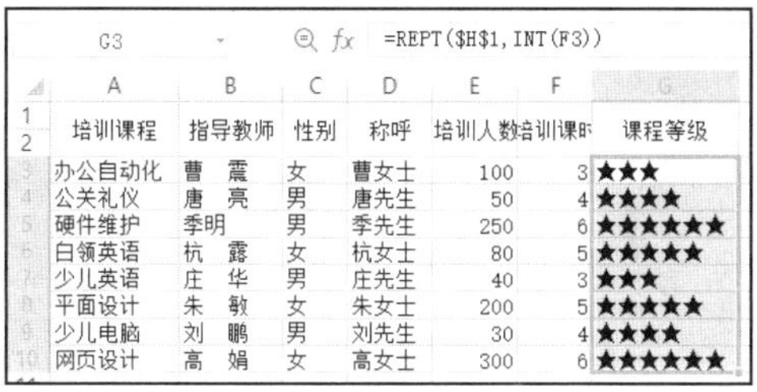

G3　fx　=REPT($H$1,INT(F3))

	A	B	C	D	E	F	G
1-2	培训课程	指导教师	性别	称呼	培训人数	培训课时	课程等级
3	办公自动化	曹　震	女	曹女士	100	3	★★★
4	公关礼仪	唐　亮	男	唐先生	50	4	★★★★
5	硬件维护	季明	男	季先生	250	6	★★★★★★
6	白领英语	杭　露	女	杭女士	80	5	★★★★★
7	少儿英语	庄　华	男	庄先生	40	3	★★★
8	平面设计	朱　敏	女	朱女士	200	5	★★★★★
9	少儿电脑	刘　鹏	男	刘先生	30	4	★★★★
10	网页设计	高　娟	女	高女士	300	6	★★★★★★

图 6-62

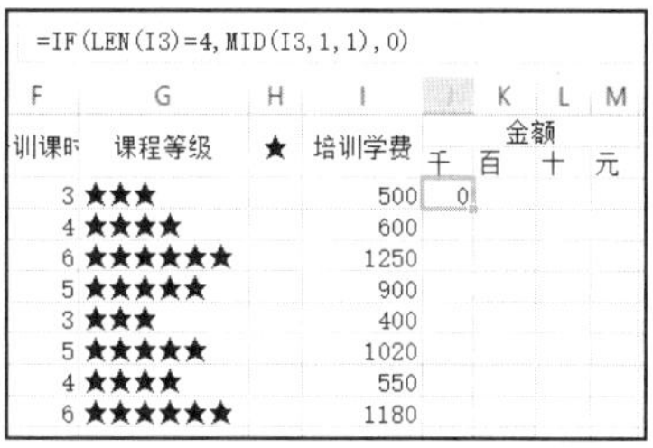

=IF(LEN(I3)=4,MID(I3,1,1),0)

F	G	H	I	J	K	L	M
培训课时	课程等级	★	培训学费	金额 千	百	十	元
3	★★★		500	0			
4	★★★★		600				
6	★★★★★★		1250				
5	★★★★★		900				
3	★★★		400				
5	★★★★★		1020				
4	★★★★		550				
6	★★★★★★		1180				

图 6-63

(9) 使用相对引用方式复制公式至 J4:J10 单元格区域，计算不同的培训课程所对应的培训学费中千位数额，如图 6-64 所示。

(10) 选中 K3 单元格，在编辑栏中输入“=IF(J3=0,IF(LEN(I3)=3,MID(I3,1,1),0),MID(I3,2,1))”，按 Ctrl+Enter 组合键，提取“办公自动化”的“培训学费”中的“百”位数额，如图 6-65 所示。

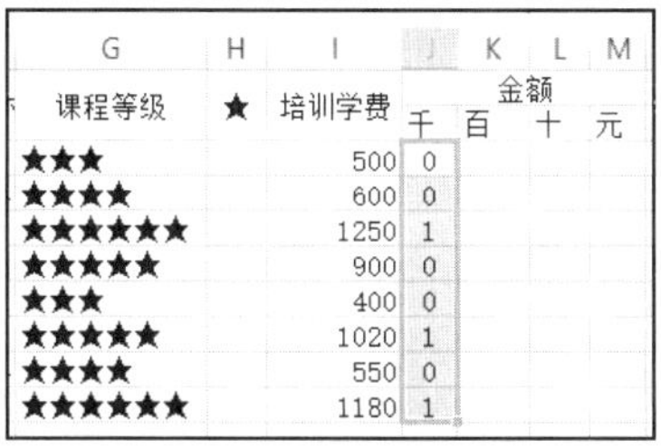

G	H	I	J	K	L	M
课程等级	★	培训学费	金额 千	百	十	元
★★★		500	0			
★★★★		600	0			
★★★★★★		1250	1			
★★★★★		900	0			
★★★		400	0			
★★★★★		1020	1			
★★★★		550	0			
★★★★★★		1180	1			

图 6-64

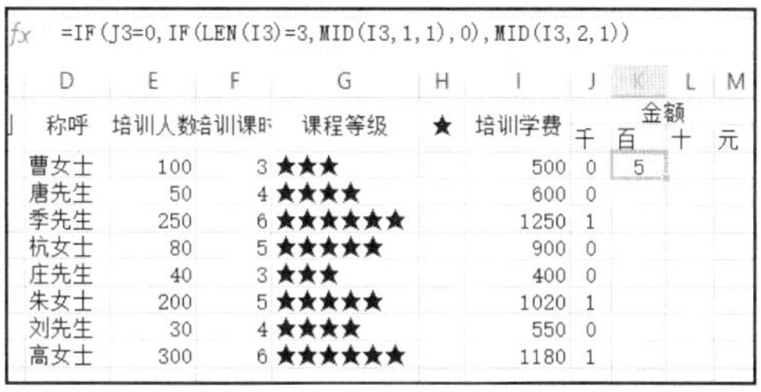

fx　=IF(J3=0,IF(LEN(I3)=3,MID(I3,1,1),0),MID(I3,2,1))

D	E	F	G	H	I	J	K	L	M
称呼	培训人数	培训课时	课程等级	★	培训学费	金额 千	百	十	元
曹女士	100	3	★★★		500	0	5		
唐先生	50	4	★★★★		600	0			
季先生	250	6	★★★★★★		1250	1			
杭女士	80	5	★★★★★		900	0			
庄先生	40	3	★★★		400	0			
朱女士	200	5	★★★★★		1020	1			
刘先生	30	4	★★★★		550	0			
高女士	300	6	★★★★★★		1180	1			

图 6-65

(11) 使用相对引用方式复制公式至 K4:K10 单元格区域，计算出不同的培训课程所对应的培训学费中百位数额，如图 6-66 所示。

(12) 选中 L3 单元格，在编辑栏中输入“=IF(J3=0,IF(LEN(I3)=2,MID(I3,1,1),MID(I3,2,1)),MID(I3,3,1))”，按 Ctrl+Enter 组键，提取“办公自动化”的“培训学费”中的“十”位数额，如图 6-67 所示。

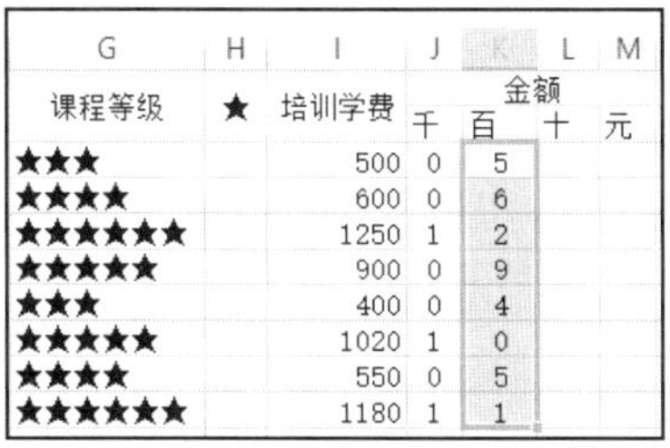

G	H	I	J	K	L	M
课程等级	★	培训学费	金额 千	百	十	元
★★★		500	0	5		
★★★★		600	0	6		
★★★★★★		1250	1	2		
★★★★★		900	0	9		
★★★		400	0	4		
★★★★★		1020	1	0		
★★★★		550	0	5		
★★★★★★		1180	1	1		

图 6-66

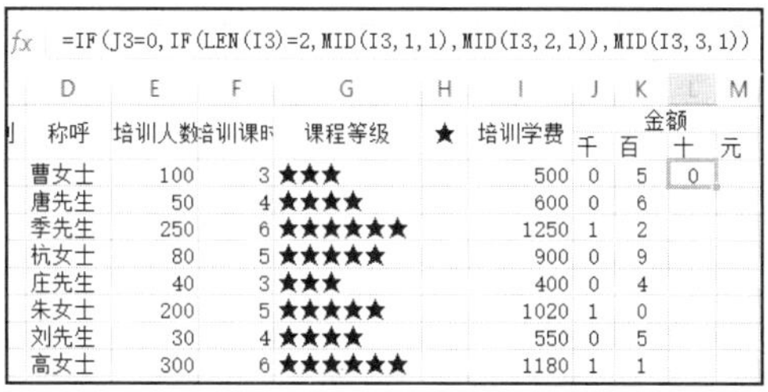

fx　=IF(J3=0,IF(LEN(I3)=2,MID(I3,1,1),MID(I3,2,1)),MID(I3,3,1))

D	E	F	G	H	I	J	K	L	M
称呼	培训人数	培训课时	课程等级	★	培训学费	金额 千	百	十	元
曹女士	100	3	★★★		500	0	5	0	
唐先生	50	4	★★★★		600	0	6		
季先生	250	6	★★★★★★		1250	1	2		
杭女士	80	5	★★★★★		900	0	9		
庄先生	40	3	★★★		400	0	4		
朱女士	200	5	★★★★★		1020	1	0		
刘先生	30	4	★★★★		550	0	5		
高女士	300	6	★★★★★★		1180	1	1		

图 6-67

(13) 使用相对引用方式复制公式至 L4:L10 单元格区域，计算出不同的培训课程所对应的培训学费中十位数额，如图 6-68 所示。

(14) 选中 M3 单元格，在编辑栏中输入“=IF(J3=0,IF(LEN(I3)=1,MID(I3,1,1),MID(I3,3,1)),MID(I3,4,1))”，按 Ctrl+Enter 组合键，提取“办公自动化”的“培训学费”中的“元”位数额。使用相对引用方式复制公式至 M4:M10 单元格区域，计算出不同的培训课程所对应的培训学费中的个位数额，如图 6-69 所示。

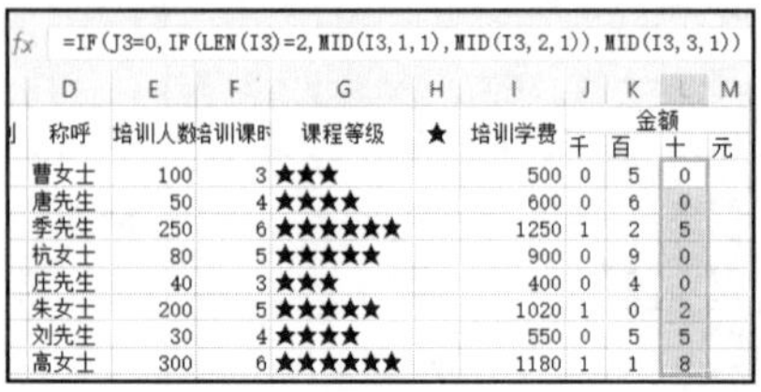

图 6-68

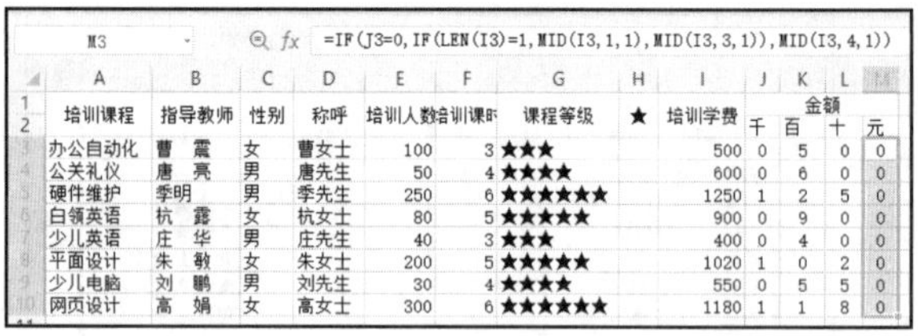

图 6-69

6.6 习题

1. 简述检查与审核公式的方法。
2. 如何使用嵌套函数进行计算？
3. 简述本章中常用函数的应用方法。

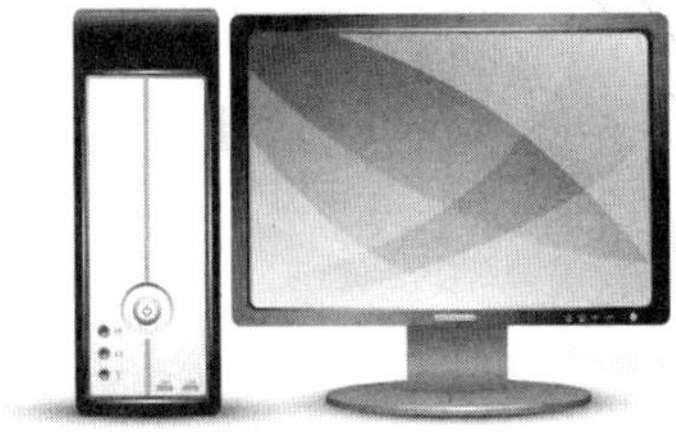

第 7 章

整理分析表格数据

在 WPS Office 中，用户经常需要对表格中的数据进行管理与分析，将数据按照一定的规律进行排序、筛选、分类汇总等操作，从而更容易地整理电子表格中的数据。通过本章的学习，读者可以掌握使用 WPS Office 管理表格数据方面的知识。

本章重点

- 数据排序
- 数据筛选
- 数据分类汇总
- 设置条件格式

二维码教学视频

【例 7-1】 升序排序
【例 7-2】 自定义排序
【例 7-3】 自定义序列排序
【例 7-4】 自动筛选
【例 7-5】 自定义筛选
【例 7-6】 使用高级筛选

本章其他视频参见教学视频二维码

7.1 数据排序

在实际工作中，用户经常需要将工作簿中的数据按照一定顺序排列，以便查阅。数据排序是指按一定规则对数据进行整理、排列，这样可以为数据的进一步分析处理做好准备。排序主要分为按单一条件排序及自定义排序等方式。

7.1.1 单一条件排序

在数据量相对较少(或排序要求简单)的工作簿中，用户可以设置一个条件对数据进行排序处理。表格默认的排序是根据单元格中的数据进行升序或降序排序，这种排序方式就是单一条件排序。

【例 7-1】 在“成绩表”工作簿中按成绩升序排序。 视频

(1) 启动 WPS Office，打开“成绩表”工作簿，选中【成绩】列中的任意单元格，在【数据】选项卡中单击【排序】下拉按钮，选择【升序】命令，如图 7-1 所示。

(2) 此时表格将快速以“升序”方式重新对数据表【成绩】列中的数据进行排序，效果如图 7-2 所示。

编号	姓名	性别	班级	成绩	名次
2011020	季小亮	女	1	507	23
2011021	周薇薇	女	1	526	21
2011019	孙伟	女	1	529	20
2011023	陈华东	男	1	530	19
2011022	吴丽群	女	1	551	17
2011024	韩寒	男	1	590	10
2011017	曹冬冬	男	1	611	4
2011018	李玉华	男	1	619	2
2011011	肖强	男	2	571	16
2011016	许丽华	女	2	574	14
2011009	杨昆	女	2	576	12
2011013	沈书清	女	2	576	12
2011012	蒋小娟	女	2	601	9
2011010	汪峰	男	2	611	4
2011015	丁薪	女	2	614	3
2011014	季曙明	男	2	638	1
2011002	张琳	男	3	501	24
2011006	庄春华	男	3	524	22
2011005	严玉梅	女	3	539	18
2011007	王淑华	男	3	574	14
2011001	何爱存	女	3	581	11
2011004	曹小亮	男	3	603	8
2011008	魏晨	男	3	607	7
2011003	孔令辉	男	3	608	6

图 7-1

编号	姓名	性别	班级	成绩	名次
2011002	张琳	男	3	501	24
2011020	季小亮	女	1	507	23
2011006	庄春华	男	3	524	22
2011021	周薇薇	女	1	526	21
2011019	孙伟	女	1	529	20
2011023	陈华东	男	1	530	19
2011005	严玉梅	女	3	539	18
2011022	吴丽群	女	1	551	17
2011011	肖强	男	2	571	16
2011016	许丽华	女	2	574	14
2011007	王淑华	男	3	574	14
2011009	杨昆	女	2	576	12
2011013	沈书清	女	2	576	12
2011001	何爱存	女	3	581	11
2011024	韩寒	男	1	590	10
2011012	蒋小娟	女	2	601	9
2011004	曹小亮	男	3	603	8
2011008	魏晨	男	3	607	7
2011003	孔令辉	男	3	608	6
2011017	曹冬冬	男	1	611	4
2011010	汪峰	男	2	611	4
2011015	丁薪	女	2	614	3
2011018	李玉华	男	1	619	2
2011014	季曙明	男	2	638	1

图 7-2

7.1.2 自定义排序

自定义排序是依据多列的数据规则，对工作表中的数据进行排序操作。如果使用快速排序，则只能使用一个排序条件，因此当使用快速排序后，表格中的数据可能仍然没有达到用户的排序需求。这时，用户可以设置多个排序条件进行排序。

【例 7-2】 在“成绩表”工作簿中设置按成绩分数从低到高排序表格数据，如果分数相同，则按班级从低到高排序。 视频

(1) 打开“成绩表”工作簿，在【数据】选项卡中单击【排序】下拉按钮，选择【自定义排序】命令，打开【排序】对话框，在【主要关键字】下拉列表框中选择【成绩】选项，在【排序依据】下拉列表框中选择【数值】选项，在【次序】下拉列表框中选择【升序】选项，然后单击【添加条件】按钮，如图 7-3 所示。

(2) 在【次要关键字】下拉列表框中选择【班级】选项，在【排序依据】下拉列表框中选择【数值】选项，在【次序】下拉列表框中选择【升序】选项，单击【确定】按钮，如图 7-4 所示。

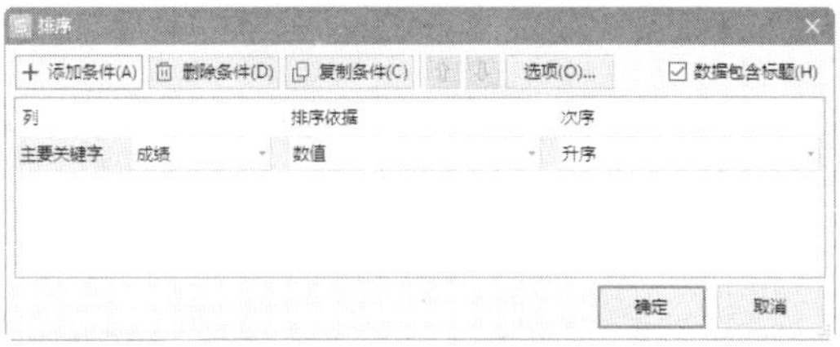

图 7-3

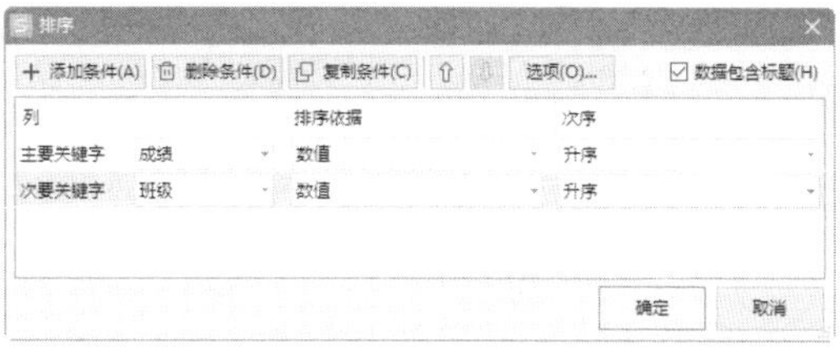

图 7-4

(3) 返回表格窗口，即可按照多个条件对表格中的数据进行排序，如图 7-5 所示。

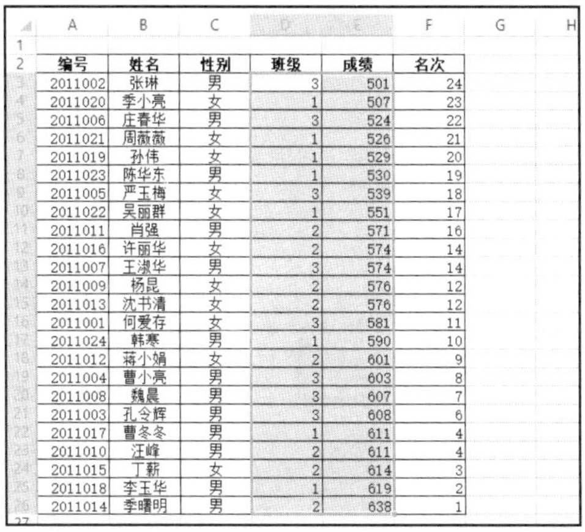

编号	姓名	性别	班级	成绩	名次
2011002	张琳	男	3	501	24
2011020	季小亮	女	1	507	23
2011006	庄春华	男	3	524	22
2011021	周薇薇	女	1	526	21
2011019	孙伟	女	1	529	20
2011023	陈华东	男	1	530	19
2011005	严玉梅	女	3	539	18
2011022	吴丽群	女	1	551	17
2011011	肖强	男	2	571	16
2011016	许丽华	女	2	574	14
2011007	王淑华	男	3	574	14
2011009	杨昆	女	2	576	12
2011013	沈书清	女	2	576	12
2011001	何爱存	女	3	581	11
2011024	韩寒	男	1	590	10
2011012	蒋小娟	女	2	601	9
2011004	曹小亮	男	3	603	8
2011008	魏晨	男	3	607	7
2011003	孔令辉	男	3	608	6
2011017	曹冬冬	男	1	611	4
2011010	汪峰	男	2	611	4
2011015	丁薪	女	2	614	3
2011018	李玉华	男	1	619	2
2011014	季曙明	男	2	638	1

图 7-5

7.1.3　自定义序列

WPS Office 允许用户根据需要设置特定的序列条件，对数据表中的某一字段进行排序。

【例 7-3】 在“成绩表”工作簿中按照男女序列进行排序。 视频

(1) 打开“成绩表”工作簿，在【数据】选项卡中单击【排序】下拉按钮，选择【自定义排序】命令，打开【排序】对话框，在【主要关键字】下拉列表框中选择【性别】选项，在【次序】下拉列表框中选择【自定义序列】选项，如图 7-6 所示。

(2) 打开【自定义序列】对话框，在【输入序列】列表框中输入自定义序列内容，然后单击【添加】按钮。此时，【自定义序列】列表框中会显示刚添加的“男女”序列，单击【确定】按钮，完成自定义序列操作，如图 7-7 所示。

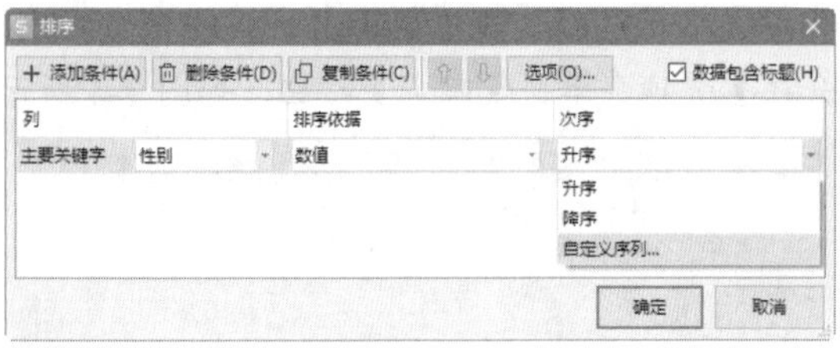

图 7-6

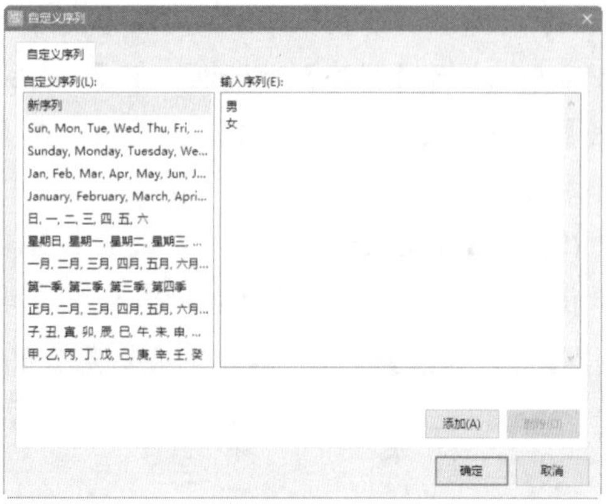

图 7-7

(3) 返回【排序】对话框，此时【次序】下拉列表框内已经显示【男，女】选项，单击【确定】按钮即可，如图 7-8 所示。

(4) 最后在该工作表中，排列的顺序为先是男生，然后为女生。表格内容的效果如图 7-9 所示。

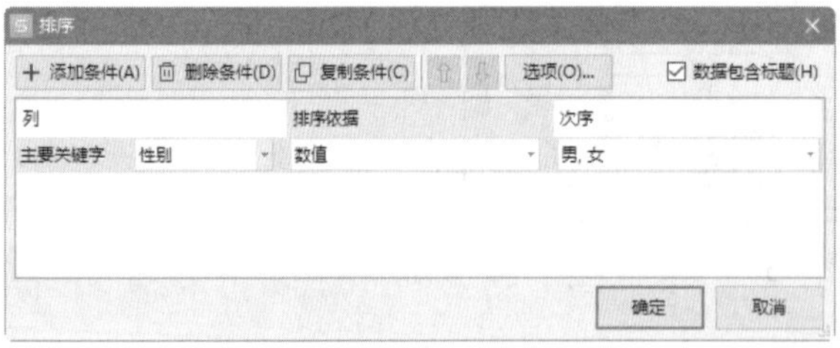

图 7-8

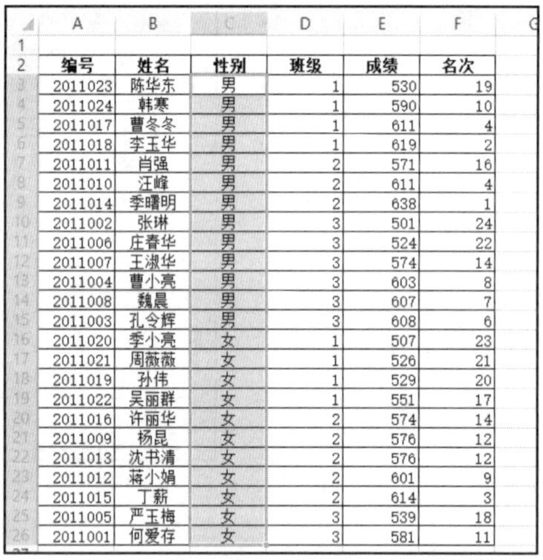

编号	姓名	性别	班级	成绩	名次
2011023	陈华东	男	1	530	19
2011024	韩寒	男	1	590	10
2011017	曹冬冬	男	1	611	4
2011018	李玉华	男	1	619	2
2011011	肖强	男	2	571	16
2011010	汪峰	男	2	611	4
2011014	季曙明	男	2	638	1
2011002	张琳	男	3	501	24
2011006	庄春华	男	3	524	22
2011007	王淑华	男	3	574	14
2011004	曹小亮	男	3	603	8
2011008	魏晨	男	3	607	7
2011003	孔令辉	男	3	608	6
2011020	季小亮	女	1	507	23
2011021	周薇薇	女	1	526	21
2011019	孙伟	女	1	529	20
2011022	吴丽群	女	1	551	17
2011016	许丽华	女	2	574	14
2011009	杨昆	女	2	576	12
2011013	沈书清	女	2	576	12
2011012	蒋小娟	女	2	601	9
2011015	丁薪	女	2	614	3
2011005	严玉梅	女	3	539	18
2011001	何爱存	女	3	581	11

图 7-9

7.2　数据筛选

如果要在成百上千条数据记录中查询需要的数据，则要用到 WPS Office 的筛选功能，这样便可轻松地筛选出符合条件的数据。

7.2.1　自动筛选

自动筛选是一个易于操作且经常使用的功能。自动筛选通常是按简单的条件进行筛选，筛选时将不满足条件的数据暂时隐藏起来，只显示符合条件的数据。

【例 7-4】 在“成绩表”工作簿中自动筛选出成绩最高的 3 条记录。 视频

(1) 打开“成绩表”工作簿，选中数据区域的任意单元格，在【数据】选项卡中单击【筛选】按钮，如图 7-10 所示。

(2) 此时，电子表格进入筛选模式，列标题单元格中添加用于设置筛选条件的下拉菜单按钮，单击【成绩】单元格旁边的倒三角按钮，在弹出的菜单中选择【数字筛选】|【前十项】命令，如图 7-11 所示。

图 7-10

图 7-11

(3) 打开【自动筛选前 10 个】对话框，在【最大】右侧的微调框中输入 3，然后单击【确定】按钮，如图 7-12 所示。

(4) 返回工作簿窗口，即可显示筛选出的成绩最高的 3 条记录，即分数最高的 3 个学生的信息，如图 7-13 所示。

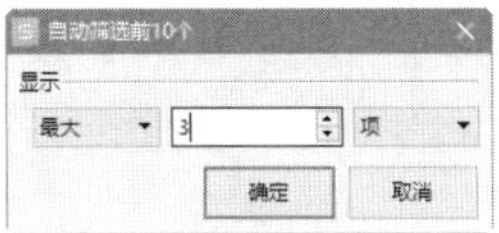

图 7-12

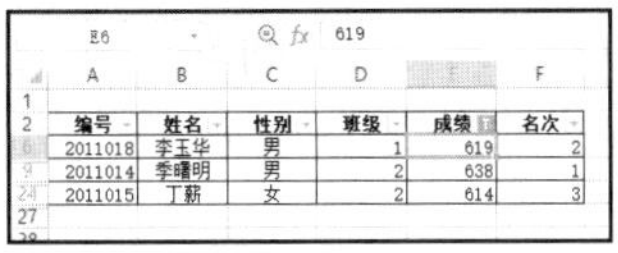

图 7-13

7.2.2　自定义筛选

与数据排序类似，如果自动筛选方式不能满足需要，此时可自定义筛选条件。下面介绍自定义筛选的方法。

【例 7-5】 在“成绩表”工作簿中筛选出成绩大于 550 小于 600 的记录。 视频

(1) 打开“成绩表”工作簿，选中数据区域的任意单元格，在【数据】选项卡中单击【筛选】按钮，如图 7-14 所示。

(2) 单击【成绩】单元格旁边的倒三角按钮，在弹出的菜单中选择【数字筛选】|【自定义筛选】命令，如图 7-15 所示。

图 7-14

图 7-15

(3) 打开【自定义自动筛选方式】对话框，将筛选条件设置为“成绩大于 550 与小于 600”，单击【确定】按钮，如图 7-16 所示。

(4) 此时成绩大于 550 小于 600 的记录就筛选出来了，如图 7-17 所示。

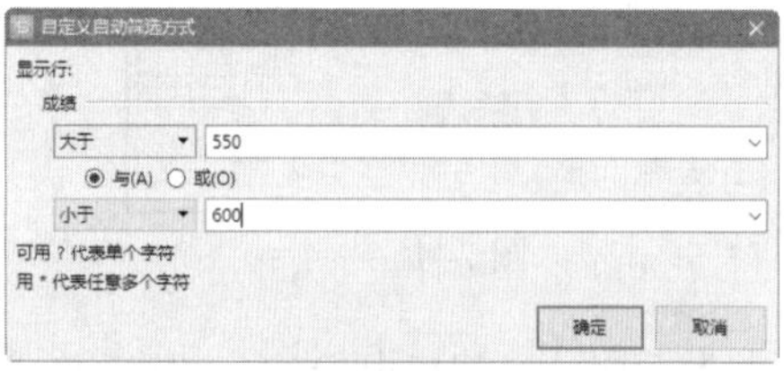

图 7-16

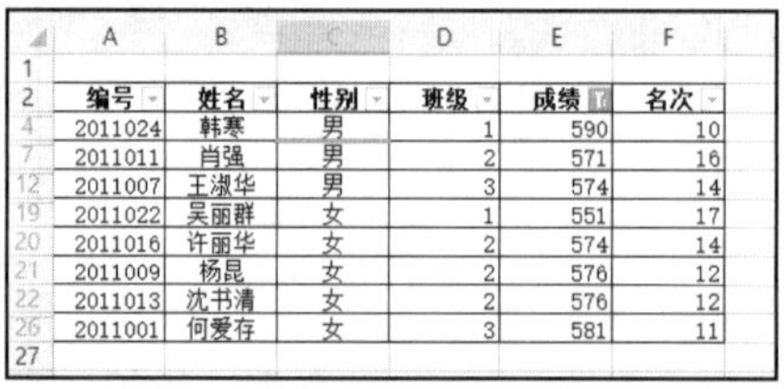

	A	B	C	D	E	F
2	编号	姓名	性别	班级	成绩	名次
4	2011024	韩寒	男	1	590	10
7	2011011	肖强	男	2	571	16
12	2011007	王淑华	男	3	574	14
19	2011022	吴丽群	女	1	551	17
20	2011016	许丽华	女	2	574	14
21	2011009	杨昆	女	2	576	12
22	2011013	沈书清	女	2	576	12
26	2011001	何爱存	女	3	581	11

图 7-17

提示

在【自定义自动筛选方式】对话框左侧的下拉列表框中只能执行选择操作，而右侧的下拉列表框可直接输入数据。在输入筛选条件时，可使用通配符代替字符或字符串，如用“?”代表任意单个字符，用“*”代表任意多个字符。

7.2.3 高级筛选

对于筛选条件较多的情况，可以使用高级筛选功能来处理。使用高级筛选功能，必须先建立一个条件区域，用来指定筛选的数据所需满足的条件。条件区域的第一行是所有作为筛选条件的字段名，这些字段名与数据清单中的字段名必须完全一致。条件区域的其他行则是筛选条件。需要注意的是，条件区域和数据清单不能连接，必须用一个空行将其隔开。

【例 7-6】 使用高级筛选功能筛选出成绩大于 600 分的 2 班学生的记录。 视频

(1) 打开“成绩表”工作簿，在 A28:B29 单元格区域中输入筛选条件，要求【班级】等于 2，【成绩】大于 600，如图 7-18 所示。

(2) 在表格中选择 A2:F26 单元格区域，然后在【数据】选项卡中单击【筛选】下拉按钮，选择【高级筛选】命令，如图 7-19 所示。

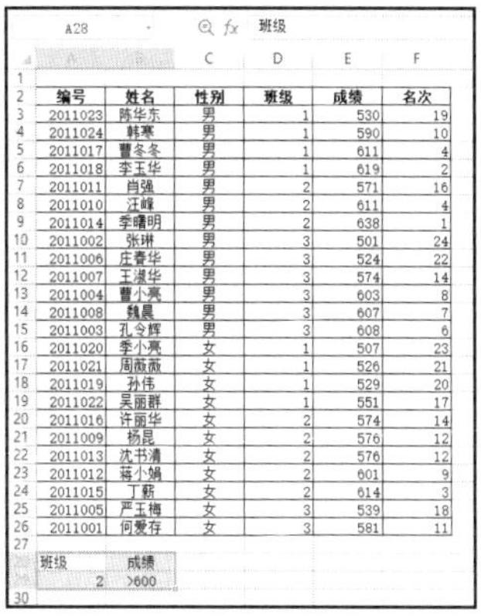

图 7-18

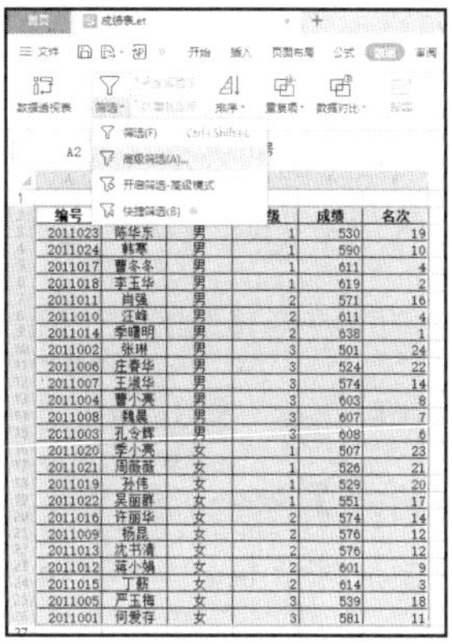

图 7-19

(3) 打开【高级筛选】对话框，单击【条件区域】文本框后面的按钮，如图 7-20 所示。

(4) 返回工作簿窗口，选择输入筛选条件的 A28:B29 单元格区域，然后单击按钮返回【高级筛选】对话框，如图 7-21 所示。

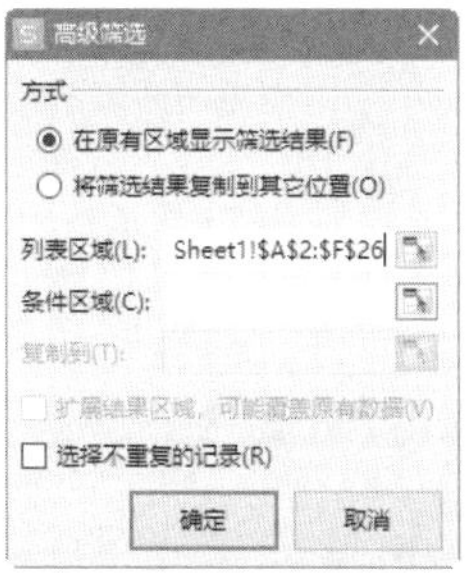

图 7-20

图 7-21

(5) 在其中可以查看和设置选定的列表区域与条件区域，单击【确定】按钮，如图 7-22 所示。

(6) 返回工作簿窗口，筛选出成绩大于 600 分的 2 班学生的记录，如图 7-23 所示。

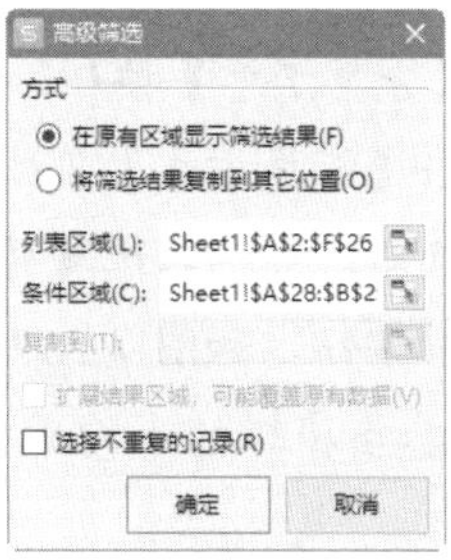

图 7-22

图 7-23

计算机基础与实训教材系列

7.3 数据分类汇总

利用 WPS Office 提供的分类汇总功能，用户可以将表格中的数据进行分类，然后将性质相同的数据汇总到一起，使其结构更清晰，便于查找数据信息。

7.3.1 创建分类汇总

在创建分类汇总之前，用户必须先根据需要进行分类汇总的数据列对数据清单排序。WPS Office 表格可以在数据清单中创建分类汇总。

【例 7-7】 将表中的数据按班级排序后分类，并汇总各班级的平均成绩。 视频

(1) 打开“成绩表”工作簿，选定【班级】列，在【数据】选项卡中单击【排序】下拉按钮，在弹出的菜单中选择【升序】命令，如图 7-24 所示。

(2) 打开【排序警告】对话框，保持默认设置，单击【排序】按钮，对工作表按【班级】升序进行分类排序，如图 7-25 所示。

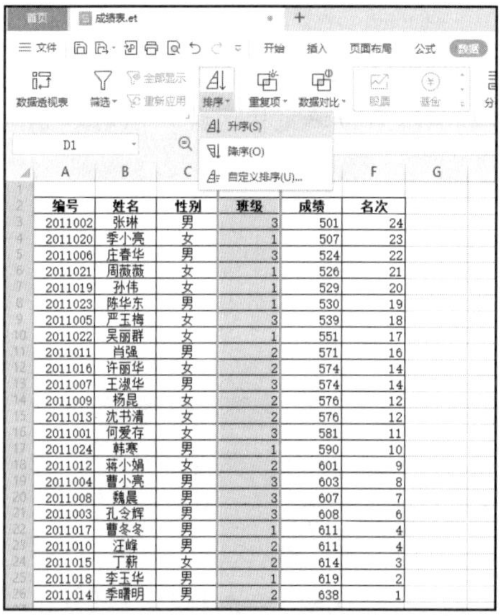

图 7-24

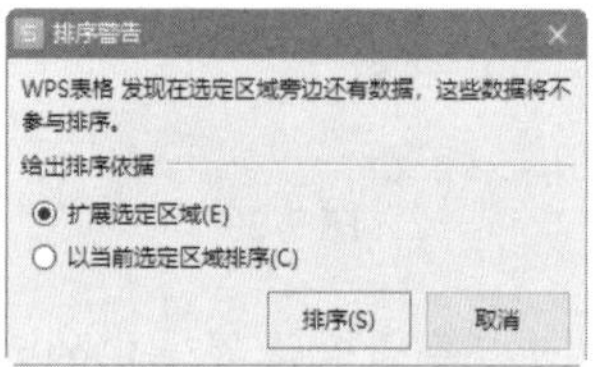

图 7-25

(3) 选定任意一个单元格，在【数据】选项卡中单击【分类汇总】按钮，打开【分类汇总】对话框，在【分类字段】下拉列表框中选择【班级】选项；在【汇总方式】下拉列表框中选择【平均值】选项；在【选定汇总项】列表框中勾选【成绩】复选框；分别勾选【替换当前分类汇总】与【汇总结果显示在数据下方】复选框，最后单击【确定】按钮，如图 7-26 所示。

(4) 返回工作簿窗口，表中的数据按班级分类，并汇总各班级的平均成绩和总平均值，如图 7-27 所示。

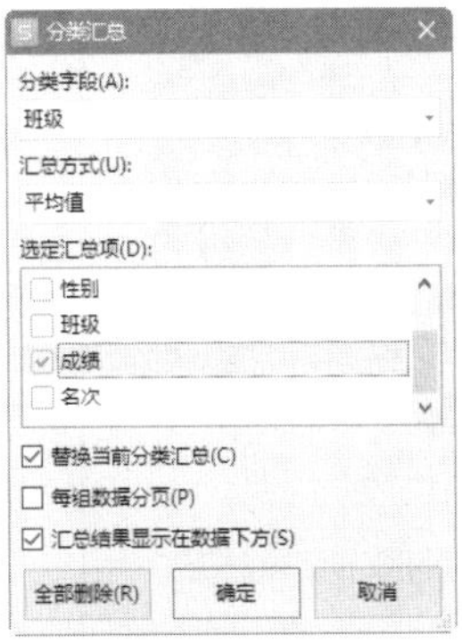

图 7-26

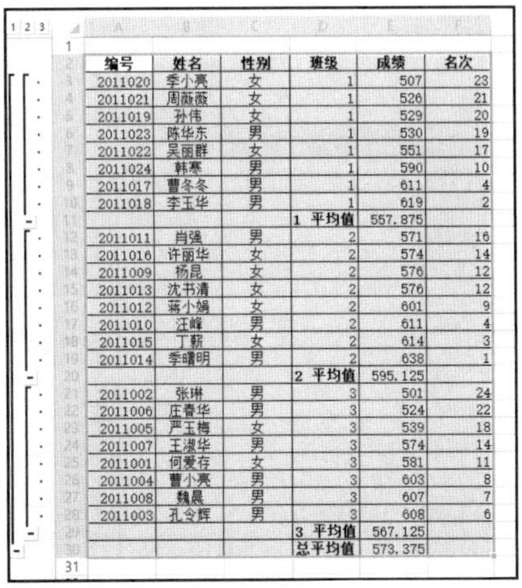

编号	姓名	性别	班级	成绩	名次
2011020	季小亮	女	1	507	23
2011021	周薇薇	女	1	526	21
2011019	孙伟	女	1	529	20
2011023	陈华东	男	1	530	19
2011022	吴丽群	女	1	551	17
2011024	韩寒	男	1	590	10
2011017	曹冬冬	男	1	611	4
2011018	李玉华	男	1	619	2
			1 平均值	557.875	
2011011	肖强	男	2	571	16
2011016	许丽华	女	2	574	14
2011009	杨昆	女	2	576	12
2011013	沈书清	女	2	576	12
2011012	蒋小娟	女	2	601	9
2011010	汪峰	男	2	611	4
2011015	丁薪	女	2	614	3
2011014	季曙明	男	2	638	1
			2 平均值	595.125	
2011002	张琳	男	3	501	24
2011006	庄春华	男	3	524	22
2011005	严玉梅	女	3	539	18
2011007	王淑华	男	3	574	14
2011001	何爱存	女	3	581	11
2011004	曹小亮	男	3	603	8
2011008	魏晨	男	3	607	7
2011003	孔令辉	男	3	608	6
			3 平均值	567.125	
			总平均值	573.375	

图 7-27

7.3.2　多重分类汇总

有时需要同时按照多个分类项来对表格数据进行汇总计算，此时的多重分类汇总需要遵循以下 3 个原则。

- 先按分类项的优先级顺序对表格中的相关字段排序。
- 按分类项的优先级顺序多次执行【分类汇总】命令，并设置详细参数。
- 从第二次执行【分类汇总】命令开始，需要取消勾选【分类汇总】对话框中的【替换当前分类汇总】复选框。

【例 7-8】 在表格中对每个班级的男女成绩进行汇总。 视频

(1) 打开“成绩表”工作簿，选中任意一个单元格，在【数据】选项卡中单击【排序】按钮，选择【自定义排序】命令，在弹出的【排序】对话框中，选中【主要关键字】为【班级】，然后单击【添加条件】按钮，如图 7-28 所示。

(2) 在【次要关键字】里选择【性别】选项，然后单击【确定】按钮，完成排序，如图 7-29 所示。

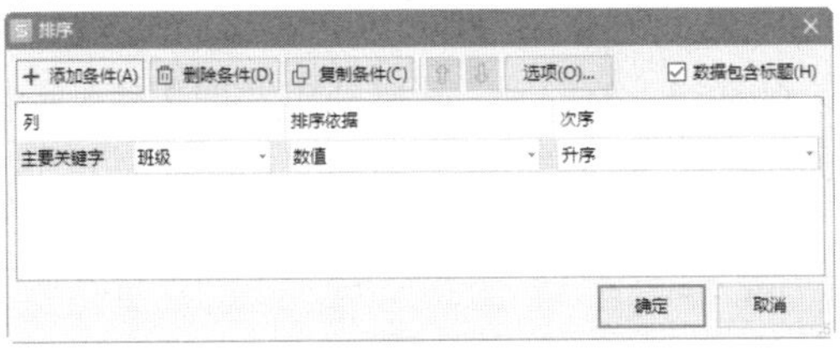

图 7-28

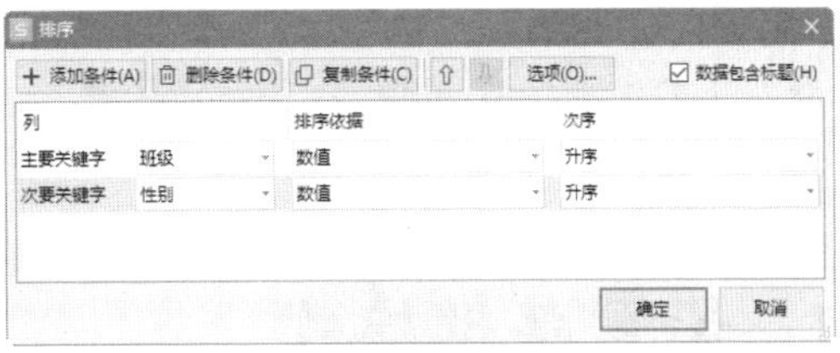

图 7-29

(3) 单击【数据】选项卡中的【分类汇总】按钮，打开【分类汇总】对话框，选择【分类字段】为【班级】，【汇总方式】为【求和】，勾选【选定汇总项】的【成绩】复选框，然后单击【确定】按钮，如图 7-30 所示。

(4) 此时，完成第一次分类汇总，如图 7-31 所示。

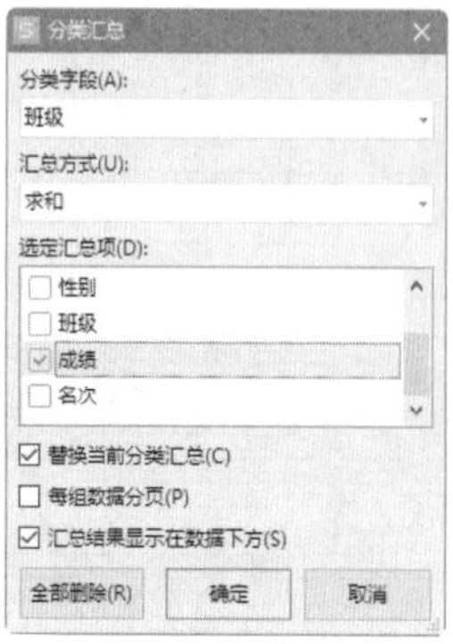

图 7-30

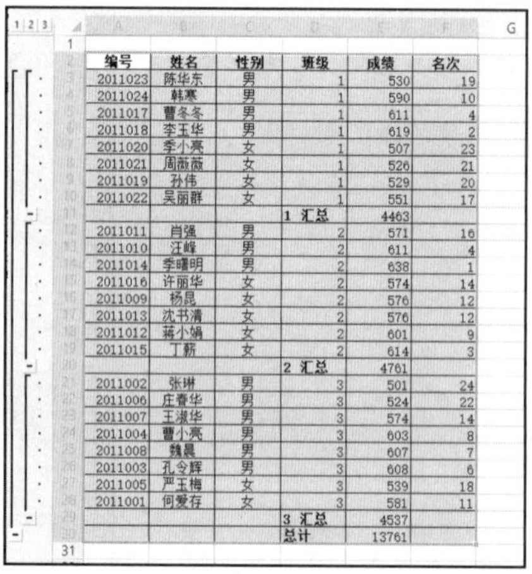

编号	姓名	性别	班级	成绩	名次
2011023	陈华东	男	1	530	19
2011024	韩寒	男	1	590	10
2011017	曹冬冬	男	1	611	4
2011018	李玉华	男	1	619	2
2011020	季小亮	女	1	507	23
2011021	周薇薇	女	1	526	21
2011019	孙伟	女	1	529	20
2011022	吴丽群	女	1	551	17
			1 汇总	4463	
2011011	肖强	男	2	571	16
2011010	汪峰	男	2	611	4
2011014	季曙明	男	2	638	1
2011016	许丽华	女	2	574	14
2011009	杨昆	女	2	576	12
2011013	沈书清	女	2	576	12
2011012	蒋小娟	女	2	601	9
2011015	丁薪	女	2	614	3
			2 汇总	4761	
2011002	张琳	男	3	501	24
2011006	庄春华	男	3	524	22
2011007	王淑华	男	3	574	14
2011004	曹小亮	男	3	603	8
2011008	魏晨	男	3	607	7
2011003	孔令辉	男	3	608	6
2011005	严玉梅	女	3	539	18
2011001	何爱存	女	3	581	11
			3 汇总	4537	
			总计	13761	

图 7-31

(5) 再次单击【数据】选项卡中的【分类汇总】按钮，打开【分类汇总】对话框，选择【分类字段】为【性别】，汇总方式为【求和】，勾选【选定汇总项】的【成绩】复选框，取消勾选【替换当前分类汇总】复选框，然后单击【确定】按钮，如图 7-32 所示。

(6) 此时，表格会同时根据【班级】和【性别】两个分类字段进行汇总，单击【分级显示控制按钮】中的“3”，即可得到各个班级的男女成绩汇总，如图 7-33 所示。

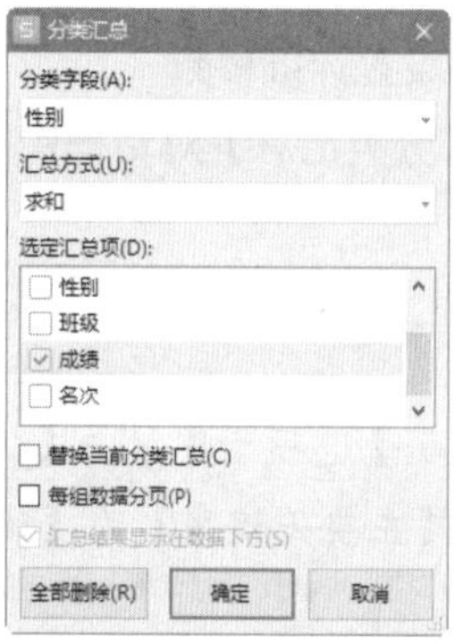

图 7-32

编号	姓名	性别	班级	成绩	名次
		男 汇总		2350	
		女 汇总		2113	
			1 汇总	4463	
		男 汇总		1820	
		女 汇总		2941	
			2 汇总	4761	
		男 汇总		3417	
		女 汇总		1120	
			3 汇总	4537	
			总计	13761	

图 7-33

提示

查看完分类汇总后，用户若需要将其删除，恢复原先的工作状态，可以在打开的【分类汇总】对话框中单击【全部删除】按钮，这样即可删除表格中的分类汇总。

7.4 设置条件格式

条件格式功能用于将数据表中满足指定条件的数据以特定格式显示出来。在 WPS Office 中使用条件格式，可以在工作表中突出显示所关注的单元格或单元格区域，强调异常值，而使用数据条、色阶和图标集等可以更直观地显示数据。

7.4.1　添加数据条

数据条可用于查看某个单元格相对于其他单元格的值。数据条的长度代表单元格中的值，数据条越长，表示值越高；数据条越短，表示值越低。

【例 7-9】 添加数据条显示数据。 视频

(1) 打开“成绩表”工作簿，选中 E3:E26 单元格区域，在【开始】选项卡中单击【条件格式】下拉按钮，在弹出的下拉菜单中选择【数据条】命令，选择一种数据条样式，如图 7-34 所示。

(2) 此时选中的单元格区域已经添加数据条，如图 7-35 所示。

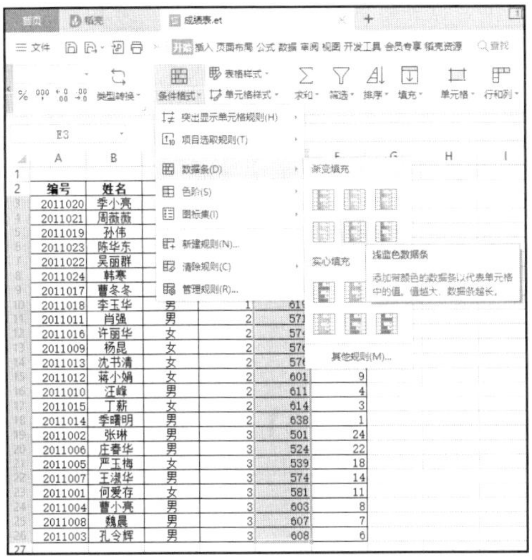

图 7-34

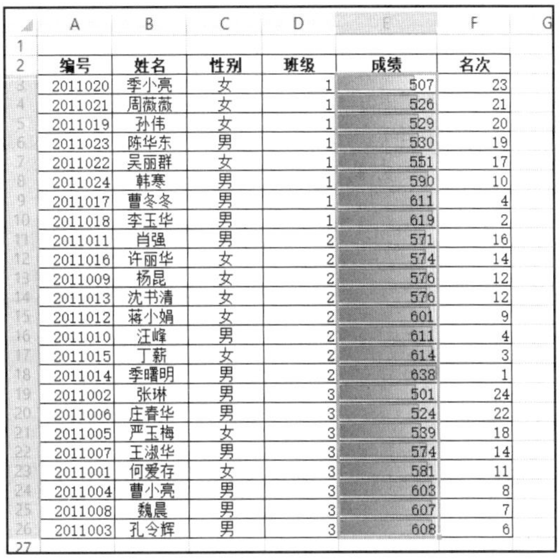

编号	姓名	性别	班级	成绩	名次
2011020	季小亮	女	1	507	23
2011021	周薇薇	女	1	526	21
2011019	孙伟	女	1	529	20
2011023	陈华东	男	1	530	19
2011022	吴丽群	女	1	551	17
2011024	韩寒	男	1	590	10
2011017	曹冬冬	男	1	611	4
2011018	李玉华	男	1	619	2
2011011	肖强	男	2	571	16
2011016	许丽华	女	2	574	14
2011009	杨昆	女	2	576	12
2011013	沈书清	女	2	576	12
2011012	蒋小娟	女	2	601	9
2011010	汪峰	男	2	611	4
2011015	丁薪	女	2	614	3
2011014	季曙明	男	2	638	1
2011002	张琳	男	3	501	24
2011006	庄春华	男	3	524	22
2011005	严玉梅	女	3	539	18
2011007	王淑华	男	3	574	14
2011001	何爱存	女	3	581	11
2011004	曹小亮	男	3	603	8
2011008	魏晨	男	3	607	7
2011003	孔令辉	男	3	608	6

图 7-35

7.4.2　添加色阶

色阶样式主要通过颜色对比直观地显示数据，并帮助用户了解数据的分布和变化。下面介绍添加色阶的方法。

【例 7-10】 添加色阶显示数据。 视频

(1) 打开“成绩表”工作簿，选中 E3:E26 单元格区域，在【开始】选项卡中单击【条件格式】下拉按钮，在弹出的下拉菜单中选择【色阶】命令，选择一种色阶样式，如图 7-36 所示。

(2) 此时选中的单元格区域已经添加色阶，如图 7-37 所示。

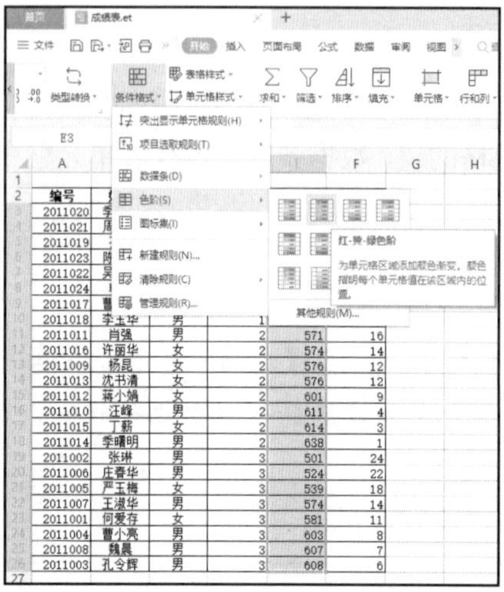

图 7-36

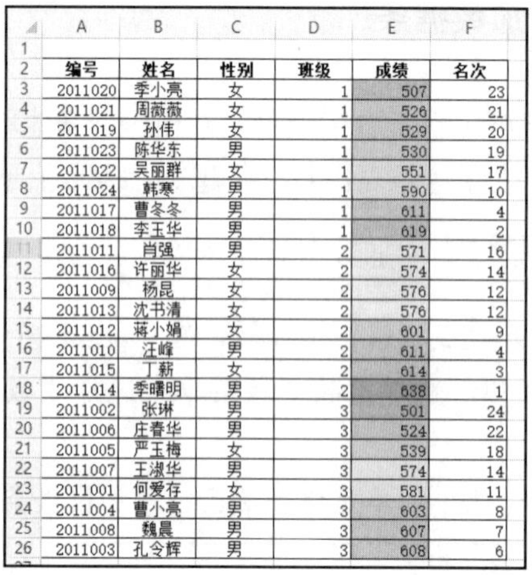

图 7-37

7.4.3 添加图标集

使用图标集可以对数据进行注释，并可以按大小顺序将数值分为 3~5 个类别，每个图标集代表一个数值范围。下面介绍添加图标集的方法。

【例 7-11】 添加图标集显示数据。 视频

(1) 打开“成绩表”工作簿，选中 E3:E26 单元格区域，在【开始】选项卡中单击【条件格式】下拉按钮，在弹出的下拉菜单中选择【图标集】命令，选择一种图标集样式，如图 7-38 所示。

(2) 此时选中的单元格区域已经添加图标集，如图 7-39 所示。

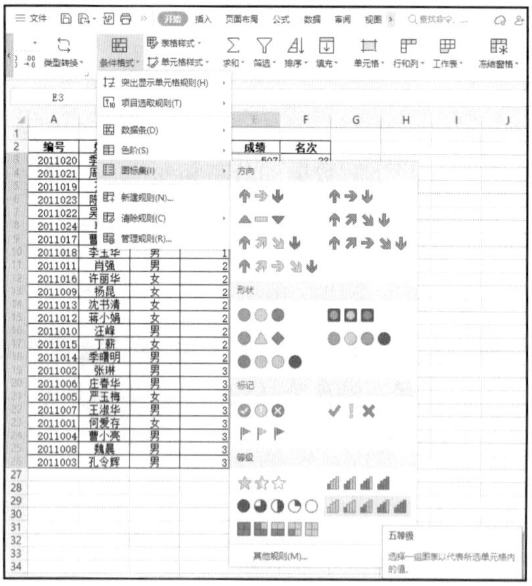

图 7-38

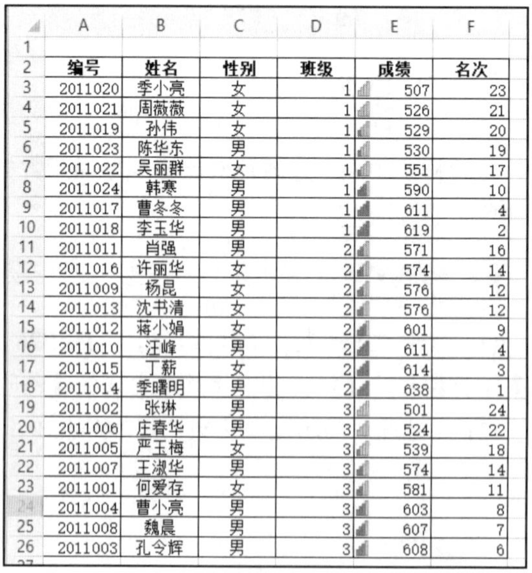

图 7-39

7.5　合并计算数据

通过合并计算，可以把来自一个或多个源区域的数据进行汇总，并建立合并计算表。这些源区域与合并计算表可以在同一工作表中，也可以在同一工作簿的不同工作表中，甚至还可以在不同的工作簿中。

【例 7-12】 统计“成绩表”工作簿中 1 班和 2 班中男生的成绩汇总。 视频

(1) 打开“成绩表”工作簿，在 A28 单元格里输入“1 班 2 班男生总成绩”，如图 7-40 所示。

(2) 选中 B28 单元格，打开【数据】选项卡，单击【合并计算】按钮，如图 7-41 所示。

编号	姓名	性别	班级	成绩	名次
2011020	季小亮	女	1	507	23
2011021	周薇薇	女	1	526	21
2011019	孙伟	女	1	529	20
2011023	陈华东	男	1	530	19
2011022	吴丽群	女	1	551	17
2011024	韩寒	男	1	590	10
2011017	曹冬冬	男	1	611	4
2011018	李玉华	男	1	619	2
2011011	肖强	男	2	571	16
2011016	许丽华	女	2	574	14
2011009	杨昆	女	2	576	12
2011013	沈书清	女	2	576	12
2011012	蒋小娟	女	2	601	9
2011010	汪峰	男	2	611	4
2011015	丁薪	女	2	614	3
2011014	季曙明	男	2	638	1
2011002	张琳	男	3	501	24
2011006	庄春华	男	3	524	22
2011005	严玉梅	女	3	539	18
2011007	王淑华	男	3	574	14
2011001	何爱存	女	3	581	11
2011004	曹小亮	男	3	603	8
2011008	魏晨	男	3	607	7
2011003	孔令辉	男	3	608	6

图 7-40

图 7-41

(3) 打开【合并计算】对话框，在【函数】下拉列表框中选择【求和】选项，然后单击【引用位置】文本框后的按钮，如图 7-42 所示。

(4) 返回工作簿窗口，选定 E6 单元格，然后单击按钮，如图 7-43 所示。

图 7-42

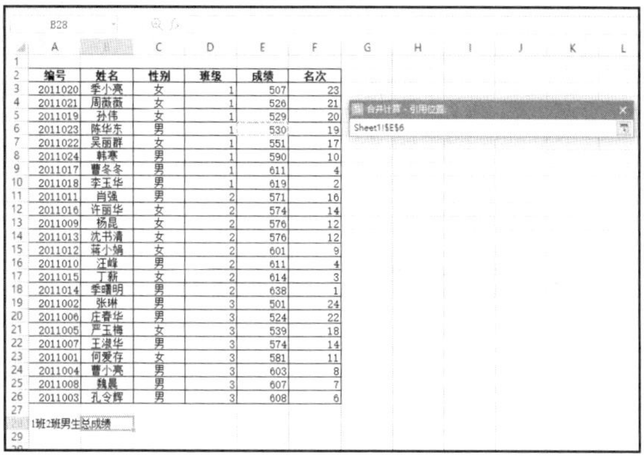

图 7-43

(5) 返回【合并计算】对话框，单击【添加】按钮，将之前选择的单元格添加到合并计算当中，然后单击【引用位置】文本框后的按钮，继续添加引用位置，如图 7-44 所示。

(6) 返回工作簿窗口，选定 E8 单元格，然后单击按钮，如图 7-45 所示。

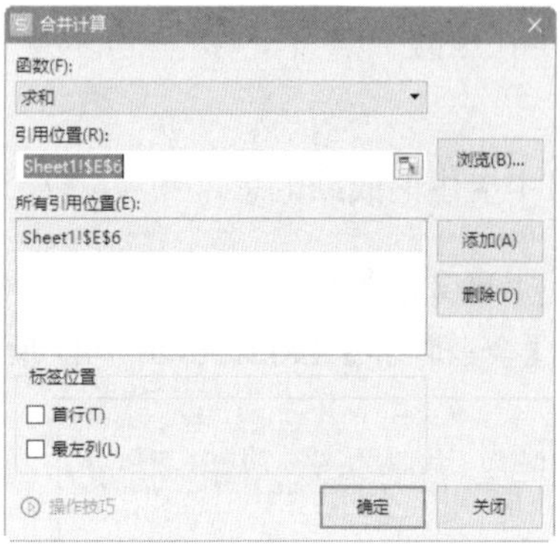

图 7-44

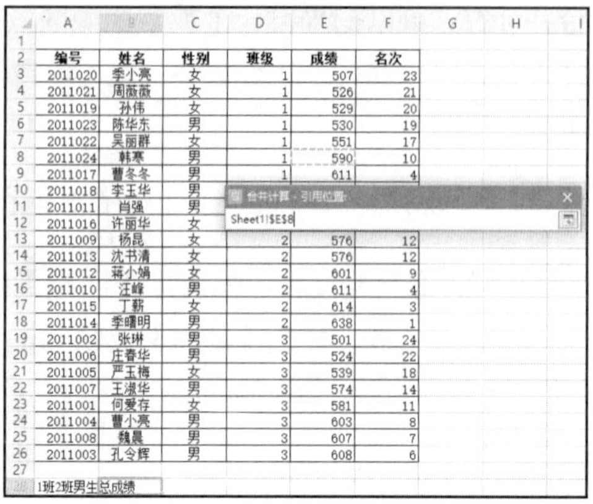

图 7-45

(7) 将所有 1 班、2 班男生成绩的单元格数据都添加到【合并计算】对话框中，然后单击【确定】按钮，如图 7-46 所示。

(8) 返回工作簿窗口，即可在 B28 单元格中查看 1 班、2 班男生成绩汇总结果，如图 7-47 所示。

图 7-46

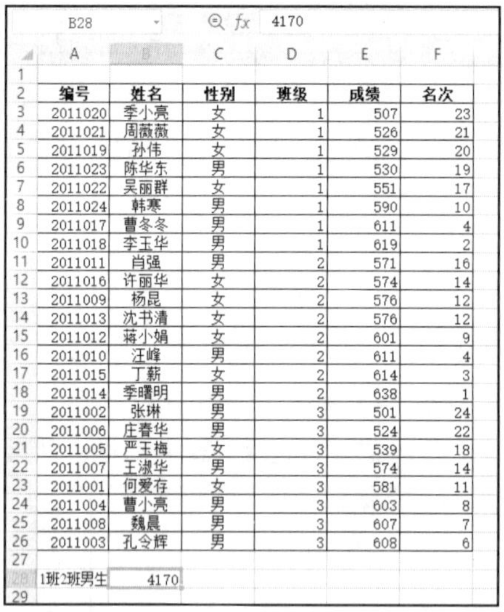

图 7-47

7.6 实例演练

通过前面内容的学习，读者应该已经掌握在表格中使用排序、筛选、分类汇总等功能，下面以通过筛选删除空白行等几个案例演练，巩固本章所学内容。

7.6.1　通过筛选删除空白行

对于不连续的多个空白行，用户可以使用筛选中的快速删除功能将其删除。下面详细介绍通过筛选删除空白行的方法。

【例 7-13】 通过筛选删除空白行。视频

(1) 打开素材表格“通过筛选删除空白行”，选中 A1:A10 单元格区域，选择【数据】选项卡，单击【筛选】按钮，如图 7-48 所示。

(2) 此时 A1 单元格右下角出现下拉按钮，单击该按钮，在弹出的列表中勾选【空白】复选框，单击【确定】按钮，如图 7-49 所示。

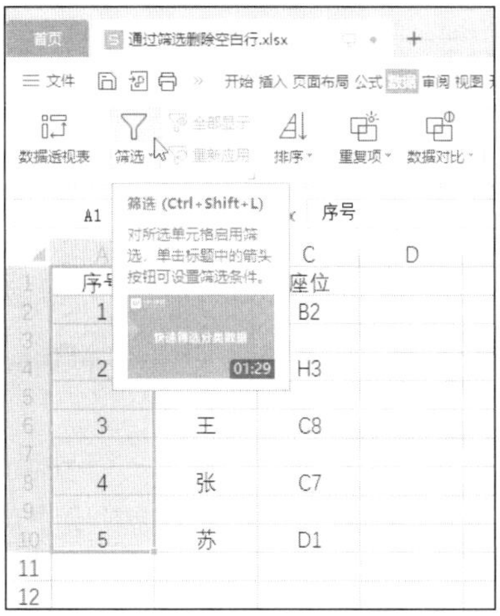

图 7-48

图 7-49

(3) 此时即可将 Al:A10 单元格区域内的空白行选中，如图 7-50 所示。

(4) 右击选中的空白行区域，在弹出的快捷菜单中选择【删除】|【整行】命令，如图 7-51 所示。

图 7-50

图 7-51

(5) 可以看到空白行已经被删除，再次单击【数据】选项卡中的【筛选】按钮退出筛选状态，如图 7-52 所示。

(6) 通过以上步骤即可完成通过筛选功能删除空白行的操作，如图 7-53 所示。

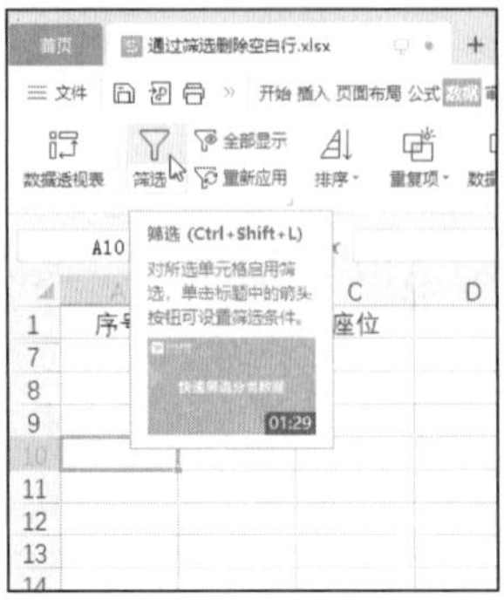

图 7-52

图 7-53

7.6.2 模糊筛选数据

用于在数据表中筛选的条件，如果不能明确指定某项内容，而是某一类内容(如“姓名”列中的某一个字)，可以使用 WPS Office 提供的通配符来进行筛选，即模糊筛选。

【例 7-14】 筛选出姓“曹”且是 3 个字名字的数据。 视频

(1) 打开“成绩表”工作簿，选中任意一个单元格，单击【数据】选项卡中的【筛选】按钮，如图 7-54 所示，使表格进入筛选模式。

(2) 单击 B2 单元格里的下拉箭头，在弹出的菜单中选择【文本筛选】|【自定义筛选】命令，如图 7-55 所示。

图 7-54

图 7-55

(3) 打开【自定义自动筛选方式】对话框，选择条件类型为【等于】，并在其后的文本框内输入“曹??”，然后单击【确定】按钮，如图 7-56 所示。

(4) 此时会筛选出姓“曹”且是 3 个字名字的数据，如图 7-57 所示。

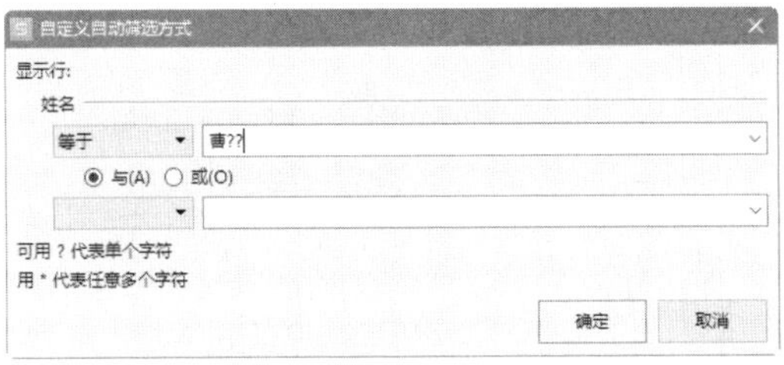

图 7-56

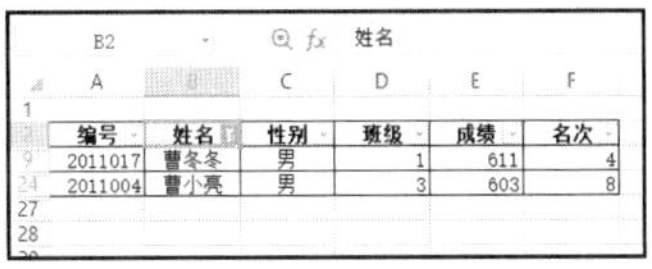

图 7-57

7.6.3　分析与汇总商品销售数据表

商品销售数据表记录着一个阶段内各个种类的商品销售情况，通过对商品销售数据的分析可以找出在销售过程中存在的问题。分析与汇总商品销售数据表的方法如下。

【例 7-15】　分析与汇总商品销售数据表。 视频

(1) 打开“案例演练”表格，设置商品编号的数据有效性，完成编号的输入，如图 7-58 所示。

(2) 选中 F3 单元格，输入公式“=D3*E3”，如图 7-59 所示。

图 7-58

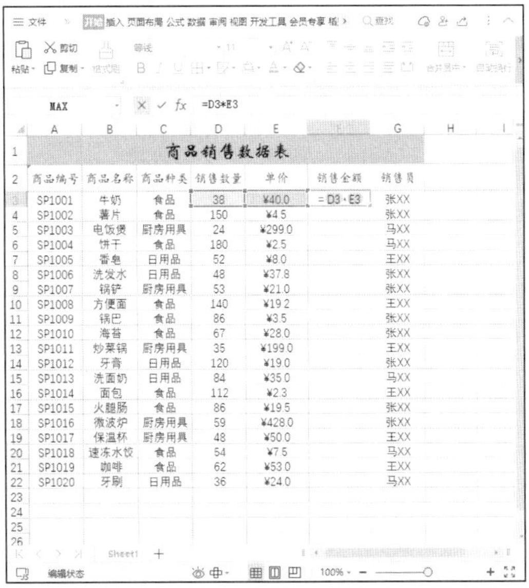

图 7-59

(3) 按 Enter 键显示计算结果，选中 F3 单元格，将鼠标指针移至单元格右下角，鼠标指针变为黑色十字形状后，拖动鼠标指针向下填充，将公式填充至 F22 单元格，如图 7-60 所示。

(4) 根据需要按照【主要关键字】为【销售金额】，【次要关键字】为【销售数量】等对表格中的数据进行升序排序，如图 7-61 所示。

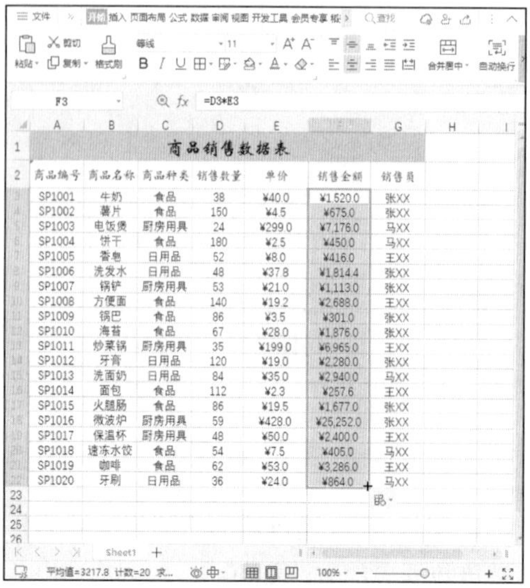

图 7-60

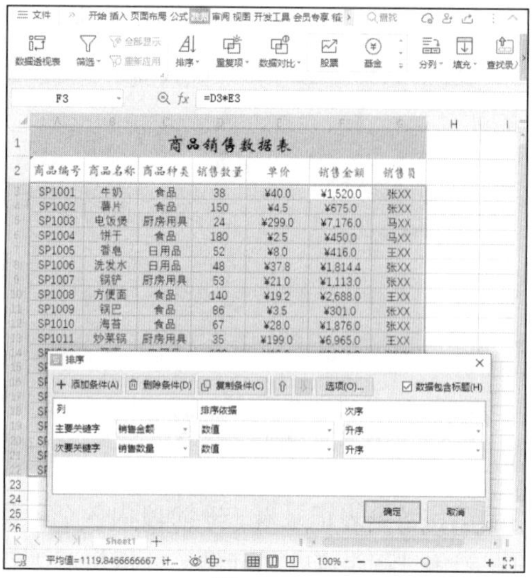

图 7-61

(5) 使用筛选功能筛选出张××销售员卖出的所有产品，效果如图 7-62 所示。

(6) 根据需要对商品进行分类汇总，效果如图 7-63 所示。

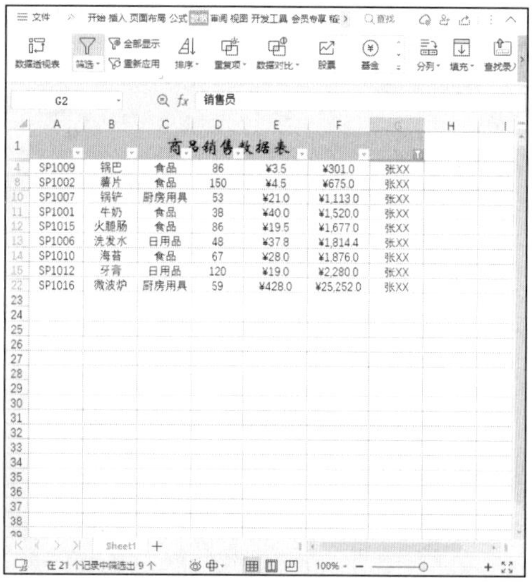

图 7-62

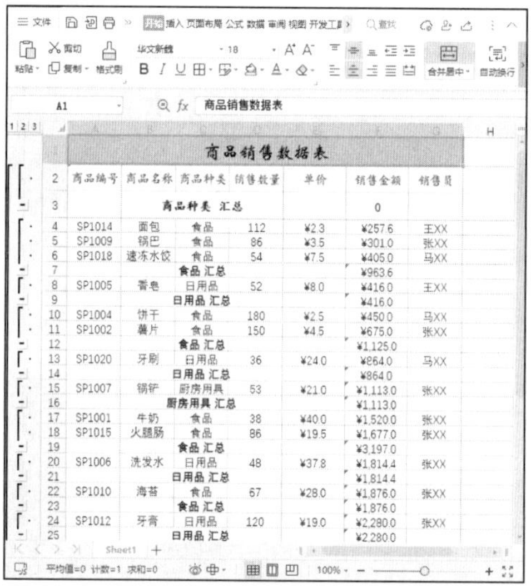

图 7-63

7.7 习题

1. 如何进行数据排序？
2. 如何进行数据筛选？
3. 如何进行数据分类汇总？
4. 如何设置条件格式？

第 8 章

应用图表和数据透视表

在 WPS Office 中，通过插入图表可以更直观地表现表格中数据的发展趋势或分布状况；通过插入数据透视表及数据透视图，可以对数据清单进行重新组织和统计。通过本章的学习，读者可以掌握使用 WPS Office 应用图表和数据透视表分析数据的操作技巧。

本章重点

- 插入图表
- 设置图表
- 制作数据透视表
- 制作数据透视图

二维码教学视频

【例 8-1】 创建图表
【例 8-2】 设置绘图区
【例 8-3】 设置标签
【例 8-4】 设置数据系列颜色
【例 8-5】 创建数据透视表
【例 8-6】 生成数据分析报表

本章其他视频参见教学视频二维码

8.1 插入图表

在 WPS Office 中，图表不仅能够增强视觉效果，起到美化表格的作用，还能更直观、形象地显示出表格中各个数据之间的复杂关系，更易于理解和交流。因此，图表在制作电子表格时具有极其重要的作用。

8.1.1 创建图表

在 WPS Office 中创建图表的方法非常简单，系统自带了很多图表类型，如柱形图、条形图、折线图等，用户只需根据需要进行选择即可。

【例 8-1】 在“产品销售表”工作簿中创建图表。 视频

(1) 启动 WPS Office，打开“产品销售表”工作簿，选中 A1:F18 单元格区域，选择【插入】选项卡，单击【全部图表】按钮，如图 8-1 所示。

(2) 打开【图表】对话框，选择一个簇状柱形图选项，如图 8-2 所示。

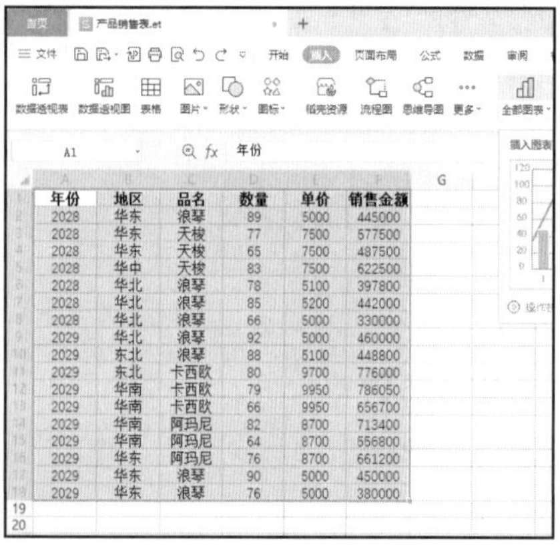

图 8-1

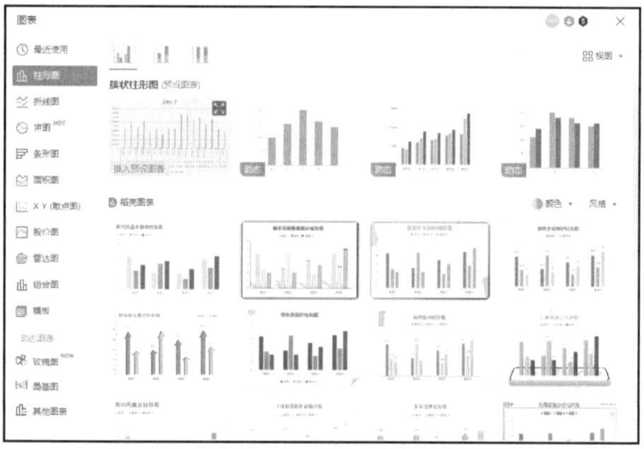

图 8-2

(3) 此时会插入一个簇状柱形图图表，如图 8-3 所示。

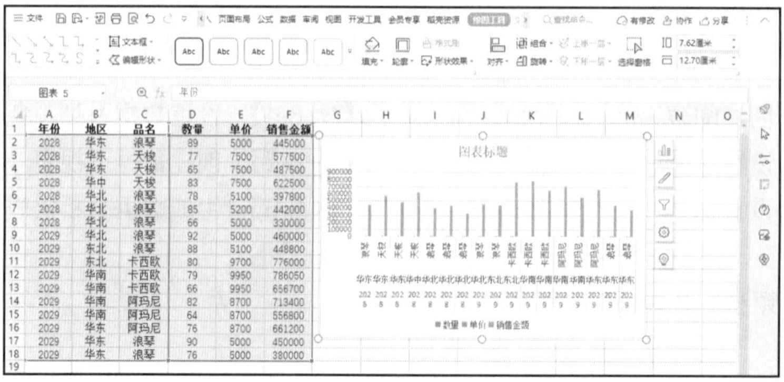

图 8-3

8.1.2 调整图表的位置和大小

在表格中创建图表后，可以根据需要移动图表位置并修改图表的大小。要调整位置，首先选中图表，将鼠标指针移至图表上，指针变为十字箭头形状后，根据需要拖动鼠标指针即可移动图表，如图 8-4 所示。

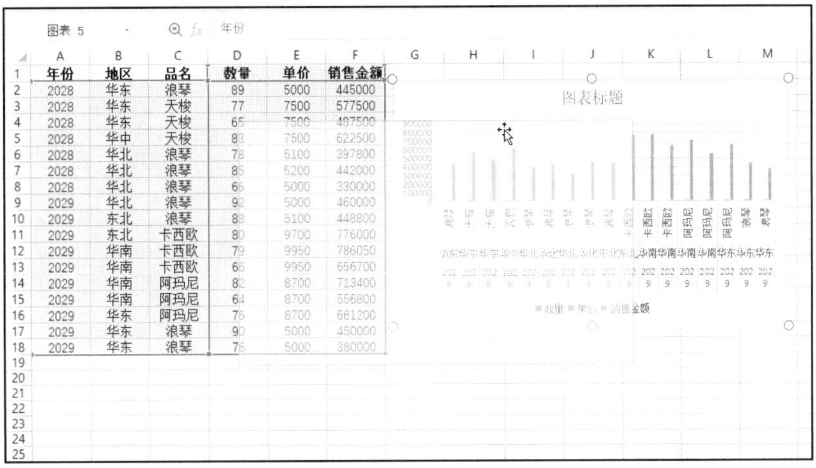

图 8-4

要调整大小，首先选中图表，然后将鼠标指针移至图表四周的控制柄上，指针变为双箭头形状后，向图表内侧拖动鼠标指针至合适位置释放鼠标，即可缩小图表，如图 8-5 所示。

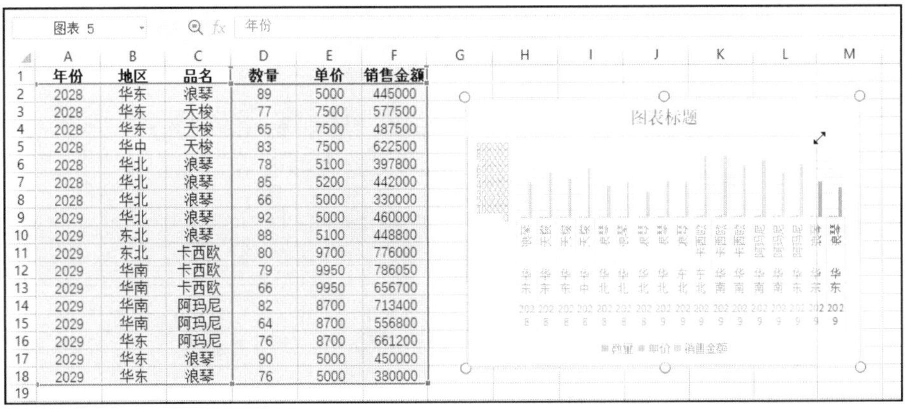

图 8-5

8.1.3 更改图表数据源

在对创建的图表进行修改时，会遇到更改某个数据系列数据源的问题。要更改图表数据源，首先选中图表，在【图表工具】选项卡中单击【选择数据】按钮，如图 8-6 所示，打开【编辑数据源】对话框，单击【图表数据区域】文本框右侧的按钮，如图 8-7 所示。

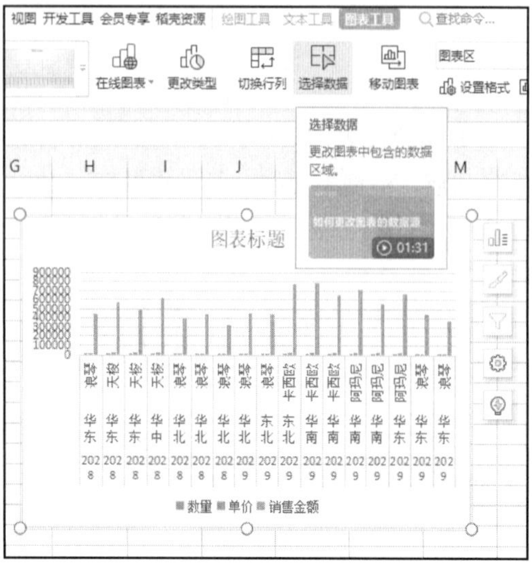

图 8-6

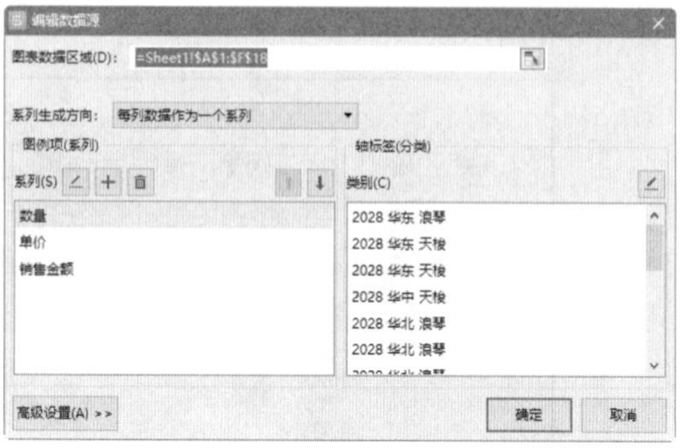

图 8-7

此时可以重新选择数据源表格范围，比如在工作表中选中 A1:F10 单元格区域，然后单击按钮，如图 8-8 所示，返回【编辑数据源】对话框，单击【确定】按钮即可完成更改图表数据源的操作，改变数据源后的图表如图 8-9 所示。

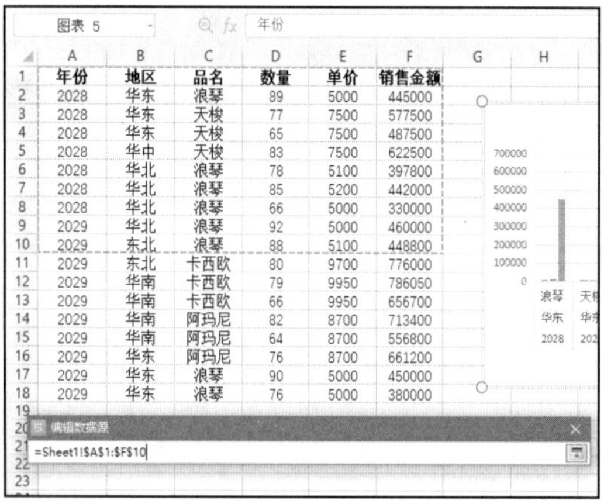

图 8-8

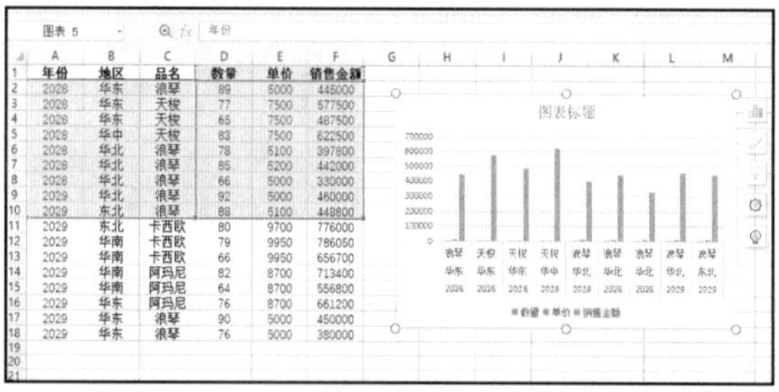

图 8-9

8.1.4 更改图表类型

插入图表后，如果用户对当前图表类型不满意，可以更改图表类型。首先选中图表，在【图表工具】选项卡中单击【更改类型】按钮，如图 8-10 所示。打开【更改图表类型】对话框，在左侧选择【折线图】选项卡，然后单击选择需要的折线图图表，如图 8-11 所示。返回表格，此时柱形图已经变为折线图，如图 8-12 所示。

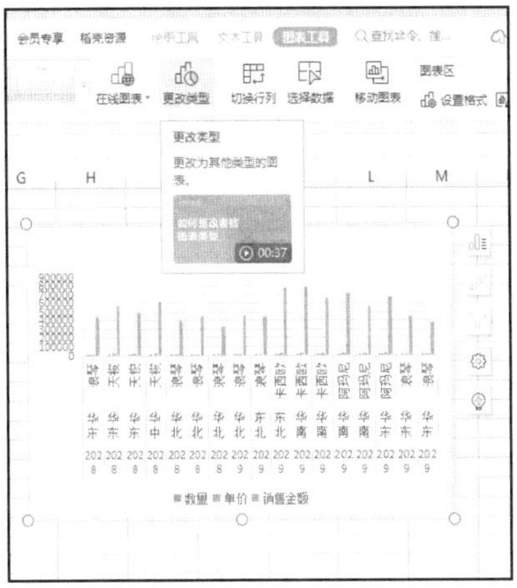

图 8-10

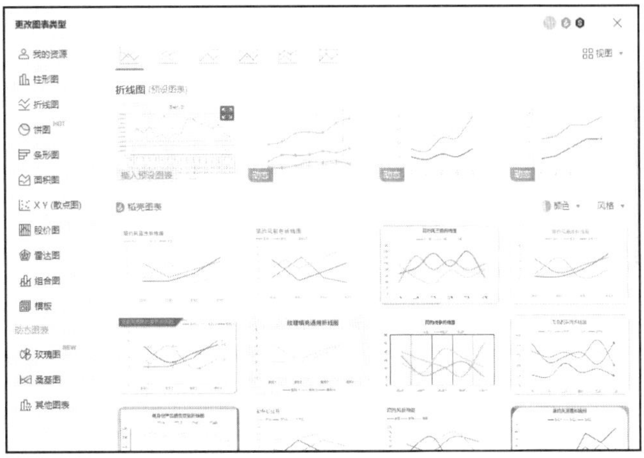

图 8-11

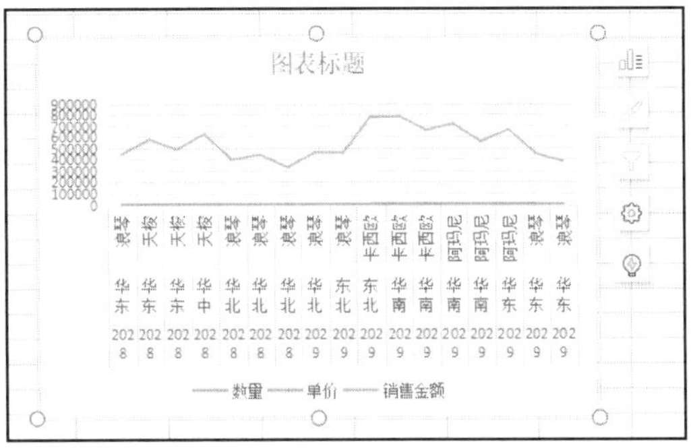

图 8-12

8.2　设置图表

创建图表后，用户可以根据自己的喜好对图表布局和样式进行设置，以达到美化图表的目的。用户可以设置绘图区、图表标签和数据系列颜色等。

8.2.1　设置绘图区

绘图区是图表中描绘图形的区域，其形状是根据表格数据形象化转换而来的。下面介绍设置绘图区的方法。

【例 8-2】 在图表中设置绘图区。 视频

(1) 继续使用【例 8-1】制作的“产品销售表”工作簿，选中图表，在【图表工具】选项卡下的【图表元素】下拉列表中选择【绘图区】选项，如图 8-13 所示。

(2) 选择【绘图工具】选项卡，单击【填充】下拉按钮，在弹出的颜色库中选择一种颜色，如图 8-14 所示。

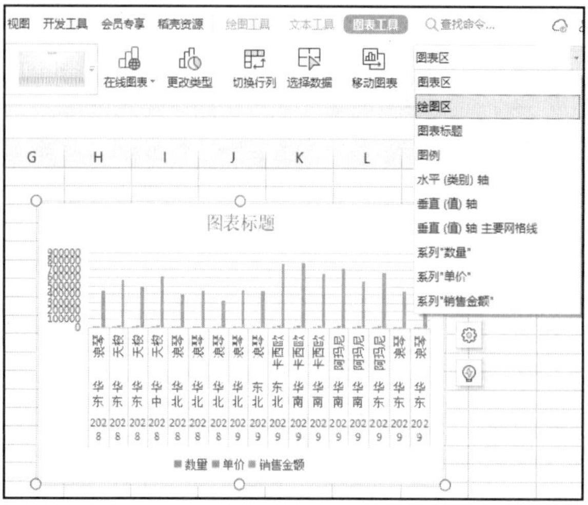

图 8-13

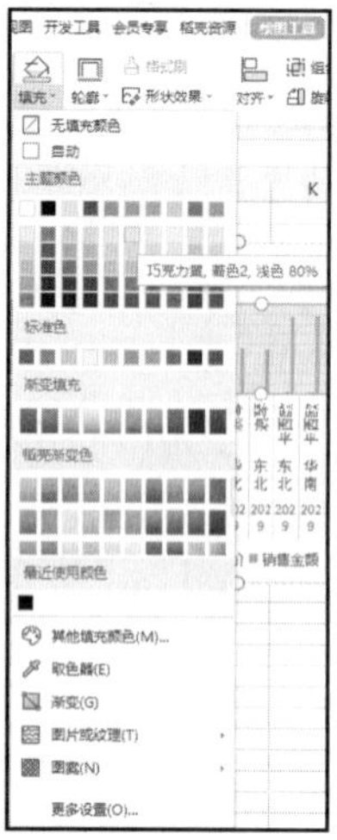

图 8-14

(3) 此时绘图区的背景填充颜色已改变，如图 8-15 所示。

(4) 在【绘图工具】选项卡中单击【轮廓】下拉按钮，在弹出的颜色库中选择一种颜色，即可更改绘图区轮廓颜色，如图 8-16 所示。

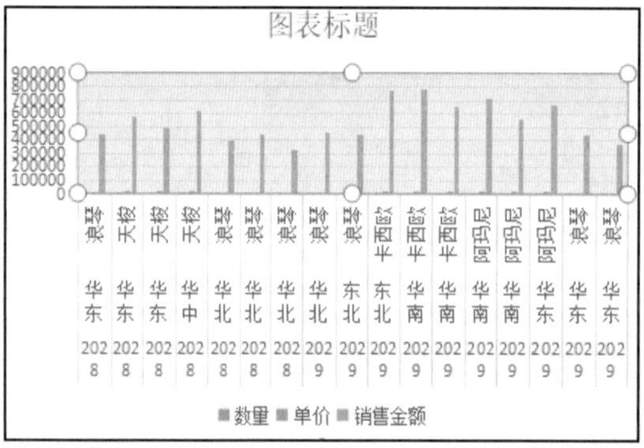

图 8-15

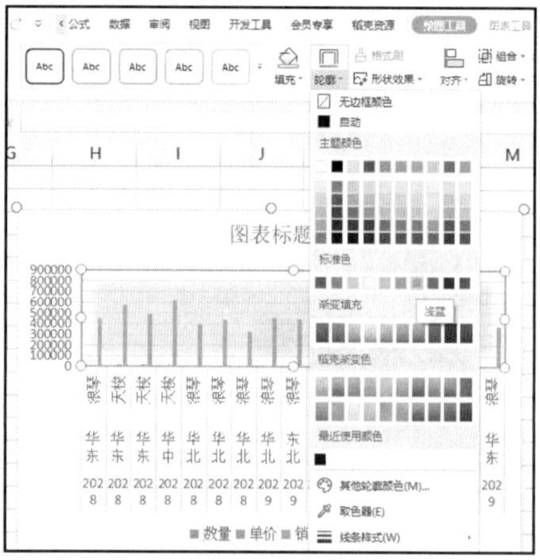

图 8-16

8.2.2 设置图表标签

图表标签包括图表标题、坐标轴标题、图例位置、数据标签显示位置等。下面介绍设置图表中各标签的方法。

【例 8-3】 在图表中设置各类标签。 视频

(1) 继续使用【例 8-2】制作的“产品销售表”工作簿，选中图表，在【图表工具】选项卡中单击【添加元素】下拉按钮，选择【图表标题】选项，可以显示【图表标题】子菜单，在子菜单中可以选择图表标题的显示位置，以及是否显示图表标题，如图 8-17 所示。

(2) 单击图表标题，在文本框中重新输入标题文本，如图 8-18 所示。

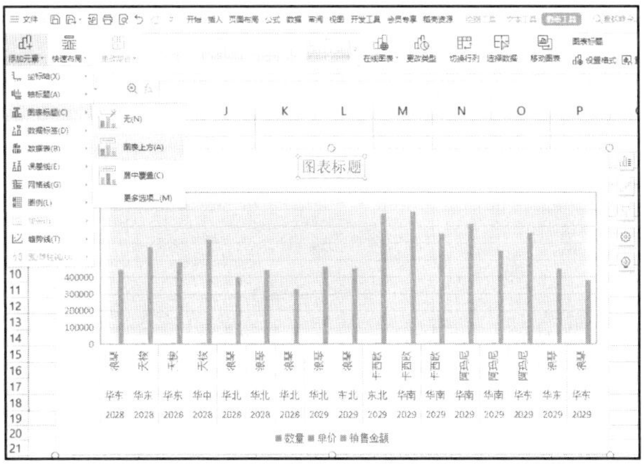

图 8-17

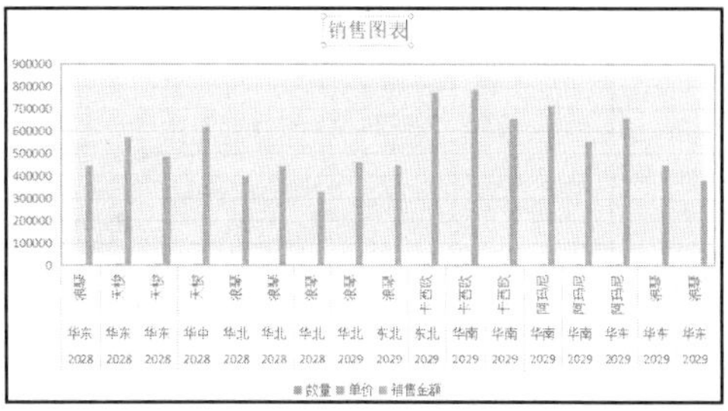

图 8-18

(3) 单击【添加元素】下拉按钮，选择【图例】选项，可以显示【图例】子菜单，在该子菜单中可以设置图表图例的显示位置，以及是否显示图例，如图 8-19 所示。

(4) 单击【添加元素】下拉按钮，选择【数据标签】选项，可以显示【数据标签】子菜单，在该子菜单中可以设置数据标签在图表中的显示位置，如图 8-20 所示。

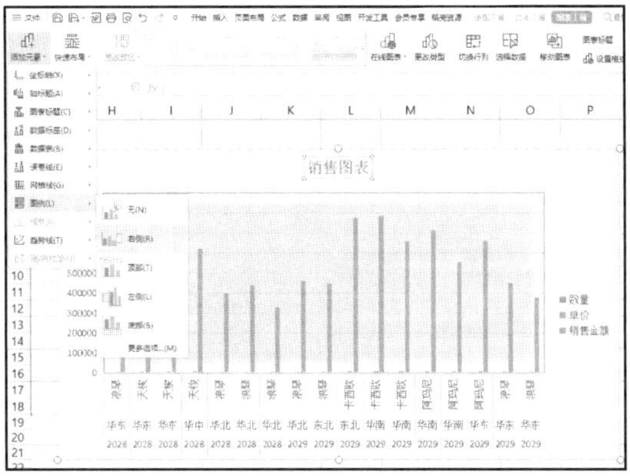

图 8-19

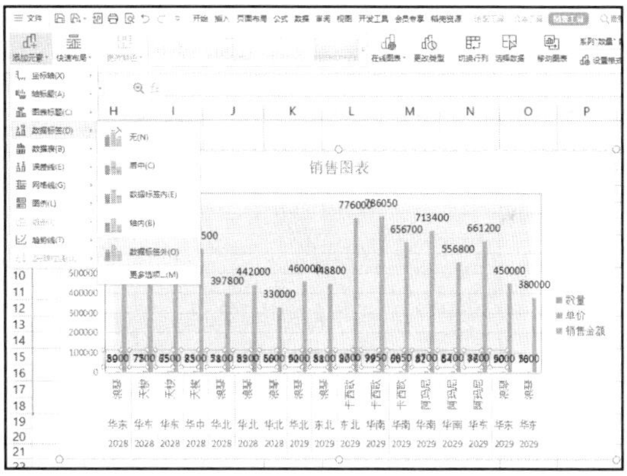

图 8-20

8.2.3　设置数据系列颜色

数据系列是根据用户指定的图表类型，以系列的方式显示在图表中的可视化数据。下面介绍设置数据系列颜色的方法。

【例 8-4】 在图表中设置数据系列颜色。 视频

(1) 继续使用【例 8-3】制作的“产品销售表”工作簿，单击选中数据系列，选择【绘图工具】选项卡，单击【填充】下拉按钮，选择【渐变】命令，如图 8-21 所示。

(2) 打开【属性】窗格，选中【渐变填充】单选按钮，在【填充】下拉列表中选择一种填充样式，如图 8-22 所示。

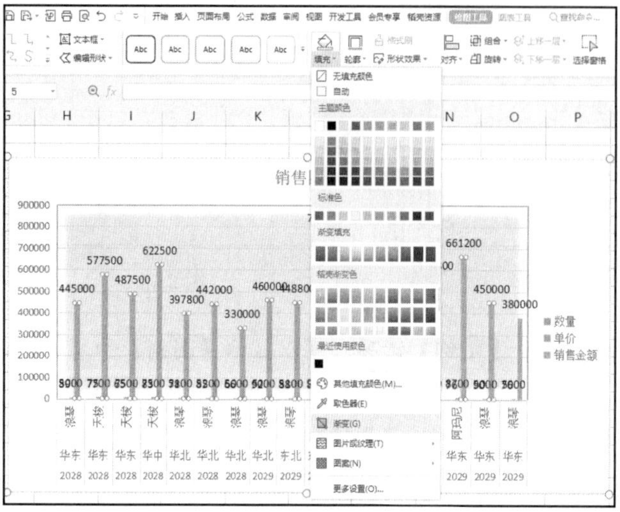

图 8-21

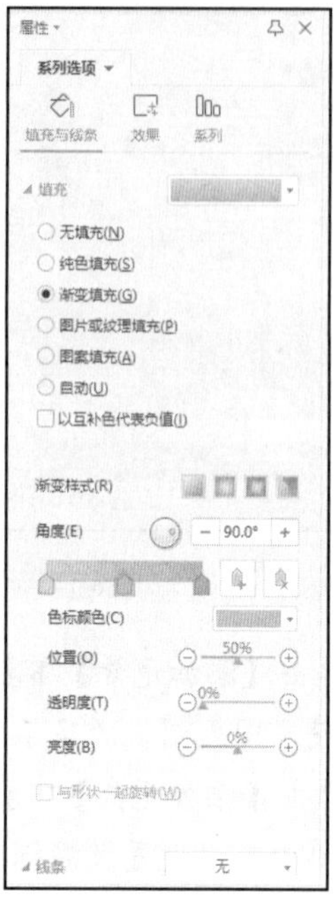

图 8-22

(3) 此时数据系列条改变显示效果，如图 8-23 所示。

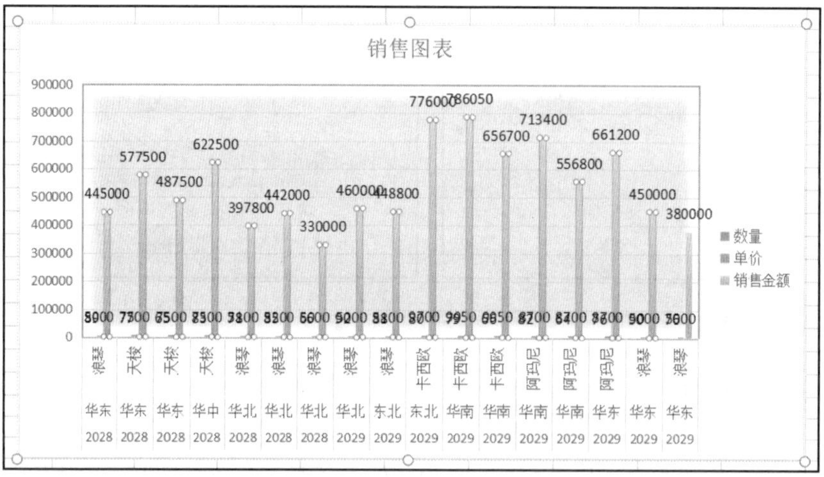

图 8-23

8.2.4 设置图表格式和布局

用户可以根据需要自定义设置图表的相关格式，包括图表形状的样式、图表文本样式等，让图表变得更加美观。

选择【图表工具】选项卡，单击【设置格式】按钮，如图 8-24 所示。打开【属性】窗格，显示【图表选项】和【文本选项】两个选项卡，在其中可以对应设置图表和文字的格式效果，如图 8-25 所示。

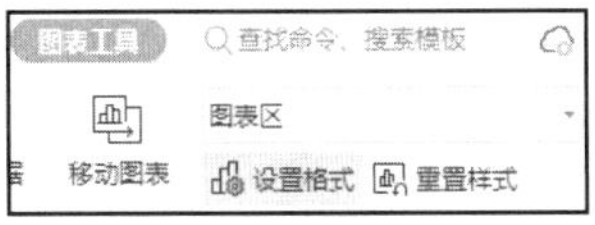

图 8-24

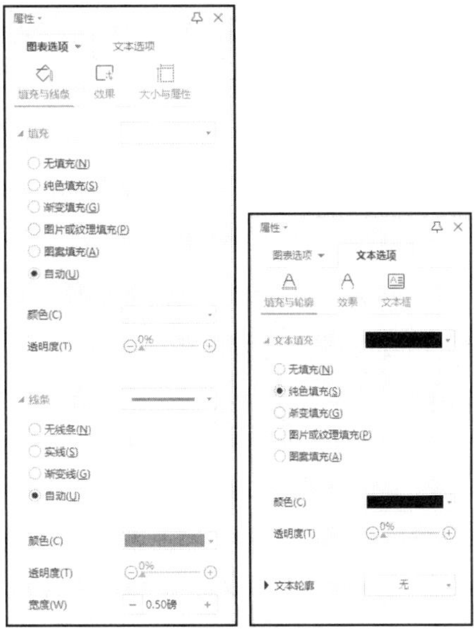

图 8-25

此外 WPS Office 还预设了多种布局效果，选择【图表工具】选项卡，单击【快速布局】下拉按钮，在弹出的下拉列表中可以为图表套用预设的图表布局，如图 8-26 所示。

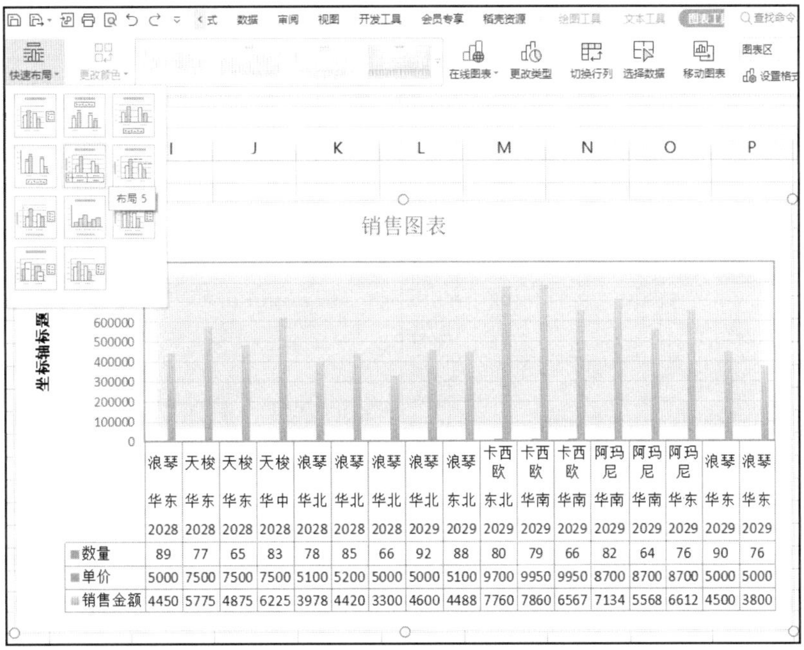

图 8-26

8.3 制作数据透视表

使用数据透视表功能，可以根据基础表中的字段，从成千上万条数据记录中直接生成汇总表。当数据源工作表符合创建数据透视表的要求时，即可创建透视表，以便更好地对工作表进行分析和处理。

8.3.1 创建数据透视表

要创建数据透视表，首先要选择需要创建透视表的单元格区域。值得注意的是，数据内容要存在分类，数据透视表进行汇总才有意义。

【例 8-5】 在“产品销售表”工作簿中创建数据透视表。 视频

(1) 继续使用【例 8-4】制作的“产品销售表”工作簿，选中数据区域中的任意单元格，选择【插入】选项卡，单击【数据透视表】按钮，如图 8-27 所示。

(2) 打开【创建数据透视表】对话框，保持默认选项，单击【确定】按钮，如图 8-28 所示。

图 8-27

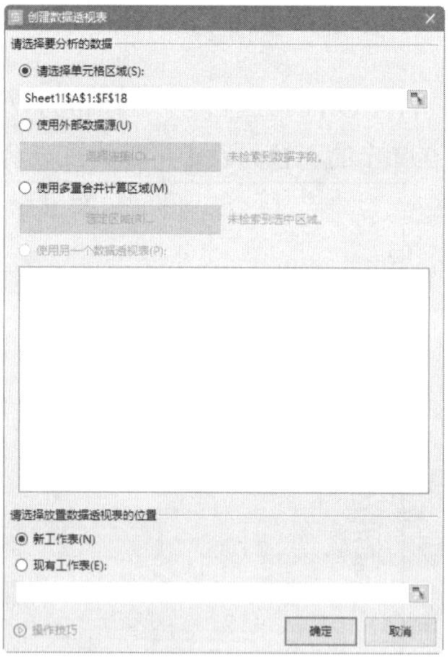

图 8-28

(3) 在显示的【数据透视表】窗格中，在【字段列表】中勾选需要在数据透视表中显示的字段复选框，在【数据透视表区域】中将【年份】字段拖动到【筛选器】下，调整字段在数据透视表中显示的位置，如图 8-29 所示。

(4) 返回工作簿中的新工作表，将其重命名为“数据透视表”，完成后的数据透视表的结构设置如图 8-30 所示。

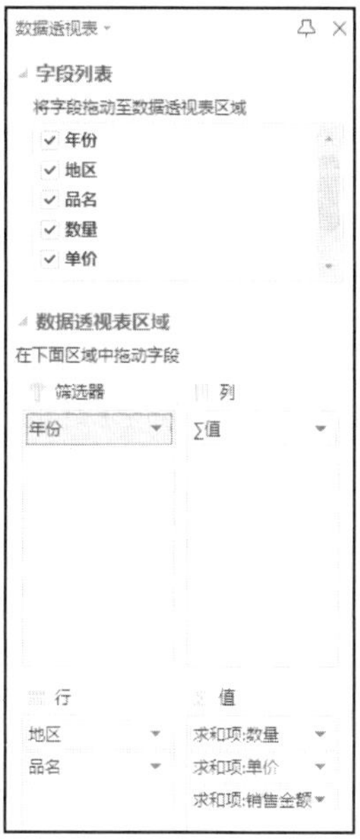

图 8-29

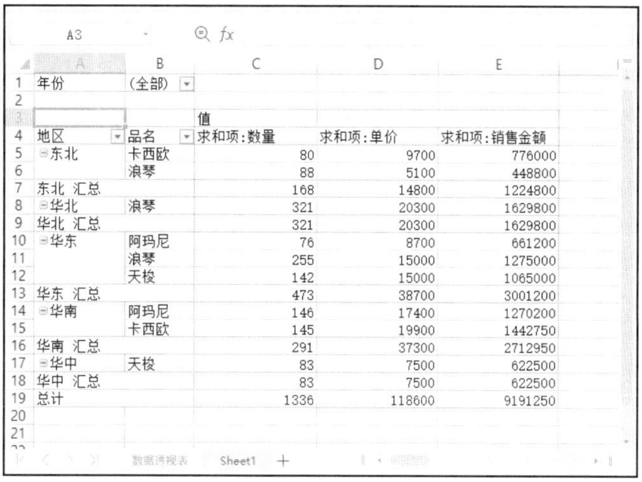
A3
年份 (全部)
值
地区 品名 求和项:数量 求和项:单价 求和项:销售金额
东北 卡西欧 80 9700 776000
浪琴 88 5100 448800
东北 汇总 168 14800 1224800
华北 浪琴 321 20300 1629800
华北 汇总 321 20300 1629800
华东 阿玛尼 76 8700 661200
浪琴 255 15000 1275000
天梭 142 15000 1065000
华东 汇总 473 38700 3001200
华南 阿玛尼 146 17400 1270200
卡西欧 145 19900 1442750
华南 汇总 291 37300 2712950
华中 天梭 83 7500 622500
华中 汇总 83 7500 622500
总计 1336 118600 9191250
数据透视表
Sheet1

图 8-30

8.3.2 布局数据透视表

成功创建数据透视表后，用户可以通过设置数据透视表的布局，使数据透视表能够满足不同角度数据分析的需求。当字段显示在数据透视表的列区域或行区域时，将显示字段中的所有项。但如果字段位于筛选区域中，其所有项都将成为数据透视表的筛选条件。用户可以控制在数据透视表中只显示满足筛选条件的项。

1. 显示筛选字段的多个数据项

若用户需要对报表筛选字段中的多个项进行筛选，可以参考以下方法。例如，单击如图 8-30 所示的数据透视表筛选字段中【年份】后的下拉按钮，勾选需要显示年份数据前的复选框，勾选【选择多项】复选框，然后单击【确定】按钮，如图 8-31 所示，完成以上操作后，数据透视表的内容也将发生相应的变化，如图 8-32 所示。

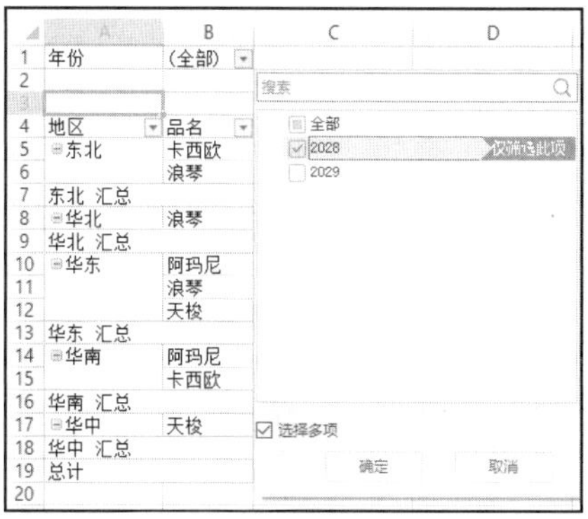

图 8-31

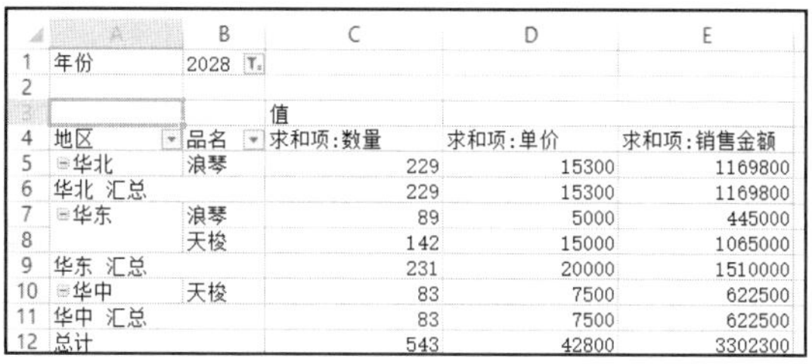

图 8-32

2. 显示报表筛选页

通过选择报表筛选字段中的项目，用户可以对数据透视表的内容进行筛选，筛选结果仍然显示在同一个表格内。

【例 8-6】 显示报表筛选页。 视频

(1) 继续使用【例 8-5】制作的“产品销售表”工作簿，选择“数据透视表”工作表，选中任意数据单元格，打开【数据透视表】窗格，添加所有字段，将【品名】和【年份】字段拖动到【筛选器】区域，将【地区】字段拖动到【行】区域，如图 8-33 所示。

(2) 选择【分析】选项卡，单击【选项】下拉按钮，在弹出的下拉列表中选择【显示报表筛选页】选项，如图 8-34 所示。

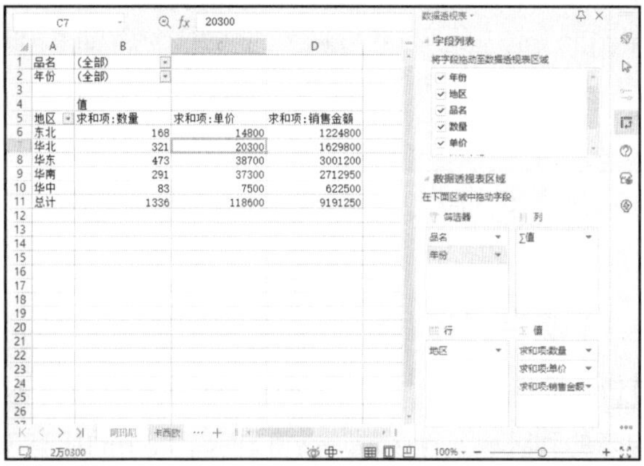

图 8-33

图 8-34

(3) 打开【显示报表筛选页】对话框，选中【品名】选项，单击【确定】按钮，如图 8-35 所示。

(4) 此时将根据【品名】字段中的数据，创建对应的工作表，例如，单击【品名】后的筛选按钮，在菜单中选择【浪琴】选项，单击【确定】按钮，如图 8-36 所示，即可显示相关数据。

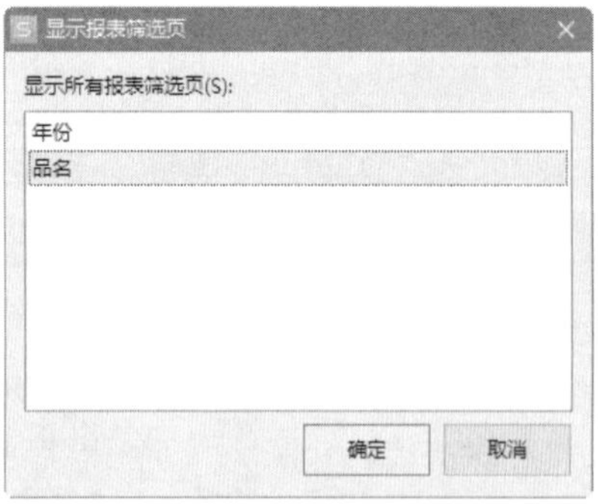

图 8-35

图 8-36

8.3.3　设置数据透视表

在创建数据透视表后，可以对数据透视表进行设置，如设置数据透视表的值字段数据格式及汇总方式等。

1. 设置值字段数据格式

数据透视表默认的格式是常规型数据，用户可以手动对数据格式进行设置。下面介绍设置值字段数据格式的操作方法。

【例 8-7】 设置值字段数据格式。 视频

(1) 继续使用【例 8-5】制作的“产品销售表”工作簿，选择“数据透视表”工作表，选中任意数据单元格，打开【数据透视表】窗格，单击【值】列表框中的【求和项：销售金额】下拉按钮，选择【值字段设置】选项，如图 8-37 所示。

(2) 打开【值字段设置】对话框，单击【数字格式】按钮，如图 8-38 所示。

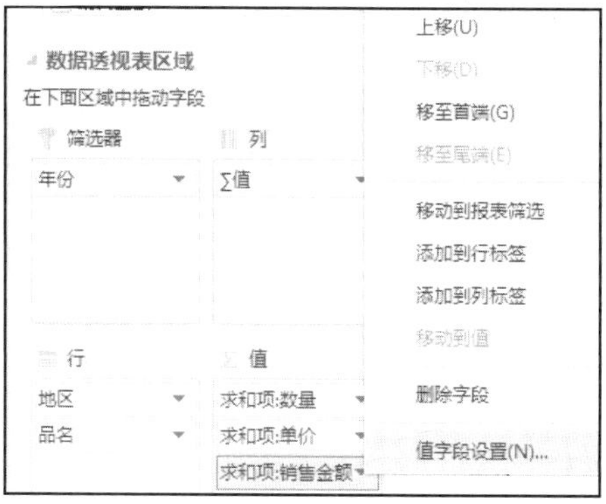

图 8-37

图 8-38

(3) 打开【单元格格式】对话框，在【分类】列表框中选择【货币】选项，设置【小数位数】和【货币符号】选项的参数，单击【确定】按钮，如图 8-39 所示。

(4) 返回【值字段设置】对话框，单击【确定】按钮，此时数据透视表中【求和项:销售金额】一列的数据都添加了货币符号，效果如图 8-40 所示。

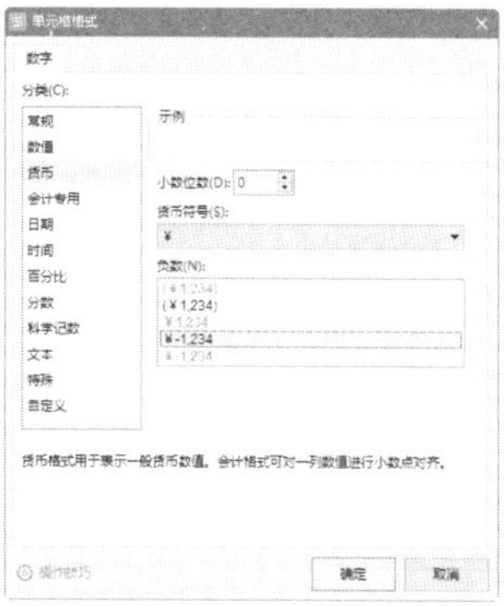

图 8-39

	A	B	C	D	E
1	年份	(全部)			
2					
3			值		
4	地区	品名	求和项:数量	求和项:单价	求和项:销售金额
5	⊟东北	卡西欧	80	9700	¥776,000
6		浪琴	88	5100	¥448,800
7	东北 汇总		168	14800	¥1,224,800
8	⊟华北	浪琴	321	20300	¥1,629,800
9	华北 汇总		321	20300	¥1,629,800
10	⊟华东	阿玛尼	76	8700	¥661,200
11		浪琴	255	15000	¥1,275,000
12		天梭	142	15000	¥1,065,000
13	华东 汇总		473	38700	¥3,001,200
14	⊟华南	阿玛尼	146	17400	¥1,270,200
15		卡西欧	145	19900	¥1,442,750
16	华南 汇总		291	37300	¥2,712,950
17	⊟华中	天梭	83	7500	¥622,500
18	华中 汇总		83	7500	¥622,500
19	总计		1336	118600	¥9,191,250

图 8-40

> **提示**
>
> 在数据透视表中选择值字段对应的任意单元格，单击【分析】选项卡中的【字段设置】按钮，也可以打开【值字段设置】对话框。除此之外，在该对话框中还可以自定义字段名称和选择字段的汇总方式。

2. 设置值字段汇总方式

数据透视表中的值汇总方式有多种，包括求和、计数、平均值、最大值、最小值、乘积等。下面介绍设置值字段汇总方式的操作方法。

【例 8-8】 设置值字段汇总方式。 视频

(1) 继续使用【例 8-7】制作的“产品销售表”工作簿，选择“数据透视表”工作表，在数据透视表中右击 A19 单元格，在弹出的快捷菜单中选择【值字段设置】命令，如图 8-41 所示。

(2) 打开【值字段设置】对话框，在【选择用于汇总所选字段数据的计算类型】列表框中选择【最大值】选项，单击【确定】按钮，如图 8-42 所示。

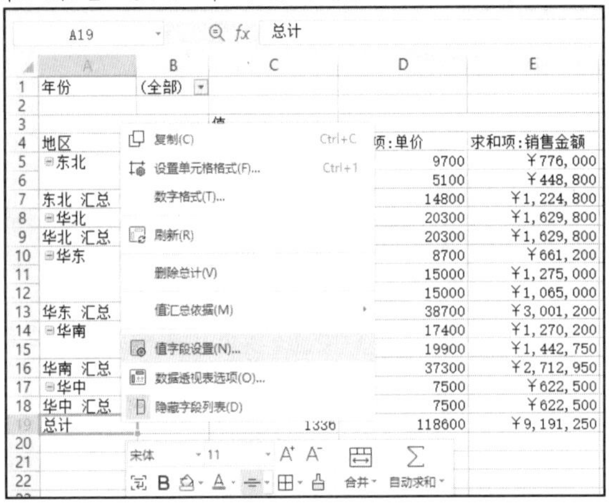

图 8-41

图 8-42

(3) 此时【值汇总方式】变成【最大值项：数量】格式，如图 8-43 所示。

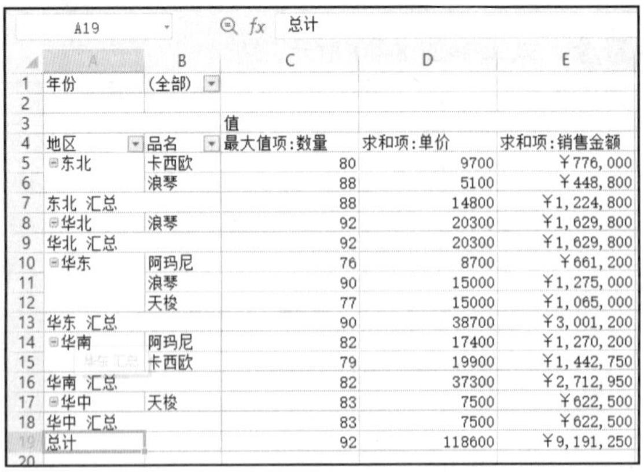

	A	B	C	D	E
1	年份	(全部)			
2					
3			值		
4	地区	品名	最大值项:数量	求和项:单价	求和项:销售金额
5	⊟东北	卡西欧	80	9700	￥776, 000
6		浪琴	88	5100	￥448, 800
7	东北 汇总		88	14800	￥1, 224, 800
8	⊟华北	浪琴	92	20300	￥1, 629, 800
9	华北 汇总		92	20300	￥1, 629, 800
10	⊟华东	阿玛尼	76	8700	￥661, 200
11		浪琴	90	15000	￥1, 275, 000
12		天梭	77	15000	￥1, 065, 000
13	华东 汇总		90	38700	￥3, 001, 200
14	⊟华南	阿玛尼	82	17400	￥1, 270, 200
15		卡西欧	79	19900	￥1, 442, 750
16	华南 汇总		82	37300	￥2, 712, 950
17	⊟华中	天梭	83	7500	￥622, 500
18	华中 汇总		83	7500	￥622, 500
19	总计		92	118600	￥9, 191, 250

图 8-43

3. 套用数据透视表样式

WPS Office 内置了多种数据透视表的样式，下面介绍应用样式的方法。

【例 8-9】 改变数据透视表样式。 视频

(1) 继续使用【例 8-8】制作的“产品销售表”工作簿，选择“数据透视表”工作表，在数据透视表内选择任意单元格，选择【设计】选项卡，单击【选择数据透视表的外观样式】下拉按钮，在弹出的样式列表中选择一种样式，如图 8-44 所示。

(2) 此时数据透视表已经应用该样式，效果如图 8-45 所示。

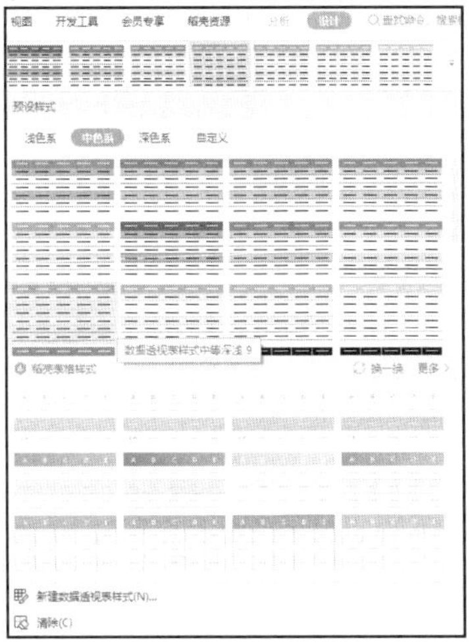

图 8-44

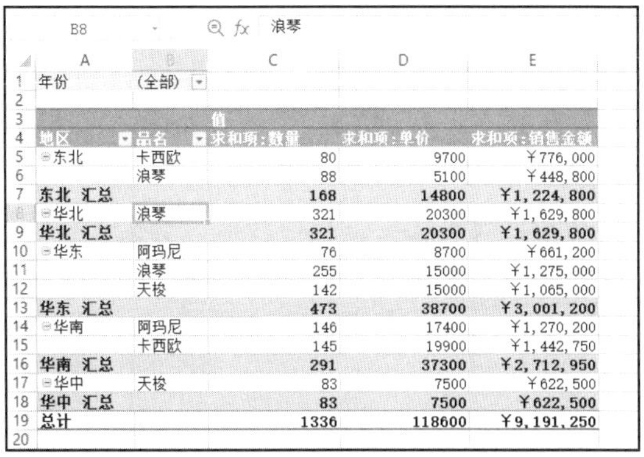

	A	B	C	D	E
1	年份	(全部)			
2					
3			值		
4	地区	品名	求和项:数量	求和项:单价	求和项:销售金额
5	东北	卡西欧	80	9700	￥776,000
6		浪琴	88	5100	￥448,800
7	东北 汇总		168	14800	￥1,224,800
8	华北	浪琴	321	20300	￥1,629,800
9	华北 汇总		321	20300	￥1,629,800
10	华东	阿玛尼	76	8700	￥661,200
11		浪琴	255	15000	￥1,275,000
12		天梭	142	15000	￥1,065,000
13	华东 汇总		473	38700	￥3,001,200
14	华南	阿玛尼	146	17400	￥1,270,200
15		卡西欧	145	19900	￥1,442,750
16	华南 汇总		291	37300	￥2,712,950
17	华中	天梭	83	7500	￥622,500
18	华中 汇总		83	7500	￥622,500
19	总计		1336	118600	￥9,191,250
20					

图 8-45

8.4 制作数据透视图

和数据透视表不同，数据透视图可以更直观地展示出数据的数量和变化，反映数据间的对比关系，用户更容易从数据透视图中找到数据的变化规律和趋势。

8.4.1 插入数据透视图

数据透视图可以通过数据源工作表进行创建。下面介绍插入数据透视图的操作方法。

【例 8-10】 插入数据透视图。 视频

(1) 继续使用【例 8-9】制作的“产品销售表”工作簿，选择 Sheet 表中的 A1:F18 单元格区域，选择【插入】选项卡，单击【数据透视图】按钮，如图 8-46 所示。

(2) 打开【创建数据透视图】对话框，单击【新工作表】单选按钮，单击【确定】按钮，如图 8-47 所示。

图 8-46

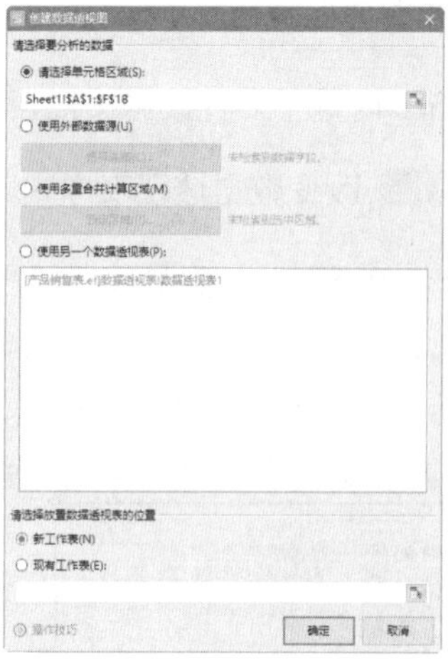

图 8-47

(3) 此时在新工作表 Sheet2 中插入数据透视图，设置相关字段后，单击【图表工具】选项卡中的【更改类型】按钮，如图 8-48 所示。

(4) 打开【更改图表类型】对话框，选择一种折线图类型，如图 8-49 所示。

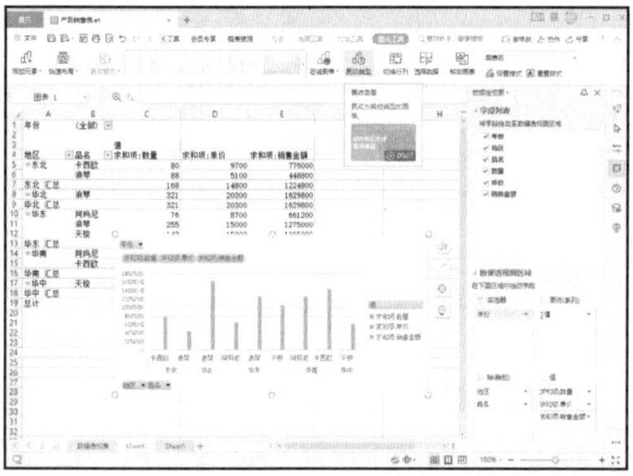

图 8-48

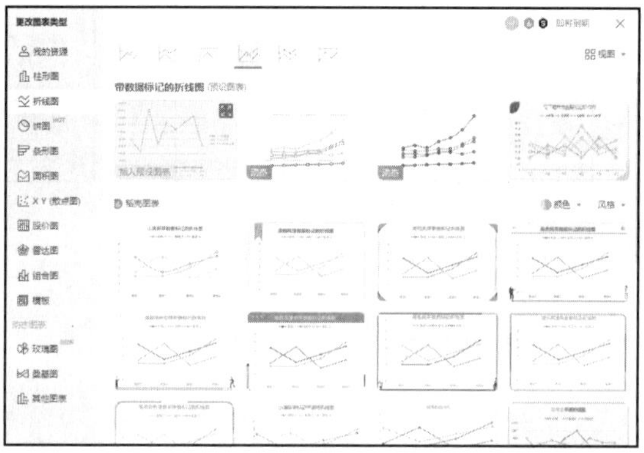

图 8-49

(5) 设置完毕后，表格中的数据透视图效果如图 8-50 所示。

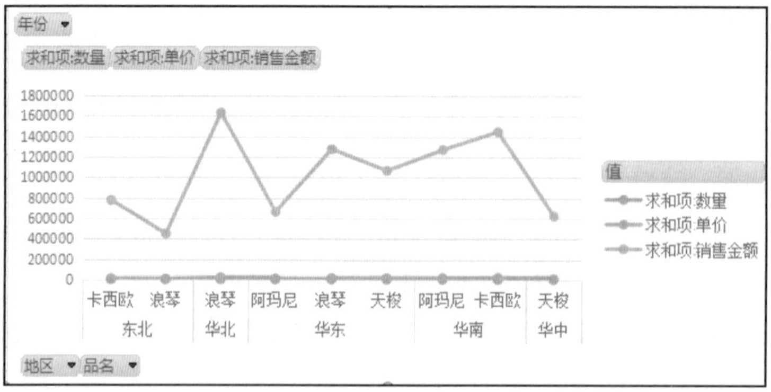

图 8-50

8.4.2　设置数据透视图

对数据透视图可以灵活进行设置，下面介绍设置并美化数据透视图的操作方法。

【例 8-11】 设置数据透视图。 视频

(1) 继续使用【例 8-10】制作的“产品销售表”工作簿，选择 Sheet2 表中数据透视图的图表区，选择【绘图工具】选项卡，单击【填充】下拉按钮，在弹出的颜色库中选择一种颜色，如图 8-51 所示。

(2) 此时图表区已经填充完毕，选择透视图的绘图区，单击【填充】下拉按钮，在弹出的颜色库中选择一种颜色，如图 8-52 所示。

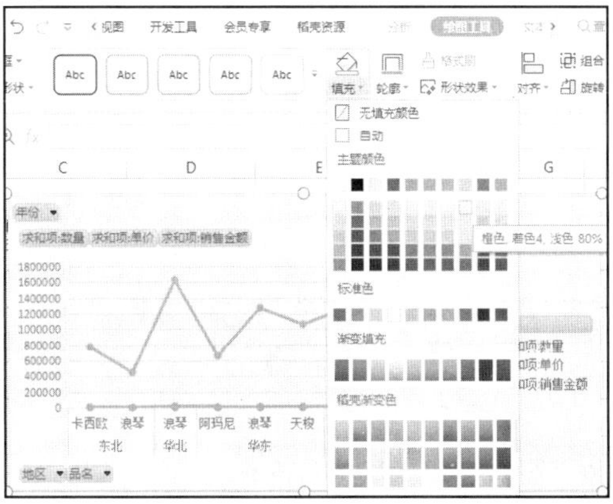

图 8-51

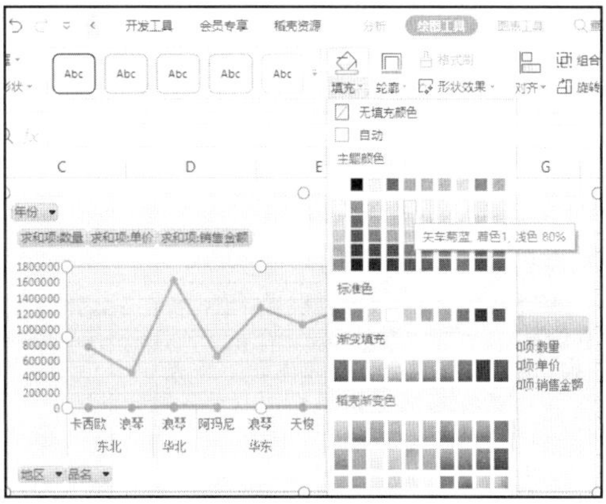

图 8-52

(3) 在【属性】窗格中选择【绘图区选项】|【效果】选项卡，设置【发光】选项，如图 8-53 所示。

(4) 此时数据透视图中绘图区轮廓显示发光效果，如图 8-54 所示。

图 8-53

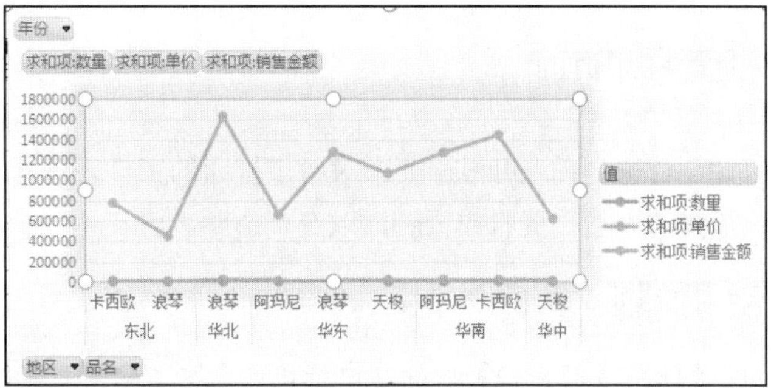

图 8-54

8.5　设置和打印报表

在实际工作中将电子报表打印成纸质文件相当普及，WPS Office 提供的设置页面、设置打印区域、打印预览等打印功能，可以对制作好的电子表格进行打印设置，并美化打印效果。

8.5.1　预览打印效果

WPS Office 提供打印预览功能，用户可以通过该功能查看打印效果，如页面设置、分页符效果等。若不满意可以及时调整，避免打印后不能使用而造成浪费。

【例 8-12】 预览打印效果。 视频

(1) 打开“中标记录表”工作簿，单击【文件】按钮，选择【打印】|【打印预览】命令，如图 8-55 所示。

(2) 进入【打印预览】界面，如果是多页表格，可以单击【页面跳转】上下键按钮选择页数预览，如图 8-56 所示。

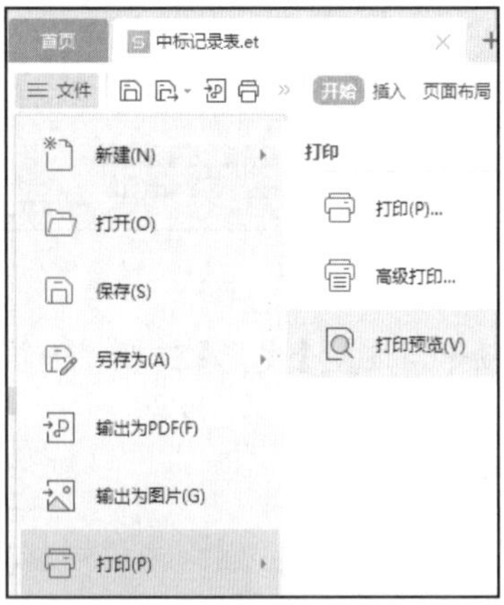

图 8-55

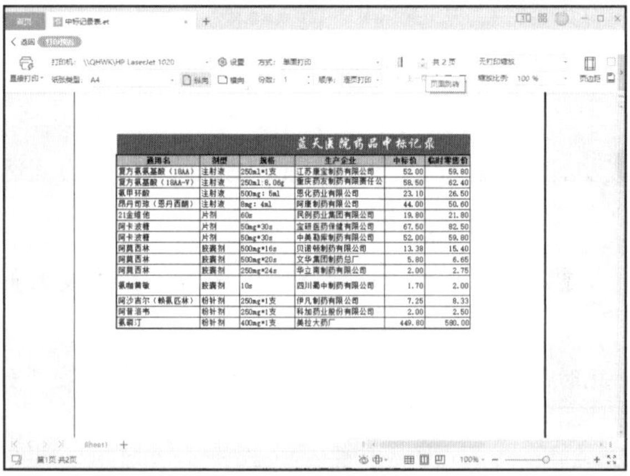

图 8-56

8.5.2　设置打印页面

在打印工作表之前，可根据要求对希望打印的工作表进行一些必要的设置，例如，设置打印的方向、纸张的大小、页眉或页脚，以及页边距等。

【例 8-13】 设置打印页面。 视频

(1) 继续使用【例 8-12】中的“中标记录表”工作簿，在【打印预览】界面单击【页边距】按钮，显示页边距线，当鼠标放置于线上会显示上下或左右箭头，可以拖动调整页边距的实际大小，如图 8-57 所示。

(2) 单击【横向】按钮，可以将表格设置为页面横向(纸张方向)，适合打印宽表，如图 8-58 所示。

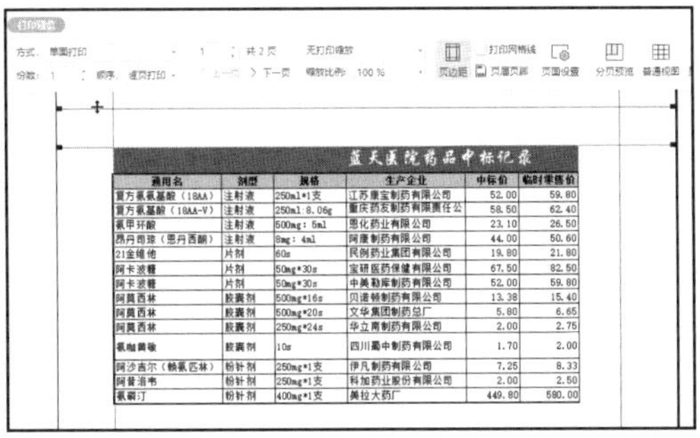

图 8-57

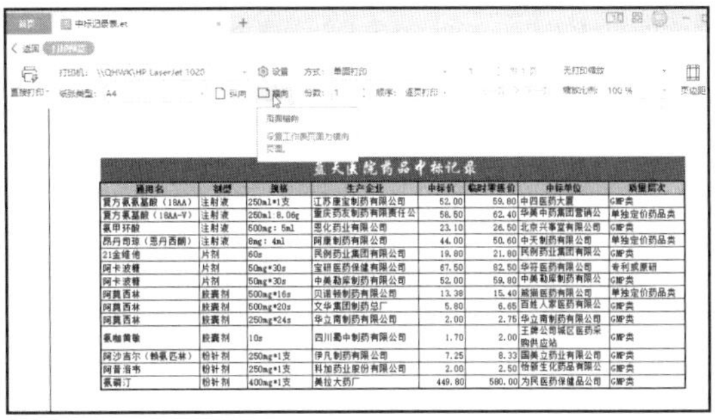

图 8-58

(3) 单击【纸张类型】下拉按钮，在弹出的下拉列表中选择【A4】，该下拉列表用于选择纸张类型，如图 8-59 所示。

(4) 此外可以单击【页面设置】按钮，打开【页面设置】对话框，在该对话框中可以设置更加精确的页面、页边距、页眉/页脚等选项参数，如图 8-60 所示。

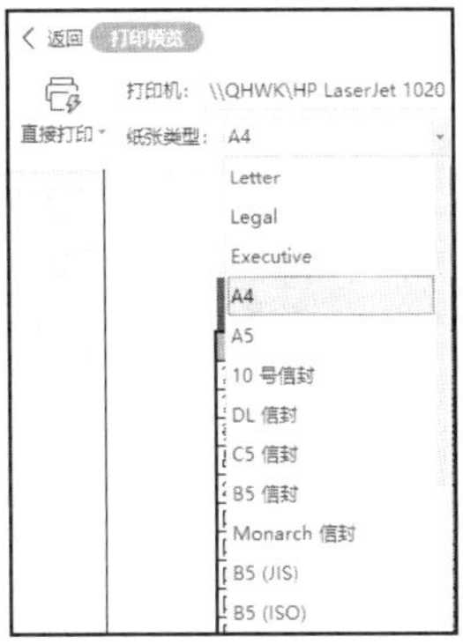

图 8-59

图 8-60

(5) 用户还可以设置打印区域，只打印工作表中所需的部分。比如选定表格的前 5 行，在【页面布局】选项卡中单击【打印区域】按钮，在弹出的下拉菜单中选择【设置打印区域】命令，如图 8-61 所示。

(6) 进入【打印预览】界面，可以看到预览窗格中只显示表格的前 5 行，表示打印区域为表格的前 5 行，如图 8-62 所示。

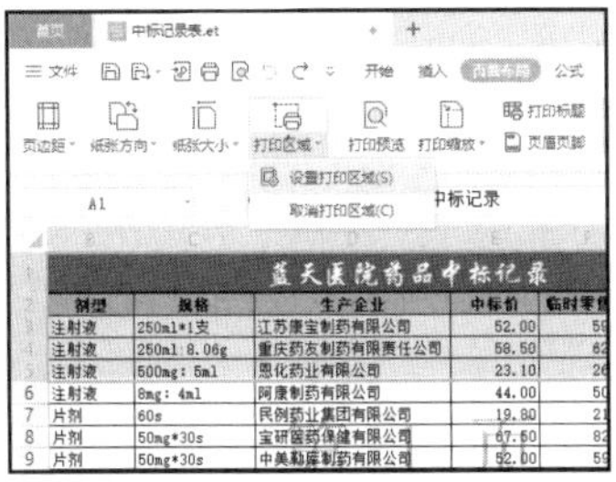

图 8-61

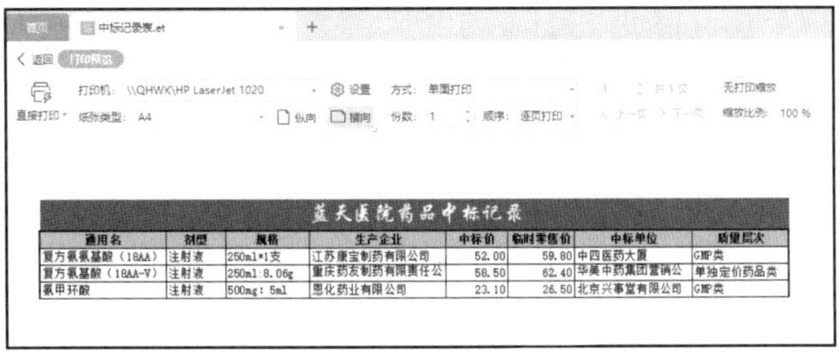

图 8-62

8.5.3 打印表格

设置工作表的打印页面效果并在打印预览窗口确认打印效果之后，就可以打印该工作表。

【例 8-14】 设置完毕后打印表格。 视频

(1) 继续使用【例 8-12】中的“中标记录表”工作簿，在【打印预览】界面可以选择要使用的打印机，并设置打印份数、打印顺序等选项，如图 8-63 所示。

图 8-63

(2) 单击【设置】按钮，打开【打印】对话框，也可以设置打印的各种选项，如图 8-64 所示。设置完毕后单击【直接打印】按钮即可打印表格。

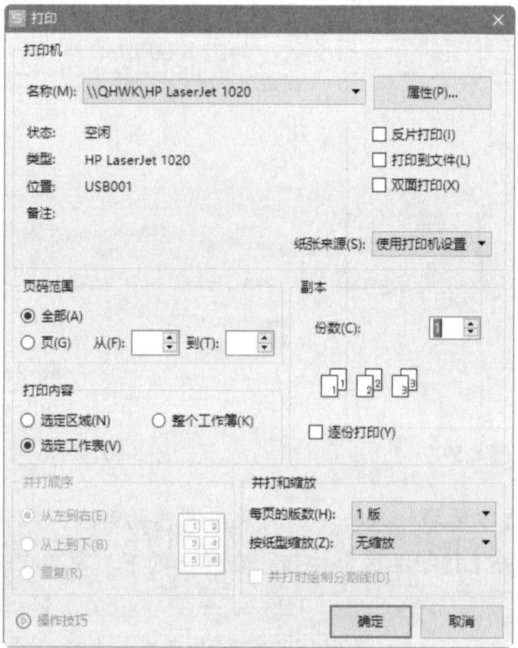

图 8-64

8.6 实例演练

通过前面内容的学习，读者应该已经掌握在表格中使用图表和数据透视表来查看和分析数据，下面通过创建组合图表等几个案例演练，巩固本章所学内容。

8.6.1　创建组合图表

在同一个图表中需要同时使用两种图表类型的图表即为组合图表，如由柱状图和折线图组成的线柱组合图表。

【例 8-15】　在【调查分析表】工作簿中创建线柱组合图表。 视频

(1) 打开“调查分析表”工作簿，选中 A1:F14 单元格区域，选择【插入】选项卡，单击【全部图表】按钮，如图 8-65 所示。

(2) 打开【图表】对话框，选中一款簇状柱形图，如图 8-66 所示。

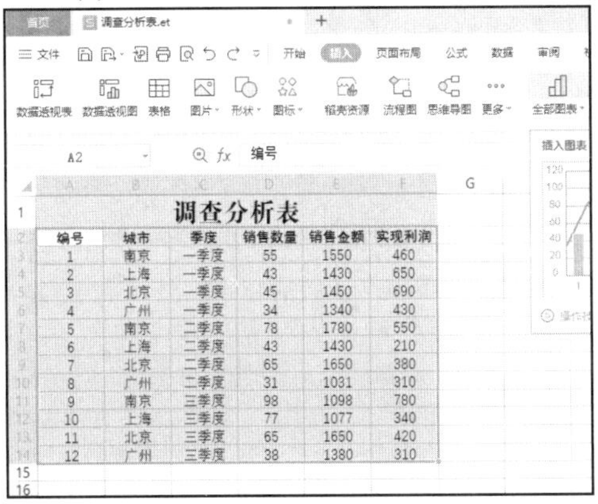

编号	城市	季度	销售数量	销售金额	实现利润
1	南京	一季度	55	1550	460
2	上海	一季度	43	1430	650
3	北京	一季度	45	1450	690
4	广州	一季度	34	1340	430
5	南京	二季度	78	1780	550
6	上海	二季度	43	1430	210
7	北京	二季度	65	1650	380
8	广州	二季度	31	1031	310
9	南京	三季度	98	1098	780
10	上海	三季度	77	1077	340
11	北京	三季度	65	1650	420
12	广州	三季度	38	1380	310

图 8-65

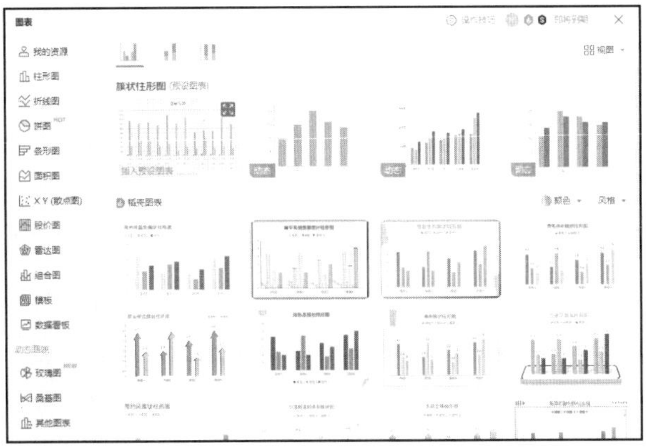

图 8-66

(3) 此时，在工作表中创建如图 8-67 所示的图表。

(4) 单击图表中表示【销售金额】的任意一个橘色柱体，则会选中所有关于【销售金额】的数据柱体，被选中的数据柱体 4 个角上会显示小圆圈符号，在【图表工具】选项卡中单击【更改类型】按钮，如图 8-68 所示。

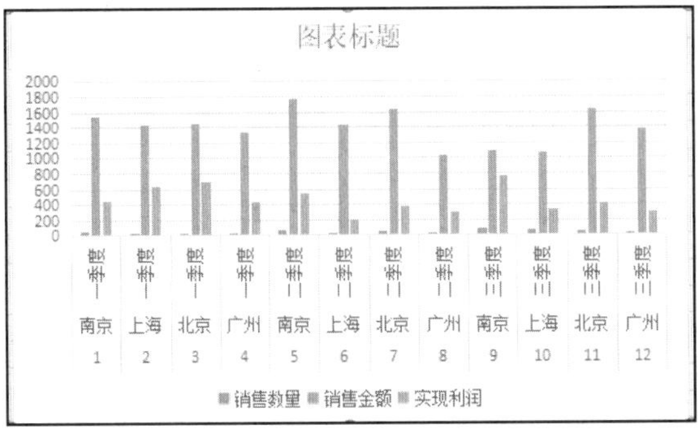

图 8-67

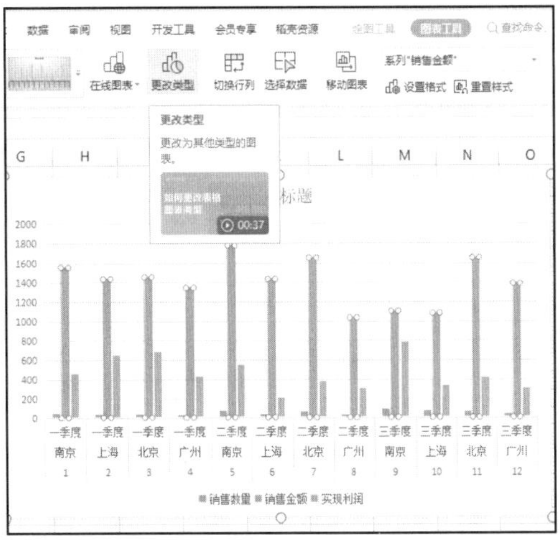

图 8-68

(5) 打开【更改图表类型】对话框，选择【组合图】选项，在对话框右侧的列表框中单击【销售金额】下拉按钮，在弹出的菜单中选择【带数据标记的堆积折线图】选项，然后单击【插入预设图表】按钮，如图 8-69 所示。

(6) 此时，原来的【销售金额】柱体变为折线，完成线柱组合图表的制作，如图 8-70 所示。

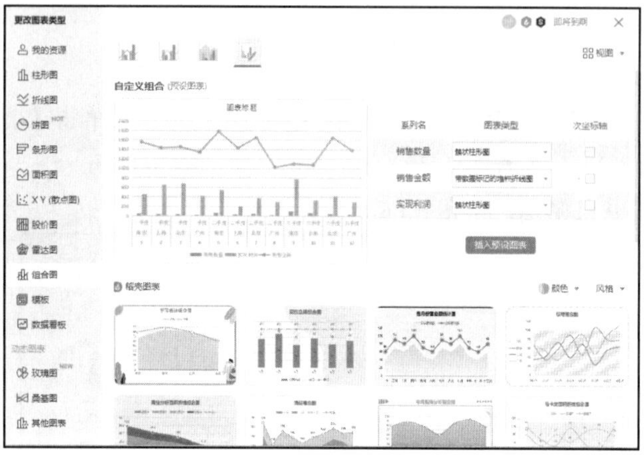

图 8-69

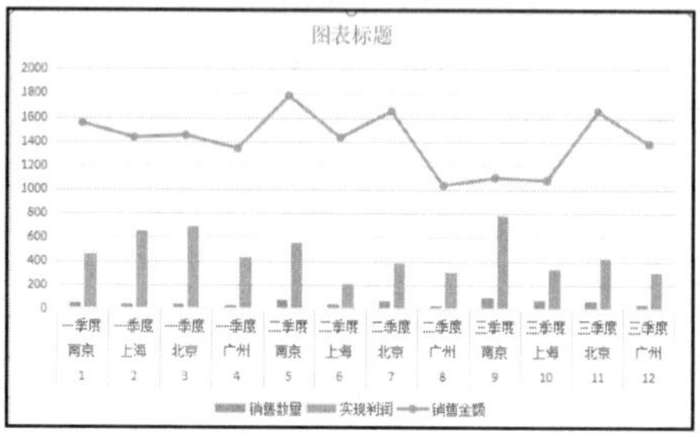

图 8-70

8.6.2 计算不同地区销售额平均数

下面将在“销售数据表”工作簿中创建数据透视表，统计对比不同地区销售金额的平均值。

【例 8-16】 创建数据透视表，计算平均值。 视频

(1) 打开“销售数据表”工作簿，选中 A1:F18 单元格区域，单击【插入】选项卡下的【数据透视表】按钮，如图 8-71 所示。

(2) 打开【创建数据透视表】对话框，保持默认选项，单击【确定】按钮，如图 8-72 所示。

年份	地区	品名	数量	单价	销售金额
2018	华东	浪琴	89	5000	445000
2019	华东	天梭	77	7500	577500
2020	华东	天梭	65	7500	487500
2021	华中	天梭	83	7500	622500
2022	华北	浪琴	78	5100	397800
2023	华北	浪琴	85	5200	442000
2024	华北	浪琴	66	5000	330000
2025	华北	浪琴	92	5000	460000
2026	东北	浪琴	88	5100	448800
2027	东北	卡西欧	80	9700	776000
2028	华南	卡西欧	79	9950	786050
2029	华南	卡西欧	66	9950	656700
2030	华南	阿玛尼	82	8700	713400
2031	华南	阿玛尼	64	8700	556800
2032	华东	阿玛尼	76	8700	661200
2033	华东	浪琴	90	5000	450000
2034	华东	浪琴	76	5000	380000

图 8-71

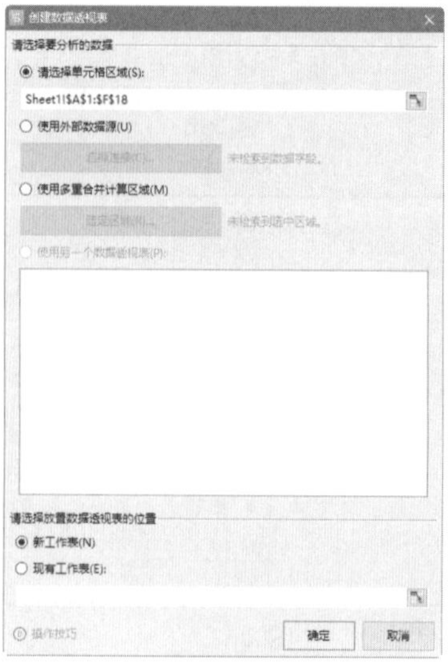

图 8-72

(3) 此时在新建的工作表中创建数据透视表，在【数据透视表】窗格中选中字段【地区】【品名】【数量】【销售金额】，并调整各字段位置，此时【销售金额】默认的是【求和项】，右击鼠标，在弹出菜单中选择【值字段设置】命令，如图 8-73 所示。

(4) 打开【值字段设置】对话框，选择【选择用于汇总所选字段数据的计算类型】为【平均值】，单击【确定】按钮，如图 8-74 所示。

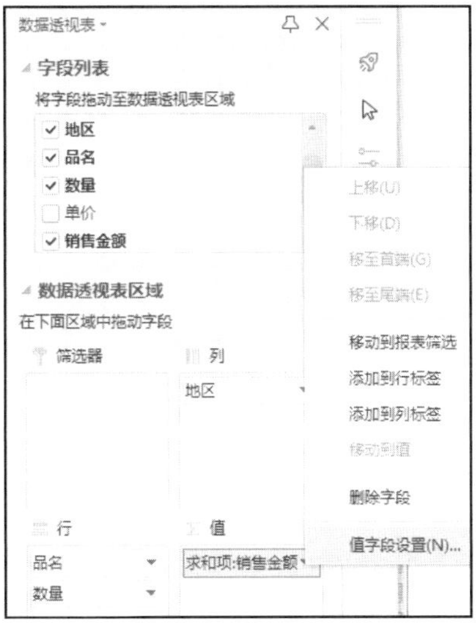

图 8-73

图 8-74

(5) 在数据透视表中查看不同地区不同商品销售金额的平均值，如图 8-75 所示。

(6) 选中数据透视表中所有带数据的单元格，单击【开始】选项卡中的【条件格式】按钮，在下拉菜单中选择【色阶】|【绿-白色阶】选项，如图 8-76 所示。

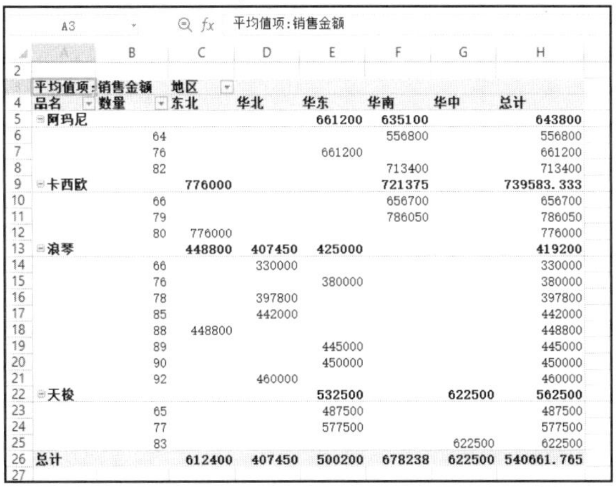

	A	B	C	D	E	F	G	H
2								
3	平均值项:销售金额		地区					
4	品名	数量	东北	华北	华东	华南	华中	总计
5	阿玛尼				661200	635100		643800
6		64				556800		556800
7		76			661200			661200
8		82				713400		713400
9	卡西欧		776000			721375		739583.333
10		66				656700		656700
11		79				786050		786050
12		80	776000					776000
13	浪琴		448800	407450	425000			419200
14		66		330000				330000
15		76			380000			380000
16		78		397800				397800
17		85		442000				442000
18		88	448800					448800
19		89			445000			445000
20		90			450000			450000
21		92		460000				460000
22	天梭				532500		622500	562500
23		65			487500			487500
24		77			577500			577500
25		83					622500	622500
26	总计		612400	407450	500200	678238	622500	540661.765
27								

图 8-75

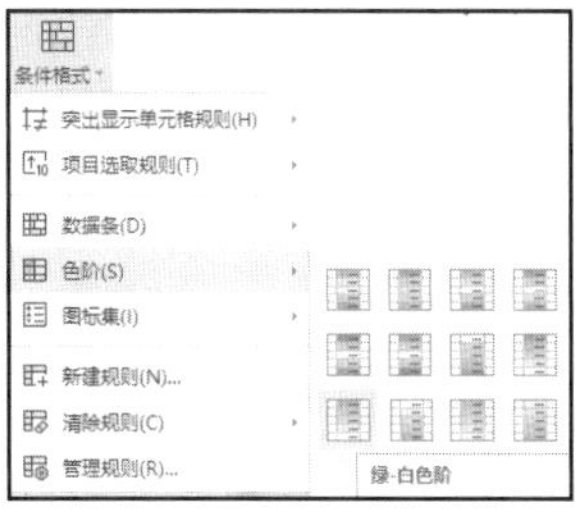

图 8-76

(7) 此时，数据透视表会按照表格中的数据填充上深浅不一的颜色。通过颜色对比，可以很快分析出哪个地区的销售额平均值最高，哪种商品的销售额平均值最高，如图 8-77 所示。

	A	B	C	D	E	F	G	H
1								
2								
3	平均值项:销售金额		地区					
4	品名	数量	东北	华北	华东	华南	华中	总计
5	**阿玛尼**				**661200**	**635100**		**643800**
6		64				556800		556800
7		76			661200			661200
8		82				713400		713400
9	**卡西欧**		**776000**			**721375**		**739583.333**
10		66				656700		656700
11		79				786050		786050
12		80	776000					776000
13	**浪琴**		**448800**	**407450**	**425000**			**419200**
14		66		330000				330000
15		76			380000			380000
16		78		397800				397800
17		85		442000				442000
18		88	448800					448800
19		89			445000			445000
20		90			450000			450000
21		92		460000				460000
22	**天梭**				**532500**		**622500**	**562500**
23		65			487500			487500
24		77			577500			577500
25		83					622500	622500
26	**总计**		**612400**	**407450**	**500200**	**678238**	**622500**	**540661.765**

图 8-77

8.7 习题

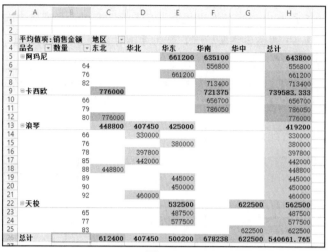

1. 简述在文档中插入图表的方法。
2. 如何设置图表?
3. 简述制作数据透视表的方法。
4. 简述制作数据透视图的方法。
5. 如何设置和打印报表?

第 9 章

创建演示与制作幻灯片

本章主要介绍演示文稿、幻灯片和设计幻灯片母版操作方面的知识与技巧，以及如何编辑幻灯片等内容。通过本章的学习，读者可以掌握创建和编辑幻灯片的基础操作等知识。

本章重点

- 创建演示
- 幻灯片基础操作
- 设计幻灯片母版
- 丰富幻灯片内容

二维码教学视频

【例 9-1】 根据模板新建演示
【例 9-2】 添加和删除幻灯片
【例 9-3】 设置母版背景
【例 9-4】 设置母版占位符
【例 9-5】 输入文本
【例 9-6】 添加艺术字

本章其他视频参见教学视频二维码

9.1 创建演示

演示文稿(简称演示)由一张张幻灯片组成，可以通过计算机屏幕或投影机进行播放。本节主要介绍创建演示的基本操作，包括新建空白演示和根据模板新建演示。

9.1.1 创建空白演示

空白演示是一种形式最简单的演示文稿，没有应用模板设计、配色方案及动画方案，可以自由设计。

启动 WPS Office，进入【新建】窗口，选择【新建演示】选项卡，选择【新建空白演示】图示，如图 9-1 所示。此时 WPS Office 创建了一个名为“演示文稿 1”的空白演示，如图 9-2 所示。

图 9-1

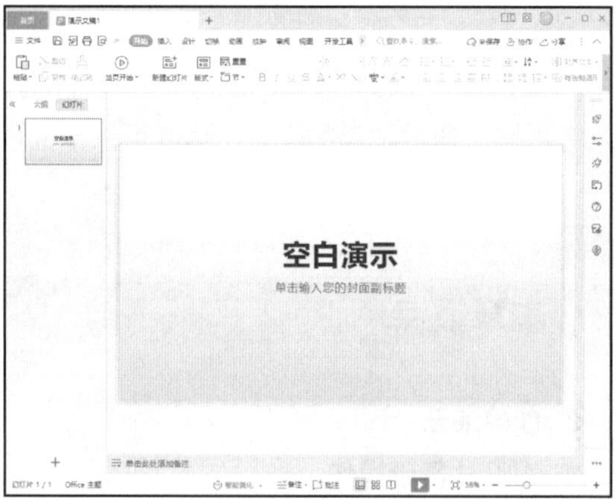

图 9-2

9.1.2 根据模板新建演示

WPS Office 为用户提供了多种演示文稿和幻灯片模板，用户可以根据模板新建演示文稿，下面介绍根据模板新建演示文稿的操作方法。

【例 9-1】 选择一个模板新建演示文稿。 视频

(1) 启动 WPS Office，进入【新建】窗口，选择【新建演示】选项卡，在上方的文本框中输入“云南”，然后单击【搜索】按钮，在下方的模板区域中选择一个云南旅游模板，单击【立即使用】按钮，如图 9-3 所示。

(2) 此时创建一个名为“演示文稿 1”的带有内容的演示文稿，如图 9-4 所示。

(3) 单击【保存】按钮，打开【另存文件】对话框，选择文件保存位置，在【文件名】文本框中输入名称，单击【保存】按钮，如图 9-5 所示。

图 9-3

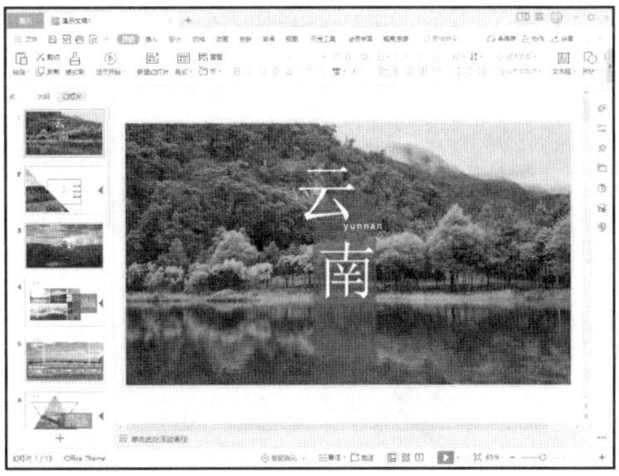

图 9-4

图 9-5

9.2　幻灯片基础操作

幻灯片的基础操作是制作演示文稿的基础，因为 WPS 演示中几乎所有的操作都是在幻灯片中完成的。幻灯片基础操作包括添加和删除幻灯片、复制和移动幻灯片等内容。

9.2.1　添加和删除幻灯片

在 WPS Office 中创建演示文稿后，用户可以根据需要添加或删除幻灯片。下面介绍添加和删除幻灯片的方法。

【例 9-2】 添加和删除幻灯片。 视频

(1) 启动 WPS Office，选中第 3 张幻灯片，在【插入】选项卡中单击【新建幻灯片】下拉按钮，在弹出的菜单中选择一个模板样式，如图 9-6 所示。

(2) 此时会在【幻灯片】窗格中添加新的第 4 张幻灯片，如图 9-7 所示。

图 9-6

图 9-7

(3) 按住 Shift 键连续选中第 12~15 张幻灯片，右击鼠标，在弹出的快捷菜单中选择【删除幻灯片】命令，如图 9-8 所示。

(4) 此时可以看到选中的幻灯片已经被删除，并显示前一张幻灯片，如图 9-9 所示。

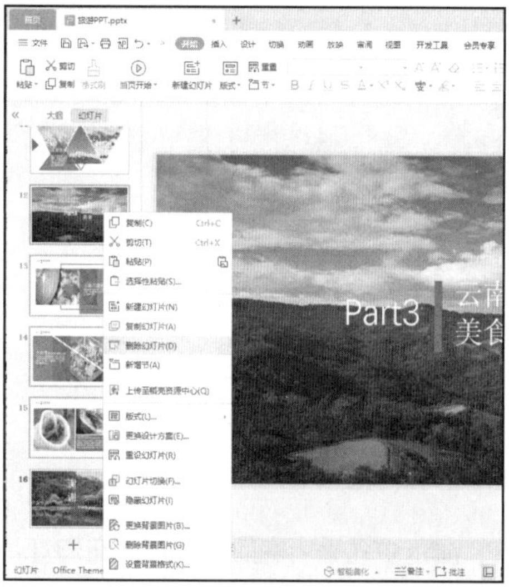

图 9-8

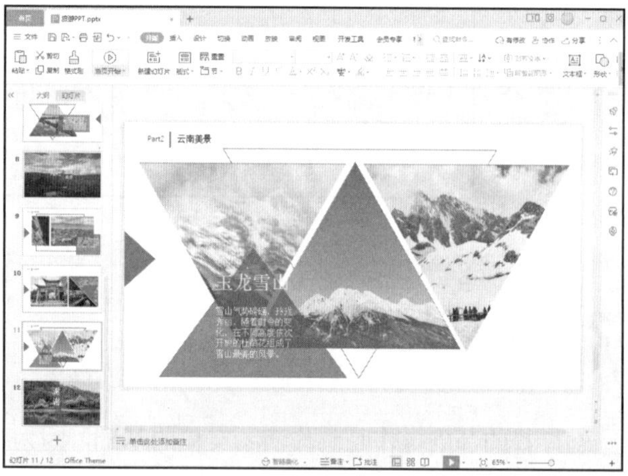

图 9-9

9.2.2 复制和移动幻灯片

要复制幻灯片，可以先在【幻灯片】窗格中右击幻灯片，在弹出的快捷菜单中选择【复制幻灯片】命令，如图 9-10 所示。此时，【幻灯片】窗格中原幻灯片的下方已经复制出了一张相同的幻灯片，如图 9-11 所示。

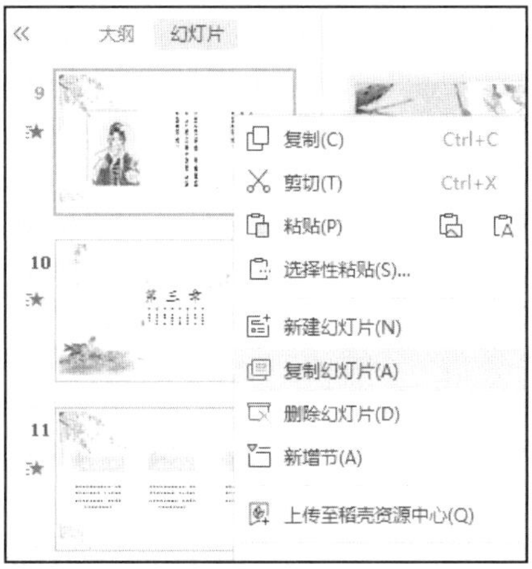

图 9-10

图 9-11

将鼠标指针移动到刚刚复制的幻灯片上，按住鼠标左键不放，将其拖动到第 11 张幻灯片下方，如图 9-12 所示。松开鼠标即可看到幻灯片已经被移动，效果如图 9-13 所示。

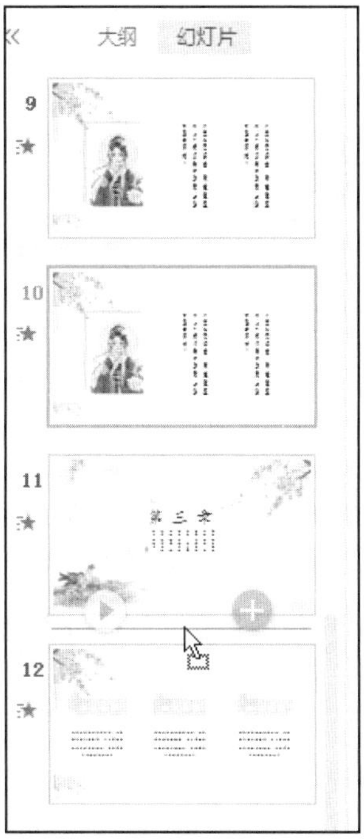

图 9-12

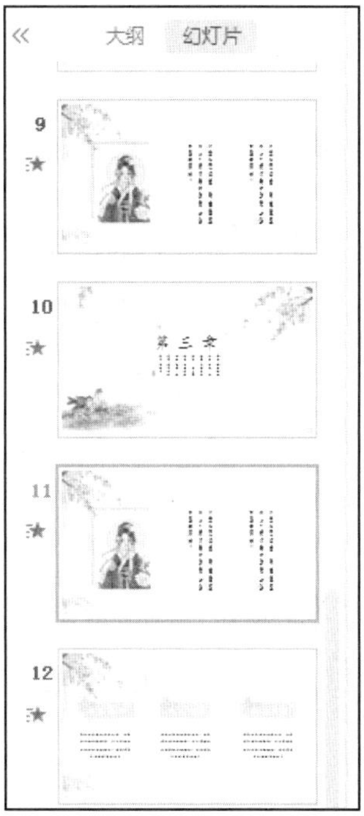

图 9-13

9.2.3 快速套用版式

版式是指幻灯片中各种元素的排列组合方式，WPS 演示文稿提供多种版式供用户快速选择使用。首先选中 1 张幻灯片缩略图，在【开始】选项卡中单击【版式】下拉按钮，在弹出的【母版版式】下拉列表中选择一个版式，如图 9-14 所示。此时该幻灯片的版式已经被更改，如图 9-15 所示。

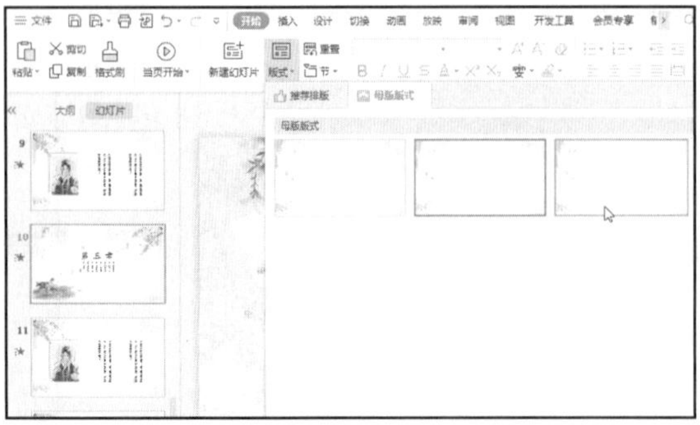

图 9-14

图 9-15

9.3 设计幻灯片母版

幻灯片母版决定着幻灯片的外观，可供用户设置各种标题文字、背景、属性等，只需要修改其中 1 项内容就可以更改所有幻灯片的设计。本节主要讲解幻灯片母版的设计和修改的相关知识。

9.3.1 设置母版背景

一个完整且专业的演示文稿，它的内容、背景、配色和文字格式都有着统一的设置，为了实现统一的设置就需要用到幻灯片母版的设计。若要为所有幻灯片应用统一的背景，可在幻灯片母版中进行设置。

【例 9-3】 设置母版背景。 视频

(1) 继续使用【例 9-2】制作的“旅游 PPT”演示，选择【设计】选项卡，单击【编辑母版】按钮，如图 9-16 所示。

(2) 在【母版幻灯片】窗格中选择第 1 张幻灯片，单击【幻灯片母版】选项卡中的【背景】按钮，如图 9-17 所示。

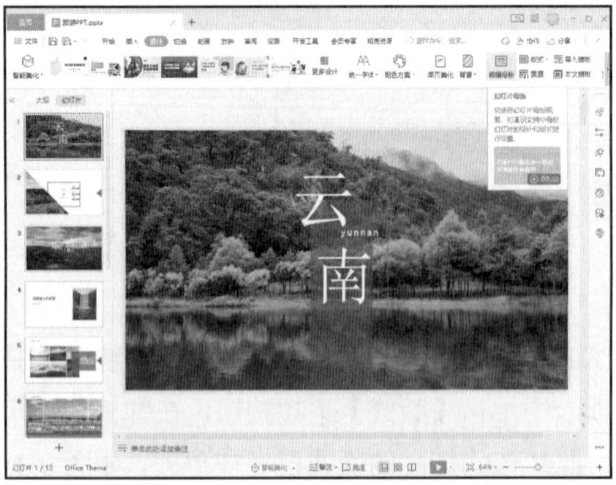

图 9-16

图 9-17

(3) 打开【对象属性】窗格，在【填充】选项区域选中【图案填充】单选按钮，设置图案的前景和背景颜色，并选择填充样式，如图 9-18 所示。

(4) 此时查看母版背景效果，每张幻灯片的背景都一致发生改变，如图 9-19 所示。

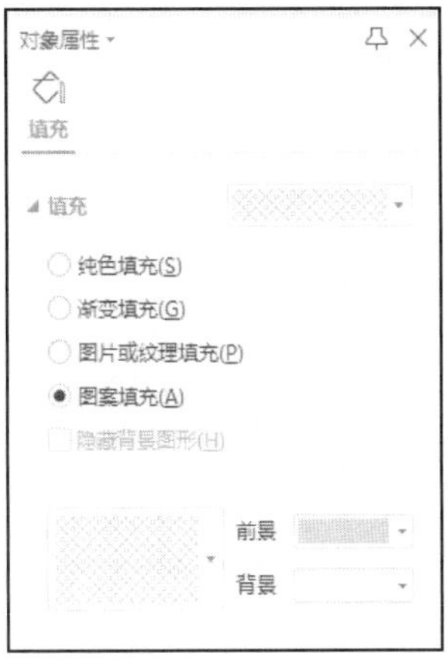

图 9-18

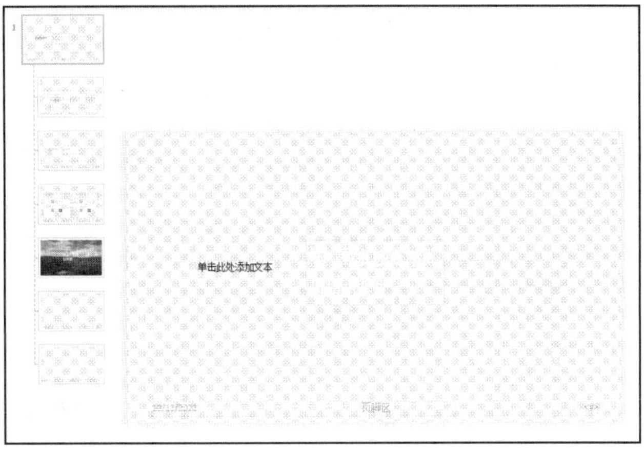

图 9-19

提示

用户可以将模板背景应用于单个幻灯片，进入编辑幻灯片母版状态后，如果选择母版幻灯片中的第 1 张幻灯片，那么在母版中进行的设置将应用于所有的幻灯片。如果想要单独设计一张母版幻灯片，则需要选择除第 1 张母版幻灯片外的某一张幻灯片并对其进行设计，这样不会将设置应用于所有幻灯片。

9.3.2 设置母版占位符

演示文稿中所有幻灯片的占位符是固定的，如果要修改每个占位符格式，则既费时又费力。此时用户可以在幻灯片母版中预先设置好各占位符的位置、大小、字体和颜色等格式，使幻灯片中的占位符都自动应用该格式。

【例 9-4】 设置母版占位符。 视频

(1) 继续使用【例 9-3】制作的"旅游 PPT"演示，进入母版编辑模式，选择第 1 张幻灯片，选中标题占位符，在【文本工具】选项卡中设置占位符的字体、字号和颜色分别为"华文隶书、50、白色"，如图 9-20 所示。

(2) 按照相同方法，将下方的副标题占位符的文本格式设置为"楷体、32、黑色"，如图 9-21 所示。

(3) 选择【插入】选项卡，单击【形状】下拉按钮，在弹出的形状库中选择【矩形】样式，如图 9-22 所示。

(4) 拖动鼠标指针在幻灯片中绘制一个矩形，然后选中矩形，在【绘图工具】选项卡中单击【轮廓】下拉按钮，在弹出的下拉菜单中选择【无边框颜色】选项，如图 9-23 所示。

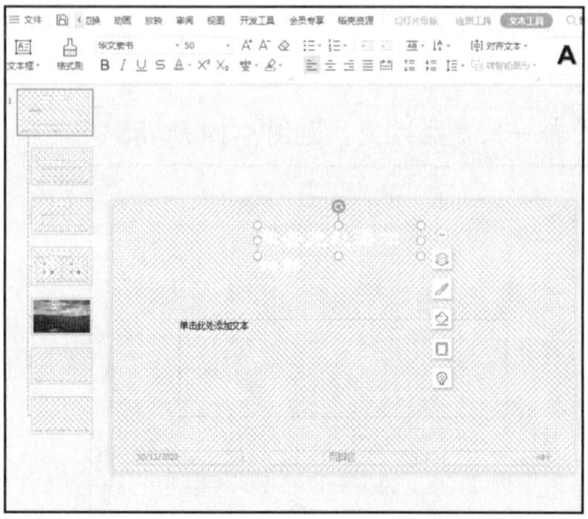

图 9-20

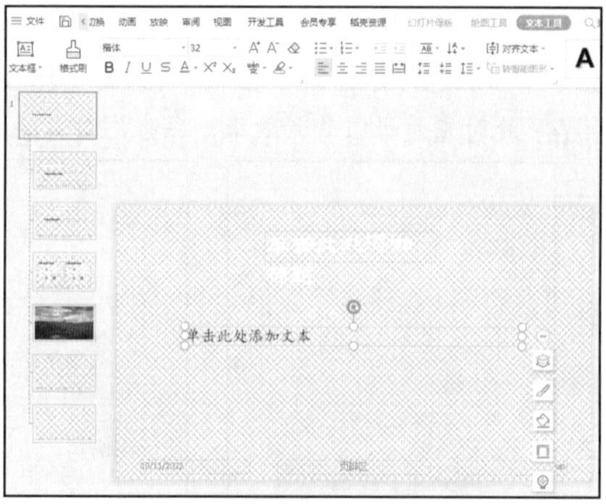

图 9-21

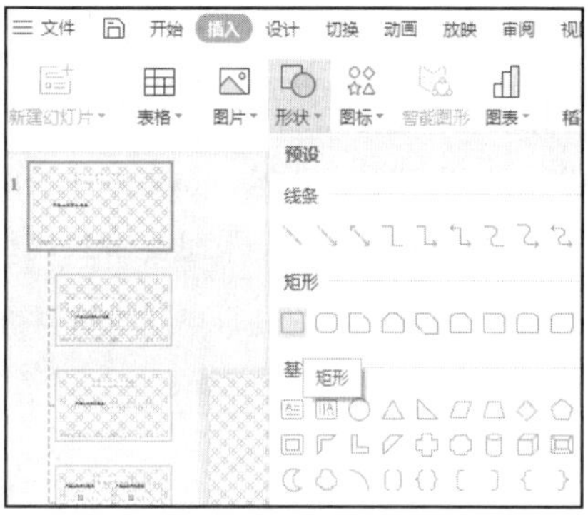

图 9-22

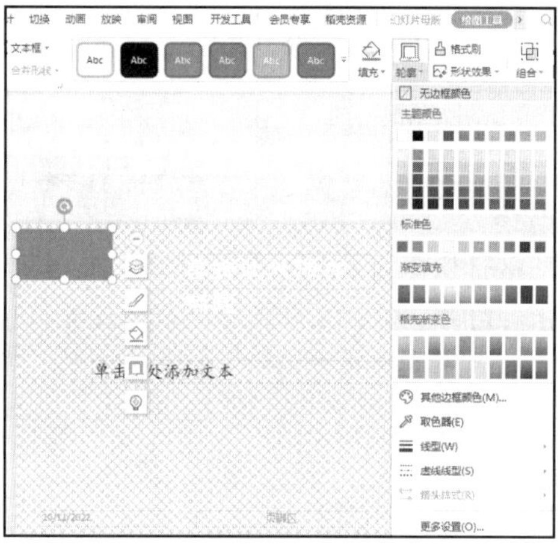

图 9-23

(5) 拉长矩形，将其放置在下面的占位符上，然后单击【填充】下拉按钮，在弹出的颜色库中选择一种颜色，如图 9-24 所示。

(6) 右击矩形，在弹出的快捷菜单中选择【置于底层】命令，如图 9-25 所示。

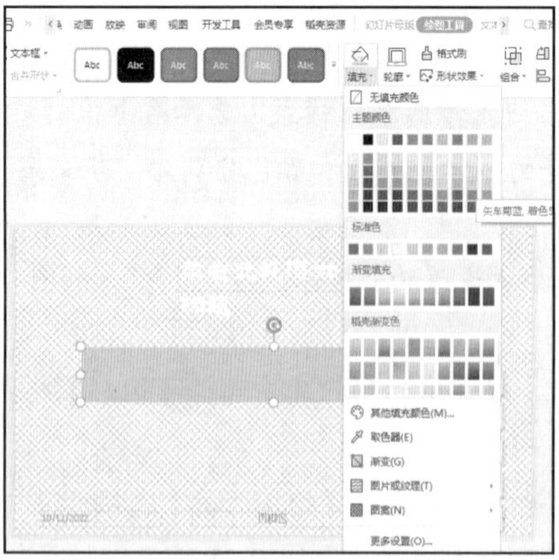

图 9-24

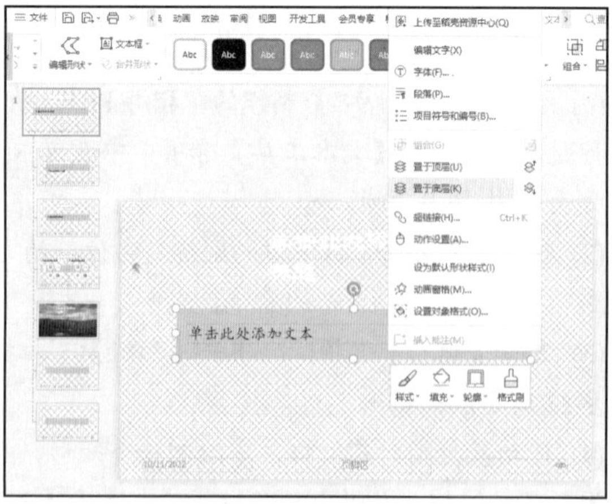

图 9-25

(7) 选择【幻灯片母版】选项卡，单击【关闭】按钮退出编辑母版模式，如图 9-26 所示。

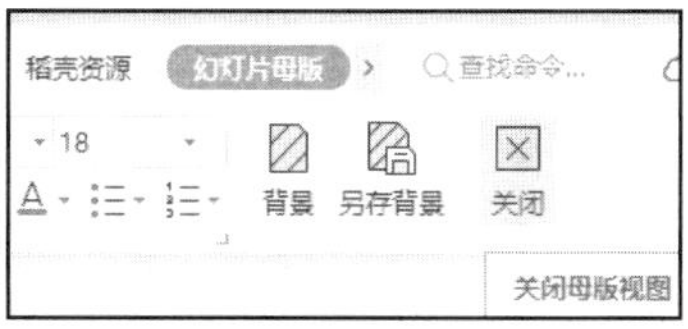

图 9-26

(8) 返回演示窗口，删除不需要的幻灯片，显示母版设计后的幻灯片效果，如图 9-27 所示。

图 9-27

9.4　丰富幻灯片内容

仅仅设置好母版幻灯片的版式是不够的，还需要为幻灯片添加文字、图片等信息，并突出显示重点内容。本节将详细介绍丰富幻灯片内容的相关知识。

9.4.1　编排文字

在演示文稿中，不能直接在幻灯片里输入文字，只能通过占位符或文本框来添加文本。

【例 9-5】 输入文本并设置格式。 视频

(1) 继续使用【例 9-4】制作的“旅游 PPT”演示，选中第 1 张幻灯片，在【插入】选项卡中单击【文本框】按钮，如图 9-28 所示。

(2) 在第 1 张幻灯片上绘制一个文本框，并输入文本“之旅”，在【文本工具】选项卡中设置字体、字号和颜色，如图 9-29 所示。

图 9-28

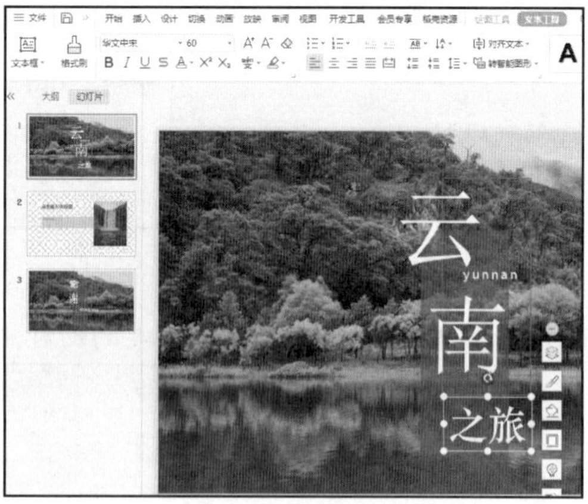

图 9-29

(3) 选中第 2 张幻灯片，在占位符中输入标题和内容文本，分别设置字体格式，如图 9-30 所示。

(4) 单击【开始】选项卡中的【新建幻灯片】按钮，新建 1 张幻灯片，如图 9-31 所示。

图 9-30

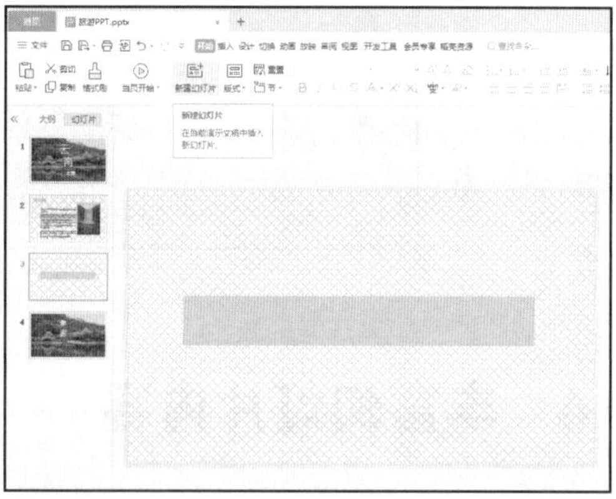

图 9-31

(5) 选中第 3 张幻灯片，添加文本框，输入标题和文本内容，并分别设置文本格式，如图 9-32 所示。

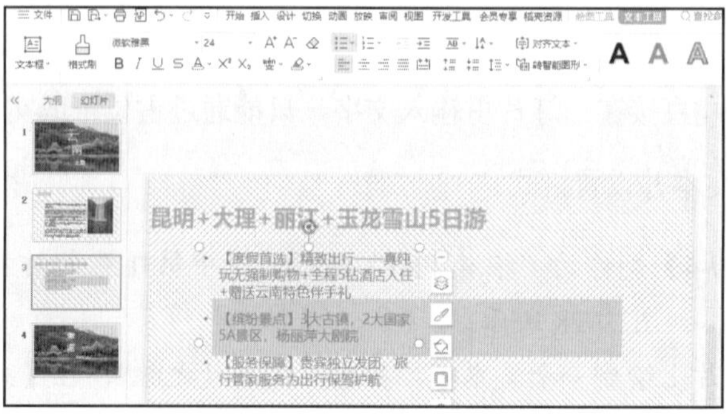

图 9-32

9.4.2　插入艺术字

艺术字是一种特殊的图形文字，常被用来表现幻灯片的标题文字。用户既可以像对普通文字一样设置其字号、加粗、倾斜等效果，也可以像对图形那样设置它的边框、填充等属性。

【例 9-6】 添加艺术字并进行设置。 视频

(1) 继续使用【例 9-5】制作的“旅游 PPT”演示，选中第 2 张幻灯片，在【插入】选项卡中单击【艺术字】按钮，在下拉列表中选择一种艺术字样式，如图 9-33 所示。

(2) 在艺术字占位符中输入文字，在【文本工具】选项卡中设置字体和字号，效果如图 9-34 所示。

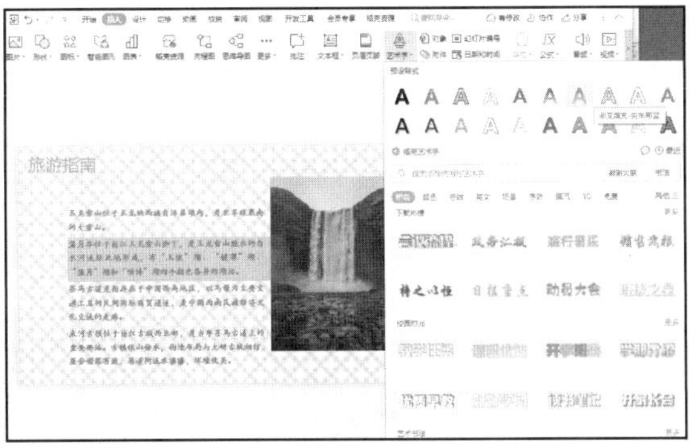

图 9-33

图 9-34

(3) 在【文本工具】选项卡中单击【文本效果】按钮，在下拉菜单中选择【三维旋转】|【极左极大】选项，如图 9-35 所示。

(4) 此时的艺术字效果如图 9-36 所示。

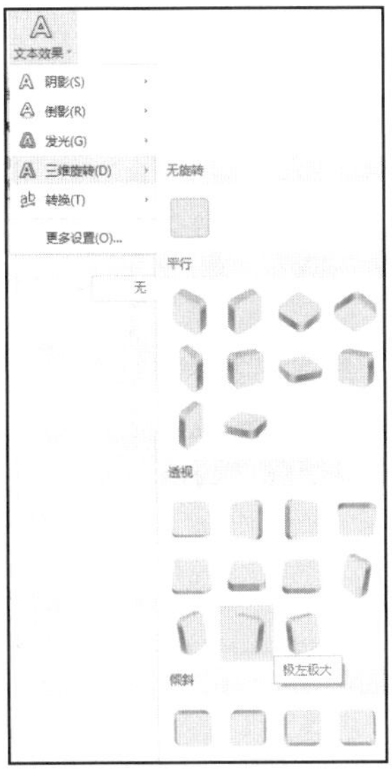

图 9-35

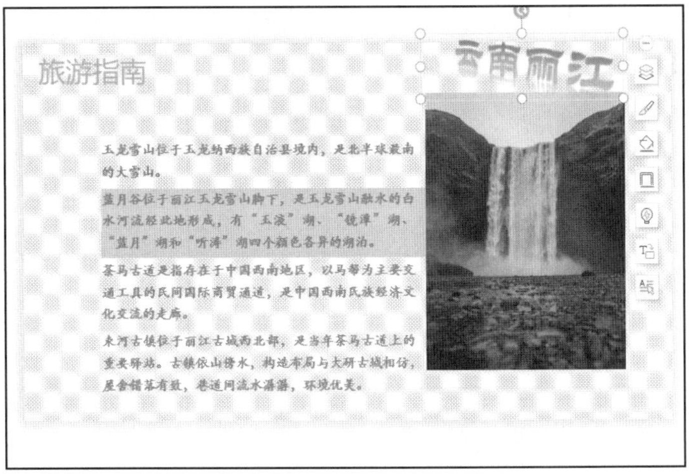

图 9-36

9.4.3 插入图片

在幻灯片中可以插入本机磁盘中的图片，可以是本地的图片，也可以是已经下载的或通过数码相机输入的图片等。

【例 9-7】 插入并编辑图片。 视频

(1) 继续使用【例 9-6】制作的“旅游 PPT”演示，选择第 2 张幻灯片，删除原有图片，然后在【插入】选项卡中单击【图片】下拉按钮，选择【本地图片】选项，如图 9-37 所示。

(2) 打开【插入图片】对话框，选择需要的图片后，单击【打开】按钮，如图 9-38 所示。

图 9-37

图 9-38

(3) 调整插入图片的大小和位置，然后在【图片工具】选项卡中单击【裁剪】下拉按钮，选择【裁剪】|【圆角矩形】选项，如图 9-39 所示。

(4) 裁剪出呈圆角矩形形状的图形，效果如图 9-40 所示。

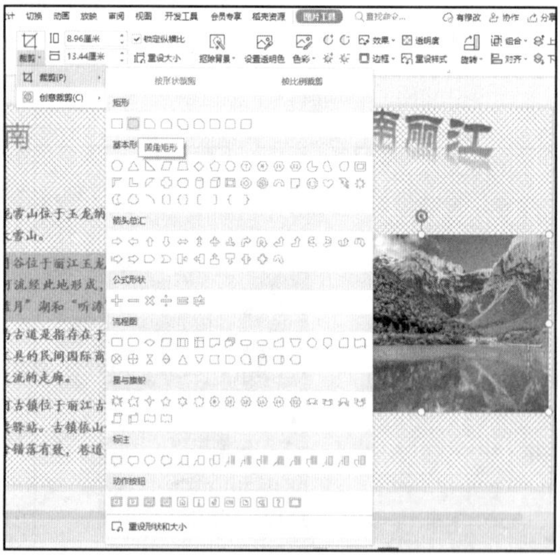

图 9-39

图 9-40

(5) 使用相同方法，新建幻灯片，然后插入 3 张图片，效果如图 9-41 所示。

(6) 右击其中 1 张图片，在弹出的快捷菜单中选择【置于底层】命令，并调整其余两张图片的大小和位置，如图 9-42 所示。

图 9-41

图 9-42

(7) 选择右上图，在【图片工具】选项卡中单击【效果】按钮，在下拉菜单中选择一种倒影效果，如图 9-43 所示。

(8) 选择右下图，在【图片工具】选项卡中单击【效果】按钮，在下拉菜单中选择一种柔化边缘效果，如图 9-44 所示。

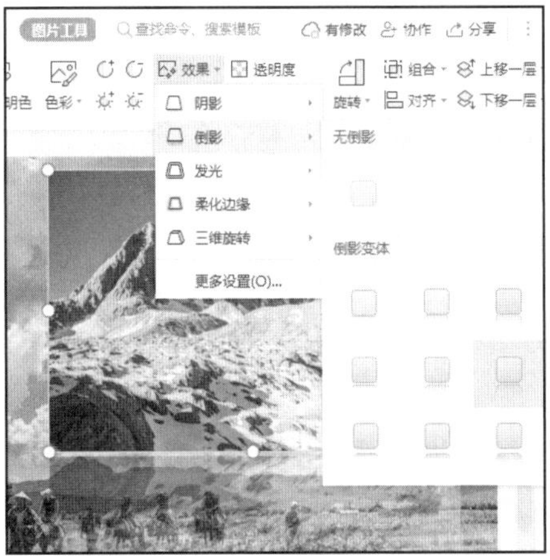

图 9-43

图 9-44

9.4.4　插入表格

制作一些专业型演示文稿时，通常需要使用表格，如销售统计表、财务报表等。表格采用行列化的形式，它与幻灯片页面文字相比，更能体现出数据的对应性及内在的联系。

【例 9-8】 插入并编辑表格。 视频

(1) 继续使用【例 9-7】制作的“旅游 PPT”演示，选择第 4 张幻灯片，在【插入】选项卡中单击【表格】下拉按钮，选择 5 行 3 列的表格行列，如图 9-45 所示。

(2) 插入表格后，通过拖动表格四周控制点来调整大小和位置，如图 9-46 所示。

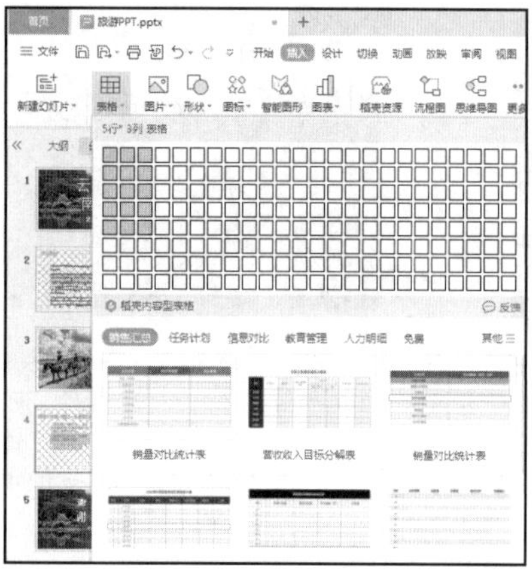

图 9-45

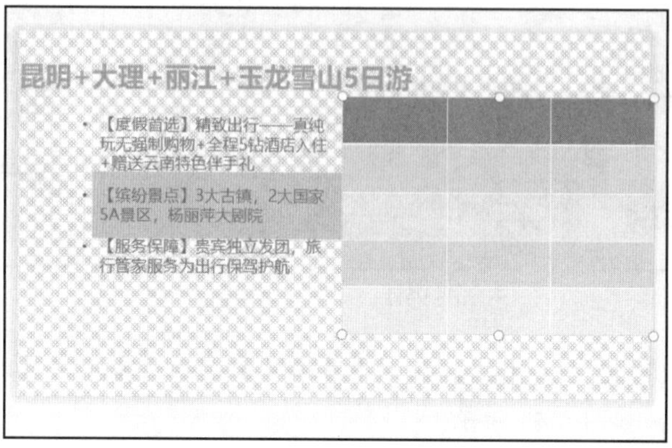

图 9-46

(3) 在表格中输入文本并设置文本格式，如图 9-47 所示。

(4) 选中表格，在【表格样式】选项卡中单击【表格样式】下拉按钮，选择一款表格样式，此时的表格效果如图 9-48 所示。

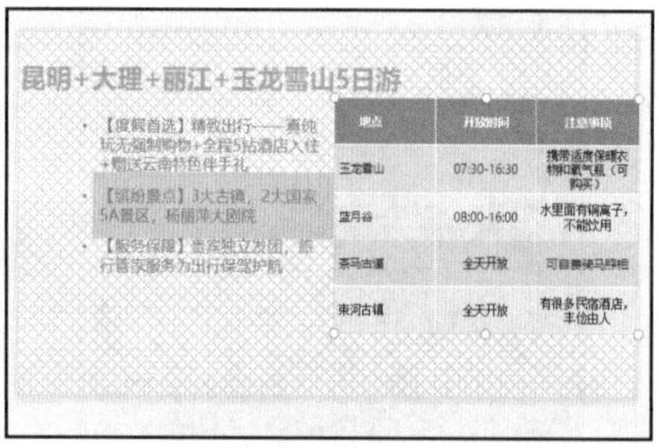

图 9-47

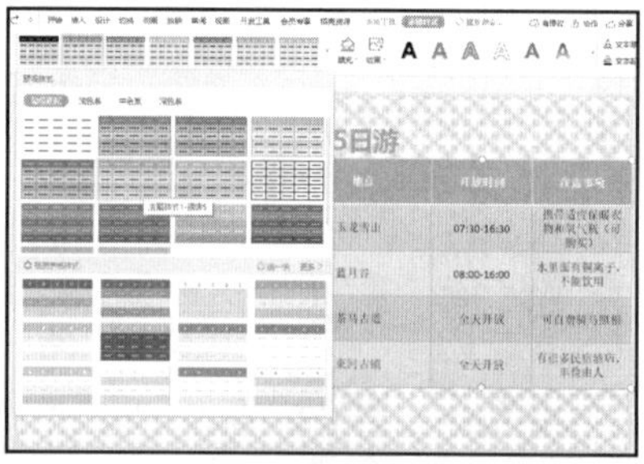

图 9-48

(5) 单击【文本效果】下拉按钮，选择一种文字发光效果，表格效果如图 9-49 所示。

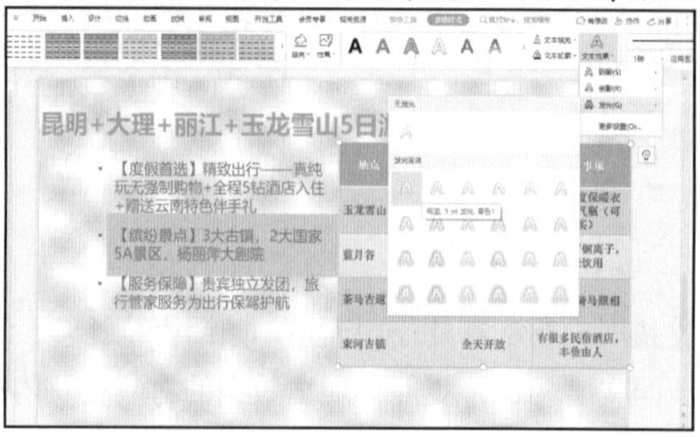

图 9-49

9.4.5　插入音频和视频

在 WPS Office 中可以方便地插入音频和视频等多媒体对象，使用户的演示文稿从画面到声音，多方位地向观众传递信息。

1. 插入音频

在演示中可以插入多种类型的声音文件，包括各种采集的模拟声音和数字音频等。

【例 9-9】 在幻灯片中插入音频。 视频

(1) 继续使用【例 9-8】制作的“旅游 PPT”演示，选择第 1 张幻灯片，在【插入】选项卡中单击【音频】下拉按钮，选择【嵌入音频】命令，如图 9-50 所示。

(2) 打开【插入音频】对话框，选择一个音频文件，单击【打开】按钮，如图 9-51 所示。

图 9-50

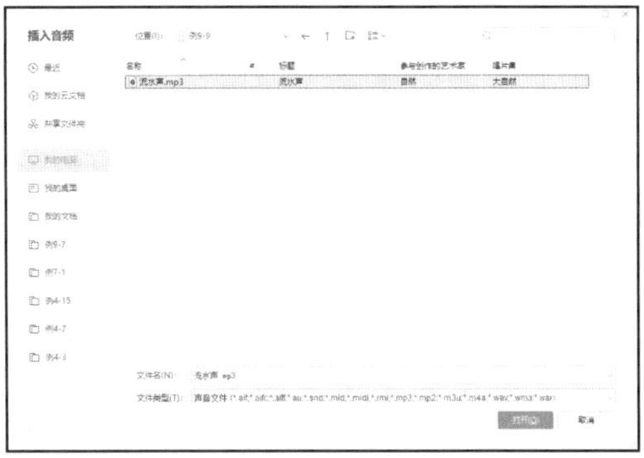

图 9-51

(3) 此时将出现声音图标，使用鼠标将其拖动到幻灯片的左下角，单击【播放】按钮可以播放声音，如图 9-52 所示。

(4) 在【音频工具】选项卡中勾选【循环播放，直至停止】和【放映时隐藏】复选框，如图 9-53 所示。

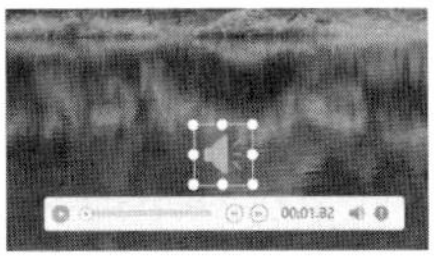

图 9-52

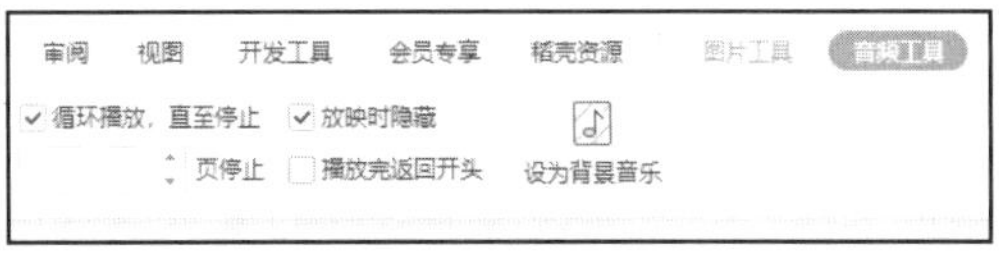

图 9-53

2. 插入视频

在演示中可以插入多种类型的视频文件，此外也能插入 Flash 动画。

【例 9-10】 在幻灯片中插入视频。 视频

(1) 继续使用【例 9-9】制作的“旅游 PPT”演示，选择第 5 张幻灯片，在【插入】选项卡中单击【视频】下拉按钮，选择【嵌入视频】命令，如图 9-54 所示。

(2) 打开【插入视频】对话框，选择一个视频文件，单击【打开】按钮，如图 9-55 所示。

图 9-54

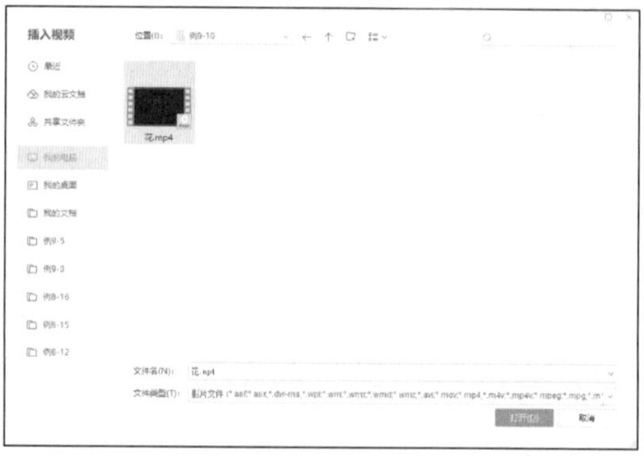

图 9-55

(3) 此时将出现视频方框，使用鼠标将其拖动到幻灯片的右下角，单击【播放】按钮可以播放视频，如图 9-56 所示。

(4) 在【视频工具】选项卡中勾选【未播放时隐藏】复选框，然后单击【视频封面】下拉按钮，选中一款视频封面样式，如图 9-57 所示。

图 9-56

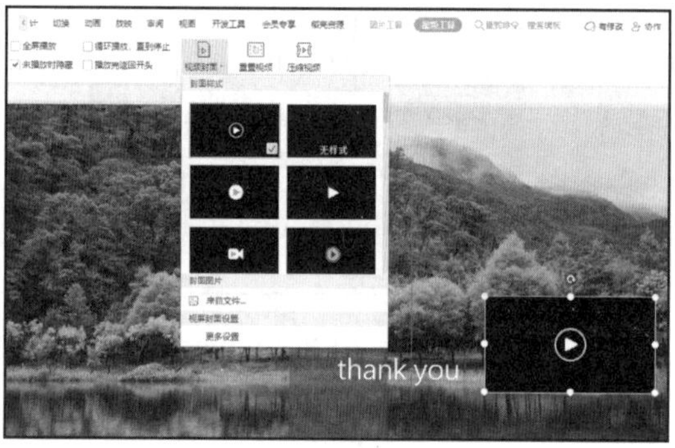

图 9-57

9.5 实例演练

通过前面内容的学习，读者应该已经掌握在演示中制作幻灯片内容等方法，本节以制作“儿童教学课件”演示文稿为例，对本章所学知识点进行综合运用。

【例 9-11】 制作“儿童教学课件”演示文稿。 视频

(1) 启动 WPS Office，在【新建】|【新建演示】窗口中输入“卡通儿童教学”，然后搜索模板，选择一款模板，单击【立即使用】按钮，如图 9-58 所示。

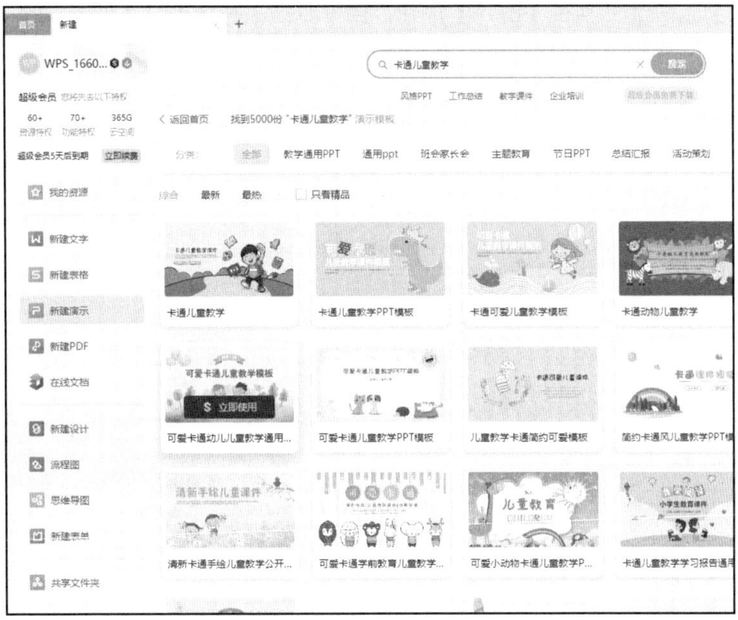

图 9-58

(2) 将演示以“儿童教学课件”为名保存，并保留前 3 张幻灯片，其余都删除，如图 9-59 所示。

图 9-59

(3) 选中第 1 张幻灯片，在两个文本框内输入其他文本代替，格式可以保持默认，如图 9-60 所示。

(4) 在【插入】选项卡中单击【图片】按钮，在下拉列表中选择【本地图片】命令，如图 9-61 所示。

图 9-60

图 9-61

(5) 打开【插入图片】对话框，选择 1 张图片，单击【打开】按钮，如图 9-62 所示。

(6) 用鼠标调整图片的控制点，调整图片的大小和位置，如图 9-63 所示。

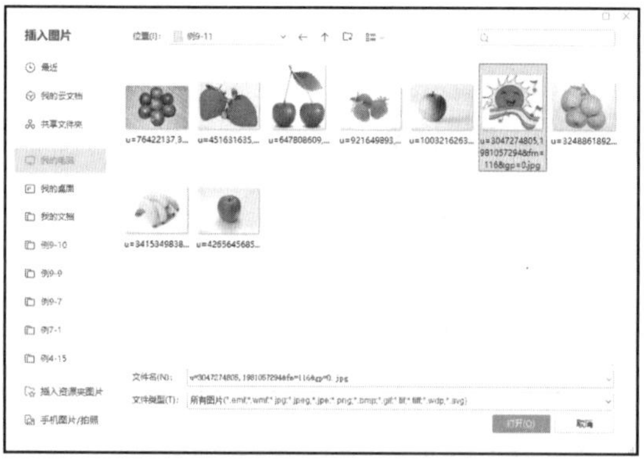

图 9-62

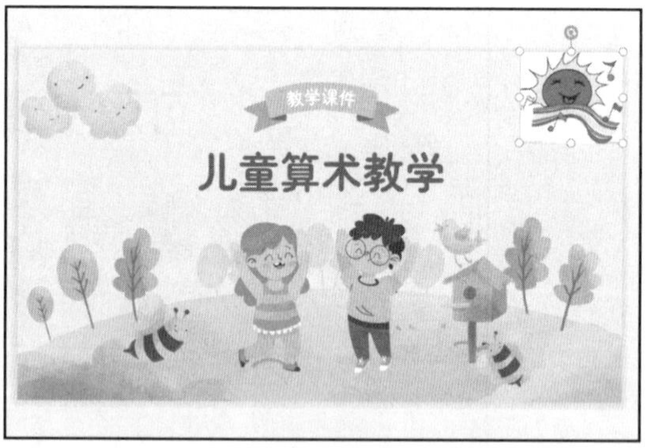

图 9-63

(7) 选中第 2 张幻灯片，删除原有文本内容，打开【插入图片】对话框，选择 3 张图片并插入，如图 9-64 所示。

(8) 调整图片的大小和位置后，选中这 3 张图片，在【图片工具】选项卡中单击【对齐】按钮，在下拉菜单中选择【横向分布】命令，如图 9-65 所示。

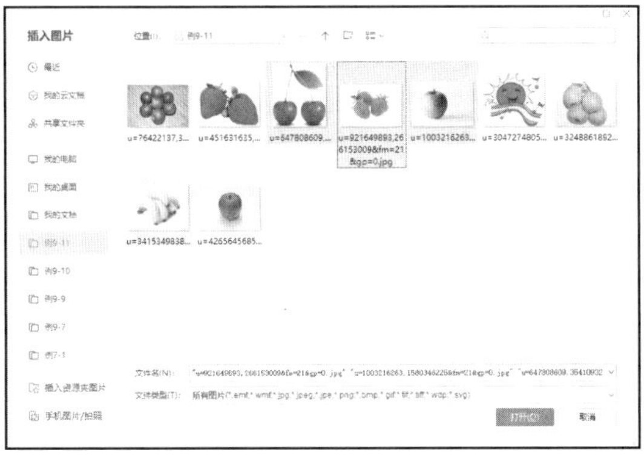

图 9-64

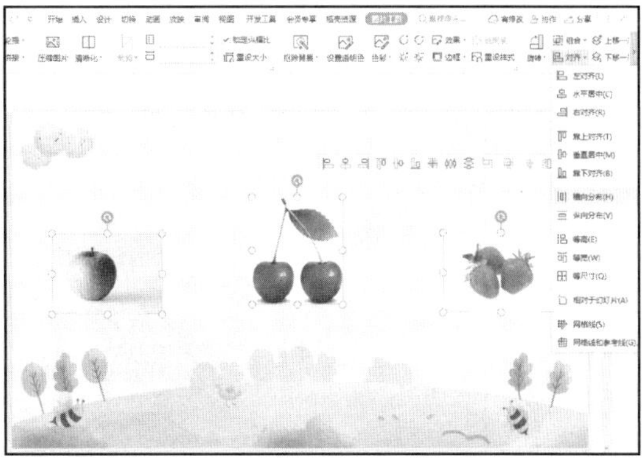

图 9-65

(9) 在【插入】选项卡中单击【形状】下拉按钮，选择加号形状，如图 9-66 所示。

(10) 在合适位置绘制加号形状并调整大小，如图 9-67 所示。

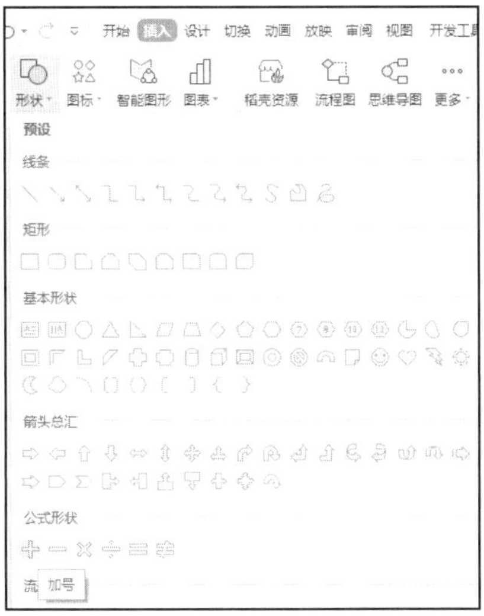

图 9-66

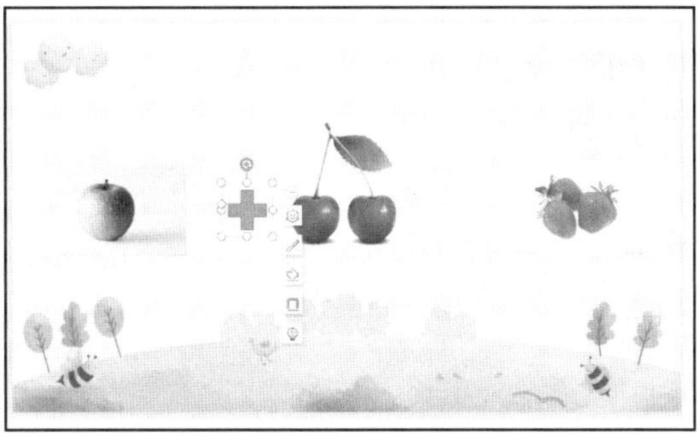

图 9-67

(11) 继续添加等号形状，然后插入艺术字，调整至合适的大小和位置，如图 9-68 所示。

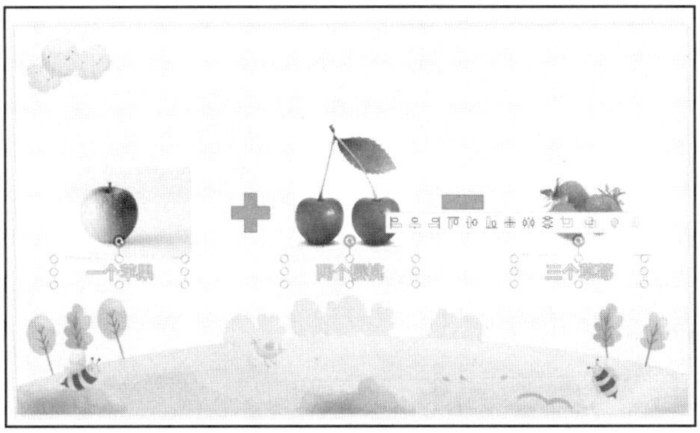

图 9-68

(12) 使用上面的方法，在第3张幻灯片上插入图片、形状、艺术字，如图9-69所示。

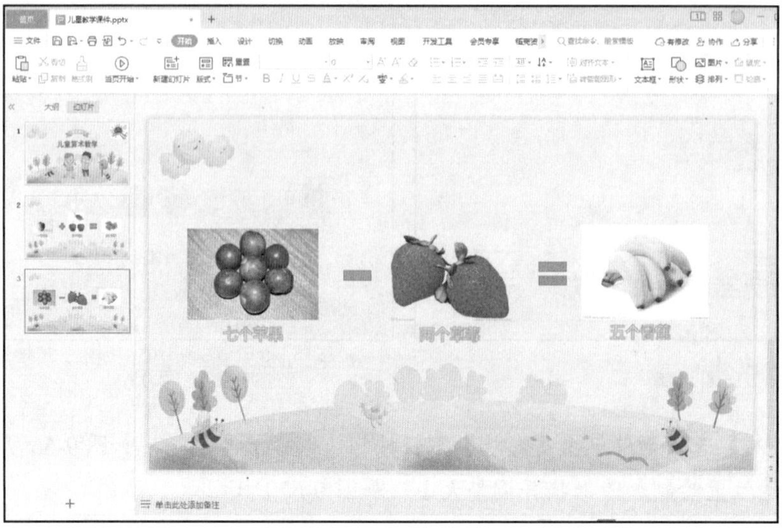

图 9-69

9.6 习题

1. 简述根据模板新建演示的方法。
2. 如何快速套用版式?
3. 如何设计幻灯片母版?
4. 简述插入艺术字的方法。
5. 简述插入音频和视频的方法。

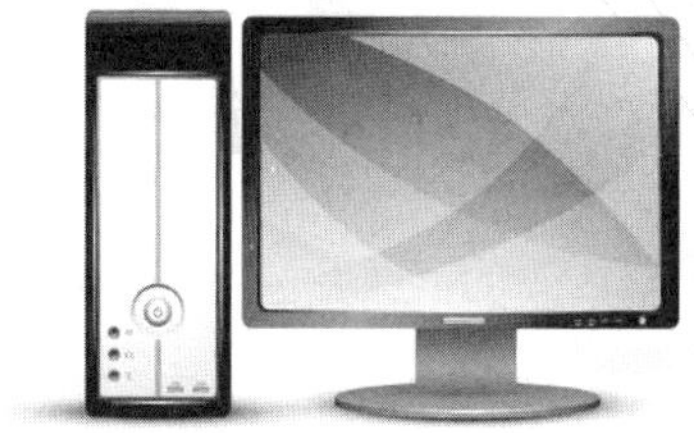

第10章

幻灯片动画设计

在 WPS Office 中，为使幻灯片内容更具吸引力和显示效果更加丰富，常常需要在演示中添加各种动画效果。此外，通过超链接等方法也可以提高幻灯片的交互性。通过本章的学习，读者可以掌握幻灯片动画设计的操作技巧。

本章重点

- 设计幻灯片切换动画
- 添加对象动画效果
- 动画效果高级设置
- 制作交互式幻灯片

二维码教学视频

【例 10-1】 添加切换动画
【例 10-2】 设置切换效果
【例 10-3】 添加进入动画效果
【例 10-4】 添加强调动画效果
【例 10-5】 添加退出动画效
【例 10-6】 添加动作路径动画效果

本章其他视频参见教学视频二维码

10.1 设计幻灯片切换动画

添加切换动画不仅可以轻松实现画面之间的自然切换，还可以使演示文稿真正动起来。用户可以为一组幻灯片设置同一种切换方式，也可以为每张幻灯片设置不同的切换方式。

10.1.1 添加幻灯片切换动画

若普通的两张幻灯片之间没有设置切换动画，在制作演示文稿的过程中，用户可根据需要添加切换动画，这样可以提升演示文稿的吸引力。

【例 10-1】 在“公司宣传 PPT”演示中添加切换动画。 视频

(1) 启动 WPS Office，打开“公司宣传 PPT”演示，选择第 1 张幻灯片，选择【切换】选项卡，单击【切换效果】下拉按钮，在弹出的列表中选择【淡出】选项，如图 10-1 所示。

(2) 单击【切换】选项卡中的【预览效果】按钮，则会播放该幻灯片的切换效果，如图 10-2 所示。

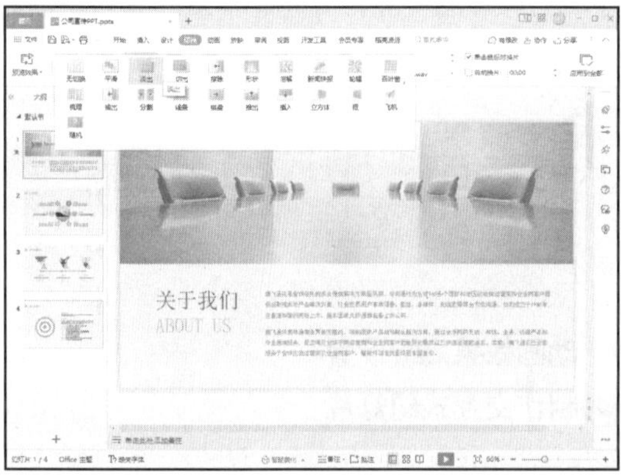

图 10-1

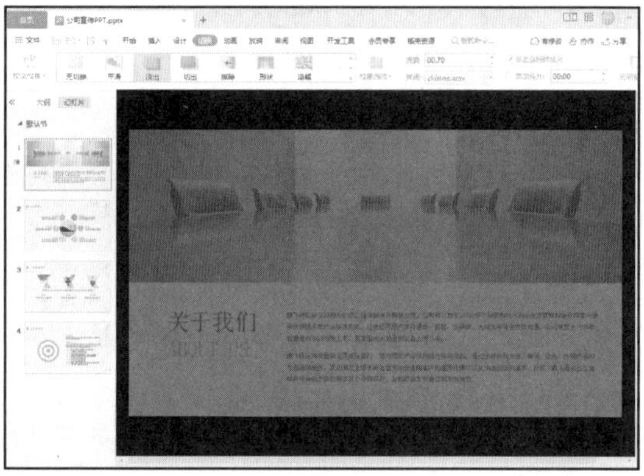

图 10-2

(3) 选中第 2 张幻灯片，选择【形状】切换效果，如图 10-3 所示。

(4) 选中第 3 张幻灯片，选择【立方体】切换效果，如图 10-4 所示。

图 10-3

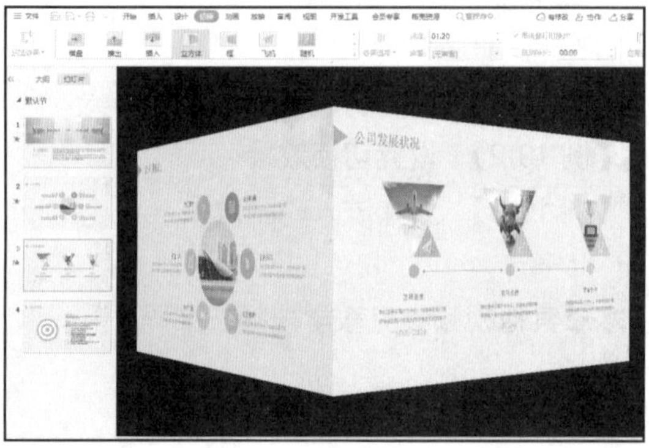

图 10-4

(5) 选中第 4 张幻灯片，选择【新闻快报】切换效果，如图 10-5 所示。

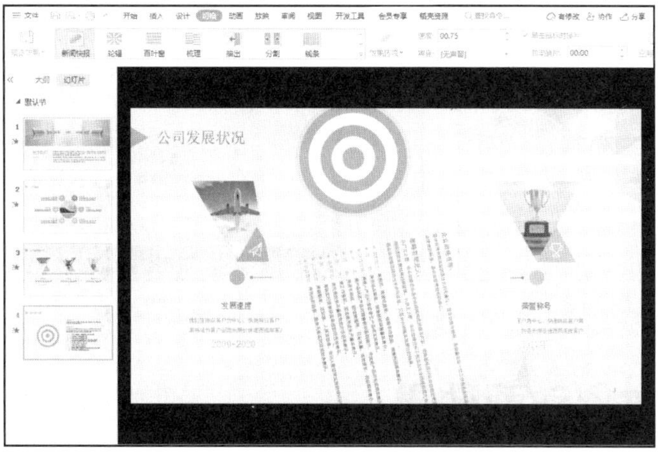

图 10-5

10.1.2　设置切换动画效果选项

添加切换动画后，还可以对切换动画进行设置，如设置切换动画时出现的声音效果、持续时间和换片方式等，从而使幻灯片的切换效果更为逼真。

【例 10-2】 设置切换动画效果选项。 视频

(1) 继续使用【例 10-1】制作的“公司宣传 PPT”演示，选中第 2 张幻灯片，选择【切换】选项卡，单击【声音】下拉按钮，从弹出的下拉菜单中选择【风铃】选项，如图 10-6 所示。

(2) 在【切换】选项卡中将【速度】设置为“01.50”，并勾选【单击鼠标时换片】复选框，如图 10-7 所示。

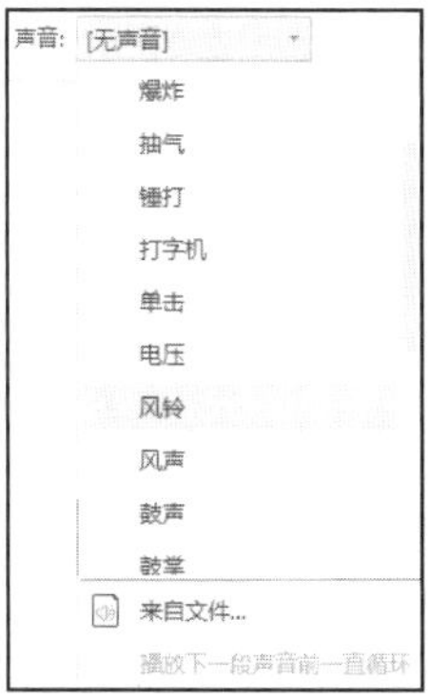

图 10-6

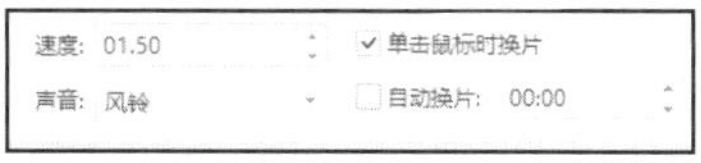

图 10-7

(3) 在【切换】选项卡中单击【效果选项】下拉按钮，选择【菱形】选项，如图 10-8 所示。

(4) 单击【切换】选项卡中的【预览效果】按钮，该幻灯片的切换效果发生改变，如图 10-9 所示。

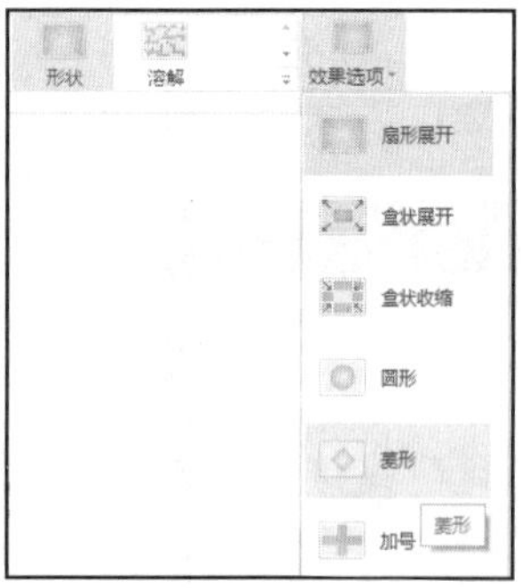

图 10-8

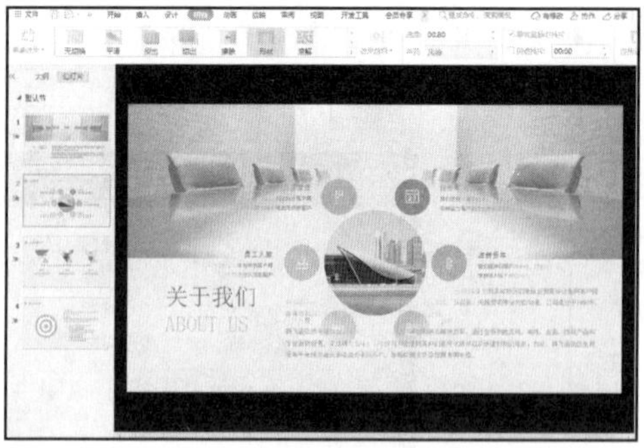

图 10-9

10.2　添加对象动画效果

对象动画是指为幻灯片内部某个对象设置的动画效果。用户可以对幻灯片中的文字、图形、表格等对象添加不同的动画效果，如进入动画、强调动画、退出动画和动作路径动画等。

10.2.1　添加进入动画效果

进入动画用于设置文本或其他对象以多种动画效果进入放映屏幕。在添加该动画效果之前，需要选中对象。

【例 10-3】 添加进入动画效果。 视频

(1) 继续使用【例 10-2】制作的“公司宣传 PPT”演示，选中第 1 张幻灯片中的图片，在【动画】选项卡中单击【动画效果】下拉按钮，选择【进入】动画效果的【切入】选项(需要单击【进入】动画的【更多选项】按钮展开选项列表)，为图片对象设置一个【切入】效果的进入动画，如图 10-10 所示。

(2) 选中幻灯片中左下方的“关于我们”文本框，选择【进入】动画效果的【挥鞭式】选项，如图 10-11 所示。

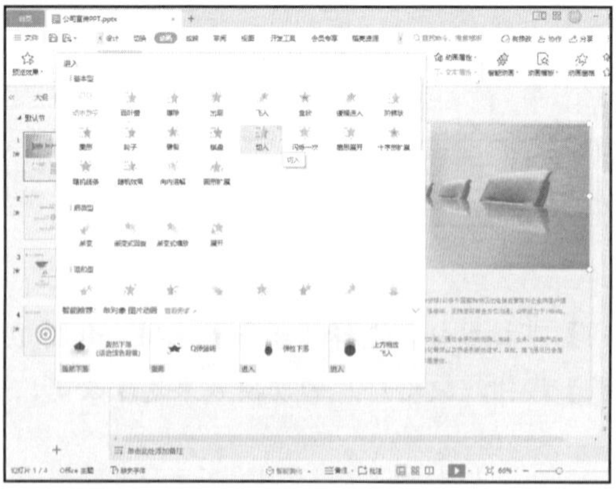

图 10-10

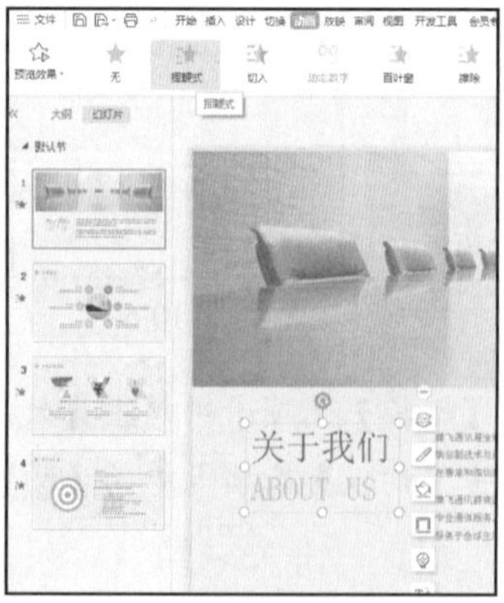

图 10-11

(3) 选中幻灯片右下角的文本框，选择【进入】动画效果的【浮动】选项，如图 10-12 所示。

(4) 在【动画】选项卡中单击【动画窗格】按钮，打开【动画窗格】，选中编号为 2 的动画，单击【开始】后的下拉按钮，选择【在上一动画之后】选项，如图 10-13 所示。

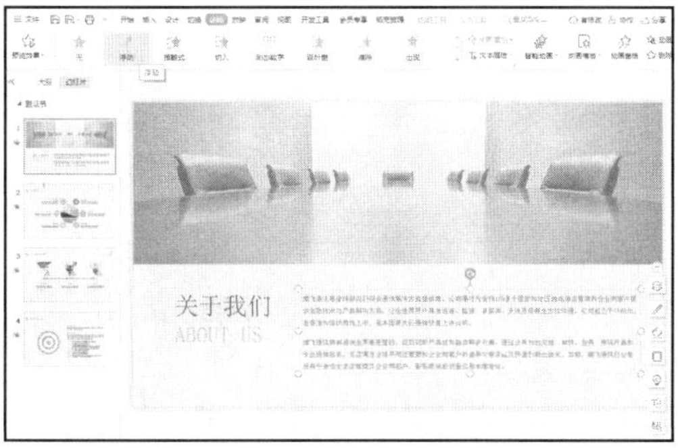

图 10-12

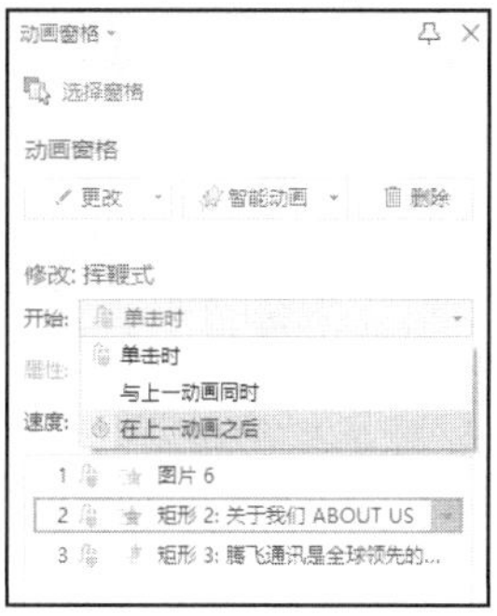

图 10-13

(5) 此时原来的编号 2 动画归纳于编号 1 动画中，右击现在的编号 2 动画，在弹出的菜单中选择【计时】命令，如图 10-14 所示。

(6) 打开【浮动】对话框，在【延迟】文本框中输入 0.5，单击【确定】按钮，如图 10-15 所示。

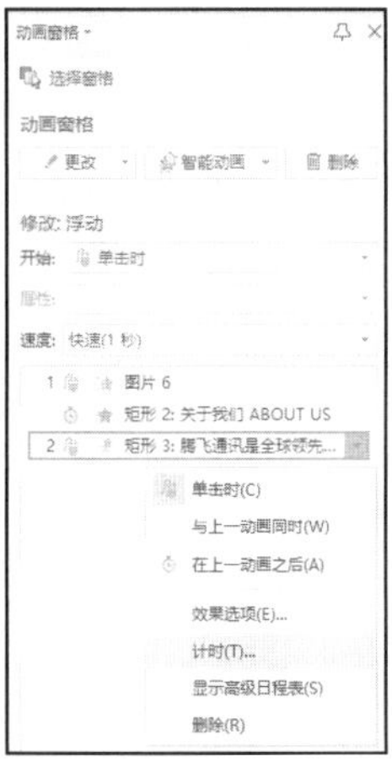

图 10-14

图 10-15

10.2.2　添加强调动画效果

强调动画是为了突出幻灯片中的某部分内容而设置的特殊动画效果。添加强调动画效果的过程和添加进入动画效果大体相同。

【例 10-4】 添加强调动画效果。 视频

(1) 继续使用【例 10-3】制作的“公司宣传 PPT”演示，选中第 2 张幻灯片，选中中间的圆形，在【动画】选项卡中单击【动画效果】下拉按钮，选择【强调】动画效果的【陀螺旋】选项，为图片对象设置强调动画，如图 10-16 所示。

(2) 按住 Ctrl 键选中幻灯片中的 6 个图标，在【动画】选项卡中单击【动画效果】下拉按钮，选择【强调】动画效果的【跷跷板】选项，如图 10-17 所示。

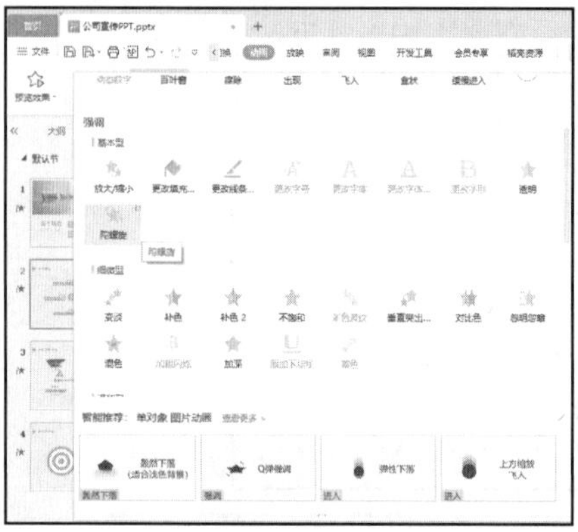

图 10-16

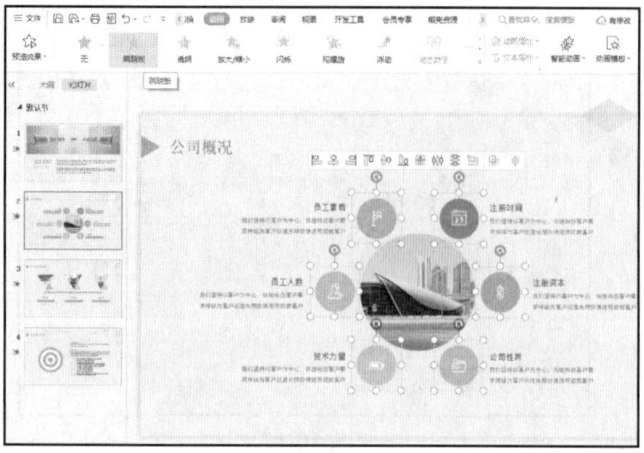

图 10-17

(3) 打开【动画窗格】，选择编号为 1 的动画，然后设置【速度】为【慢速(3 秒)】选项，如图 10-18 所示。

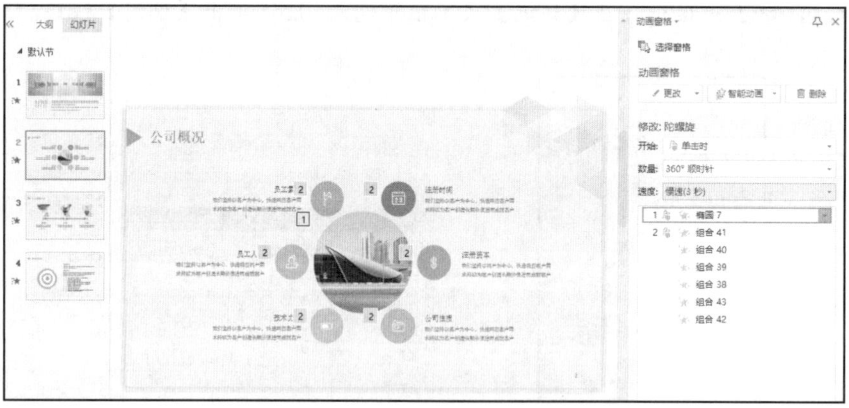

图 10-18

10.2.3 添加退出动画效果

退出动画用于设置幻灯片中的对象退出屏幕的效果。添加退出动画的过程和添加进入动画、强调动画的过程基本相同。

【例 10-5】 添加退出动画效果。 视频

(1) 继续使用【例 10-4】制作的“公司宣传 PPT”演示，选中第 4 张幻灯片，选中右侧 2 个文本框，在【动画】选项卡中单击【动画效果】下拉按钮，选择【退出】动画效果的【擦除】选项，为图片对象设置退出动画，如图 10-19 所示。

(2) 在【动画】选项卡中单击【动画属性】按钮，在弹出的列表中选择【自右侧】选项，如图 10-20 所示。

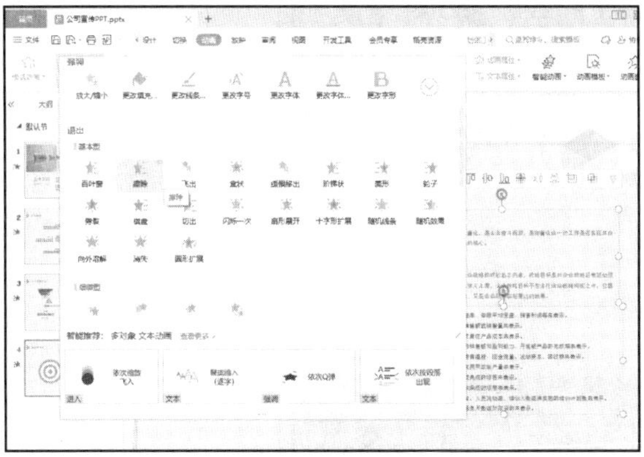

图 10-19

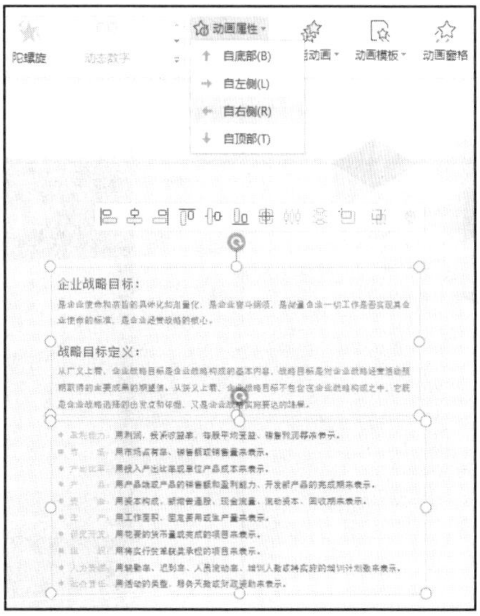

图 10-20

10.2.4　添加动作路径动画效果

“动作路径动画”是让对象按照绘制的路径运动的一种高级动画效果。WPS Office 中的动作路径不仅提供了大量预设路径效果，还可以由用户自定义路径动画。

【例 10-6】 添加动加动作路径动画效果。视频

(1) 继续使用【例 10-5】制作的“公司宣传 PPT”演示，选中第 4 张幻灯片左上角的飞镖图形，在【动画】选项卡中单击【动画效果】下拉按钮，选择【动作路径】动画效果的【直线】选项，如图 10-21 所示。

(2) 按住鼠标左键拖动路径动画的直线目标为标靶图形中间，如图 10-22 所示。

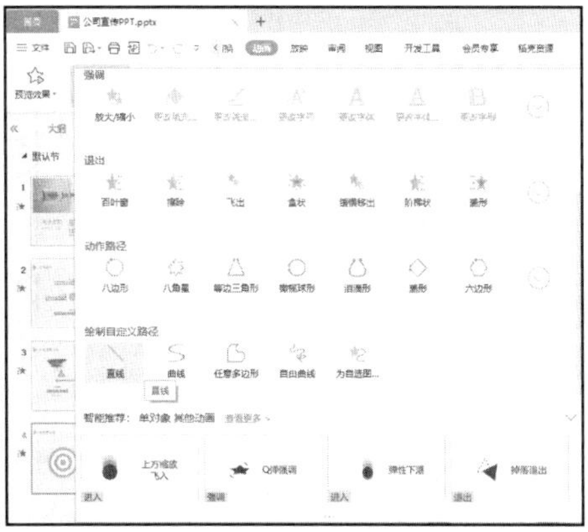

图 10-21

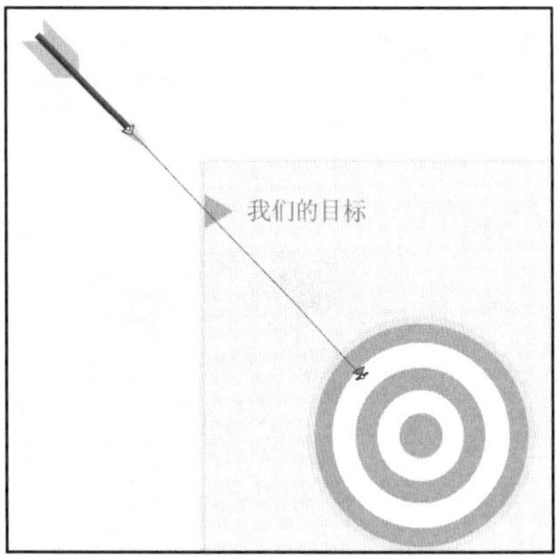

图 10-22

(3) 单击【动画】选项卡中的【预览效果】按钮，播放该幻灯片的动画效果，如图 10-23 所示。

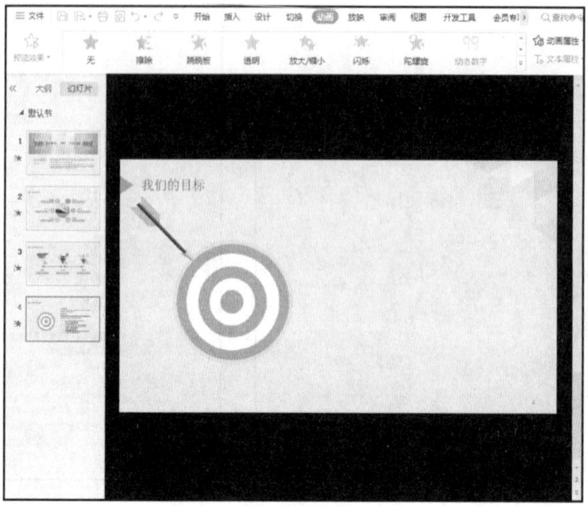

图 10-23

10.2.5 添加组合动画效果

除了可以为对象添加单独的动画效果，还可以为对象添加多个动画效果，且这些动画效果可以一起出现，或先后出现。

【例 10-7】 添加组合动画效果。 视频

(1) 继续使用【例 10-6】制作的“公司宣传 PPT”演示，选中第 3 张幻灯片中的 3 个文本框，在【动画】选项卡中单击【动画效果】下拉按钮，选择【进入】动画效果的【飞入】选项，如图 10-24 所示。

(2) 打开【动画窗格】，选择 3 个动画，将【方向】设置为【自底部】，将【速度】设置为【快速(1 秒)】，如图 10-25 所示。

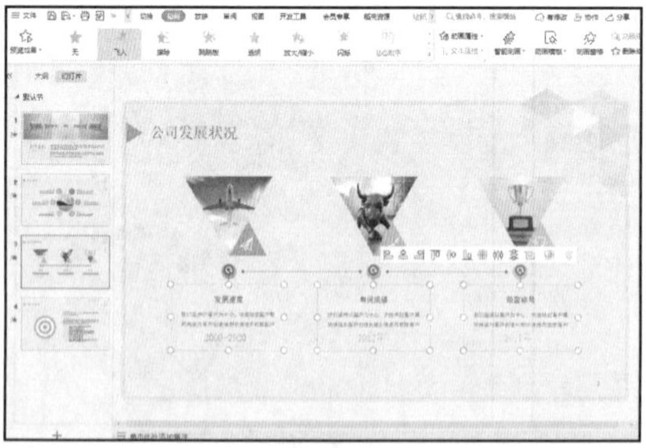

图 10-24

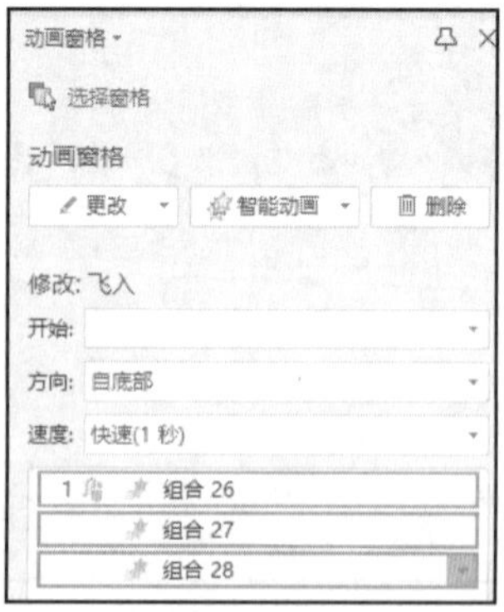

图 10-25

(3) 单击右侧的下拉按钮，在弹出的列表中选择【效果选项】选项，如图 10-26 所示。

(4) 打开【飞入】对话框，在【效果】选项卡中将【声音】设置为【打字机】，然后单击【确定】按钮，如图 10-27 所示。

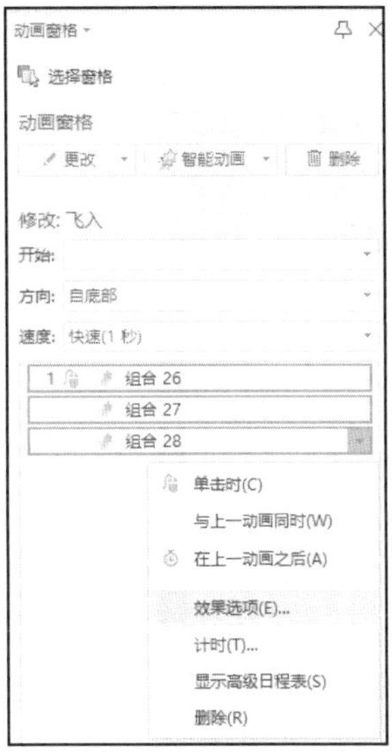

图 10-26

图 10-27

(5) 继续设置动画效果，单击【添加效果】下拉按钮，在弹出的列表框中选择【强调】动画效果下的【忽明忽暗】选项，如图 10-28 所示。

(6) 打开【忽明忽暗】对话框，在【效果】选项卡中将【动画播放后】设置为蓝色，然后单击【确定】按钮，如图 10-29 所示。

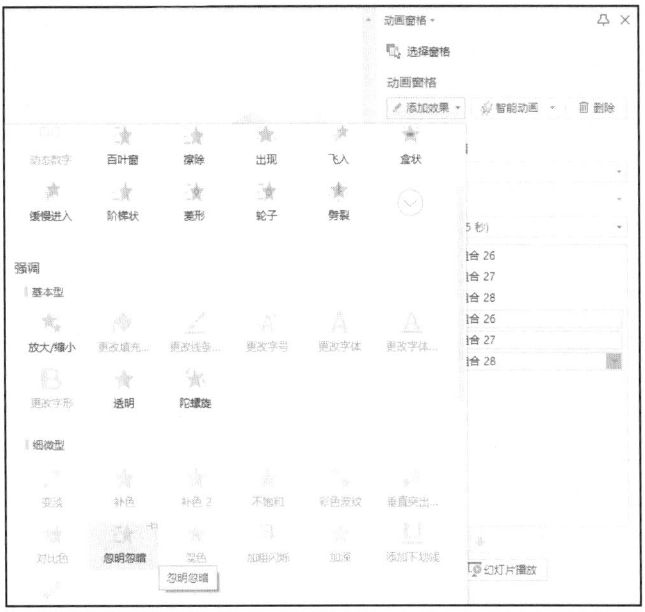

图 10-28

图 10-29

(7) 单击【预览效果】按钮，预览添加的【飞入】和【忽明忽暗】组合效果，如图 10-30 所示。

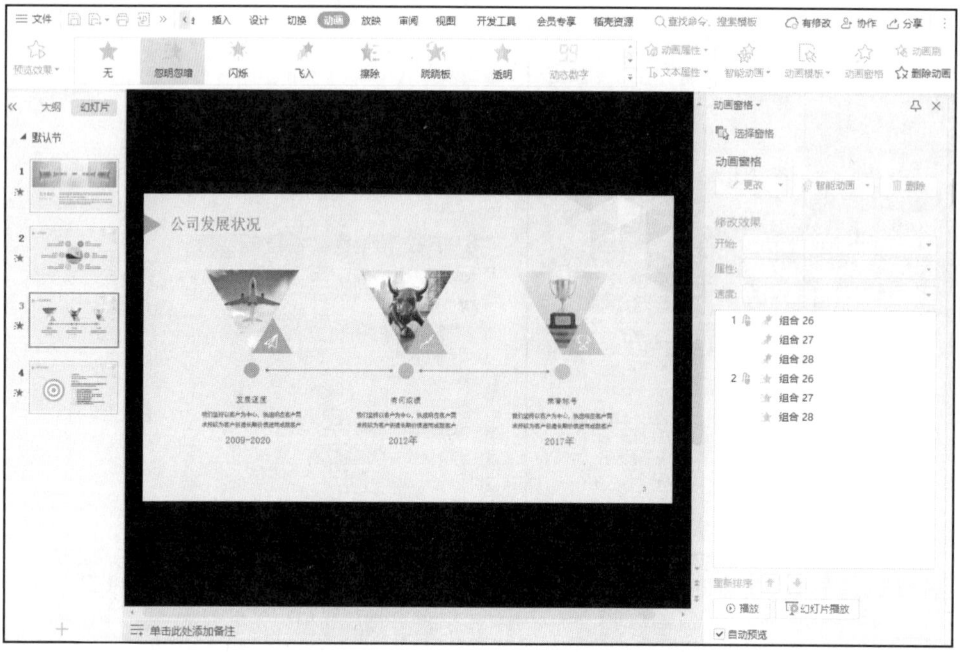

图 10-30

10.3　动画效果高级设置

WPS Office 具备动画效果高级设置功能，如设置动画触发器、设置动画计时选项、重新排序动画等。使用这些功能，可以使整个演示文稿更为美观。

10.3.1　设置动画触发器

触发器可以是图片、图形或按钮，还可以是一个段落或文本框，单击触发器会触发某个操作。

【例 10-8】 设置动画触发器。 视频

(1) 继续使用【例 10-7】制作的“公司宣传 PPT”演示，选择第 1 张幻灯片，打开【动画窗格】，单击编号 2 动画右侧的下拉按钮，在弹出的菜单中选择【计时】选项，如图 10-31 所示。

(2) 打开【浮动】对话框，在【计时】选项卡中单击【触发器】按钮，单击【单击下列对象时启动效果】单选按钮，在后面的下拉列表中选择【图片 6】选项，单击【确定】按钮，如图 10-32 所示。

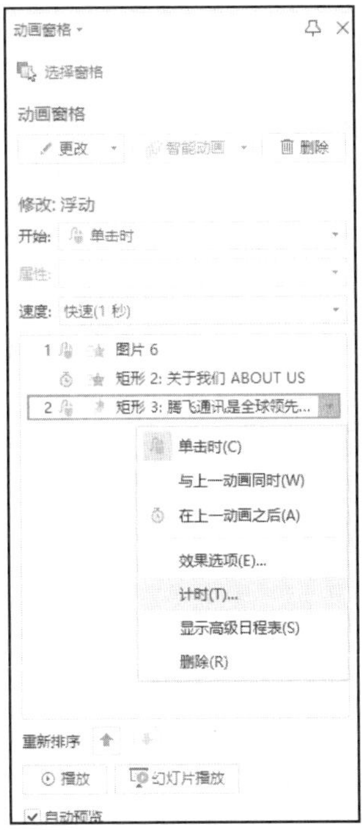

图 10-31

图 10-32

(3) 在幻灯片缩略图窗口的第 1 张幻灯片中单击【播放】按钮，放映该张幻灯片，如图 10-33 所示。

(4) 放映过程中，当单击上面的图片时，右下角的文本框会以【浮动】动画效果显示出来，如图 10-34 所示。

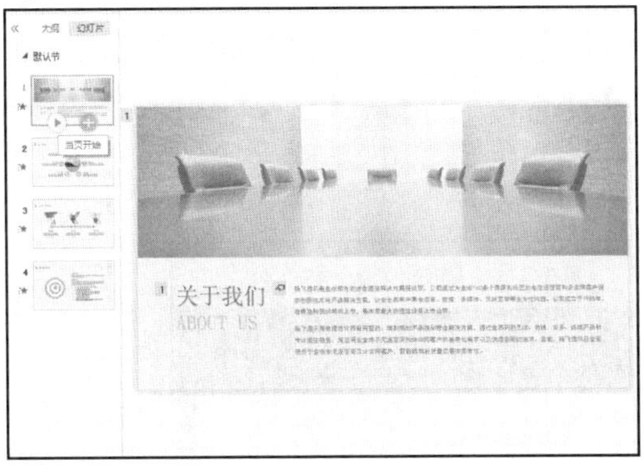

图 10-33

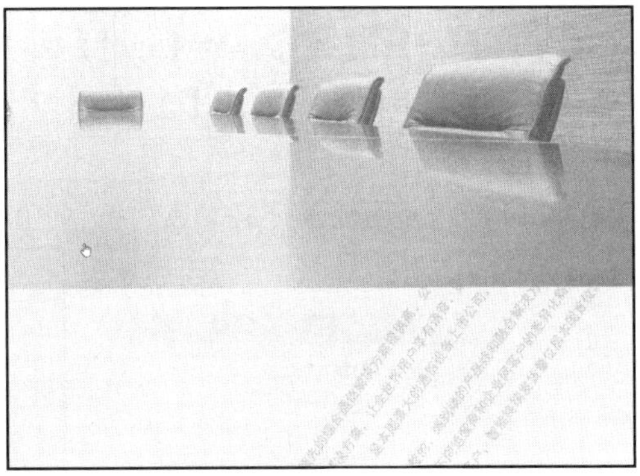
图 10-34

10.3.2　设置动画计时选项

默认设置的动画效果在幻灯片放映屏幕中持续播放的时间只有几秒钟，需要单击鼠标才会开始播放下一个动画。如果默认的动画效果不能满足用户实际需求，可以通过动画设置对话框的【计时】选项卡进行动画计时选项的设置。

【例 10-9】 设置动画计时选项。 视频

(1) 继续使用【例 10-8】制作的"公司宣传 PPT"演示，选择第 2 张幻灯片，打开【动画窗格】，单击【编号 2】|【组合 41】动画右侧的下拉按钮，在弹出的菜单中选择【在上一动画之后】选项，如图 10-35 所示。此时，第 2 个动画将在第 1 个动画播放完后自动开始播放，无须单击鼠标。

(2) 选择第一个动画，单击右侧的下拉按钮，在弹出的菜单中选择【计时】选项，如图 10-36 所示。

图 10-35

图 10-36

(3) 打开【陀螺旋】对话框的【计时】选项卡，在【速度】下拉列表中选择【中速(2 秒)】选项，在【重复】下拉列表中选择【直到幻灯片末尾】选项，然后单击【确定】按钮，如图 10-37 所示。

(4) 此时将自动播放该计时动画，如图 10-38 所示。

图 10-37

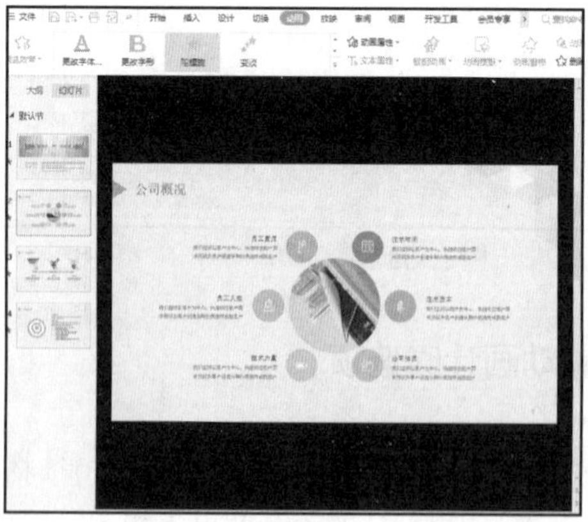

图 10-38

10.3.3　重新排序动画

在给幻灯片中的多个对象添加动画效果时，添加效果的顺序就是幻灯片放映时的播放次序。当幻灯片中的对象较多时，难免会在添加效果时使动画播放次序产生错误，这时可以在动画效果添加完成后，再对其播放次序进行重新调整。

【动画窗格】中的动画效果列表是按照设置的先后顺序从上到下排列的，放映也是按照此顺序进行的，用户若不满意动画播放顺序，可通过调整动画效果列表中各动画选项的位置来更改动画播放顺序，方法介绍如下。

- 通过拖动鼠标调整：在动画效果列表中选择要调整的动画选项，按住鼠标左键不放进行拖动，此时有一条黑色的横线随之移动，当横线移动到需要的目标位置时释放鼠标即可，如图 10-39 所示。
- 通过单击按钮调整：在动画效果列表中选择需要调整播放次序的动画效果，然后单击窗格底部的上移按钮或下移按钮来调整该动画的播放次序。其中，单击上移按钮，表示将该动画的播放次序向前移一位；单击下移按钮，表示将该动画的播放次序向后移一位，如图 10-40 所示。

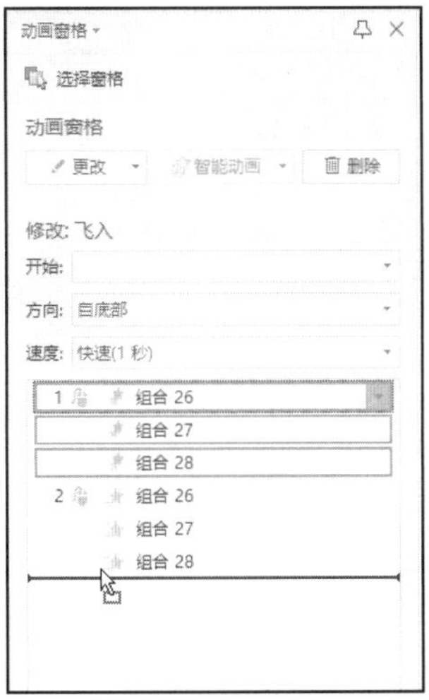

图 10-39

图 10-40

10.4　制作交互式幻灯片

用户可以为幻灯片中的文本、图像等对象添加超链接或者动作按钮。当放映幻灯片时，可以在添加了超链接的文本或动作按钮上单击，程序将自动跳转到指定的页面，或者执行指定的程序。演示文稿不再是从头到尾播放的线性模式，而是具有了一定的交互性，能够按照预先设定的方式进行演示。

10.4.1 添加动作按钮

WPS 演示为用户提供了一系列动作按钮，如“前进”“后退”“开始”和“结束”等，可以在放映演示文稿时快速切换幻灯片，控制幻灯片的上下翻页，以及视频、音频等元素的播放。

【例 10-10】 添加动作按钮。 视频

(1) 继续使用【例 10-9】制作的“公司宣传 PPT”演示，选择第 1 张幻灯片，选择【插入】选项卡，单击【形状】按钮，在弹出的类别中选择一种动作按钮，本例选择【动作按钮：结束】按钮，如图 10-41 所示。

(2) 在幻灯片中合适的位置按住鼠标左键绘制动作按钮，释放鼠标后打开【动作设置】对话框，保持默认设置，单击【确定】按钮，如图 10-42 所示。

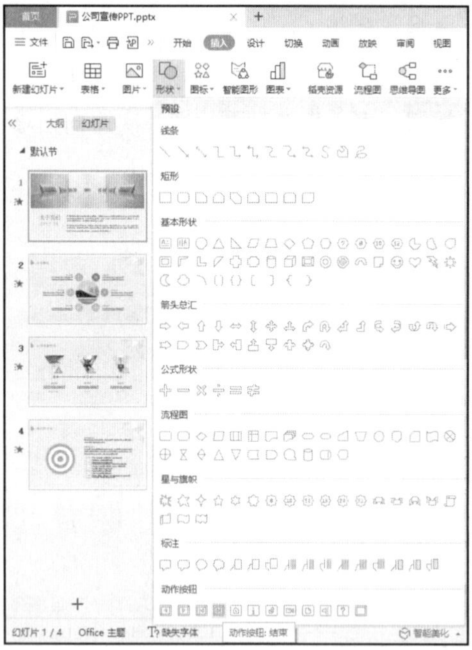

图 10-41

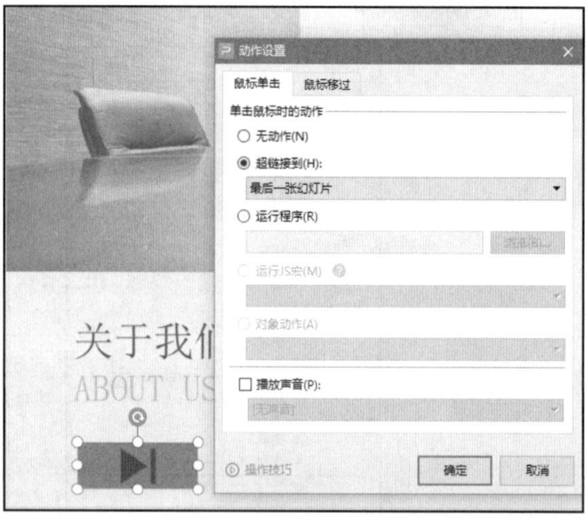

图 10-42

(3) 选择【绘图工具】选项卡，单击形状样式下拉按钮，在展开的列表中选择一种形状样式，如图 10-43 所示。

(4) 右击图形按钮，在弹出的快捷菜单中选择【更改形状】命令，在打开的列表中选择【动作按钮：自定义】选项，如图 10-44 所示。

(5) 打开【动作设置】对话框，保持默认设置，单击【确定】按钮，此时按钮中间显示空白，如图 10-45 所示。

(6) 右击自定义的动作按钮，在弹出的快捷菜单中选择【编辑文字】命令，如图 10-46 所示。

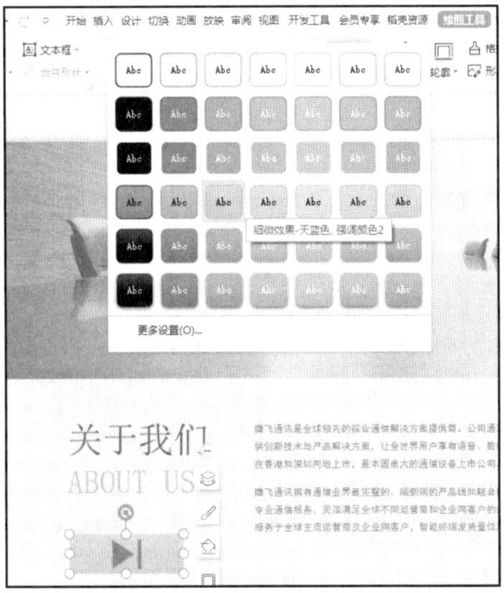

图 10-43

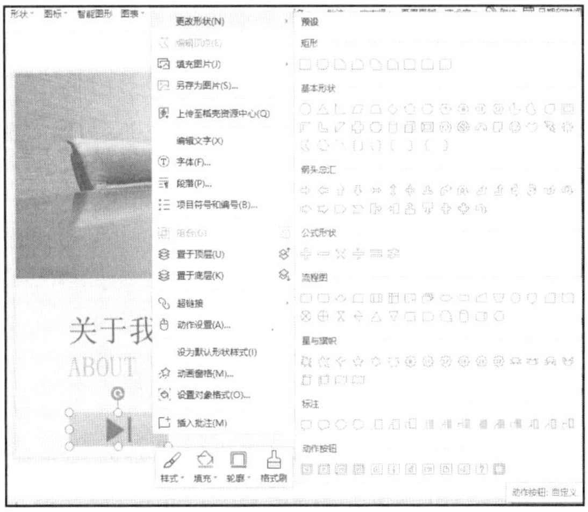

图 10-44

图 10-45

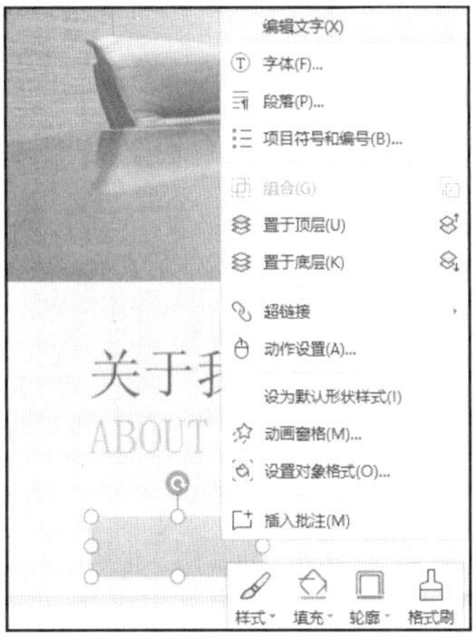

图 10-46

(7) 在按钮上输入文本“结束放映”，如图 10-47 所示。

(8) 放映该幻灯片，单击文字按钮，则跳转到最后 1 页幻灯片，如图 10-48 所示。

图 10-47

图 10-48

10.4.2 添加超链接

超链接是指向特定位置或文件的一种连接方式，可以利用它指定程序跳转的位置。超链接只有在幻灯片放映时才有效。超链接可以跳转到当前演示文稿中的特定幻灯片、其他演示文稿中特定的幻灯片、电子邮件地址、文件或 Web 页上。

只有幻灯片中的对象才能添加超链接，备注、讲义等内容不能添加超链接。幻灯片中可以显示的对象几乎都可以作为超链接的载体。添加或修改超链接的操作，一般在普通视图中的幻灯片编辑窗口中进行。

【例 10-11】 添加超链接。 视频

(1) 继续使用【例 10-10】制作的“公司宣传 PPT”演示，选择第 1 张幻灯片，选择【插入】选项卡，单击【文本框】按钮，绘制两个文本框并输入文本，如图 10-49 所示。

(2) 右击第一个文本框【公司概况】，从弹出的快捷菜单中选择【超链接】命令，如图 10-50 所示。

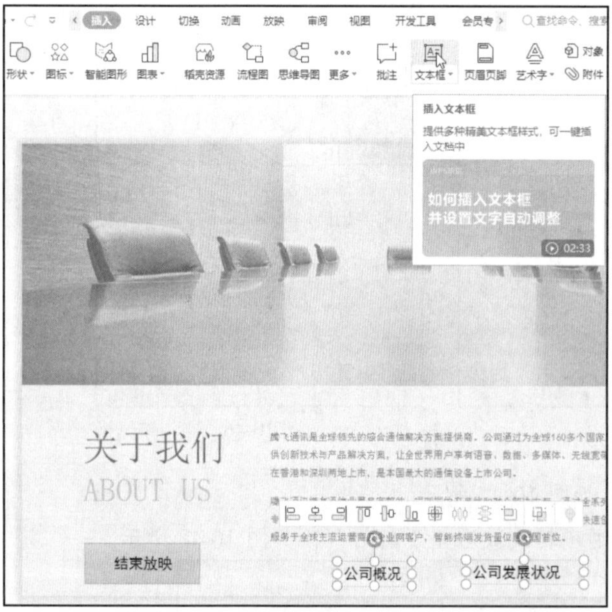

图 10-49

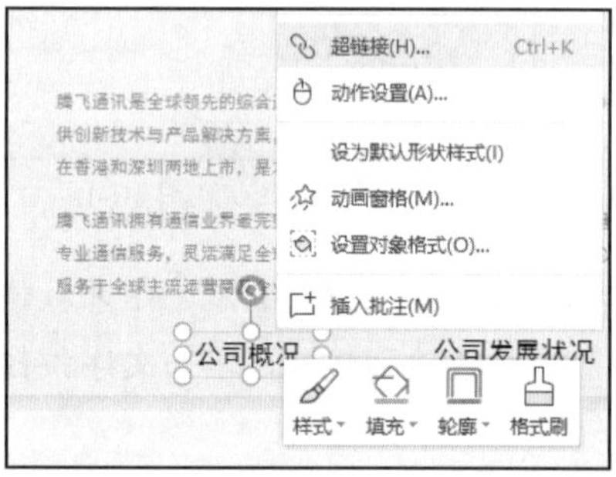

图 10-50

(3) 打开【插入超链接】对话框，在【链接到】列表框中单击【本文档中的位置】按钮，在【请选择文档中的位置】列表框中选择需要链接到的第 2 张幻灯片，单击【确定】按钮，如图 10-51 所示。

(4) 按照同样的方法，设置第 2 个文本框链接到第 3 张幻灯片，单击【确定】按钮，如图 10-52 所示。

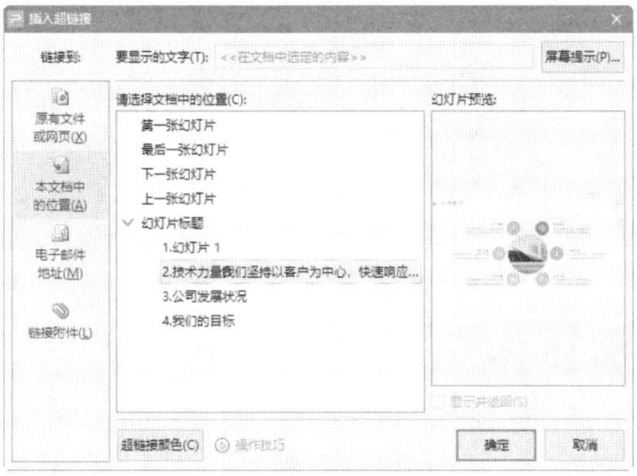

图 10-51

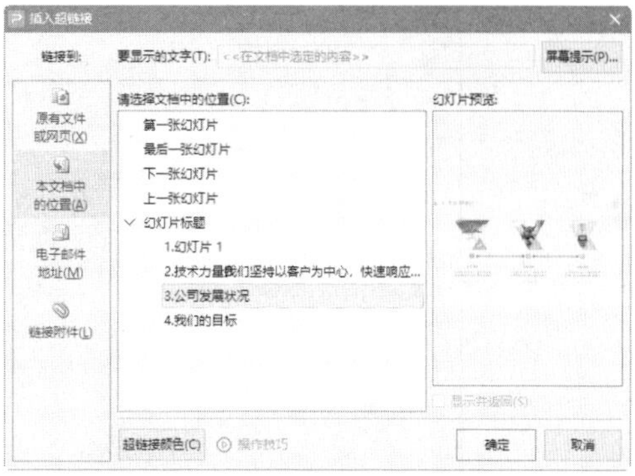

图 10-52

(5) 在放映幻灯片时，将鼠标放到设置了超链接的文本框上，鼠标会变成手指形状，单击这个文本框就会切换到相应的幻灯片页面，如单击【公司概况】超链接，则会跳转至第 2 张幻灯片，如图 10-53 和图 10-54 所示。

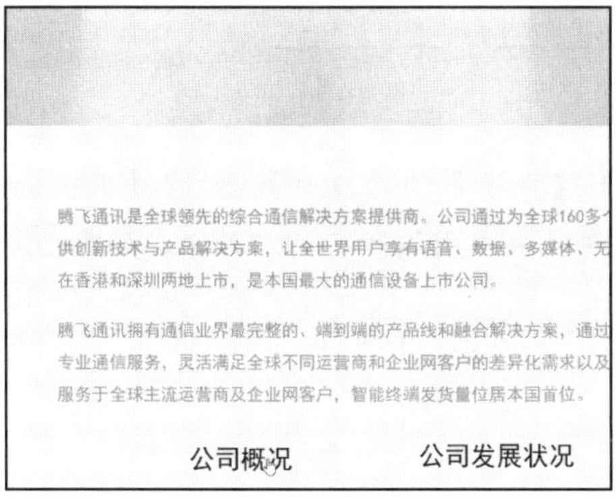

图 10-53

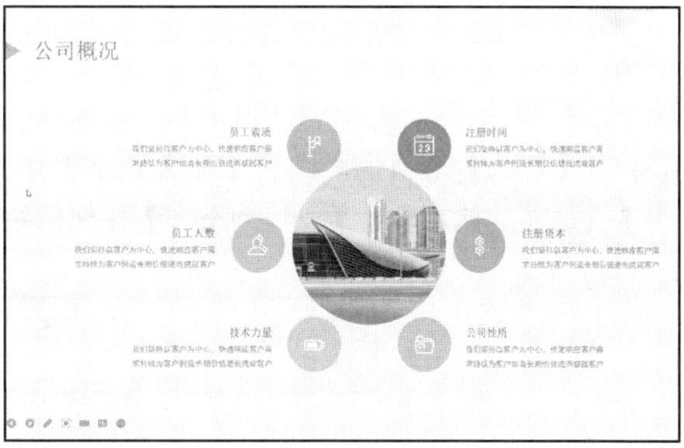

图 10-54

10.5　实例演练

通过前面内容的学习，读者应该已经掌握在演示中进行幻灯片动画设计的操作内容，下面通过设计动画效果等几个案例演练，巩固本章所学内容。

10.5.1　设计动画效果

下面以“儿童教学课件”演示为例，介绍在演示中添加动画效果的方法。

【例 10-12】 在“儿童教学课件”演示中设计动画效果。 视频

(1) 打开“儿童教学课件”演示，选中第 1 张幻灯片，打开【切换】选项卡，单击【切换效果】下拉按钮，在弹出的列表中选择【形状】选项，如图 10-55 所示。

(2) 单击【效果选项】下拉按钮，选择【菱形】选项，如图 10-56 所示。

图 10-55

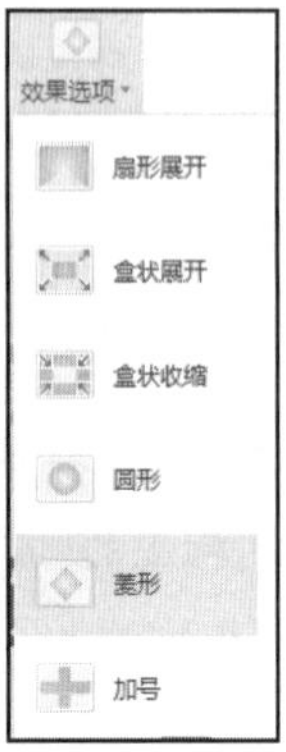

图 10-56

(3) 在【切换】选项卡中设置【速度】为【01.00】,【声音】为【风声】,勾选【单击鼠标时换片】复选框,然后单击【应用到全部】按钮,将切换效果应用到所有幻灯片上,如图 10-57 所示。

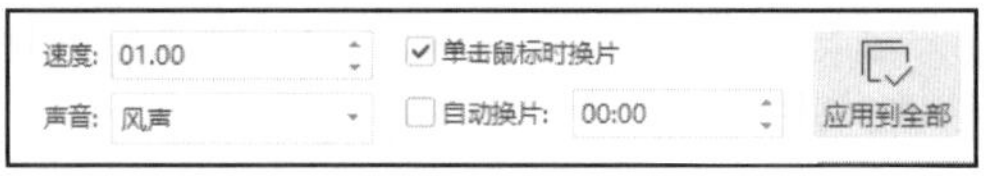

图 10-57

(4) 在第 1 张幻灯片中选中标题文本框,选择【动画】选项卡,单击【动画效果】下拉按钮,选择【进入】动画效果的【上升】选项,为该对象应用动画效果,如图 10-58 所示。

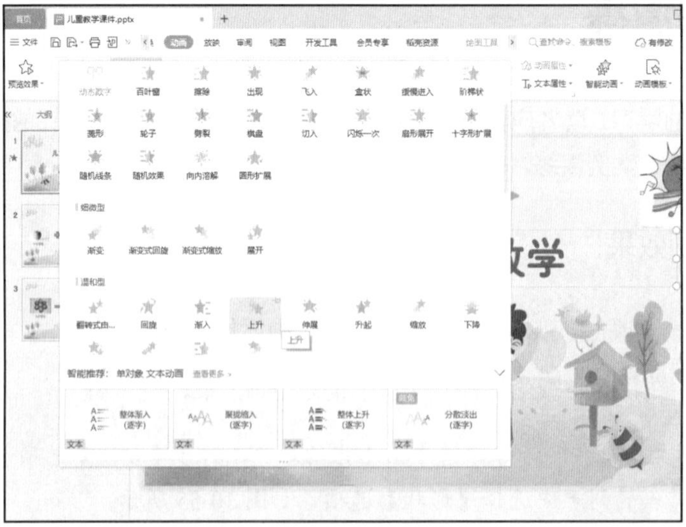

图 10-58

(5) 选中太阳图形，选择【动画】选项卡，单击【动画效果】下拉按钮，选择【进入】动画效果的【缩放】选项，为该对象应用动画效果，如图 10-59 所示。

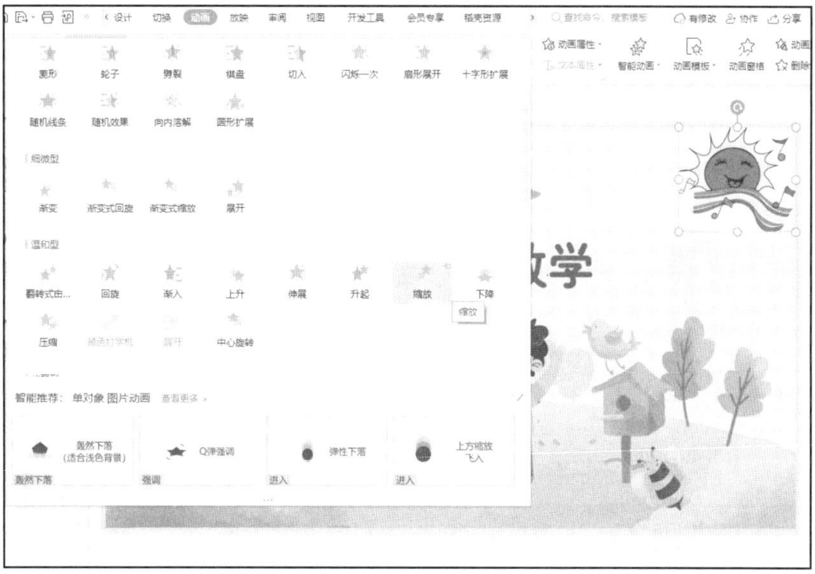

图 10-59

(6) 选择第 2 张幻灯片，选中上排的几个图形，然后在【动画】选项卡中选择【进入】|【渐变式缩放】选项，为多个对象应用动画效果，如图 10-60 所示。

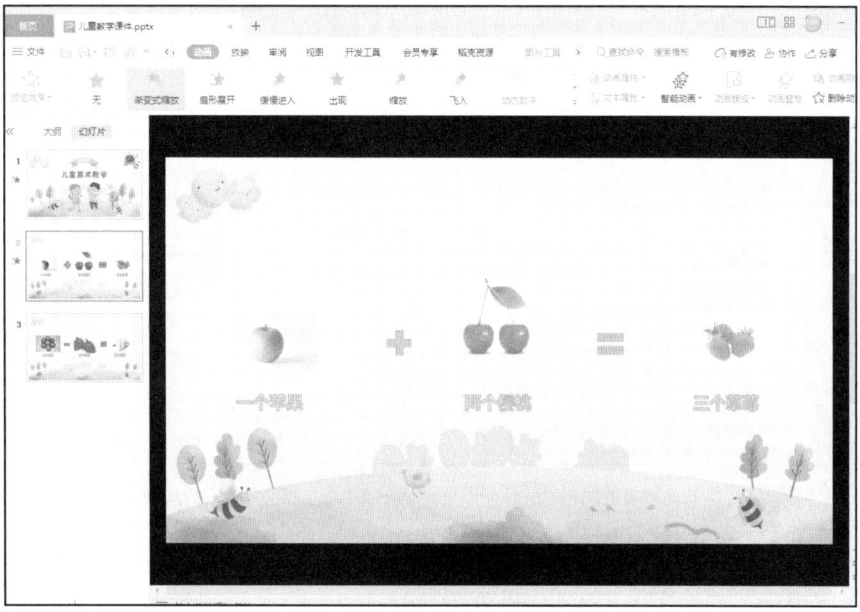

图 10-60

(7) 选中下排的几个艺术字，在【动画】选项卡中选择【强调】|【放大/缩小】选项，为多个对象应用动画效果，如图 10-61 所示。

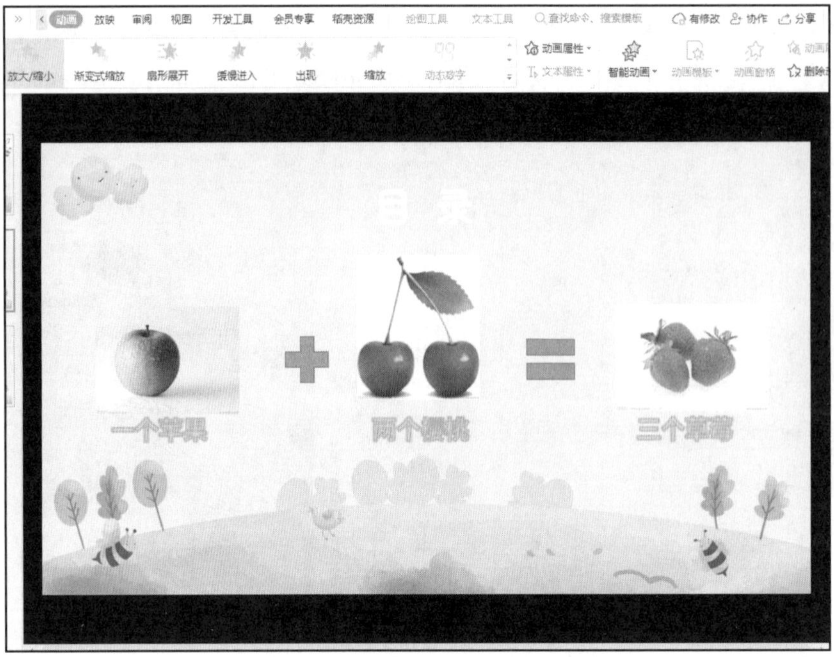

图 10-61

(8) 选择第 3 张幻灯片，使用相同的方法，分别设置图片和艺术字的动画效果，如图 10-62 和图 10-63 所示。

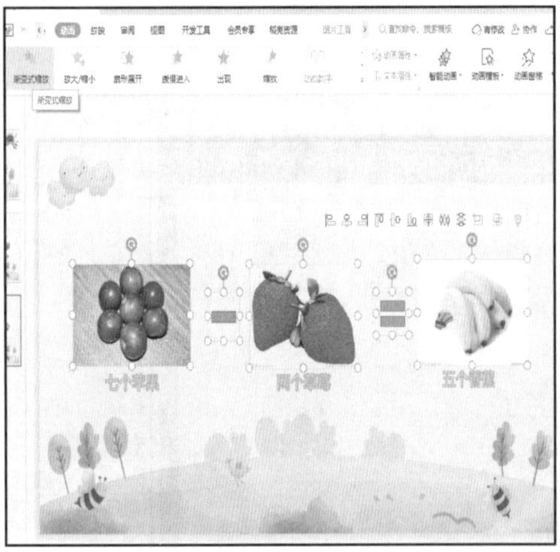

图 10-62

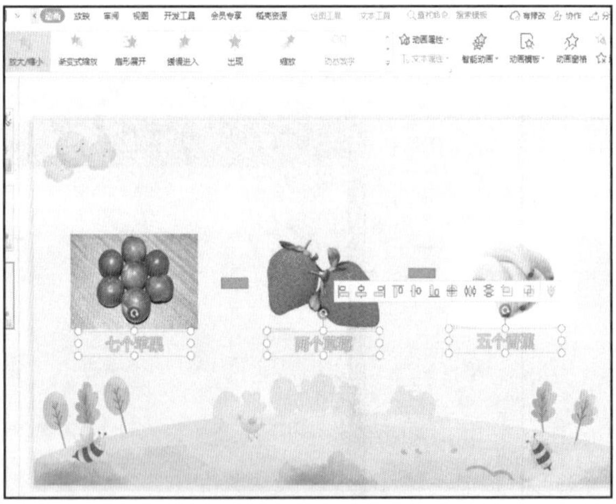

图 10-63

(9) 选择第 2 张幻灯片，打开【动画窗格】，选择编号 2 的所有动画，设置【开始】为【在上一动画之后】选项，如图 10-64 所示。

(10) 此时原编号 2 动画归纳于编号 1 动画中，且顺序在其之后，如图 10-65 所示。

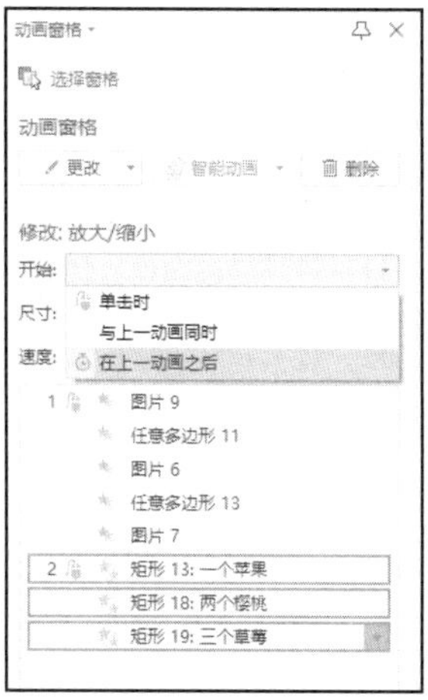

图 10-64

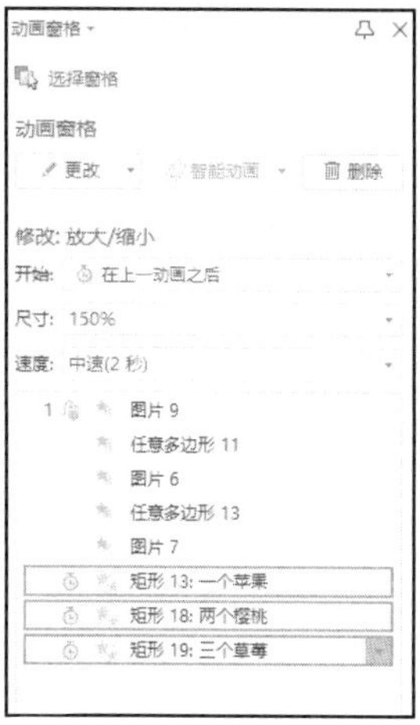

图 10-65

(11) 选择第 3 张幻灯片，使用相同的方法，排序动画，如图 10-66 所示。

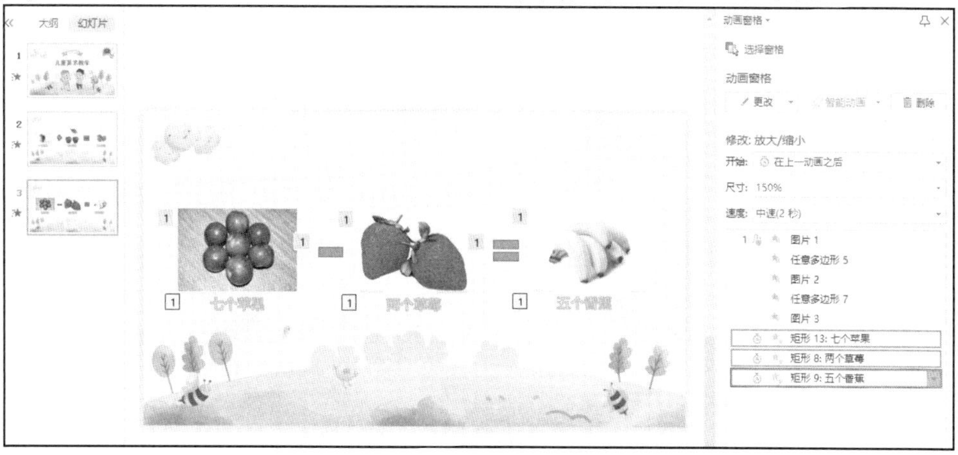

图 10-66

(12) 在键盘上按 F5 键放映幻灯片，即可预览切换效果和对象的动画效果，如图 10-67 所示。放映完毕后，单击鼠标左键退出放映模式。

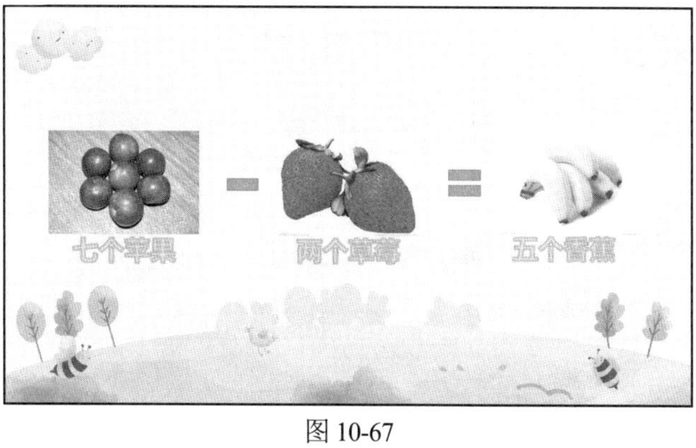

图 10-67

10.5.2　编辑超链接

为了在放映幻灯片时实现幻灯片的交互，可以通过 WPS 演示提供的超链接、动作按钮和触发器等功能来进行设置。

【例 10-13】 在演示中添加并编辑超链接。视频

(1) 打开“链接到指定幻灯片”素材文件，选中第 7 张幻灯片，右击图片，在弹出的快捷菜单中选择【超链接】命令，如图 10-68 所示。

(2) 打开【插入超链接】对话框，在【链接到】列表中选择【本文档中的位置】选项，在【请选择文档中的位置】列表框中选择【10.幻灯片 10】选项，单击【确定】按钮，如图 10-69 所示。

图 10-68

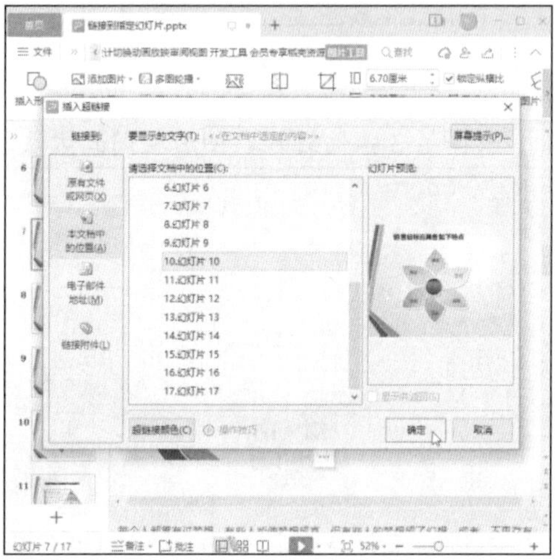

图 10-69

(3) 此时便为图片添加了超链接，选择【放映】选项卡，单击【当页开始】按钮，如图 10-70 所示。

图 10-70

(4) 此时幻灯片进入放映状态，并从当前幻灯片开始放映，单击设置超链接的图片，如图 10-71 所示。

(5) 此时立刻切换到第 10 张幻灯片，如图 10-72 所示。

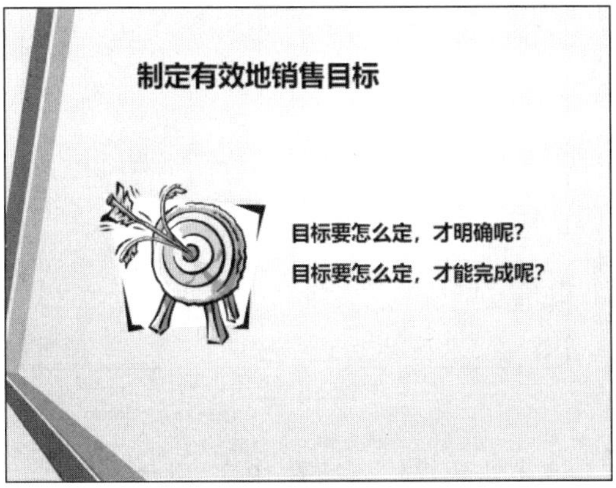

图 10-71

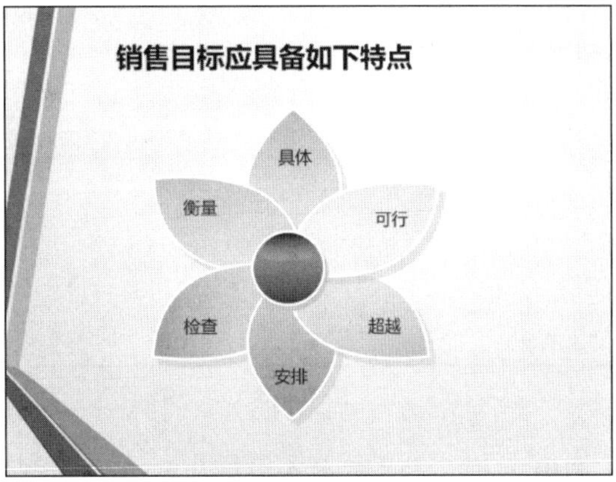

图 10-72

(6) 选中第 9 张幻灯片，选择【插入】选项卡，单击【对象】按钮，如图 10-73 所示。

(7) 打开【插入对象】对话框，选中【由文件创建】单选按钮，再单击【浏览】按钮，如图 10-74 所示。

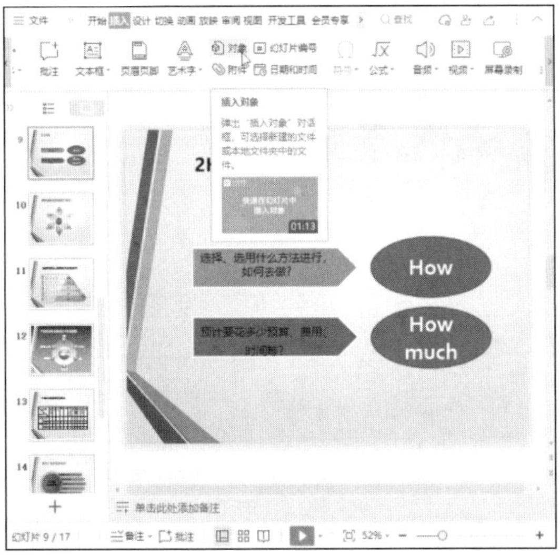

图 10-73

图 10-74

(8) 弹出【浏览】对话框，选择文件所在位置并选中文件，单击【打开】按钮，如图 10-75 所示。

(9) 返回【插入对象】对话框，勾选【显示为图标】复选框，勾选【链接】复选框，单击【确定】按钮，如图 10-76 所示。

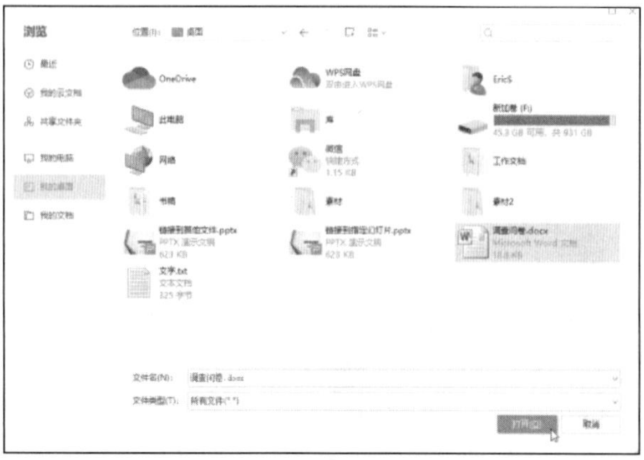

图 10-75

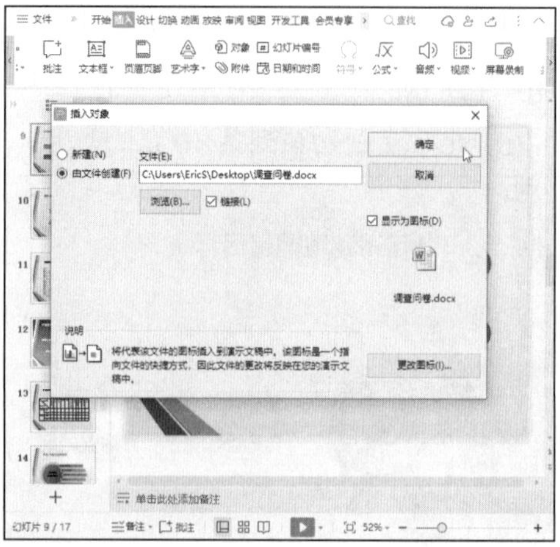

图 10-76

(10) 此时文档已经嵌入幻灯片中，完成链接到其他文件的操作，如图 10-77 所示。

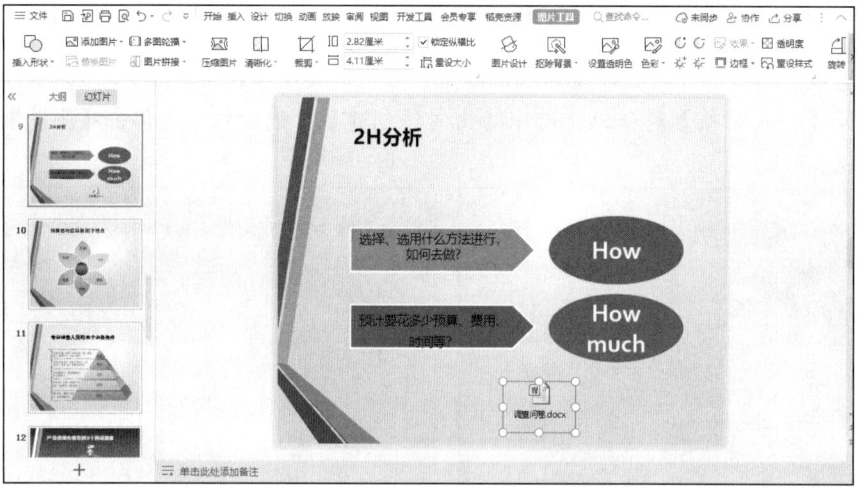

图 10-77

10.6 习题

1. 如何设置切换动画效果选项？
2. 如何添加对象动画效果？
3. 简述动画效果的高级设置方法。
4. 如何制作交互式幻灯片？

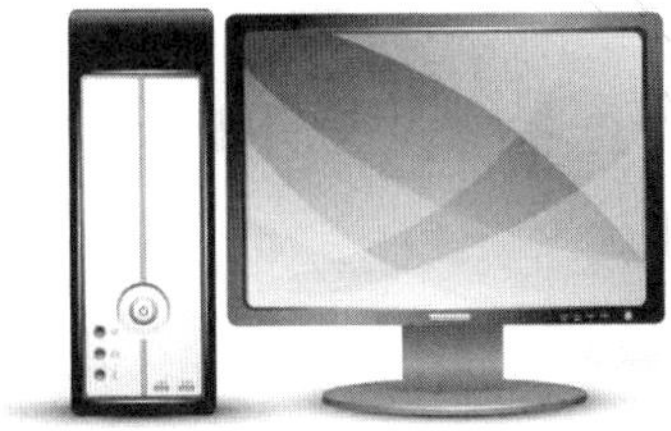

第 11 章

放映和输出演示文稿

在 WPS Office 中，可以选择最为理想的放映速度与放映方式，让幻灯片放映过程更加清晰明确。此外，还可以将制作完成的演示文稿进行输出。通过本章的学习，读者可以掌握使用 WPS Office 放映和输出演示文稿的操作技巧。

本章重点

- 应用排练计时
- 幻灯片放映设置
- 放映演示文稿
- 输出演示文稿

二维码教学视频

【例 11-1】 设置排列计时
【例 11-2】 自定义放映
【例 11-3】 添加标记
【例 11-4】 打包演示文稿
【例 11-5】 输出为 PDF
【例 11-6】 输出为视频

本章其他视频参见教学视频二维码

11.1 应用排练计时

制作完演示文稿后，用户可以根据需要进行放映前的准备。若演讲者为了专心演讲需要自动放映演示文稿，可以选择排练计时设置，从而使演示文稿自动播放。

11.1.1 设置排练计时

排练计时的作用在于为演示文稿中的每张幻灯片计算好播放时间之后，在正式放映时自行放映，演讲者则可以专心进行演讲而不用再去控制幻灯片的切换等操作。

【例 11-1】 在“毕业答辩”演示中设置排练计时。 视频

(1) 启动 WPS Office，打开“毕业答辩”演示，选择【放映】选项卡，单击【排练计时】按钮，如图 11-1 所示。

(2) 演示文稿自动进入放映状态，左上角会显示【预演】工具栏，中间的时间代表当前幻灯片页面放映所需的时间，右边的时间代表放映所有幻灯片累计所需的时间，如图 11-2 所示。

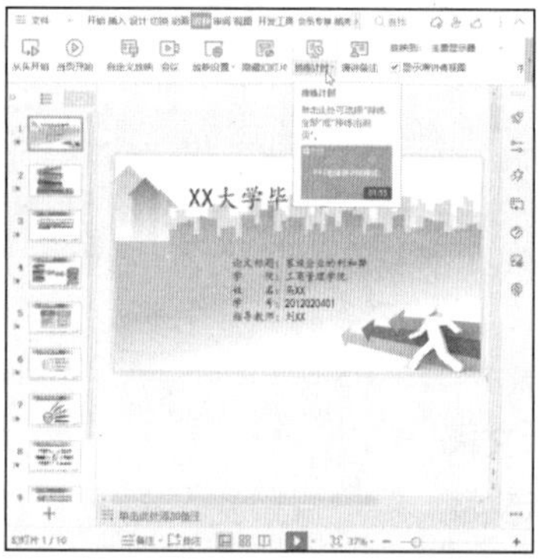

图 11-1

图 11-2

(3) 根据实际需要，设置每张幻灯片的停留时间，放映到最后一张幻灯片时会弹出【WPS 演示】对话框，询问用户是否保留新的幻灯片排练时间，单击【是】按钮，如图 11-3 所示。

(4) 返回至演示文稿，自动进入幻灯片浏览模式，可以看到每张幻灯片放映所需的时间，如图 11-4 所示。

图 11-3

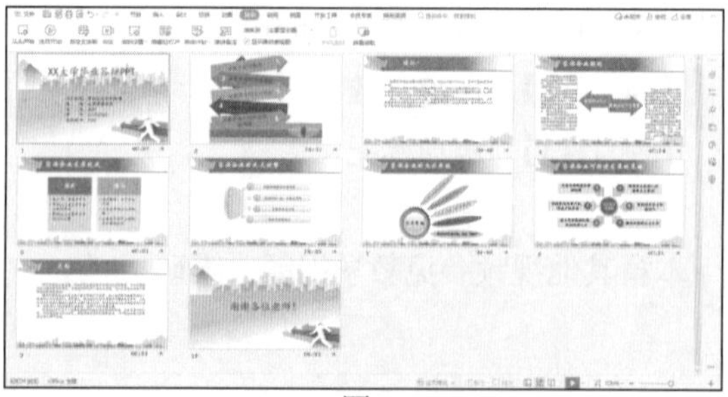

图 11-4

11.1.2　取消排练计时

当幻灯片被设置了排练计时后，实际情况又需要演讲者手动控制幻灯片，那么就需要取消排练计时设置。

取消排练计时的方法为：选择【放映】选项卡，单击【放映设置】按钮，如图 11-5 所示。打开【设置放映方式】对话框，在【换片方式】区域中，单击【手动】单选按钮，然后单击【确定】按钮，即可取消排练计时，如图 11-6 所示。

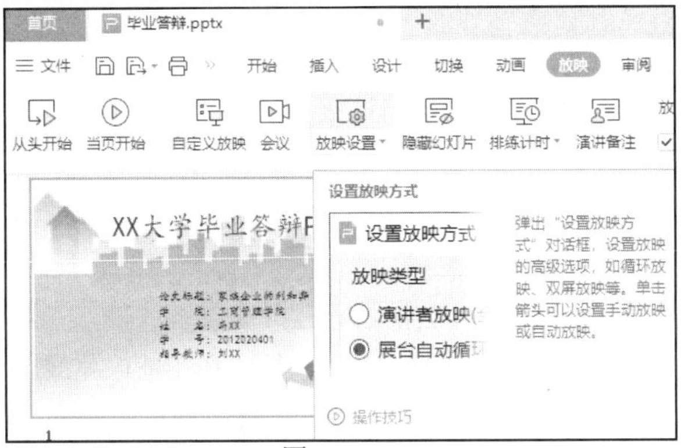

图 11-5

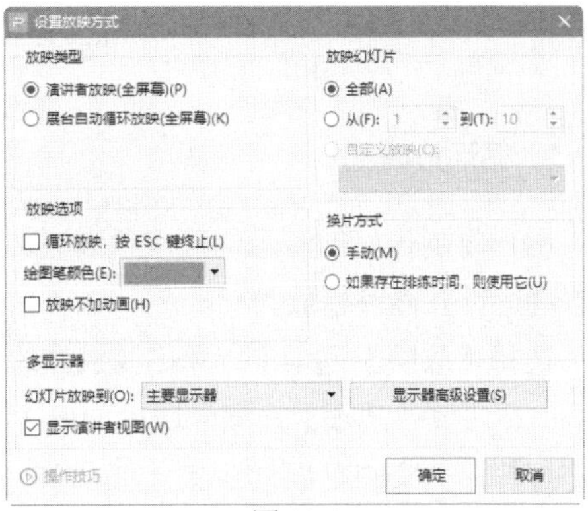

图 11-6

11.2　幻灯片放映设置

幻灯片放映前，用户可以根据需要设置幻灯片放映的方式和类型，以及自定义放映等，本节将介绍幻灯片放映前的一些基本设置。

11.2.1　设置放映方式

设置幻灯片放映方式主要有定时放映、连续放映、循环放映、自定义放映几种方式。

1. 定时放映

定时放映即设置每张幻灯片在放映时停留的时间，当到设定的时间后，幻灯片将自动向下放映。打开【切换】选项卡，勾选【单击鼠标时换片】复选框，如图 11-7 所示，则用户单击鼠标或者按下 Enter 键或空格键时，放映的演示文稿将切换到下一张幻灯片。

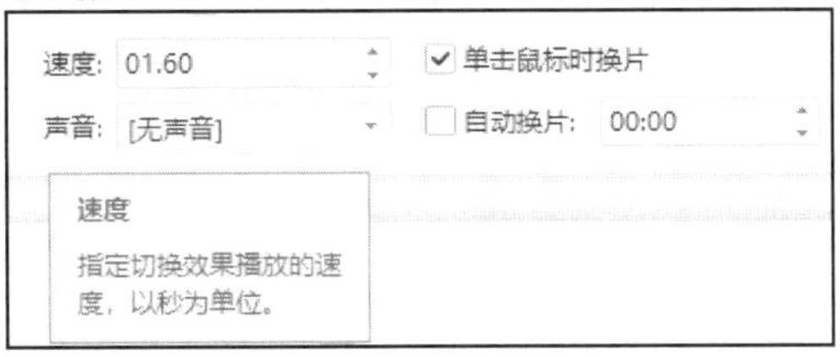

图 11-7

2. 连续放映

在【切换】选项卡中勾选【自动换片】复选框，并为当前选定的幻灯片设置自动切换时间，再单击【应用到全部】按钮，为演示文稿中的每张幻灯片设定相同的切换时间，即可实现幻灯片的连续自动放映，如图 11-8 所示。

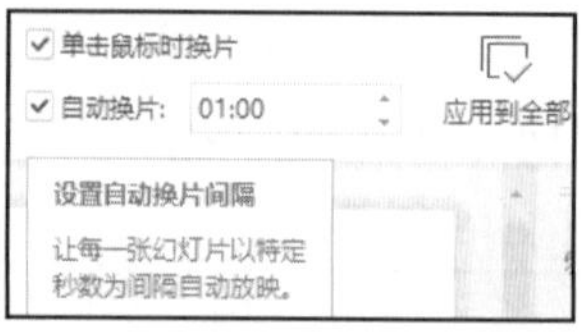

图 11-8

3. 循环放映

用户将制作好的演示文稿设置为循环放映，可以应用于如展览会场的展台等场合，让演示文稿自动运行并循环播放。

选择【放映】选项卡，单击【放映设置】按钮，如图 11-9 所示。打开【设置放映方式】对话框，在【放映选项】选项区域中勾选【循环放映，按 Esc 键终止】复选框，则在播放完最后一张幻灯片后，会自动跳转到第 1 张幻灯片，而不是结束放映，直到按 Esc 键退出放映状态，如图 11-10 所示。

图 11-9

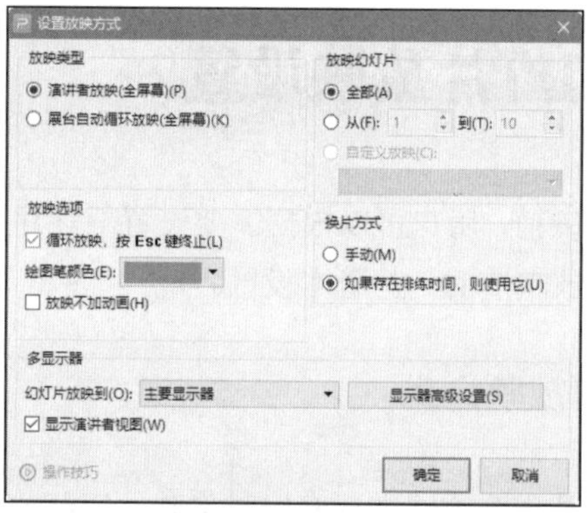

图 11-10

4. 自定义放映

自定义放映是指用户可以自定义演示文稿放映的张数，使一个演示文稿适用于多种观众，即可以将一个演示文稿中的多张幻灯片进行分组，以便对特定的观众放映演示文稿中的特定部分。用户可以用超链接分别指向演示文稿中的各个自定义放映，也可以在放映整个演示文稿时只放映其中的某个自定义放映。

【例 11-2】 创建自定义放映。 视频

(1) 打开“毕业答辩”演示，选择【放映】选项卡，单击【自定义放映】按钮，如图 11-11 所示。

(2) 打开【自定义放映】对话框，单击【新建】按钮，如图 11-12 所示。

图 11-11

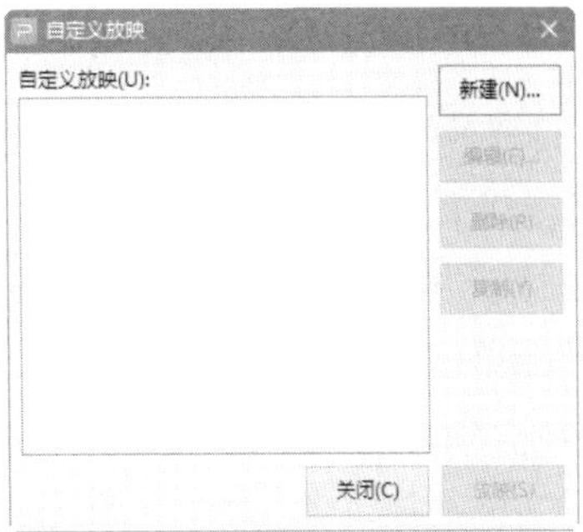

图 11-12

(3) 打开【定义自定义放映】对话框，在【幻灯片放映名称】文本框中输入文字“放映 1”，在【在演示文稿中的幻灯片】列表框中选择第 2、3、4 张幻灯片，然后单击【添加】按钮，将三张幻灯片添加到【在自定义放映中的幻灯片】列表框中，单击【确定】按钮，如图 11-13 所示。

(4) 返回至【自定义放映】对话框，在【自定义放映】列表框中显示创建的放映，单击【关闭】按钮，如图 11-14 所示。

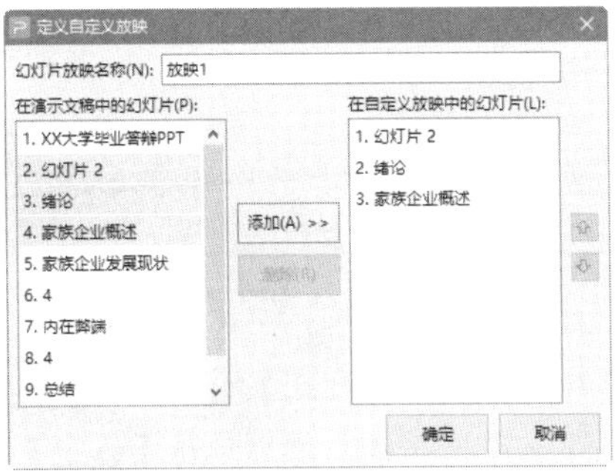

图 11-13

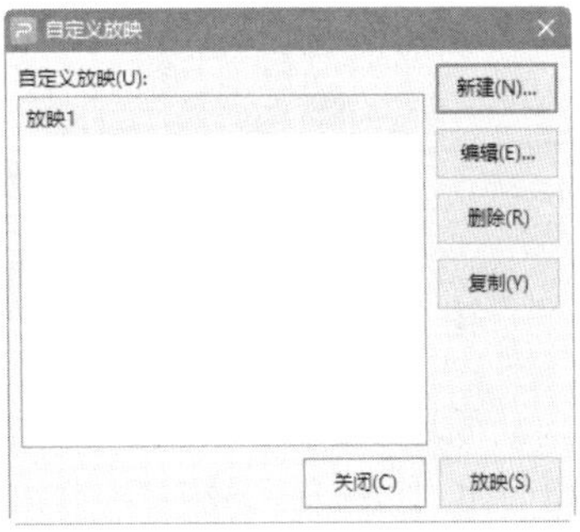

图 11-14

(5) 选择【放映】选项卡，单击【放映设置】按钮，打开【设置放映方式】对话框，在【放映幻灯片】选项区域中单击【自定义放映】单选按钮，然后在其下方的下拉列表中选择需要放映的自定义放映，单击【确定】按钮，如图 11-15 所示。

(6) 此时按 F5 键将自动播放自定义放映的幻灯片，如图 11-16 所示。

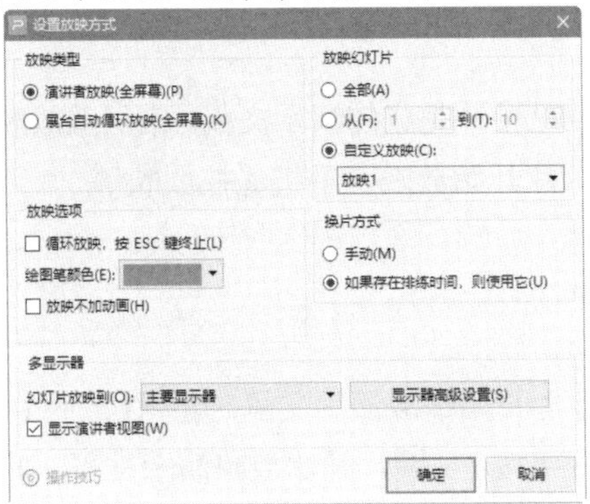

图 11-15

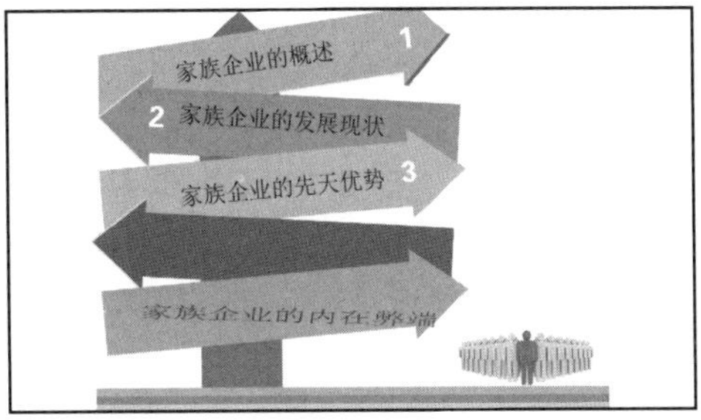

图 11-16

11.2.2 设置放映类型

在【设置放映方式】对话框的【放映类型】选项区域中可以设置幻灯片的放映模式。

- 【演讲者放映(全屏幕)】模式：选择【放映】选项卡，单击【放映设置】按钮，打开【设置放映方式】对话框，在【放映类型】选项区域中单击【演讲者放映(全屏幕)】单选按钮，然后单击【确定】按钮，即可使用该类型模式，如图 11-17 所示。该模式是系统默认的放映类型，也是最常见的全屏放映方式。在这种放映方式下，将以全屏幕的状态放映演示文稿，演讲者现场控制演示节奏，具有放映的完全控制权。演讲者可以根据观众的反应随时调整放映速度或节奏，还可以暂停下来进行讨论或记录观众即席反应。该放映模式一般用于召开会议时的大屏幕放映、联机会议或网络广播等，如图 11-18 所示。

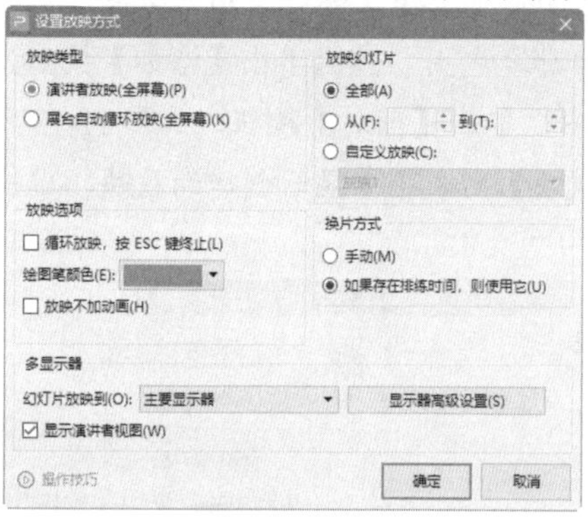

图 11-17

图 11-18

- 【展台自动循环放映(全屏幕)】模式：打开【设置放映方式】对话框，在【放映类型】选项区域中单击【展台自动循环放映(全屏幕)】单选按钮，然后单击【确定】按钮，即可使用该类型模式。采用该放映类型，最主要的特点是不需要专人控制就可以自动运行，在使用该放映类型时，如超链接等的控制方法都失效。当播放完最后一张幻灯片后，会自动从第一张重新开始播放，直至用户按下 Esc 键才会停止播放。

11.3 放映演示文稿

完成放映幻灯片前的准备工作后，即可开始放映已设计完成的演示文稿。常用的放映方法很多，除自定义放映外，还有从头开始放映、当前幻灯片开始放映、手机遥控放映等。

11.3.1 【从头开始】和【当页开始】放映

【从头开始】放映是指从演示文稿的第一张幻灯片开始播放演示文稿。选择【放映】选项卡，单击【从头开始】按钮，如图 11-19 所示；也可以直接按 F5 键，开始放映演示文稿，此时进入全屏模式的幻灯片放映视图。

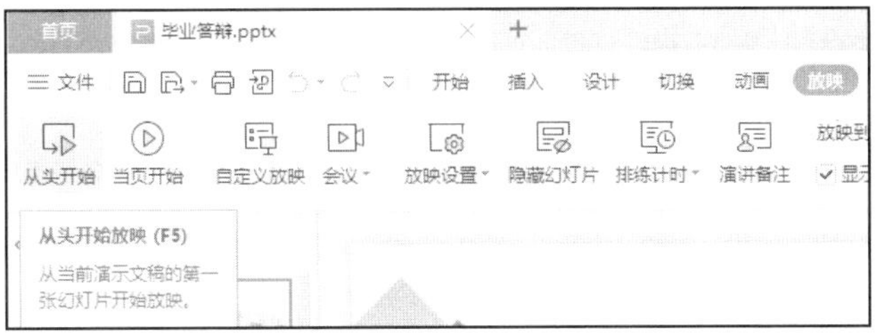

图 11-19

若用户需要从指定的某张幻灯片开始放映，则可以使用【当页开始】功能。选择指定的幻灯片，选择【放映】选项卡，单击【当页开始】按钮，显示从当前幻灯片开始放映的效果。此时会进入幻灯片放映视图，幻灯片以全屏幕方式从当前幻灯片开始放映。

11.3.2　【会议】和【手机遥控】放映

单击【放映】选项卡中的【会议】按钮，如图 11-20 所示，可以打开 WPS Office 自带的【金山会议】程序，单击【新会议】按钮，可以发起视频会议，邀请线上好友一起浏览放映的现有演示文稿，如图 11-21 所示。

图 11-20

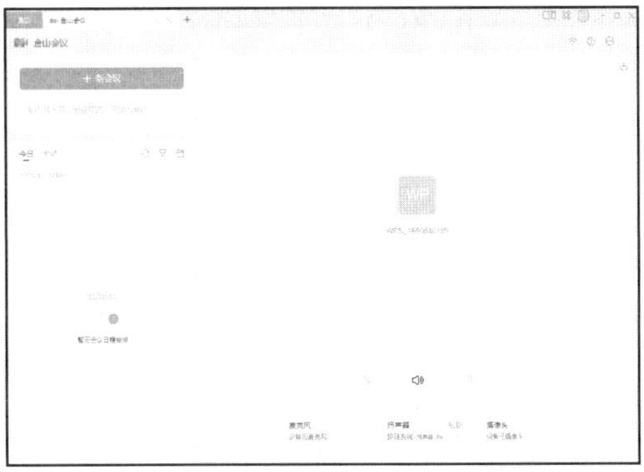

图 11-21

单击【放映】选项卡中的【手机遥控】按钮，如图 11-22 所示，可以打开【手机遥控】界面，使用手机版 WPS Office 扫描二维码，即可使用手机遥控电脑上的演示文稿放映过程，如图 11-23 所示。

图 11-22

图 11-23

11.3.3 使用【演示焦点】功能

在放映过程中，为了能提高观众对某些内容的关注，可以使用【演示焦点】中的多种功能提示指明。

1. 激光笔

在幻灯片放映视图中，可以将鼠标指针变为激光笔样式，以将观看者的注意力吸引到幻灯片上的某个重点内容或特别要强调的内容位置。

在演示文稿放映的过程中，右击鼠标，在弹出的快捷菜单中选择【演示焦点】|【激光笔】命令，如图 11-24 所示。此时鼠标指针变成红圈的激光笔样式，移动鼠标指针，将其指向观众需要注意的内容上，如图 11-25 所示。

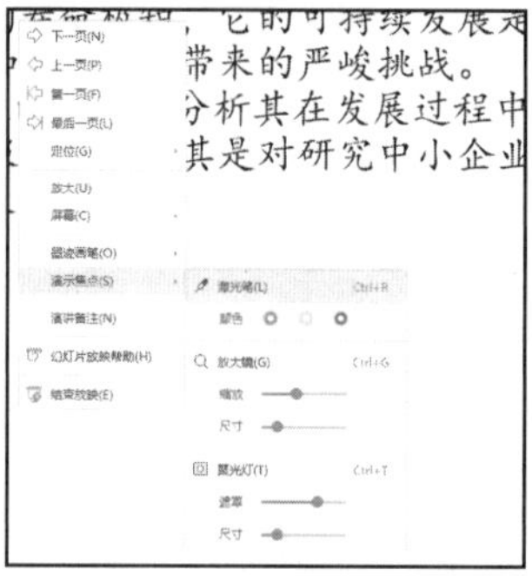

图 11-24

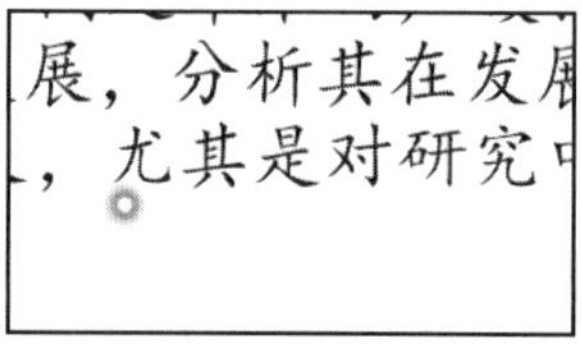

图 11-25

激光笔的默认颜色为红色，可以更改其颜色，在【激光笔】命令下，显示三种颜色的激光笔选项，选择不同选项可以改变激光笔颜色。

2. 放大镜

在幻灯片放映视图中，可以将鼠标指针变为放大镜样式，以将幻灯片内容放大显示以示重点。

在演示文稿放映的过程中，右击鼠标，在弹出的快捷菜单中选择【演示焦点】|【放大镜】命令，如图 11-26 所示。此时鼠标指针变成放大镜样式，移动鼠标指针，将其指向观众需要注意的内容上可放大内容，如图 11-27 所示。在【放大镜】命令下会显示【缩放】和【尺寸】拖曳条，用户可以设置放大镜的缩放程度和尺寸大小。

图 11-26

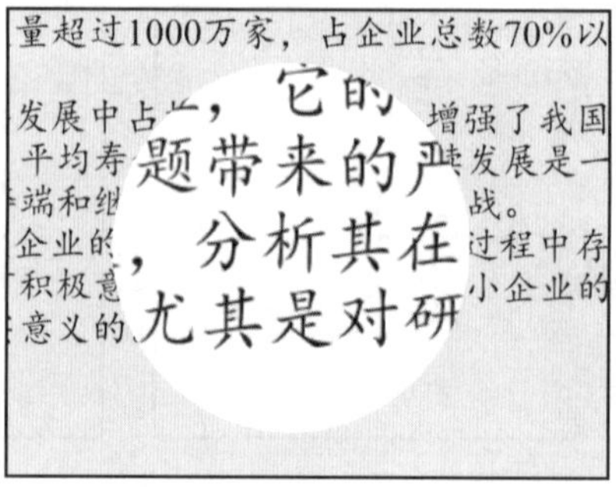

图 11-27

3. 聚光灯

在幻灯片放映视图中，可以将鼠标指针变为聚光灯样式，以通过聚光灯在幻灯片内容上展示重点。

在演示文稿放映的过程中，右击鼠标，在弹出的快捷菜单中选择【演示焦点】|【聚光灯】命令，如图 11-28 所示。此时会出现周围暗色、鼠标亮色的圆形聚光灯样式，用户可以移动鼠标指针，将其指向观众需要注意的内容上，如图 11-29 所示。在【聚光灯】命令下显示【遮罩】和【尺寸】拖曳条，可以设置聚光灯的遮罩程度和尺寸大小。

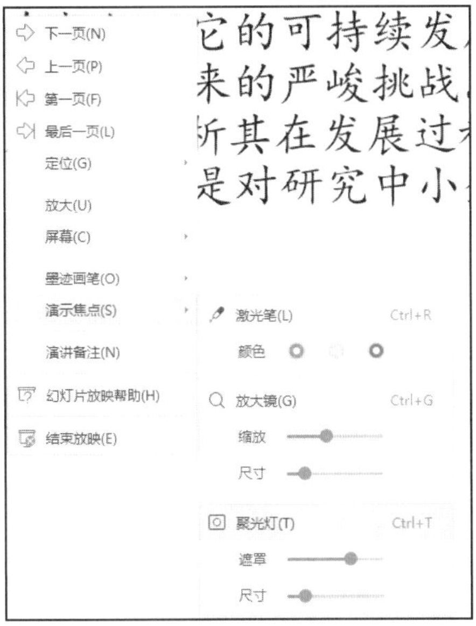

图 11-28

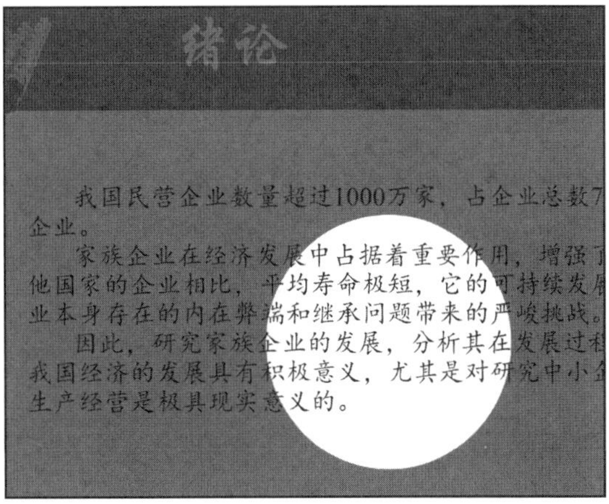

图 11-29

11.3.4　添加标记

若想在放映幻灯片时为重要位置添加标记，以突出强调重要内容，则可以利用演示提供的各种“笔”来实现。

【例 11-3】 给幻灯片添加标记。 视频

(1) 打开“毕业答辩”演示，在放映幻灯片的过程中，右击鼠标，然后在弹出的快捷菜单中选择【墨迹画笔】|【圆珠笔】命令，如图 11-30 所示。

(2) 当鼠标指针变为圆珠笔状态时，按住鼠标左键不放并拖动鼠标，即可为幻灯中的重点内容添加线条标记，如图 11-31 所示。

(3) 要改变圆珠笔的形状，可以右击放映中的幻灯片，在弹出的快捷菜单中选择【墨迹画笔】|【绘制形状】下的子命令，可选择自由曲线、直线、波浪线、矩形样式，如图 11-32 所示。

(4) 要改变圆珠笔的颜色，可以右击放映中的幻灯片，在弹出的快捷菜单中选择【墨迹画笔】|【墨迹颜色】下的色块，如图 11-33 所示。

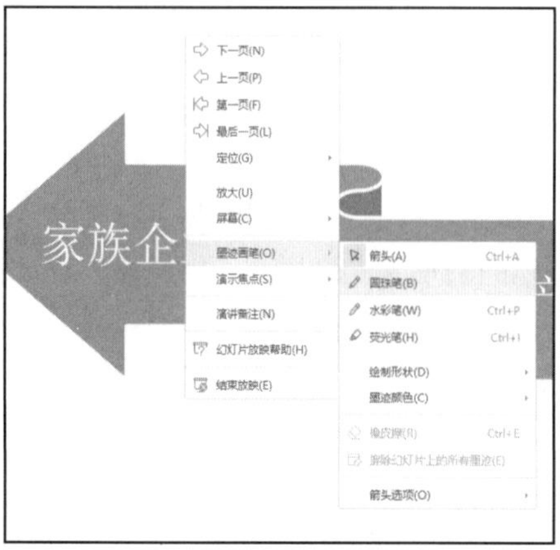

图 11-30

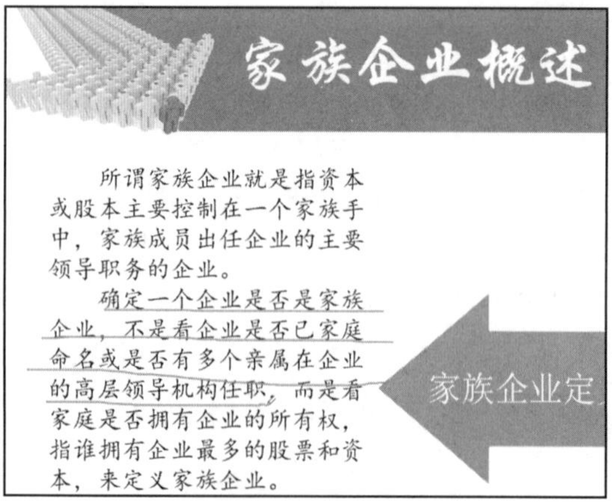

图 11-31

图 11-32

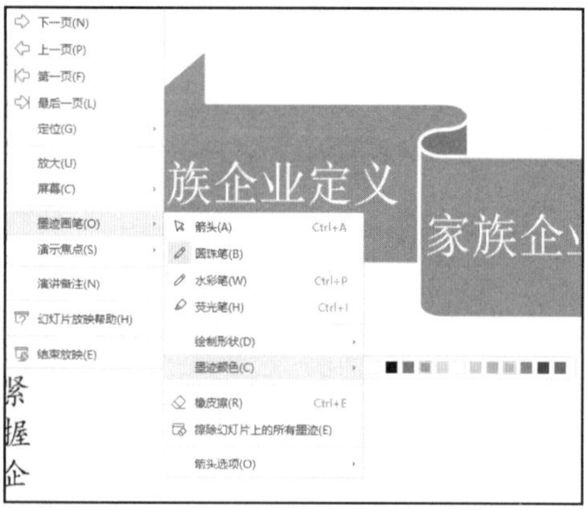

图 11-33

(5) 荧光笔的使用方法与圆珠笔相似，也是在放映幻灯片上右击鼠标，在弹出的快捷菜单中选择【墨迹画笔】|【荧光笔】命令，如图 11-34 所示。

(6) 当鼠标指针变为黄色方块时，按住鼠标左键不放并拖动鼠标，即可在需要标记的内容上进行标记，如图 11-35 所示。

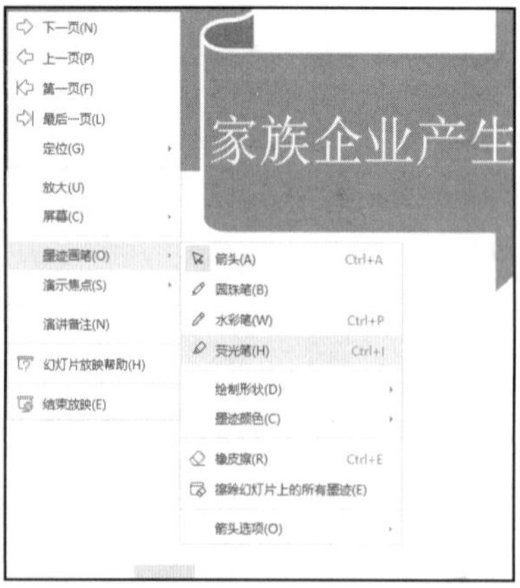

图 11-34

图 11-35

(7) 标记完成后按 Esc 键退出，此时会弹出一个对话框，询问用户是否保留墨迹注释，单击【保留】按钮，如图 11-36 所示。

(8) 返回到幻灯片普通视图，即可看到已经保留的注释，如图 11-37 所示。

图 11-36

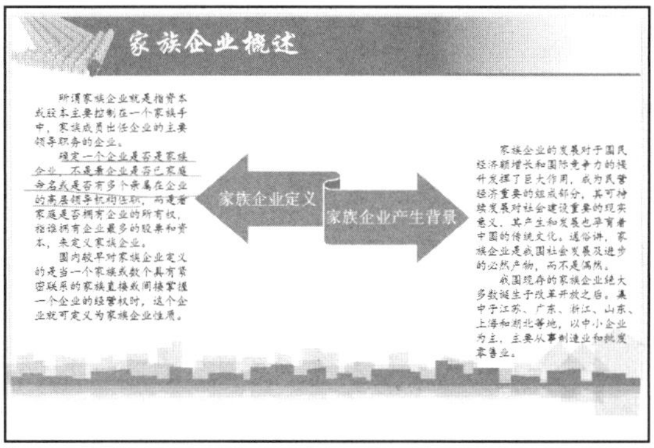

图 11-37

11.3.5　跳转幻灯片

在放映过程中，右击鼠标，在弹出的快捷菜单中选择【下一页】【上一页】【第一页】【最后一页】等命令可快速跳转幻灯片，如图 11-38 所示。

选择【定位】|【按标题】命令，在子菜单中选择幻灯片标题，如选择 5，即可跳转到第 5 张幻灯片，如图 11-39 所示。

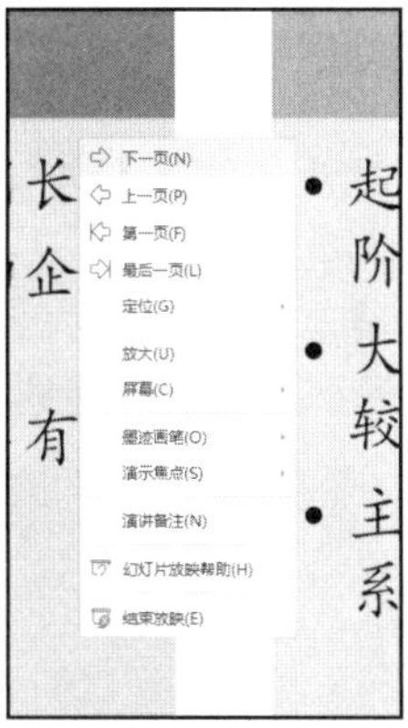

图 11-38

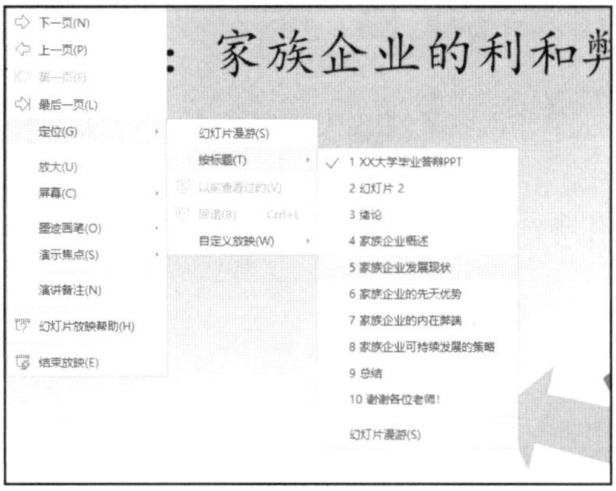

图 11-39

11.4　输出演示文稿

制作好演示文稿后，可将其制作成视频文件，以便在别的计算机中播放；也可以将演示文稿另存为 PDF 文件、模板文件、文档或图片等格式。输出演示文稿的相关操作主要包括打包、发布和打印。

11.4.1 打包演示文稿

将演示文稿打包后，复制到其他计算机中，即使该计算机中没有安装 WPS Office 软件，也可以播放该演示文稿。

【例 11-4】 打包演示文稿。视频

(1) 打开“毕业答辩”演示，单击【文件】下拉按钮，在弹出的菜单中选择【文件打包】|【将演示文档打包成文件夹】命令，如图 11-40 所示。

(2) 打开【演示文件打包】对话框，在【文件夹名称】文本框中输入名称，在【位置】文本框中输入保存位置(或单击【浏览】按钮设置保存位置)，单击【确定】按钮，如图 11-41 所示。

图 11-40

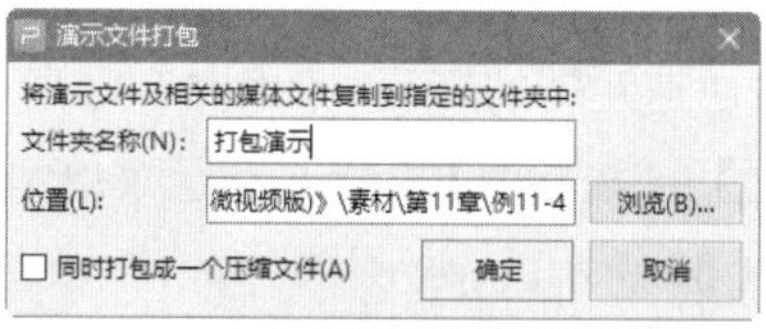

图 11-41

(3) 完成打包操作，打开【已完成打包】对话框，单击【打开文件夹】按钮，如图 11-42 所示。

(4) 打开文件所在文件夹，可以查看打包结果，如图 11-43 所示。

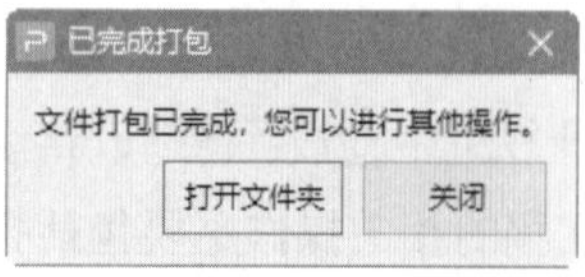

图 11-42

图 11-43

11.4.2　将演示文稿输出为 PDF 文档

若要在没有安装 WPS Office 软件的计算机中放映演示文稿，也可将其转换为 PDF 文件再进行查看。

【例 11-5】 将演示文稿输出为 PDF 文档。 视频

(1) 打开“毕业答辩”演示，单击【文件】下拉按钮，在弹出的菜单中选择【输出为 PDF】选项，如图 11-44 所示。

(2) 打开【输出为 PDF】对话框，在【输出范围】区域设置输出的页数，在【输出选项】区域选择【PDF】选项，在【保存位置】区域设置文件保存位置，单击【开始输出】按钮，如图 11-45 所示。

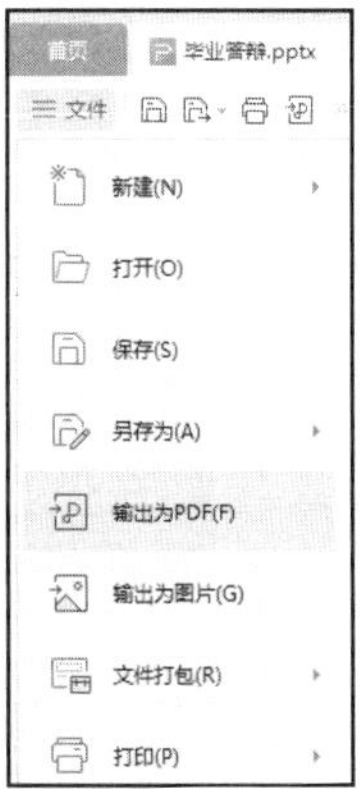

图 11-44

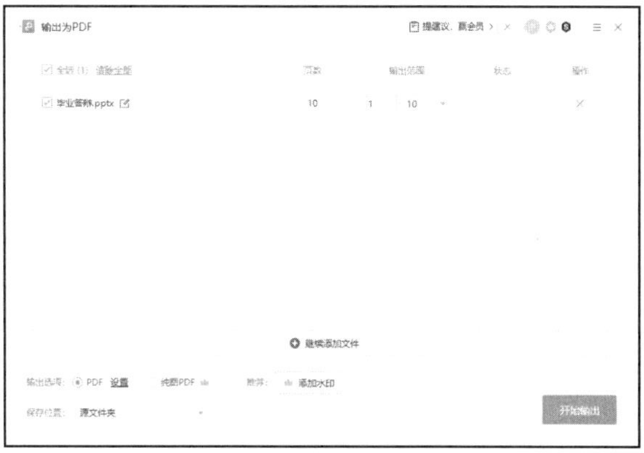

图 11-45

(3) 输出成功后，单击【打开文件夹】按钮，如图 11-46 所示。

(4) 打开文件所在文件夹，可以查看输出的 PDF 文档，如图 11-47 所示。

图 11-46

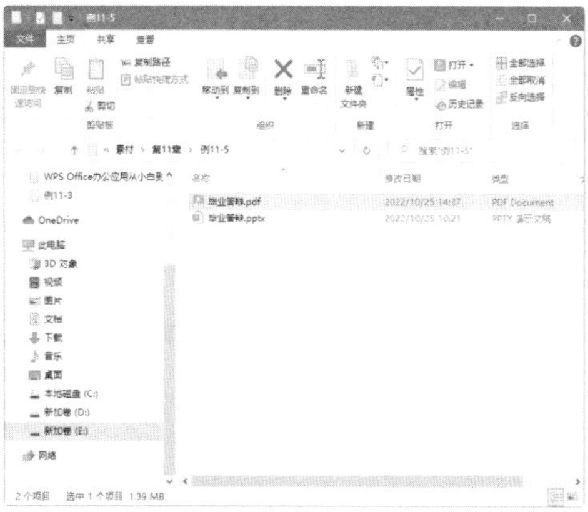

图 11-47

11.4.3 将演示文稿输出为视频

用户还可以将演示文稿输出为视频格式，以供用户通过视频播放器播放该视频文件，实现与其他用户共享该视频。

【例 11-6】 将演示文稿输出为视频。 视频

(1) 打开“毕业答辩”演示，单击【文件】下拉按钮，在弹出的菜单中选择【另存为】|【输出为视频】选项，如图 11-48 所示。

(2) 在弹出的【另存文件】对话框中选择文件保存位置，单击【保存】按钮，如图 11-49 所示。

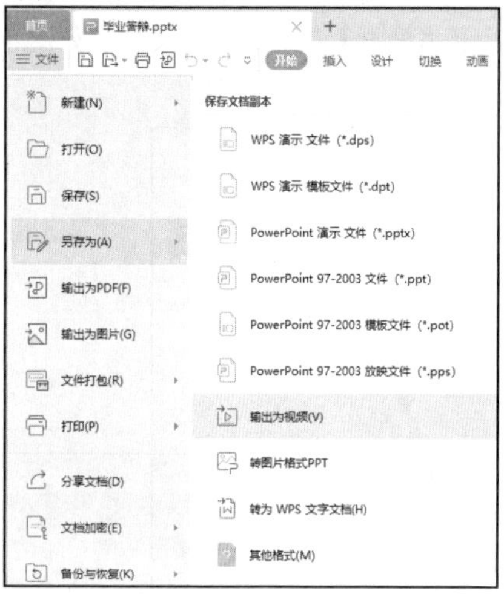

图 11-48

图 11-49

(3) 此时会打开【正在输出视频格式(WebM 格式)】对话框，如图 11-50 所示，等待一段时间。

(4) 提示输出视频完成，单击【打开视频】按钮，如图 11-51 所示。

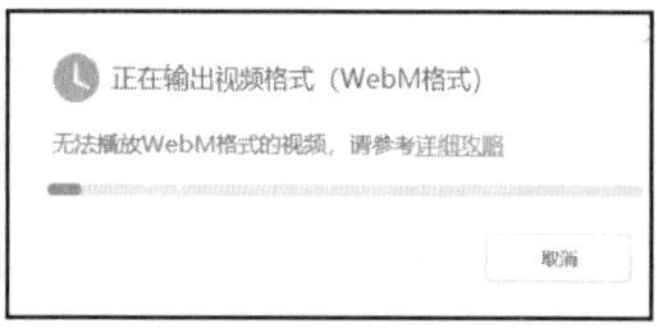

图 11-50

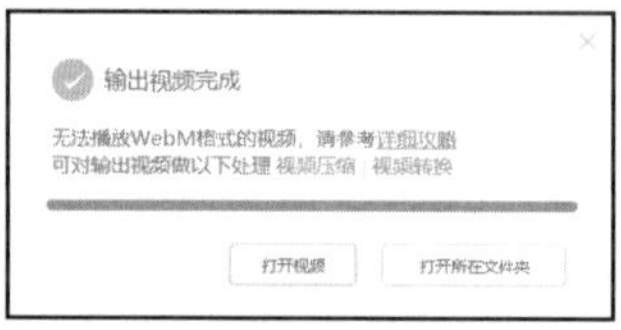

图 11-51

(5) 演示文稿以视频形式开始播放，效果如图 11-52 所示。

图 11-52

11.4.4　将演示文稿输出为图片

WPS Office 支持将演示文稿中的幻灯片输出为 PNG 等格式的图形文件，这有利于用户在更大范围内交换或共享演示文稿中的内容。

【例 11-7】 将演示文稿输出为 PNG 图片。 视频

(1) 打开“毕业答辩”演示，单击【文件】下拉按钮，在弹出的菜单中选择【输出为图片】命令，如图 11-53 所示。

(2) 打开【输出为图片】对话框，在【输出方式】区域选择【逐页输出】选项，在【输出格式】区域选择【PNG】选项，在【输出目录】文本框中输入保存路径，单击【输出】按钮，如图 11-54 所示。

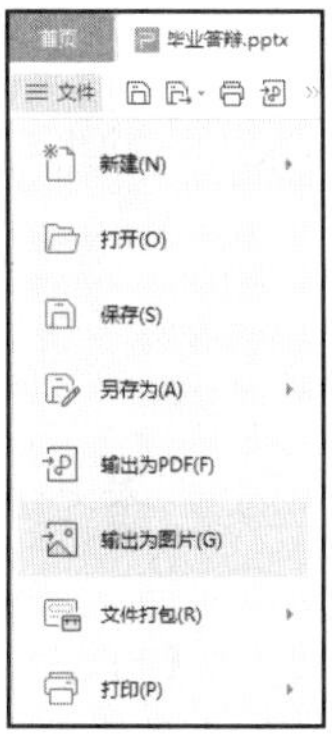

图 11-53

图 11-54

(3) 输出完毕后，打开【输出成功】对话框，单击【打开文件夹】按钮，如图 11-55 所示。

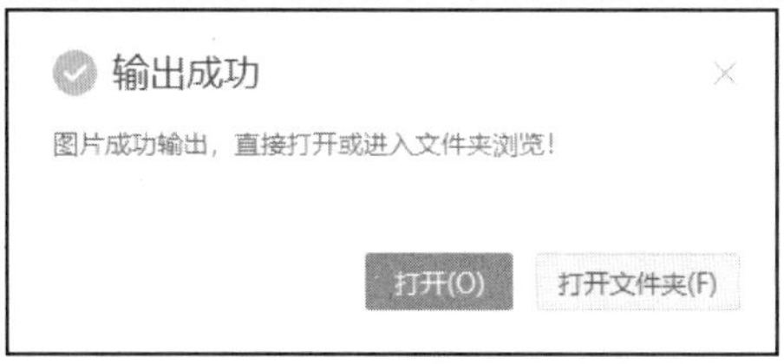

图 11-55

(4) 打开图片所在文件夹，即可查看保存的图片，如图 11-56 所示。

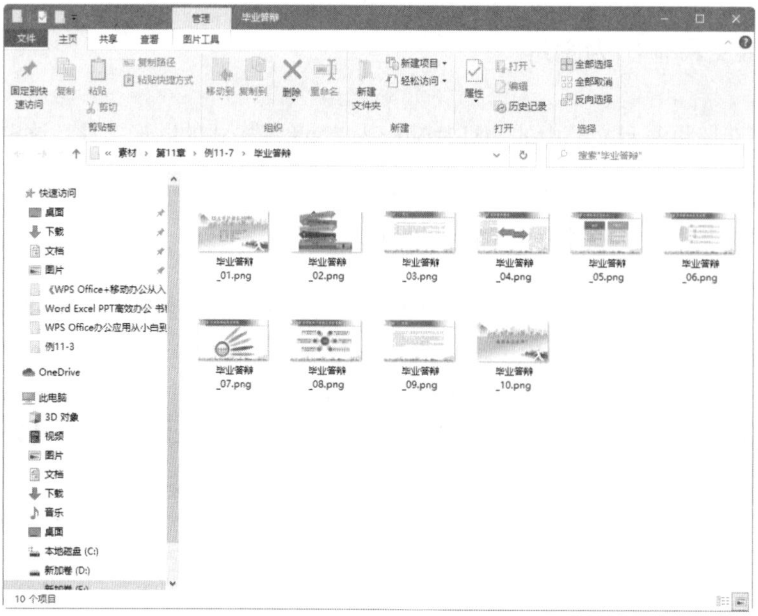

图 11-56

11.4.5 打印演示文稿

制作完成的演示文稿不仅可以进行现场演示，还可以将其通过打印机打印出来，分发给观众作为演讲提示。

1. 设置打印页面

在打印演示文稿前，可以根据自己的需要对打印页面进行设置，使打印的形式和效果更符合实际需要。

选择【设计】选项卡，单击【幻灯片大小】下拉按钮，在弹出的下拉列表中选择【自定义大小】命令，如图 11-57 所示。在打开的【页面设置】对话框中对幻灯片的大小、编号和方向等选项进行设置，设置完毕后单击【确定】按钮，如图 11-58 所示。

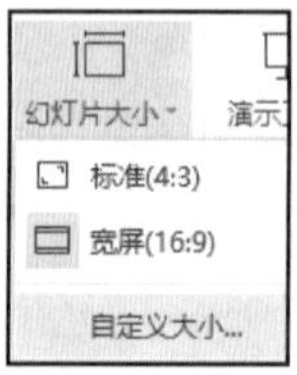

图 11-57

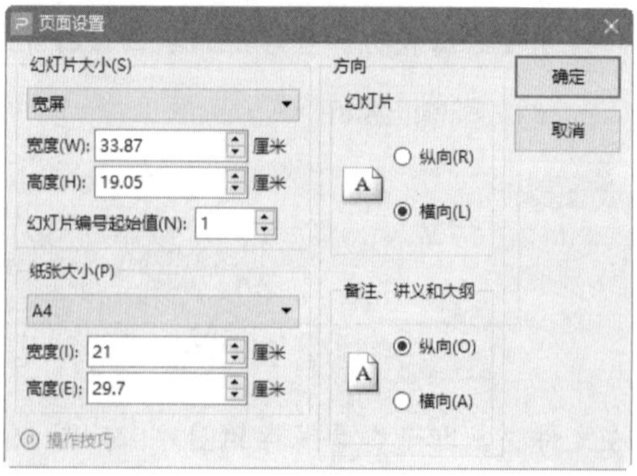

图 11-58

2. 打印预览

用户在【页面设置】对话框中设置好打印的参数后，在实际打印之前，可以使用打印预览功能先预览一下打印的效果。对当前的打印设置及预览效果满意后，可以连接打印机开始打印演示文稿。

单击【文件】下拉按钮，在弹出的菜单中选择【打印】|【打印预览】命令，如图 11-59 所示。此时会打开【打印预览】界面，用户可以对打印选项进行设置，如份数、颜色、单面打印或双面打印等选项，如图 11-60 所示。设置完毕后，单击【直接打印】按钮，即可开始打印演示文稿。

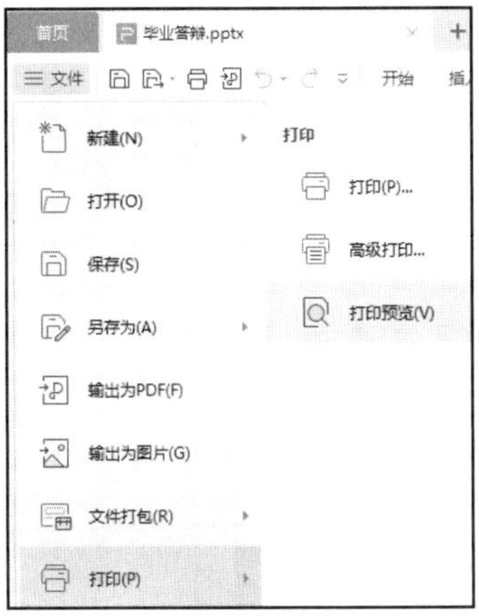

图 11-59

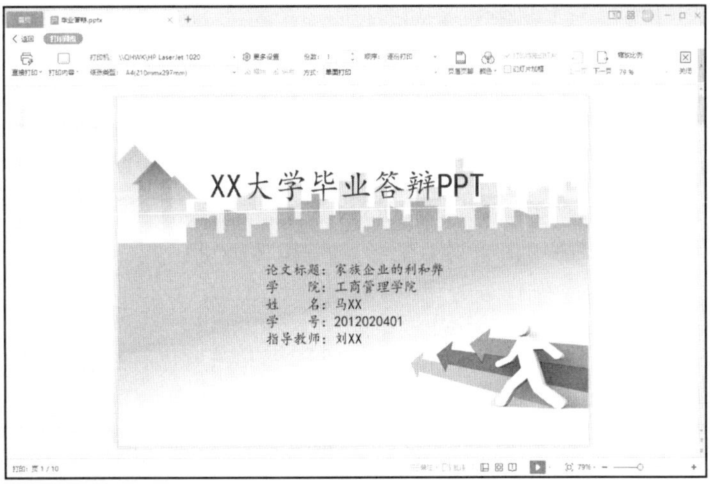

图 11-60

11.5　实例演练

通过前面内容的学习，读者应该已经掌握在演示中进行放映和输出演示文稿的操作方法，下面通过将演示输出为 JPG 格式等几个案例演练，巩固本章所学内容。

11.5.1　将演示输出为 JPG 格式

下面以“毕业答辩”演示为例，介绍将演示文稿输出为 JPG 格式的方法。

【例 11-8】 将演示文稿输出为 JPG 格式。 视频

(1) 打开“毕业答辩”演示，单击【文件】下拉按钮，在弹出的菜单中选择【输出为图片】命令，如图 11-61 所示。

(2) 打开【输出为图片】对话框，在【输出方式】区域选择【合成长图】选项，单击【输出】按钮，如图 11-62 所示。

图 11-61

图 11-62

(3) 输出完毕后会弹出【输出成功】对话框，单击【打开】按钮，如图 11-63 所示。

(4) 打开 JPG 长图片，即可查看保存的图片，如图 11-64 所示。

图 11-63

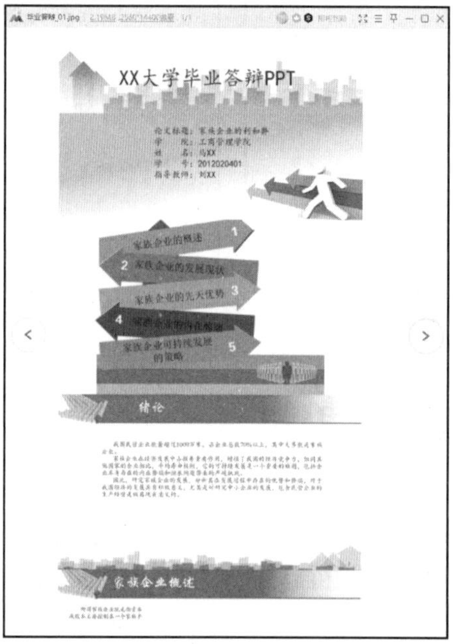

图 11-64

11.5.2 打包并放映演示

下面介绍打包与放映演示文稿的方法。

【例 11-9】 打包并放映演示。 视频

(1) 打开“垃圾分类知识宣传”演示，单击【文件】下拉按钮，在弹出的菜单中选择【文件打包】|【将演示文档打包成压缩文件】命令，如图 11-65 所示。

(2) 打开【演示文件打包】对话框，在【压缩文件夹名】文本框中输入名称，在【位置】文本框中输入保存位置，单击【确定】按钮，如图 11-66 所示。

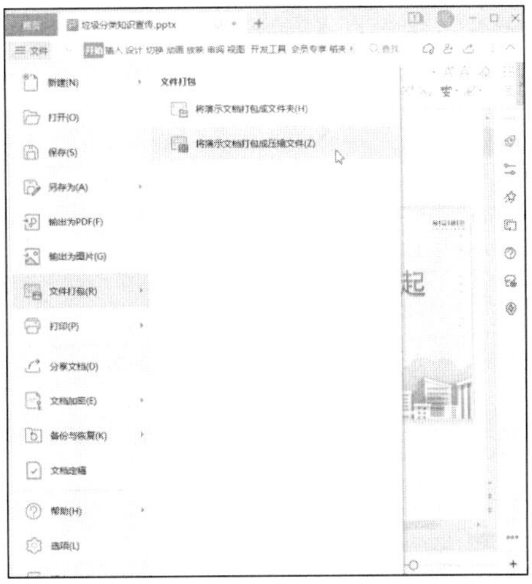

图 11-65

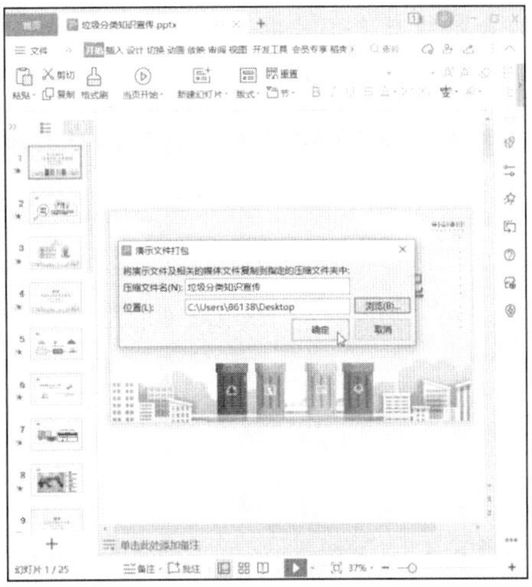

图 11-66

(3) 打包完成后打开【已完成打包】对话框，单击【打开压缩文件】按钮，如图 11-67 所示。

(4) 此时会自动打开压缩文件，双击压缩包中的文件即可自动播放，如图 11-68 所示。

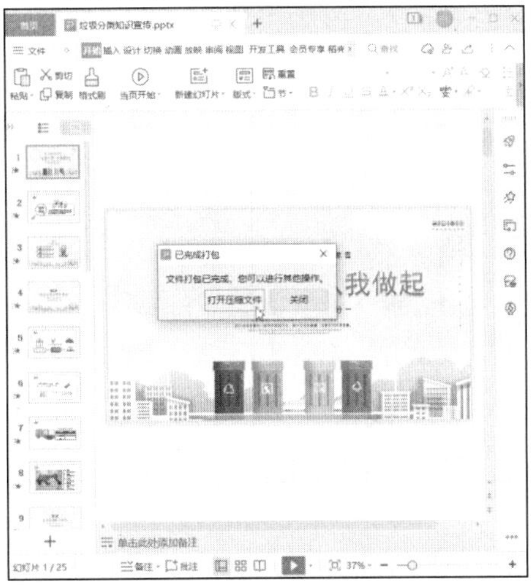

图 11-67

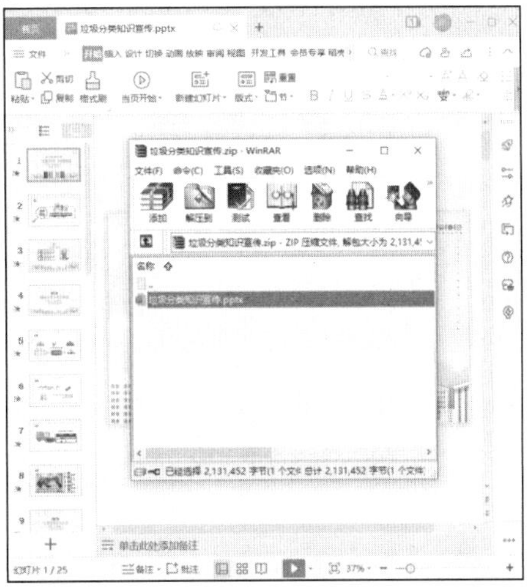

图 11-68

(5) 返回到幻灯片中，对幻灯片进行排练计时，如图 11-69 所示。

图 11-69

(6) 放映结束后会显示每张幻灯片的排练计时结果，然后在【放映】选项卡中单击【放映设置】按钮，如图 11-70 所示。

(7) 打开【设置放映方式】对话框，在其中设置放映方式，如图 11-71 所示。

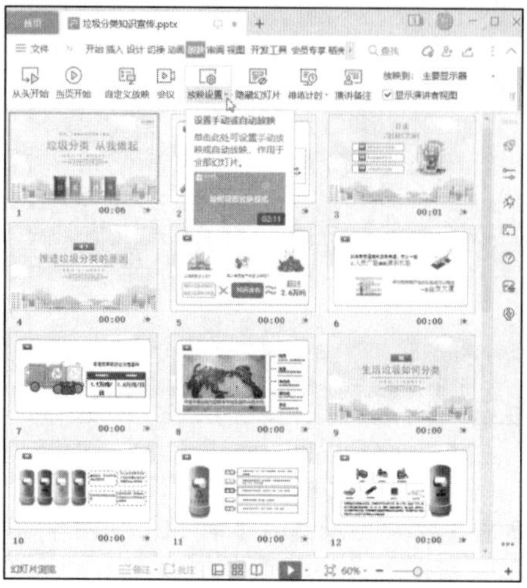

图 11-70

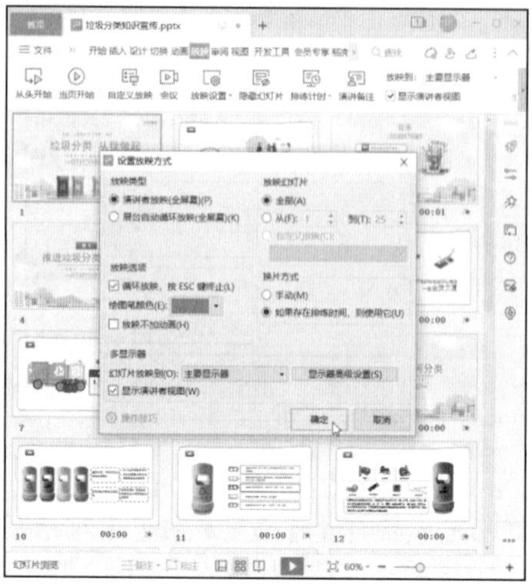

图 11-71

(8) 为第 2 张幻灯片添加由水彩笔画出的墨迹注释，如图 11-72 所示。

图 11-72

11.6 习题

1. 简述应用排练计时的方法。
2. 如何设置放映类型？
3. 简述输出演示文稿的几种方法。

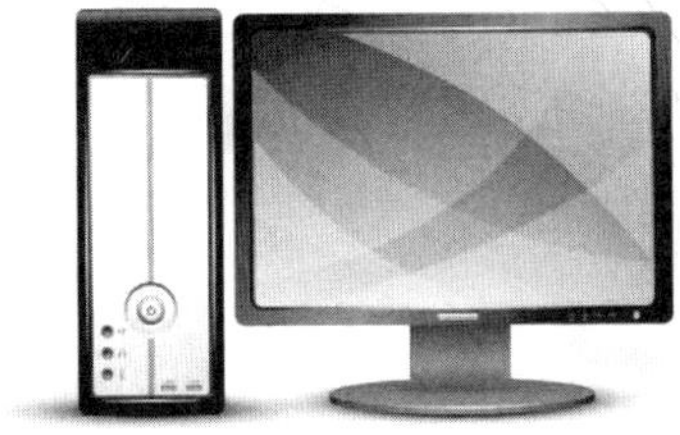

第12章

云办公和移动端协作

本章主要介绍 WPS 云文档的办公优势、云文档同步等知识，以及如何将文档下载到手机和使用微信快速分享文档的方法。通过本章的学习，读者可以掌握使用 WPS 云办公和移动端协同操作的知识。

本章重点

- 认识云办公
- 多终端同步办公
- 多人编辑文档在线协作
- 企业团队文档模式

二维码教学视频

【例 12-1】 开启桌面云同步
【例 12-2】 开启同步文件夹
【例 12-3】 下载文档到手机端
【例 12-4】 使用微信小程序分享文档
【例 12-5】 多人协作编辑
【例 12-6】 创建共享文档
【例 12-7】 使用金山会议

12.1 认识云办公

云办公就是在云平台上整合所有的办公文件资源，所有的办公设备都可以通过云平台访问这些资源，从而实现办公资源的编辑和存储操作，从而达到降低成本、提高办公效率的目的。

12.1.1 WPS 云文档的作用

将文档保存至 WPS 云上，即可实现云办公，而在 WPS 云中保存的文档，则称为云文档。云文档有以下办公优势。

- 可以实现办公文件云端保存，让工作更高效、便捷。开启文档云同步后，在计算机中编辑文档并保存在计算机硬盘后，使用同一账号登录手机 WPS Office，在【最近】列表中可以看到计算机中编辑保存的文档，直接打开还可以编辑文档。
- 可以实现文件自动备份，快速找回原文件。为了避免突然断电、计算机死机等情况发生导致文档内容丢失，可以开启文档云同步，文件会自动备份到云文档，遇到突发情况也可以在 WPS Office 首页【我的云文档】中搜索到备份的文档，如图 12-1 所示。

图 12-1

- 可以实现找回文档在某个时间修改的历史版本。用户在工作中需要不断地修改同一份文档，修改的次数多了，就会有多个不同编号的文档，不仅占用空间，查找起来也不方便。开启云同步后，选择文档名称后右击鼠标，选择【历史版本】命令，即可查看文档的历史版本，并且可以随时查看预览或恢复到某个历史版本，如图 12-2 所示。

图 12-2

▽ 可以无障碍实现与他人之间文件的安全共享。使用 WPS Office 的分享功能，可以设置文档的编辑权限，并且文档会自动保存至云端，接受者可在云端查看分享的文档，并可以实时查看所有文档操作记录，提高文件的安全性。

12.1.2　开启 WPS 云文档

开启云文档同步后，后期编辑的文档会自动保存至云文档中。开启云文档同步有以下几种操作方法。

▽ 在 WPS Office 首页单击界面上方的【尚未启用文档云同步】文字选项，如图 12-3 所示。此时在打开的下拉面板中单击【启用云文档同步】按钮，即可开启云文档同步功能，如图 12-4 所示。

图 12-3

图 12-4

▽ 在 WPS Office 首页上方单击【全局设置】按钮，如图 12-5 所示。在打开的【设置中心】界面中单击【文档云同步】按钮，将其设置为开启状态，如图 12-6 所示。

图 12-5

图 12-6

▽ 在计算机桌面右下角的【WPS 办公助手】图标上右击鼠标，在弹出的快捷菜单中选择【同步与设置】命令，在打开的【云服务设置】对话框中单击【文档云同步】按钮，将其设置为开启状态，同样可以开启云文档同步，如图 12-7 所示。

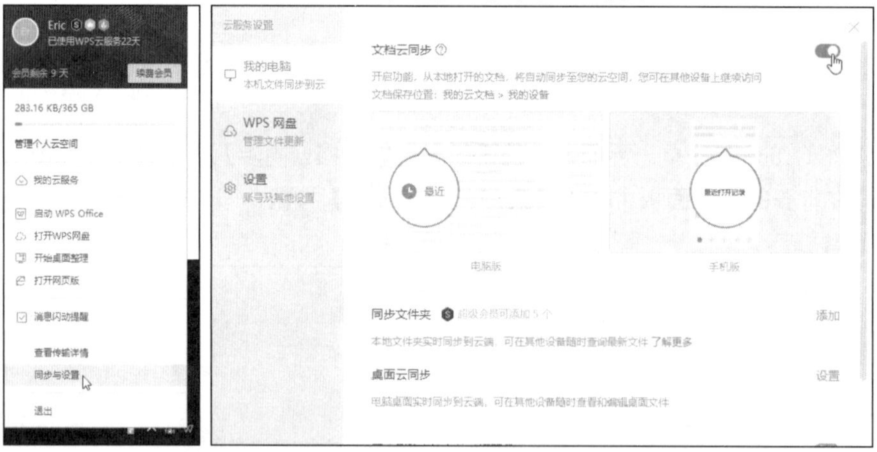

图 12-7

12.1.3 开启桌面云同步

开启桌面云同步，可以将桌面上的所有文档同步至云文档，具体操作步骤如下。

【例 12-1】 开启桌面云同步。

(1) 打开 WPS Office 首页，将鼠标移至账号图标上方，在弹出的菜单中单击【云服务】选项。此时会打开【我的云服务】界面，在【云应用服务】下方单击【桌面云同步】选项中的【去同步】文字链接，如图 12-8 所示。

图 12-8

(2) 打开【WPS-桌面云同步】对话框，单击【开启桌面云同步】按钮，在打开的【WPS 办公助手】对话框中单击 【开启云同步】按钮，如图 12-9 所示。

(3) 接下来可以将桌面文件进行同步操作。双击计算机桌面右下角的【WPS 办公助手】图标，在打开的【WPS 办公助手】对话框中单击【桌面云同步】图标，如图 12-10 所示。

图 12-9

图 12-10

(4) 在打开的对话框中单击【同步设置】按钮，如图 12-11 所示。

(5) 此时会显示桌面的文件数目，并提示已经同步完成，如图 12-12 所示。

图 12-11

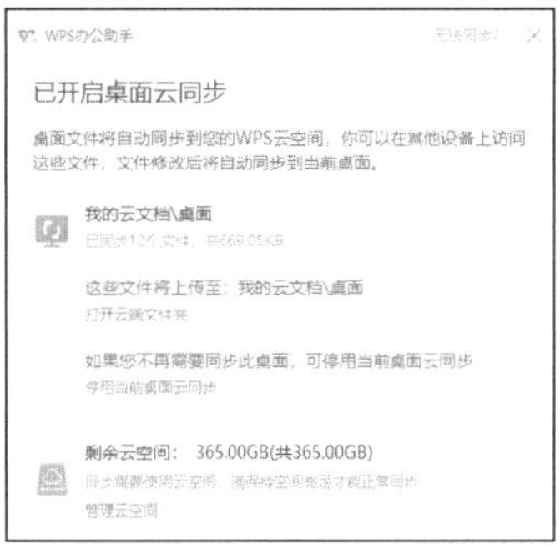

图 12-12

12.1.4 开启同步文件夹

开启同步文件夹，可以将重要文件夹中的所有文档同步至云文档，具体操作步骤如下。

【例 12-2】 开启同步文件夹。

(1) 双击计算机桌面右下角的【WPS 办公助手】图标，在打开的【WPS 办公助手】对话框中单击【同步文件夹】图标，如图 12-13 所示。

(2) 在打开的对话框中单击【选择文件夹】按钮，然后在打开的【选择文件夹】对话框中选中需要同步的文件夹，并单击【选择文件夹】按钮，如图 12-14 所示。

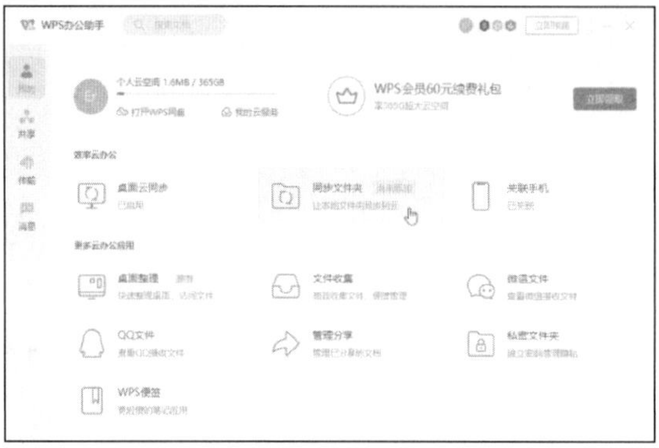

图 12-13

图 12-14

(3) 在打开的对话框中单击【立即同步】按钮，如图 12-15 所示。

(4) 此时会显示已经同步的文件夹名称，并提示已经同步完成，如图 12-16 所示。

图 12-15

图 12-16

12.2 多终端同步办公

除了使用云文档同步，用户还可以通过下载、分享等几种方式实现手机移动端、计算机端的文档同步管理。

12.2.1　将文档下载到手机

在使用 WPS Office 进行日常办公时，经常需要编写各种各样的文档和表格，如果遇到外出时需要继续编辑文档，而身边又没有计算机的情况，则需要运用手机版 WPS Office 功能。用户可以将计算机中的文档快速下载到手机中。

【例 12-3】 将计算机中的文档下载到手机端上。

(1) 打开“公司人事管理制度”素材文档，单击文档窗口右上角的【分享】按钮，如图 12-17 所示。

(2) 在打开的对话框中选择【发至手机】图标选项，然后单击下方的【发送】按钮，如图 12-18 所示。

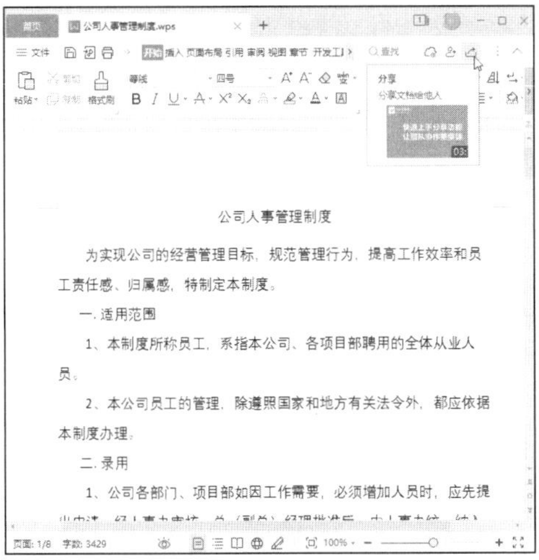

图 12-17

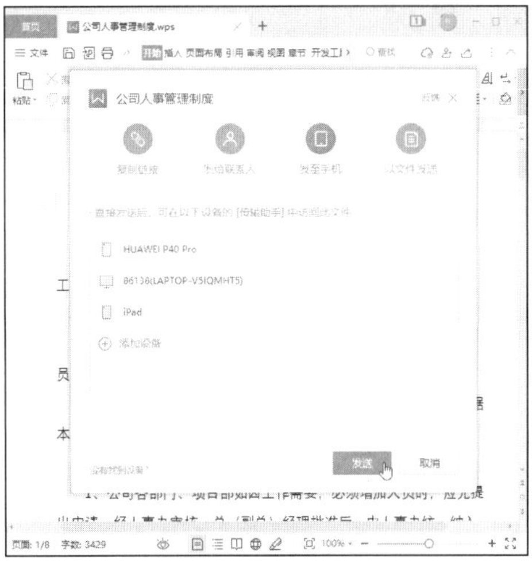

图 12-18

(3) 此时手机端的 WPS Office 软件会收到提示信息，点击提示信息即可看到发送的文档，如图 12-19 所示。

(4) 点击文档名称即可打开该文档，此时可以在手机端进行编辑操作，如图 12-20 所示。

图 12-19

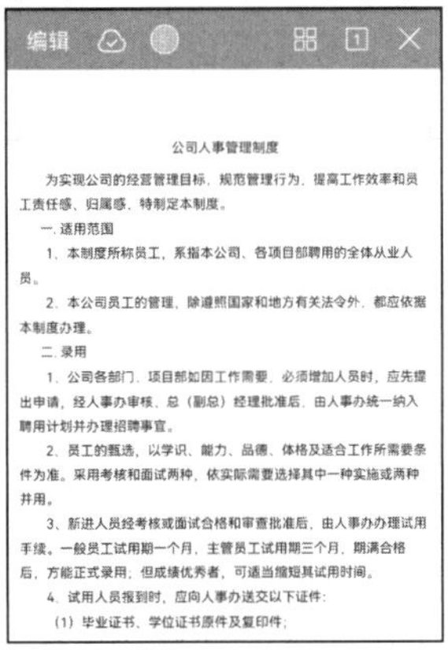

图 12-20

12.2.2 使用微信小程序快速分享文档

微信小程序中的“金山文档”程序集成了 WPS 手机端的功能，这样用户可以在微信中实现快速分享文档的基本功能，具体操作步骤如下。

【例 12-4】 使用微信小程序快速分享文档。

(1) 在手机微信小程序中搜索“金山文档”，并点击进入小程序，如图 12-21 所示。

(2) 选择需要分享的文档，点击文档名称右侧的【...】图标，在手机下方弹出的菜单中点击【分享】选项，如图 12-22 所示。

图 12-21

图 12-22

(3) 在分享界面中可以打开微信联系人名单，选中一个联系人后，点击右上角的【完成】按钮，如图 12-23 所示。

(4) 此时点击【发送】按钮即可把文档快速分享给联系人，如图 12-24 所示。联系人通过微信接收文件，可以直接打开文件进行查看或编辑操作。

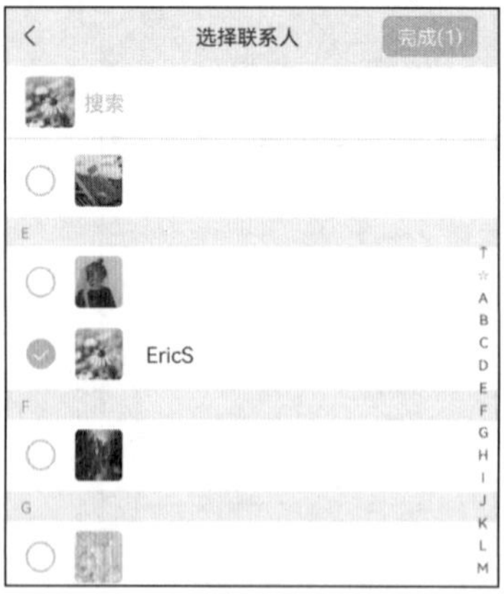

图 12-23

图 12-24

12.2.3　管理微信或 QQ 接收文件

WPS Office 强化了办公助手功能，可以帮助用户集中管理微信或 QQ 接收的文件。下面介绍管理微信接收文件的方法。

首先双击计算机桌面右下角的办公助手图标，打开【WPS 办公助手】界面，选择【我的】选项卡，单击【微信文件】图标，如图 12-25 所示。进入【WPS-文档雷达】窗口，可以在【微信文件】选项卡中看到近期从微信上接收的各种文件，双击一个文档即可打开该文档，如图 12-26 所示。

图 12-25

图 12-26

要分享微信接收到的文件，可以利用云文档的分享功能实现。首先右击文档，在弹出的菜单中选择【分享】命令，如图 12-27 所示，在弹出的界面中单击【上传到云端】按钮，如图 12-28 所示。

在打开的界面中，选择【复制链接】选项，单击选中分享选项的单选按钮，然后单击【创建并共享】按钮，即可创建链接并复制给其他人，如图 12-29 所示。

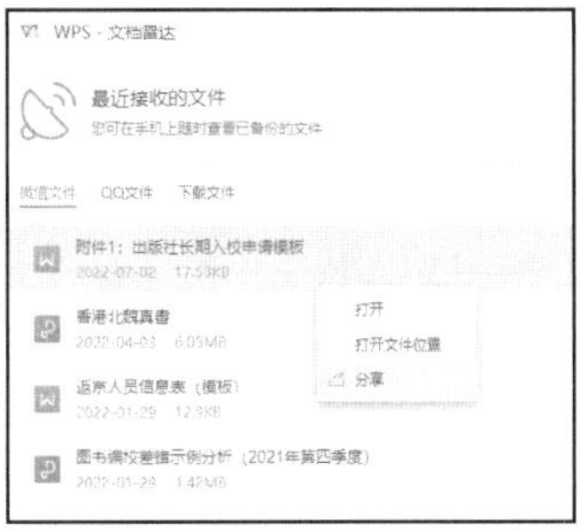

图 12-27

图 12-28

图 12-29

12.3　多人编辑文档在线协作

WPS Office 所提供的协同编辑功能，可以让多人实时在线查看和编辑一个文档。在日常工作中，有时候会遇到一个文档需要多个人提供信息的情况。如果每个人都单独录入信息，然后进行汇总，则会降低工作效率，此时可以使用协同编辑功能进行多人在线编辑文档。

12.3.1 协作模式编辑文档

使用 WPS Office 计算机版和手机版都可以进行多人实时协作编辑，下面对“员工工资表.et”表格文件进行操作，介绍 WPS Office 计算机版的多人实时协作编辑功能。

【例 12-5】 WPS Office 多人实时协作编辑。 视频

(1) 使用 WPS Office 打开“员工工资表.et”表格的“工资表”工作表，单击【协作】按钮，在下拉菜单中选择【使用金山文档在线编辑】选项，如图 12-30 所示。

(2) 弹出对话框，单击【上传到云端】按钮，如图 12-31 所示。

图 12-30

图 12-31

(3) 文档转换为在线协同编辑模式，单击【分享】按钮，如图 12-32 所示。

(4) 打开【分享】对话框，设置【指定分享的人】为【可编辑】，单击【已加入分享的人】拓展按钮，如图 12-33 所示。

图 12-32

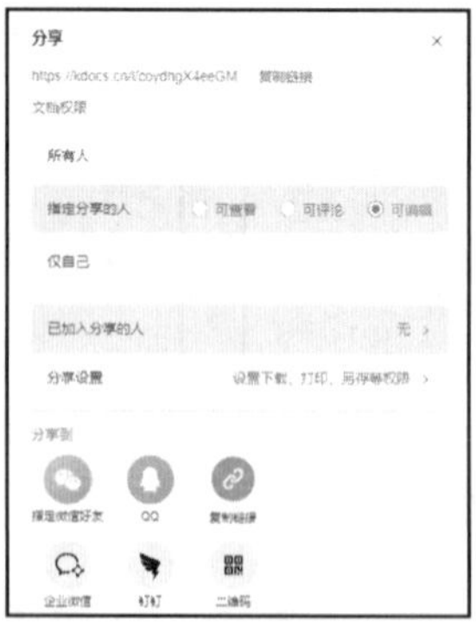

图 12-33

(5) 选择加入分享的人的账号，如图 12-34 所示，然后关闭该对话框。

(6) 返回【分享】对话框，单击【复制链接】文字链接或图标，如图 12-35 所示。

图 12-34

图 12-35

(7) 将链接发送给参与编辑的分享人，该分享人登录账号后会收到弹出对话框，单击【查看】按钮，如图 12-36 所示。

(8) 加入分享的人将进入分享的协作编辑文档，分享人可以编辑里面的数据，如图 12-37 所示。分享人编辑过后，在原始创建人打开的协作模式文档中可即时查看修改后的数据。

图 12-36

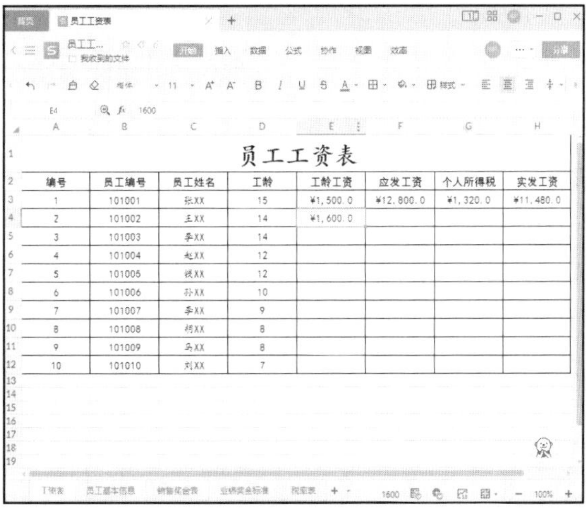

图 12-37

提示

邀请好友参与编辑，必须待对方同意邀请后才能加入文档编辑中。协作文档创建者可随时对协同编辑参与人进行权限设定。

12.3.2 创建并管理共享文件夹

创建共享文件夹不仅方便文件管理，还可以邀请成员实现文件共享，每个成员都可以上传文件到文件夹内。共享文件夹中的内容还可以自定义权限设置，让文件共享更安全。

1. 创建共享文件夹

共享文件夹可以使用 WPS Office 中的共享功能进行创建。

【例 12-6】 使用 WPS Office 创建共享文件夹。 视频

(1) 在 WPS Office 首页中选择【文档】|【共享】选项卡，在【创建共享文件夹】区域中单击【立即创建】按钮，如图 12-38 所示。

(2) 弹出【创建共享文件夹】对话框，输入共享文件夹的名称，单击【立即创建】按钮，如图 12-39 所示。

图 12-38

图 12-39

(3) 打开【邀请成员】对话框，单击【复制链接】按钮，然后在分享方式中选择一项添加协作者，如图 12-40 所示。

(4) 若协作者收到链接通知，接受后即可加入共享文件夹，如图 12-41 所示。

图 12-40

图 12-41

2. 管理共享文件夹

在【共享文件夹】界面中单击【上传文件】按钮，即可在弹出的对话框中选择文件并上传至共享文件夹，如图 12-42 和图 12-43 所示。

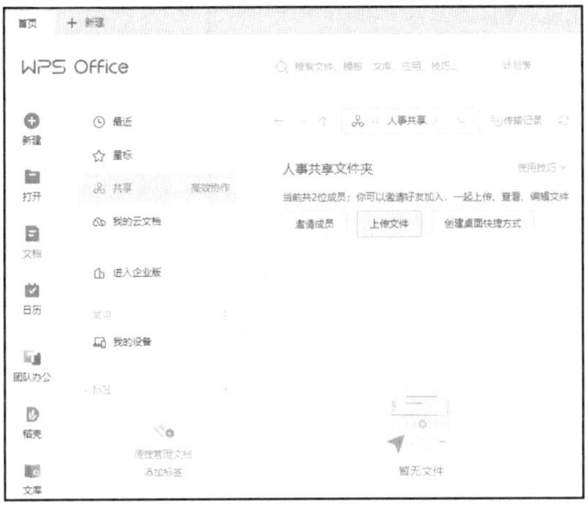

图 12-42

图 12-43

单击【创建桌面快捷方式】按钮，可以在桌面上创建该共享文件夹的快捷方式，如图 12-44 所示。单击【重命名】按钮，打开【重命名】对话框，输入名称，单击【确定】按钮，即可改变共享文件夹名称，如图 12-45 所示。

图 12-44

图 12-45

12.3.3　手机版 WPS Office 多人协作编辑

使用手机版 WPS Office 多人实时协作编辑，首先打开手机版 WPS Office 软件，登录 WPS 账号后，打开【首页】，查找需要进行操作的文件。如选中文件【员工工资表】，点击文件最右边的 3 个点图标，如图 12-46 所示。在弹出的界面中选择【多人编辑】选项，如图 12-47 所示。

图 12-46

图 12-47

进入【多人编辑】界面，用户可根据使用需要，在界面下方的 QQ、微信、通讯录和复制链接等多种方式中任选一种方式来邀请协作者参与文档编辑，此处选择【通讯录】，如图 12-48 所示。进入联系人列表选择协作者后，点击【确定】按钮，如图 12-49 所示。

图 12-48

图 12-49

点击【发送】按钮即可发送邀请，待协作者接受邀请后即可进入文档在线协同编辑模式，进行文档编辑操作和计算机版的 WPS Office 操作一致，如图 12-50 和图 12-51 所示。

图 12-50

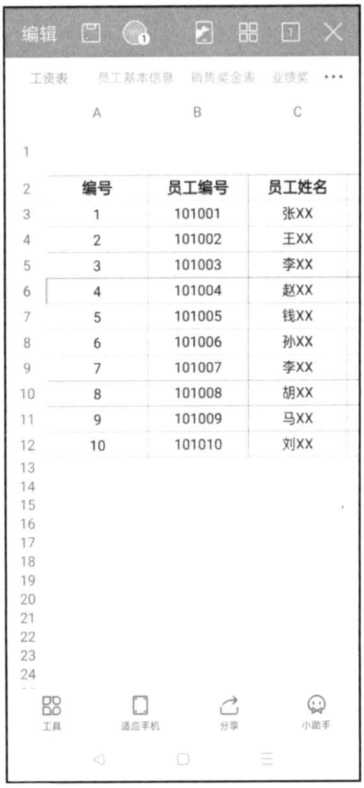

图 12-51

12.4　企业团队文档模式

使用企业团队文档功能可以集中管理所有文档，并且能多人快速定位文档，以及同时在线预览和编辑文档。

12.4.1　创建团队

使用团队模式，需要将创建者的 WPS Office 创建为企业版账号。首先在 WPS Office 首页界面单击【文档】选项卡中的【进入企业版】选项，如图 12-52 所示。输入企业名称和姓名，单击【下一步】按钮，如图 12-53 所示。

图 12-52

图 12-53

然后继续设置企业信息内容，并单击【确认创建】按钮，如图 12-54 所示。完成企业账户创建后，在左侧即可显示企业名称，之后就可以开始创建团队，在【创建您的第一个团队】区域输入团队名称，单击【下一步】按钮，如图 12-55 所示。

图 12-54

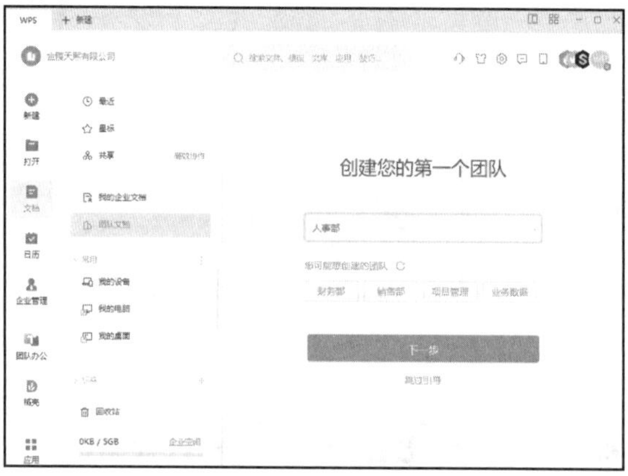

图 12-55

完成团队创建，单击【复制链接，邀请同事】按钮，将链接发送给该部门的同事，如图 12-56 所示。当同事单击链接提交申请后，待企业版账号审批同意后，即可加入团队，如图 12-57 所示。

图 12-56

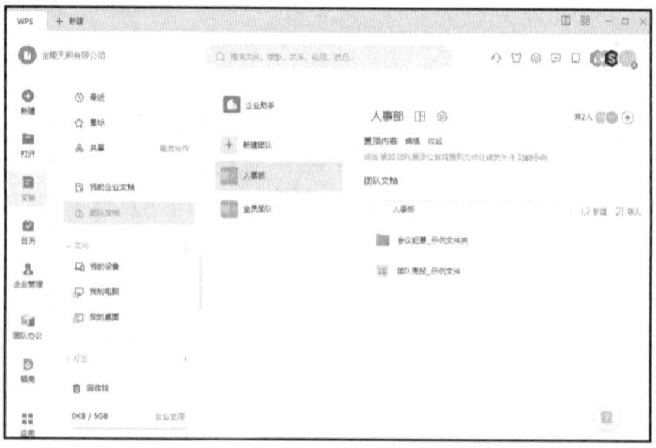

图 12-57

12.4.2　另建新团队

开启团队模式并创建一个团队后，如果还需要创建其他团队，可直接使用【创建团队】功能另建新团队。

首先在企业版账号的【团队文档】中单击【新建团队】按钮，如图 12-58 所示。弹出【新建团队】对话框，选择要创建的团队类型，如【普通团队】选项，如图 12-59 所示。

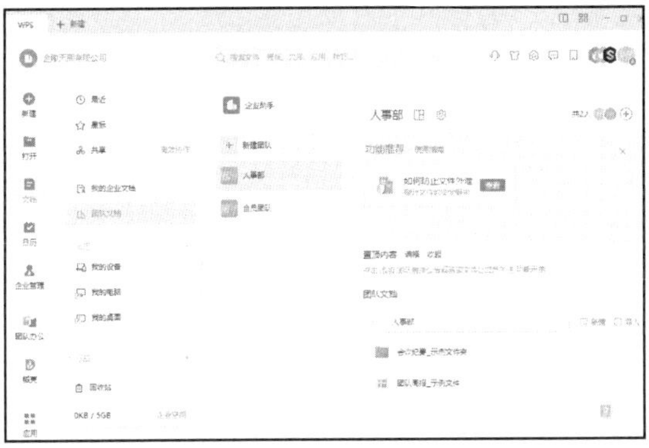

图 12-58

图 12-59

在打开的【普通团队】对话框中输入团队名称，单击【确定】按钮，此时便完成新团队的创建，如图 12-60 和图 12-61 所示。

图 12-60

图 12-61

如果要添加成员，可以在新建的团队名称上右击鼠标，在弹出的快捷菜单中选择【添加成员】命令，如图 12-62 所示。

打开【团队成员】对话框，选择添加成员的方式，并将链接发送给同事，如图 12-63 所示。待同事申请加入且申请被同意后，即可添加新成员。

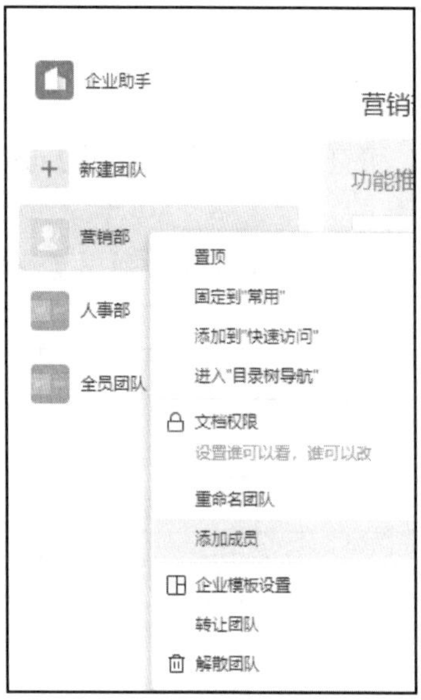

图 12-62

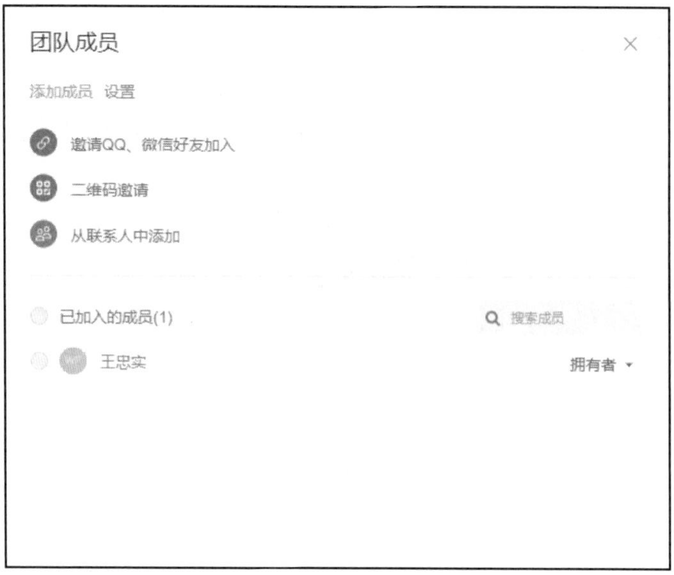

图 12-63

12.4.3　上传文件至团队

创建团队后，即可将相关的文档上传至团队文档，实现共享。首先选择一个团队，然后单击【导入】按钮，在弹出菜单中选择【上传文件】命令，如图 12-64 所示。

图 12-64

打开【上传到云】对话框，选择要上传的文件，单击【确定】按钮，如图 12-65 所示。完成团队文件的上传，效果如图 12-66 所示，双击文档即可打开并编辑文档。

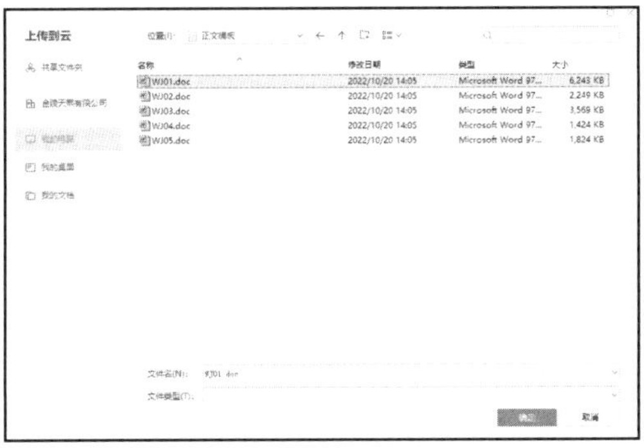

图 12-65

图 12-66

12.5　实例演练

通过前面内容的学习，读者应该已经掌握云办公和多终端协作办公等内容，本节以远程沟通为例，对本章所学知识点进行综合运用。

【例 12-7】 使用【金山会议】功能召开视频会议。 视频

(1) 启动 WPS Office，在首页的搜索框内输入“金山会议”开始搜索，单击【金山会议】应用按钮，如图 12-67 所示。

(2) 进入【金山会议】界面，单击【新会议】按钮，如图 12-68 所示。

图 12-67

图 12-68

(3) 单击【邀请】按钮，邀请人员后，单击【立即开会】按钮，如图 12-69 所示。

(4) 打开会议窗口，可以打开麦克风或摄像头进行远程“面对面”的视频会议，如果要结束会议，单击【结束会议】按钮即可退出，如图 12-70 所示。

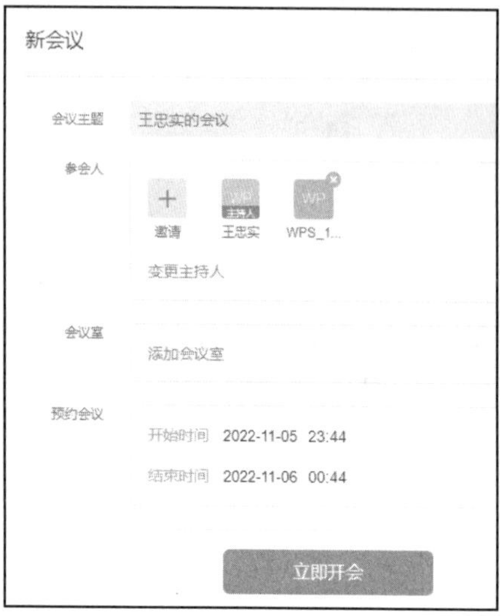

图 12-69

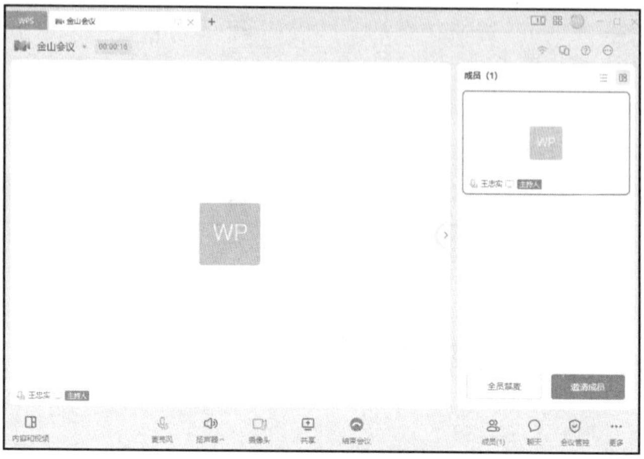

图 12-70

12.6 习题

1. 简述使用云办公的方法。
2. 如何使用微信小程序快速分享文档？
3. 简述多人编辑文档在线协作的方法。
4. 简述企业团队文档模式的操作方法。

第13章

WPS Office其他办公应用

在日常工作中，除了文档、表格、演示文稿等常用文件类，还有 PDF、流程图、思维导图等用于办公学习的各类应用文件，WPS Office 也可以处理各类实际应用文件，便于用户综合办公。通过本章的学习，读者可以掌握使用 WPS Office 进行其他实际应用的操作技巧。

本章重点

- 使用 PDF
- 制作流程图
- 制作思维导图
- 制作表单

二维码教学视频

【例 13-1】 文字文档转为 PDF
【例 13-2】 PDF 转为图片
【例 13-3】 编辑 PDF
【例 13-4】 绘制流程图
【例 13-5】 美化流程图
【例 13-6】 绘制思维导图

本章其他视频参见教学视频二维码

13.1 使用 PDF

PDF 是 Adobe 公司设计的一种非常方便的文档格式，比使用传统的文件格式更加便捷，形式更加鲜明，兼容性和安全性都更好。WPS Office 中的 PDF 组件是针对 PDF 格式文件阅读和处理的工具，它支持多种格式相互转换、编辑 PDF 文档内容等多项实用的办公功能。

13.1.1 新建 PDF

创建 PDF 文件有多种方法，可以将 WPS 文字、WPS 表格及 WPS 演示相关的文档输出为 PDF 文件，还可以把图片转换为 PDF 文件。

【例 13-1】 将文字文档转换为 PDF 文件。 视频

(1) 启动 WPS Office，打开“礼仪.wps”文字文档，选择【会员专享】选项卡，单击【输出为 PDF】按钮，如图 13-1 所示。

(2) 打开【输出为 PDF】对话框，在【输出范围】区域可以设置输出的页面，默认为所有的页面，在【输出选项】区域可以选择输出为普通 PDF 还是图片型 PDF，将【保存位置】设置为【自定义文件夹】，然后单击右侧的 按钮，如图 13-2 所示。

图 13-1

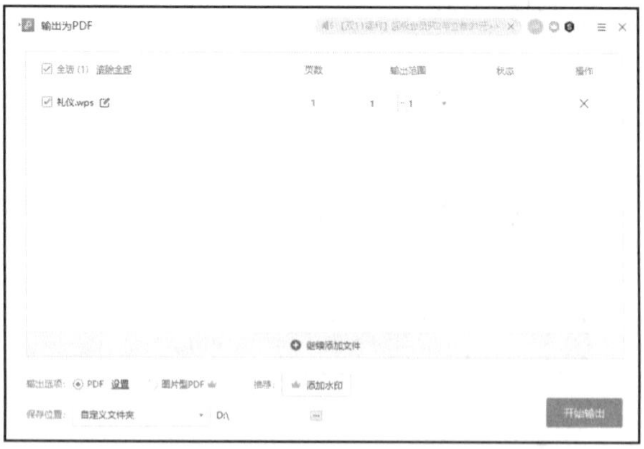

图 13-2

(3) 打开【选择路径】对话框，选择保存文件夹，单击【选择文件夹】按钮，如图 13-3 所示。

(4) 返回至【输出为 PDF】对话框，单击【开始输出】按钮，即可开始转换文件格式，如图 13-4 所示。

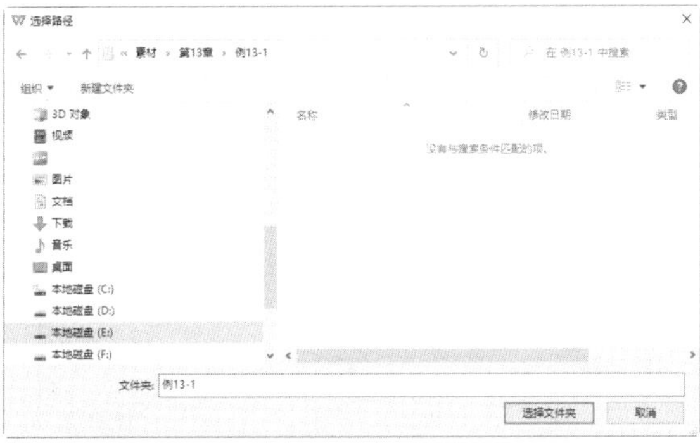

图 13-3

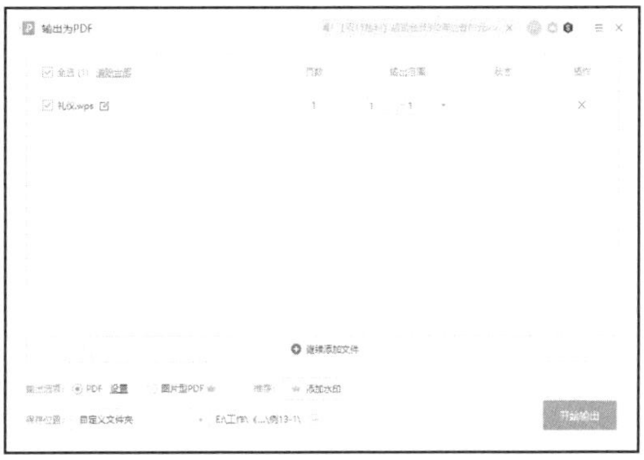

图 13-4

(5) 打开保存文件夹，双击已经转换完毕的 PDF 文件，如图 13-5 所示。

(6) 此时会打开 PDF 文件，效果如图 13-6 所示。

图 13-5

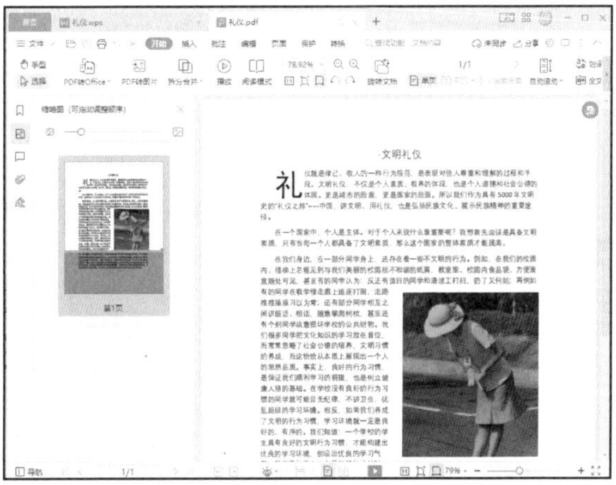

图 13-6

13.1.2　PDF 文件转换格式

日常工作中会经常使用 PDF 文件，普通 PDF 软件无法对 PDF 文件进行编辑。若要编辑 PDF 文件，需要将 PDF 文件转换为 Office 的 Word 文档。通过 WPS Office 就能实现 PDF 到 Word、Excel、PPT 及图片和纯文本文档的转换。

例如，打开一个 PDF 文件，在【转换】选项卡中单击【PDF 转 Word】按钮，如图 13-7 所示。打开【金山 PDF 转换】对话框，选择【转为 Word】选项卡，设置【输出范围】，设置【输出目录】为【PDF 相同目录】，设置【输出格式】为【docx】，单击【开始转换】按钮即可转换为 Word 文档，如图 13-8 所示。在 Word 文档中，可以直接对内部内容进行编辑。

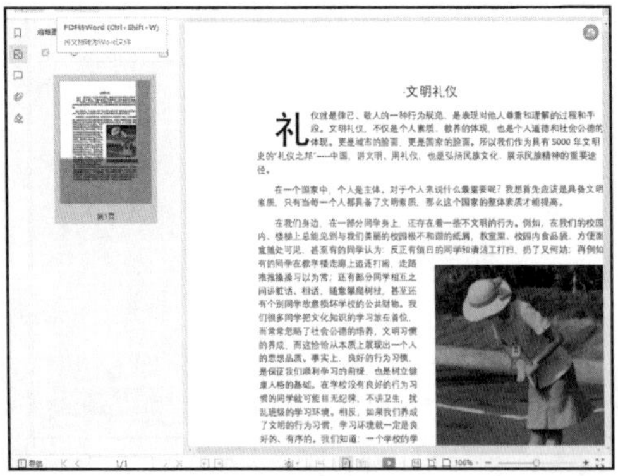

图 13-7

图 13-8

用户还可以把 PDF 文件转换为图片格式，具体步骤如下所示。

【例 13-2】 将 PDF 文件转换为图片。 视频

(1) 启动 WPS Office，打开“礼仪”PDF 文件，选择【转换】选项卡，单击【PDF 转图片】按钮，如图 13-9 所示。

(2) 打开【输出为图片】对话框，设置【输出格式】为【逐页输出】，【水印设置】为【无水印】，【输出页数】为【所有页】，【输出格式】为【JPG】，【输出尺寸】为【超清(放大至默认尺寸6 倍)】，并设置【输出目录】，单击【输出】按钮，如图 13-10 所示。

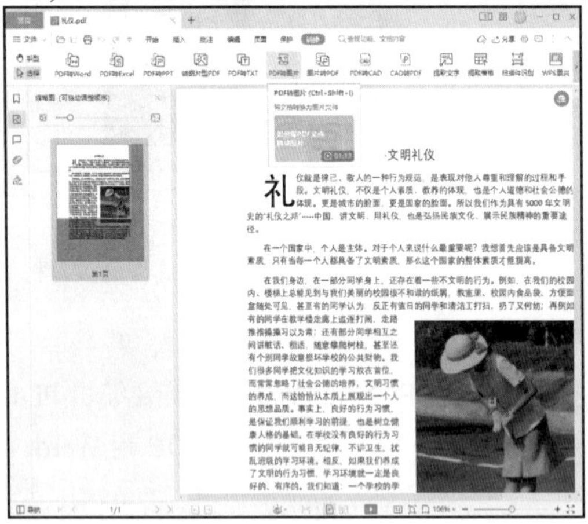

图 13-9

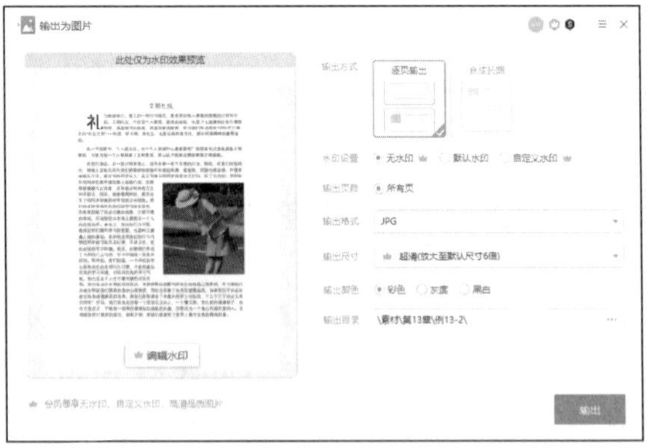

图 13-10

(3) 转为图片格式后，会弹出【输出成功】提示框，单击【打开】按钮，如图 13-11 所示。

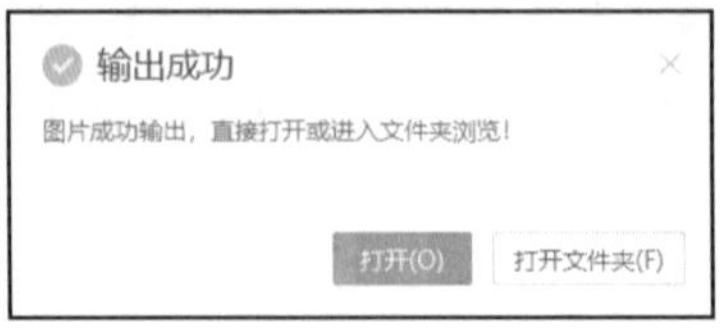

图 13-11

(4) 此时会打开生成的 JPG 格式图片文件，如图 13-12 所示。

图 13-12

13.1.3　编辑 PDF 内容

WPS Office 支持阅读和编辑 PDF 文件，如查看 PDF、编辑页面、编辑文字或图片内容、添加批注等操作。

1. 查看 PDF

WPS Office 支持查看 PDF 格式文档，查阅 PDF 文档的方法和查看文字、表格及演示文稿的方法一致。

首先在 WPS Office 打开 PDF 文件，单击左侧的【查看文档缩略图】按钮，如图 13-13 所示，即可打开【缩略图】窗格，此时会显示各页内容的缩略图，用户可以单击缩略图定位至该页，如图 13-14 所示。

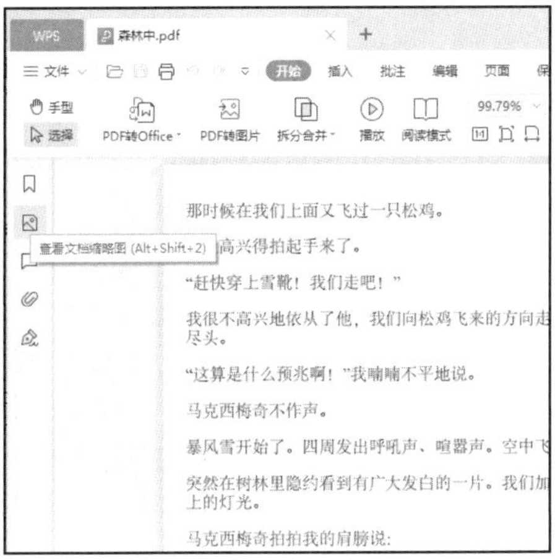

图 13-13

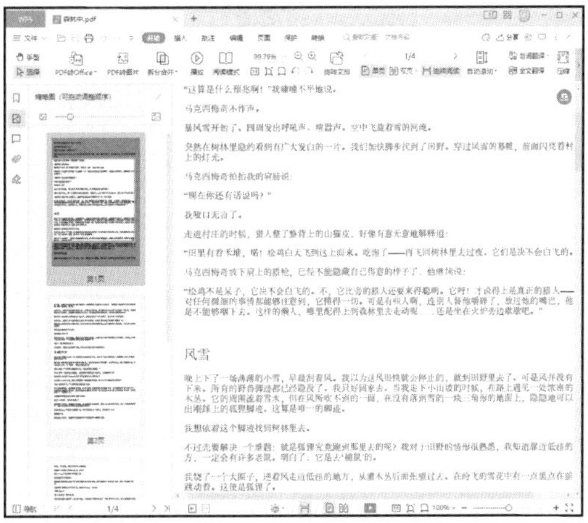

图 13-14

拖曳窗口底部状态栏右下角的控制柄，可以调整 PDF 的显示比例，以方便阅读，如图 13-15 所示。单击底部状态栏中的【全屏】按钮，可以全屏查看 PDF 文件。单击底部状态栏中的【双页】按钮，可以双页并排查看 PDF 文件，如图 13-16 所示。

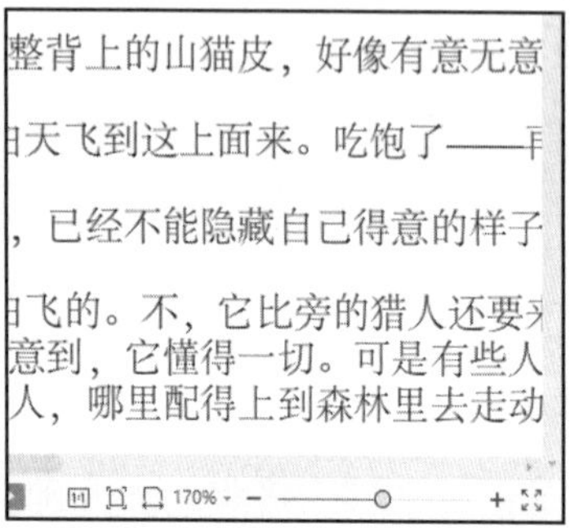

图 13-15

图 13-16

2. 编辑 PDF 页面

提取页面、添加页面、删除页面都是编辑 PDF 页面的常用操作。

提取页面就是将 PDF 文档中的任意页面提取出来，生成一个新的 PDF 文档。打开一个 PDF 文档，选择【页面】选项卡，单击【提取页面】按钮，如图 13-17 所示。打开【提取页面】对话框，用户可以设置【提取模式】【页面范围】【添加水印】【输出位置】等选项，然后单击【提取页面】按钮，即可提取页面并新建一个新 PDF 文档，如图 13-18 所示。

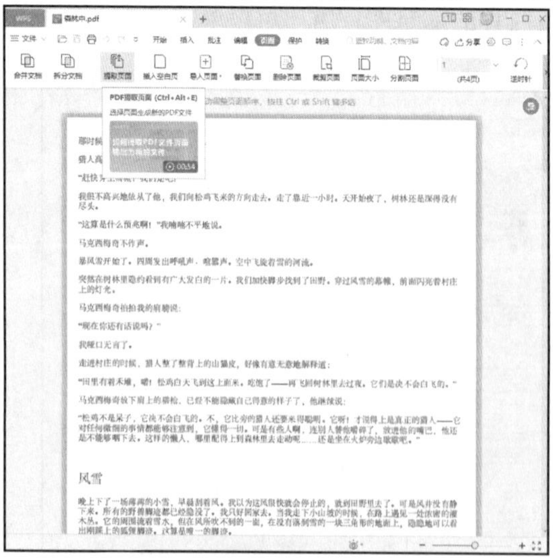

图 13-17

图 13-18

要添加空白页面，可以在【页面】选项卡中单击【插入空白页】按钮，如图 13-19 所示。打开【插入空白页】对话框，设置插入页面的选项后单击【确认】按钮即可插入空白页，如图 13-20 所示。

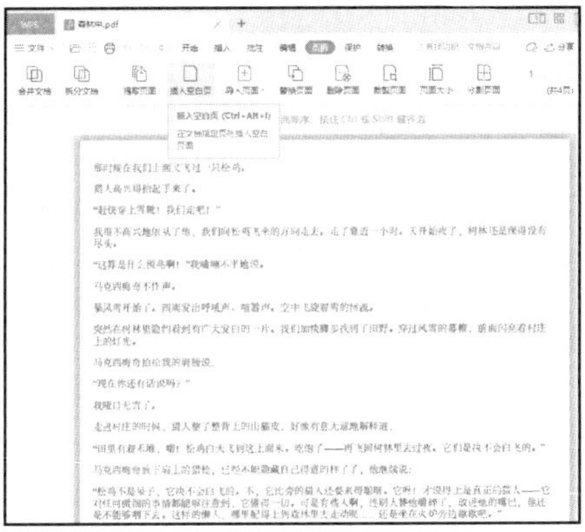

图 13-19

图 13-20

要选择其他文件添加为 PDF 页面，可以在【页面】选项卡中单击【导入页面】下拉按钮，在弹出的下拉菜单中可选择导入多种文件格式，如图 13-21 所示。如选择【导入 PDF 文件】命令，打开【选择文件】对话框，如图 13-22 所示，选择要导入的 PDF 文件后，单击【打开】按钮，即可将该 PDF 页面插入指定位置。

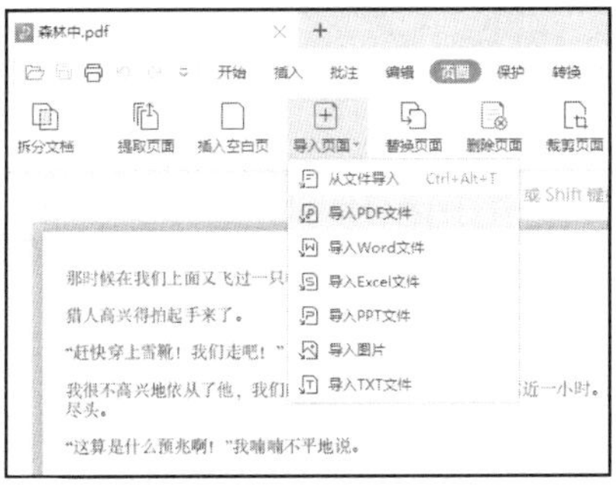

图 13-21

图 13-22

要删除 PDF 页面，可以在【页面】选项卡中单击【删除页面】按钮，如图 13-23 所示。打开【删除页面】对话框，在选择页面后，会默认删除当前选择页，单击【确定】按钮即可删除该页面，如图 13-24 所示。

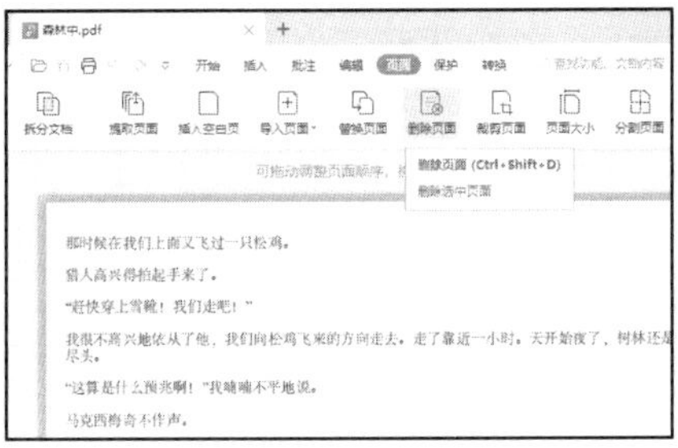

图 13-23

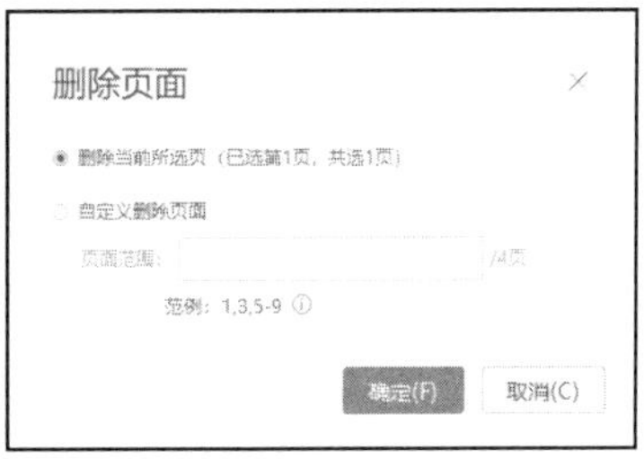

图 13-24

提示

如果要删除其他页面，可以单击【自定义删除页面】单选按钮，并在页面范围中输入要删除的页面，连续的页面用“-”连接，如“3-5”，不连续的页面用英文“,”分隔，最后单击【确定】按钮即可。

3. 编辑 PDF 文档中的内容

编辑 PDF 文档中的内容主要包括文字和图片，需要注意的是，编辑文字功能仅支持 WPS Office 会员使用，而且纯图片的 PDF 是无法进行文字编辑的。

【例 13-3】 编辑 PDF 文档中的文字和图片。视频

(1) 启动 WPS Office，打开“森林中”PDF 文件，选择【编辑】选项卡，单击【编辑内容】按钮，进入文字编辑模式，文本内容会以文本框的形式显示，如图 13-25 所示。

(2) 将鼠标光标定位至要修改的位置，如放在“猎人”前，输入“同行的”文字，如图 13-26 所示。

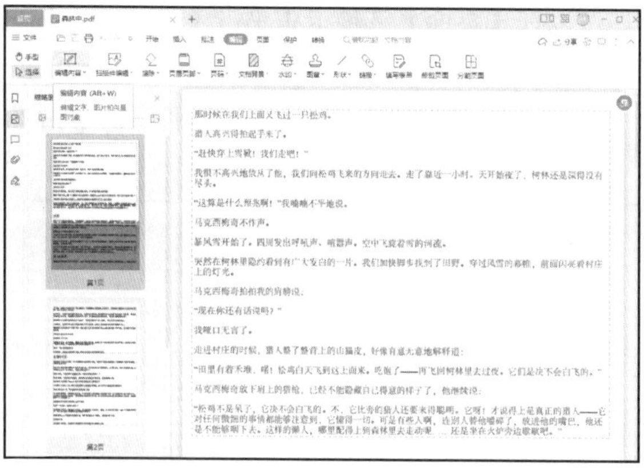

图 13-25

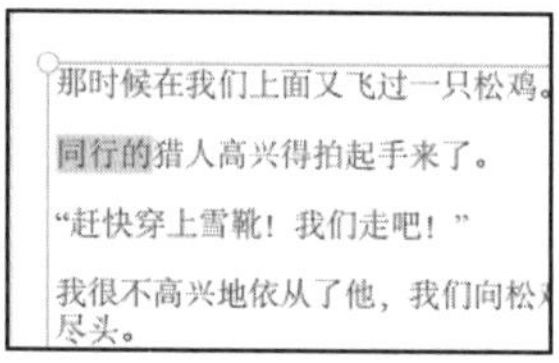

图 13-26

(3) 选中该段文字，打开【文字编辑】选项卡，可以设置文字的字体、字号及段落样式，单击【退出编辑】按钮完成文字编辑操作，如图 13-27 所示。

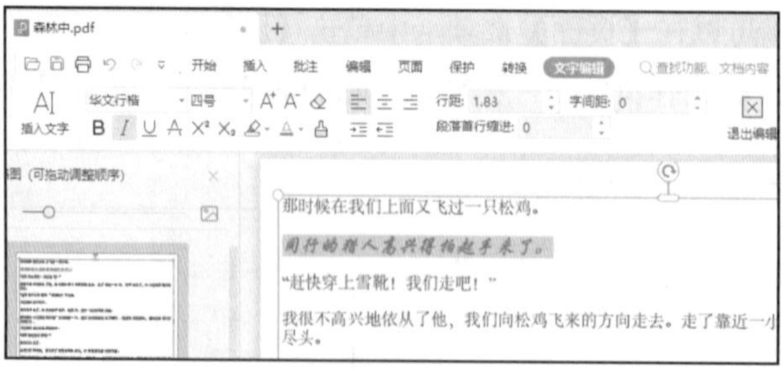

图 13-27

(4) 单击【编辑内容】按钮，选中 PDF 文档中的图片，即可打开【图片编辑】选项卡，该选项卡提供的多种功能可用于编辑图片，如图 13-28 所示。

(5) 调整图片四周的框线来设置图片的大小，如图 13-29 所示。

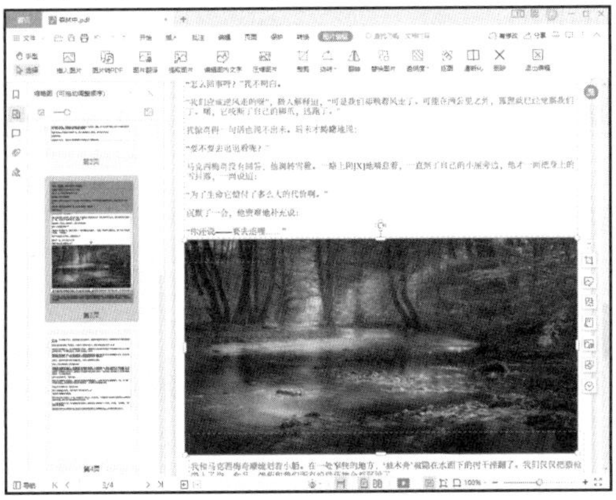

图 13-28

图 13-29

(6) 在选中图片状态下单击右侧的【图片编辑】按钮，如图 13-30 所示。

(7) 打开【WPS 图片编辑】窗口，可以对图片进行更加细致的编辑，此处添加了滤镜效果，然后单击【替换原图】按钮替换原来的图片，如图 13-31 所示。

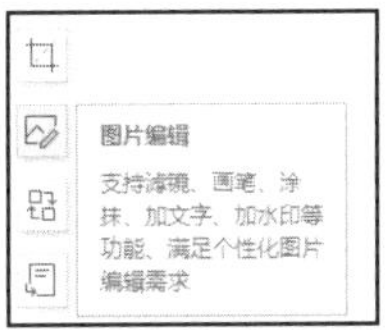

图 13-30

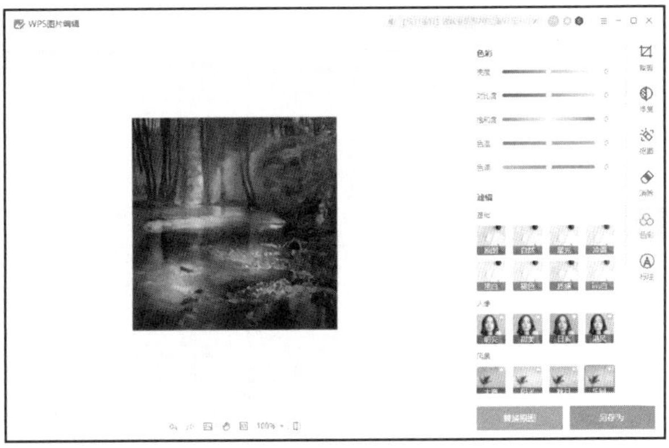

图 13-31

(8) 单击【退出编辑】按钮完成图片编辑操作，如图 13-32 所示。

图 13-32

13.2　制作流程图

流程图可以直观地描述一个工作过程的具体步骤，在工作中使用流程图可以让思路更清晰、逻辑更清楚，从而有助于发现和解决问题。

13.2.1　绘制流程图

在 WPS Office 的【新建】界面中，可以先创建一个空白流程图，再在其中绘制形状并添加文字，也可以用流程图模板直接创建一个流程图。

【例 13-4】 绘制一个流程图。 视频

(1) 启动 WPS Office，单击【新建】按钮打开【新建】界面，选择【流程图】选项卡，单击【新建空白流程图】按钮，如图 13-33 所示。

(2) 新建一个空白流程图文档，其中顶部为功能区，左侧为图形管理窗格，中间的空白区域为绘图区域，如图 13-34 所示。

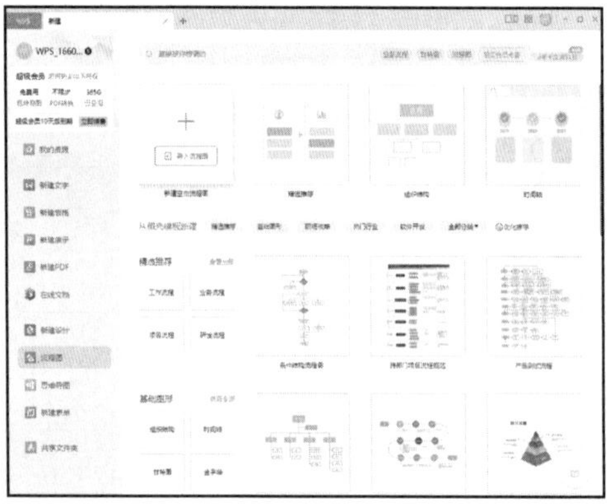

图 13-33

图 13-34

(3) 将鼠标指针放在图形左侧上方，则会显示该图形代表的含义，例如，选中左侧【基础图形】中的【圆角矩形】图标，如图 13-35 所示。

(4) 选中该形状，按住鼠标左键并拖曳至绘图区域，松开鼠标，完成圆角矩形图形的添加，之后双击形状便可在图形中输入文字“企业培训流程图”，如图 13-36 所示。

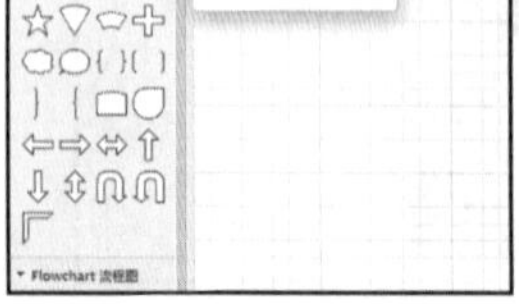

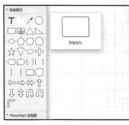

图 13-35

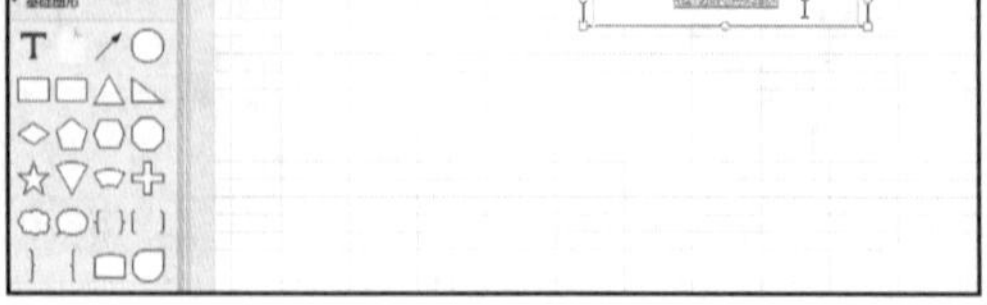

图 13-36

(5) 再绘制一个图形(调整周边控制点可以调整大小)，将鼠标指针放在图形边框下方，当鼠标指针变为十字形时，按住鼠标左键拖曳至合适位置处，形成箭头连线，如图 13-37 所示。

(6) 释放鼠标左键后，会显示接下来可能需要的形状，可直接在推荐列表中单击要使用的图形，如图 13-38 所示。

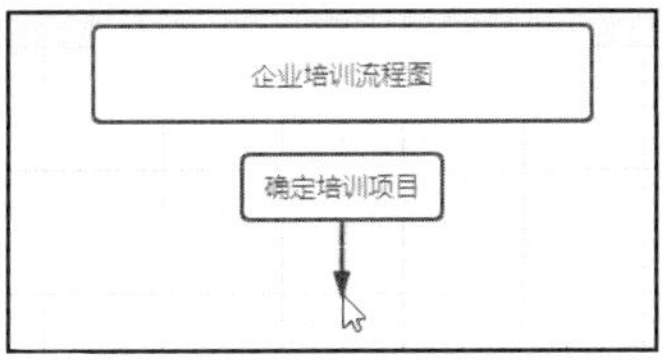

图 13-37

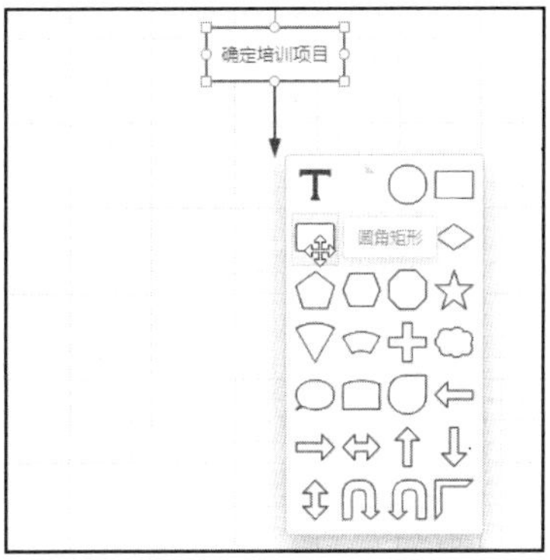

图 13-38

(7) 绘制圆角矩形并在其中输入文字，如图 13-39 所示。

(8) 使用相同的方法继续往下绘制形状，如图 13-40 所示。

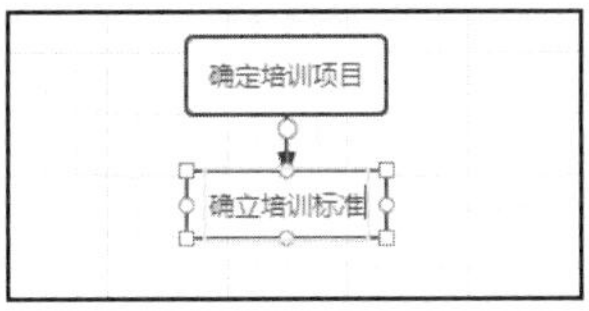

图 13-39

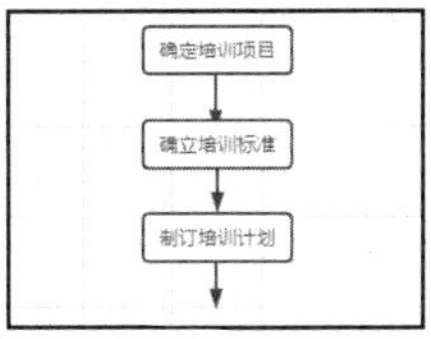

图 13-40

(9) 选择左侧的【直线】形状，在绘图区中绘制带箭头的直线，如图 13-41 所示。

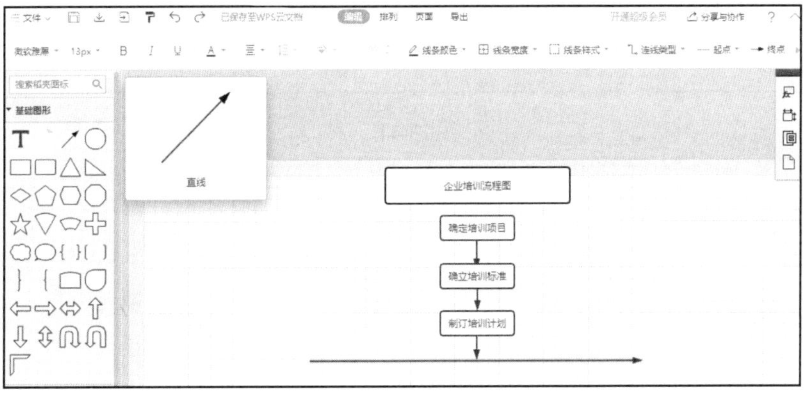

图 13-41

(10) 在【编辑】选项卡中单击【终点】下拉按钮，在下拉列表中选择无终点箭头的直线样式，如图 13-42 所示。

(11) 继续绘制带箭头的直线，然后复制相同的箭头形状，如图 13-43 所示。

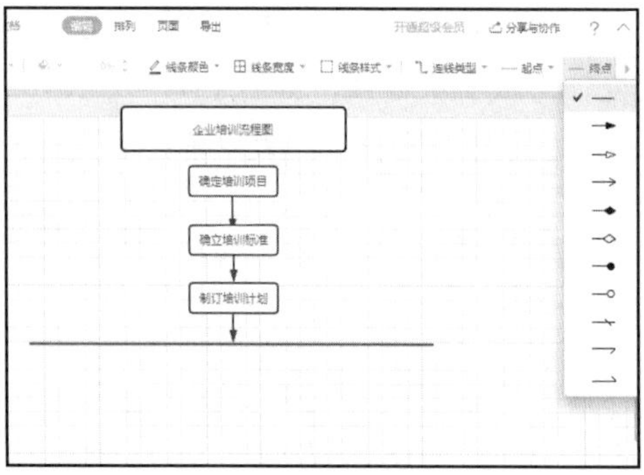

图 13-42

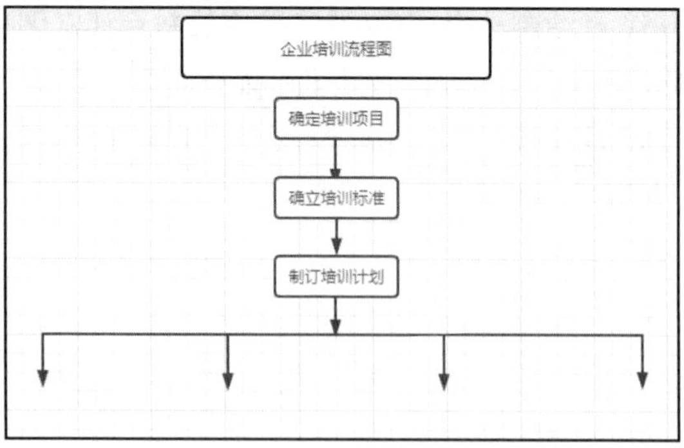

图 13-43

(12) 使用上面的方法，继续绘制或者复制相同的元素，完成流程图的绘制，如图 13-44 所示。

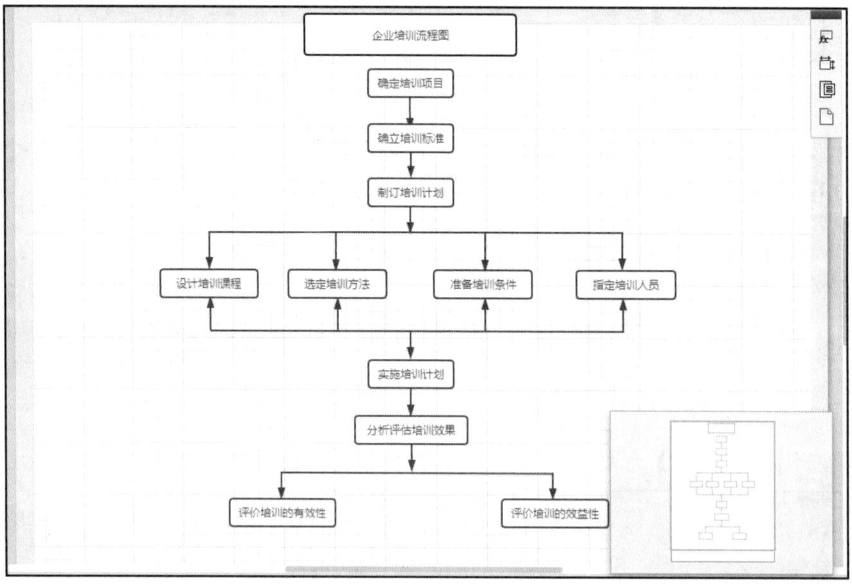

图 13-44

13.2.2 设置流程图

流程图绘制完成后，默认效果是黑白的，用户可以通过设置字体、填充颜色、对齐排列等方式，对流程图进行美化。

【例 13-5】 设置流程图。 视频

(1) 在【例 13-4】的基础上，选中第一个矩形，在【编辑】选项卡中单击【填充样式】下拉按钮，在下拉列表中选择一种颜色，如图 13-45 所示。

(2) 在【编辑】选项卡中单击【线条颜色】下拉按钮，在下拉列表中选择一种颜色，如图 13-46 所示。

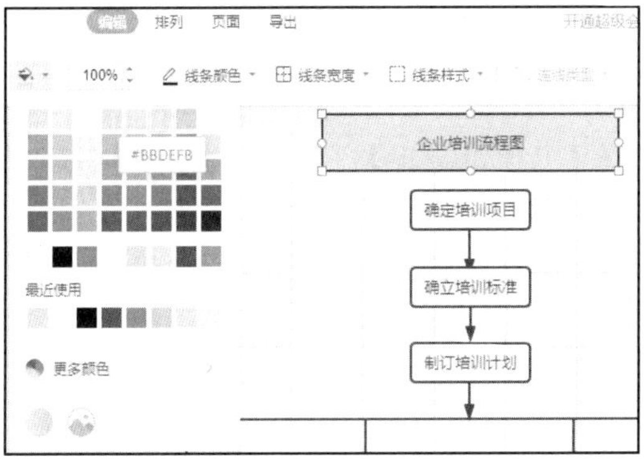

图 13-45

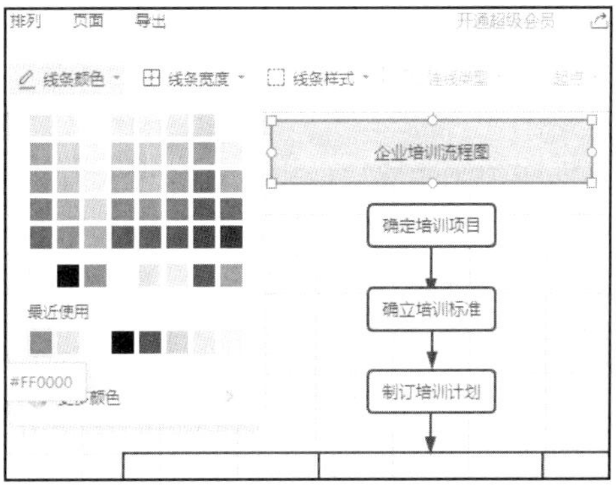

图 13-46

(3) 使用相同的方法给其他形状图形设置填充颜色，如图 13-47 所示。

(4) 如果要更改线条的宽度和样式，可单击【线条宽度】和【线条样式】按钮，在弹出的下拉列表中选择对应的样式，如图 13-48 所示。

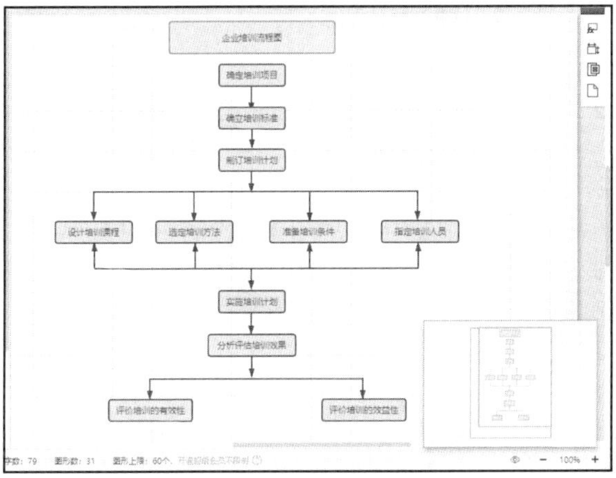

图 13-47

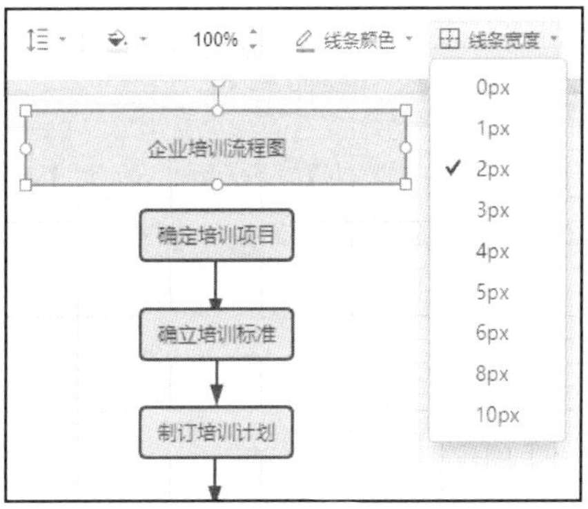

图 13-48

(5) WPS Office 内置了多种主题风格，方便直接套用。单击【风格】按钮，在弹出的列表中选择合适的风格，如图 13-49 所示。

(6) 单击【美化】按钮，可优化图形布局、连线和大小，如果流程图中的细节处没有对齐，使用该功能可快速矫正线条不直、图形没对齐等排版问题，如图 13-50 所示。

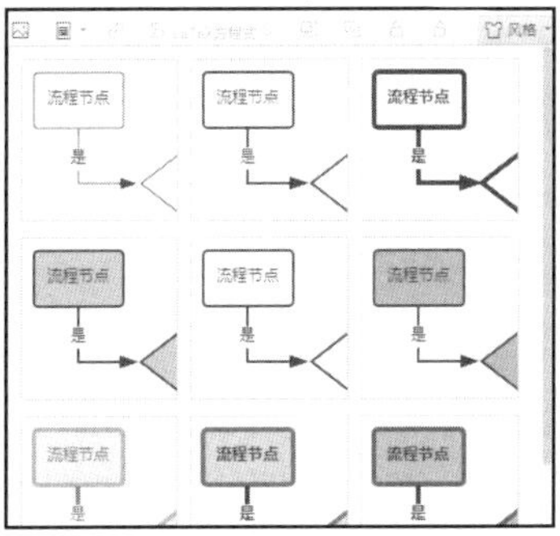

图 13-49

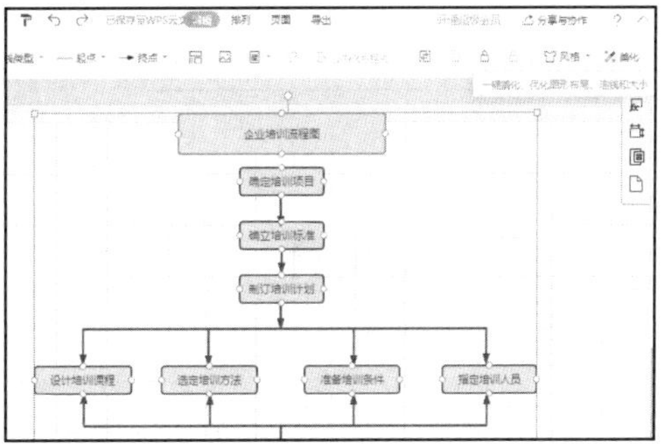

图 13-50

13.2.3 导出流程图

流程图制作完成后，单击【文件】按钮，选择【另存为/导出】下的拓展命令，可以将图形转换成多种格式，用户可根据需要进行选择，如图 13-51 所示。如果选择【POS 文件】命令，将打开【导出为 POS 文件】对话框，设置保存路径和名称，单击【导出】按钮，如图 13-52 所示。

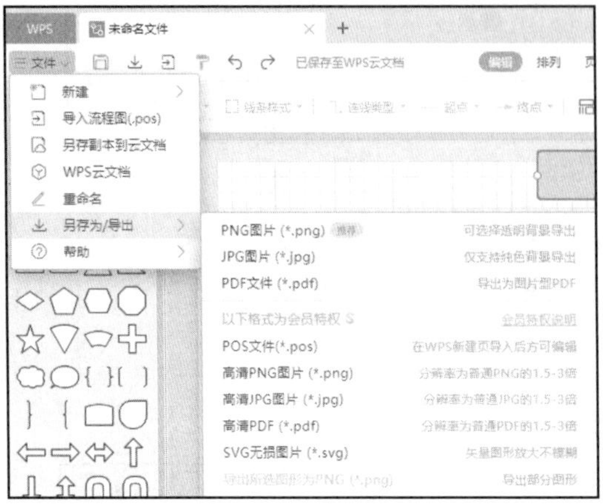

图 13-51

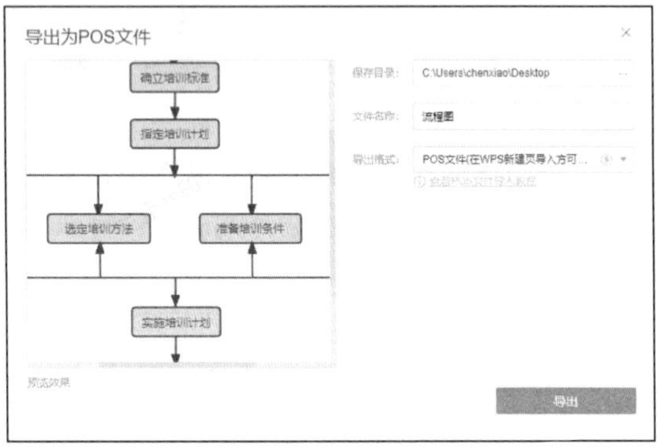

图 13-52

弹出【导出成功】对话框，单击【打开所在文件夹】按钮，如图 13-53 所示。打开流程图所在文件夹，如图 13-54 所示，如果双击流程图文件，将会再次打开流程图文件。

图 13-53

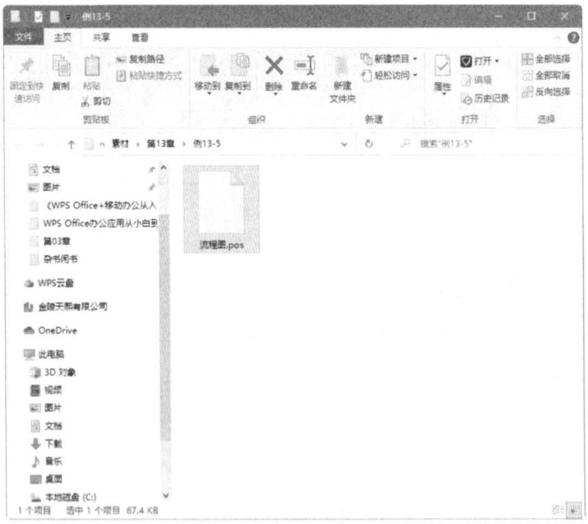

图 13-54

13.3 制作思维导图

使用思维导图可以制作学习计划、旅行计划、活动筹划等，思维导图能让用户轻松掌握重点之间的逻辑关系，激发联想和创意，将零散的内容组织成知识网。

13.3.1　绘制思维导图

和创建流程图一样，使用 WPS Office 可以轻松地创建思维导图，用户可以使用模板或者空白思维导图选项创建并进行绘制。

【例 13-6】 绘制一个思维导图 视频

(1) 启动 WPS Office，单击【新建】按钮打开【新建】界面，选择【思维导图】选项卡，单击【新建空白思维导图】按钮，如图 13-55 所示。

(2) 创建一个空白思维导图文档，画布中会显示一个【未命名文件】的主题框，双击主题框，修改主题内容为【创建公众号】，按 Enter 键确认，如图 13-56 所示。

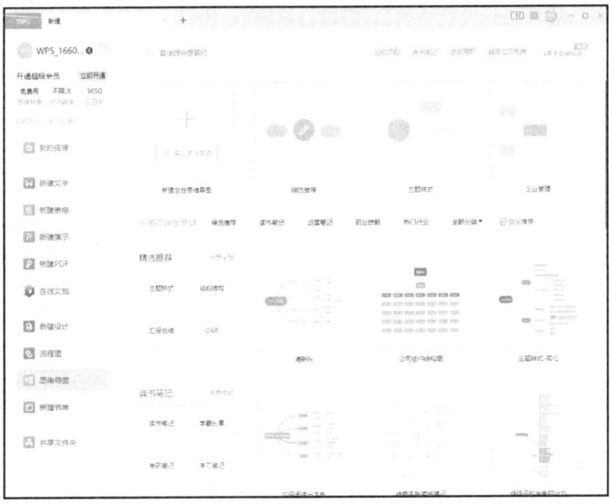

图 13-55

图 13-56

(3) 按 Tab 键，在主题框后面插入子主题，然后输入子主题文本内容，如图 13-57 所示。

(4) 选择【文字排版】主题，继续按 Tab 键，插入下一级子主题，如图 13-58 所示。

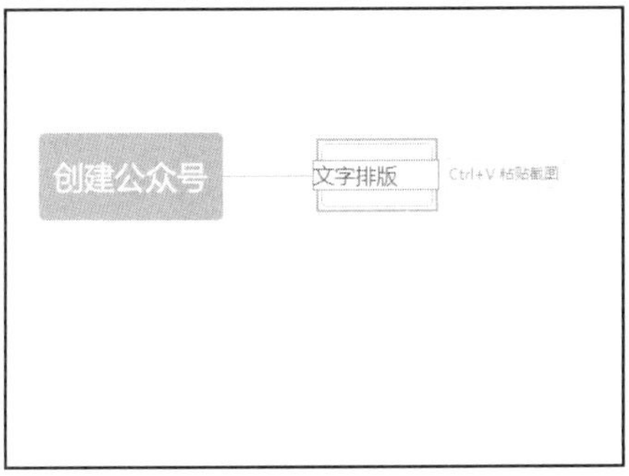

图 13-57

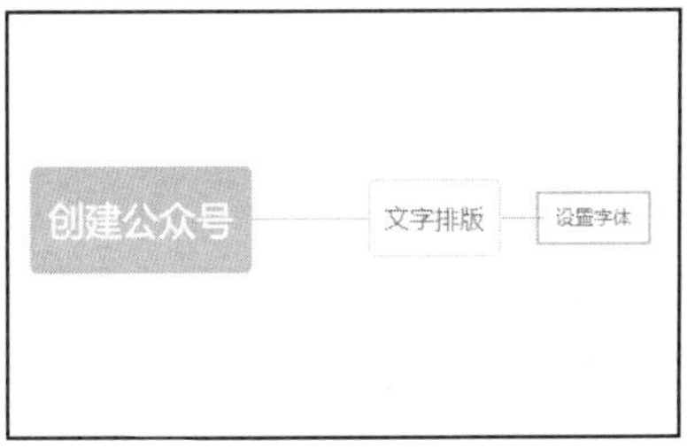

图 13-58

(5) 按 Enter 键，创建其他同级主题并输入内容，如图 13-59 所示。

(6) 选择第一级主题，按 Tab 键，插入下一级子主题，然后在【样式】选项卡中单击【结构】下拉按钮，选择【自由分布】命令，此时可自由拖曳子主题，如图 13-60 所示。

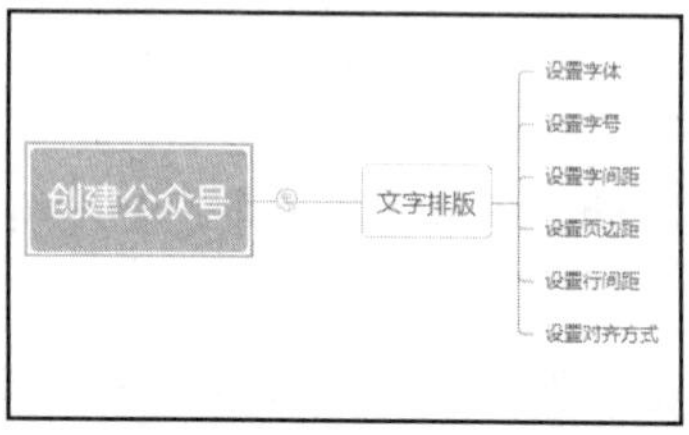

图 13-59

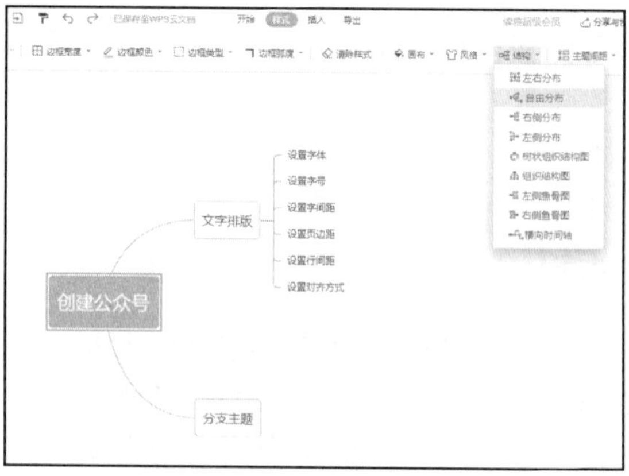

图 13-60

(7) 使用相同的方法，绘制其他的主题，并调整主题的位置，如图 13-61 所示。

(8) 单击【文件】按钮，选择【另存为/导出】|【POS 文件】命令，打开【导出为 POS 文件】对话框，设置保存路径和名称，单击【导出】按钮保存该思维导图，如图 13-62 所示。

图 13-61

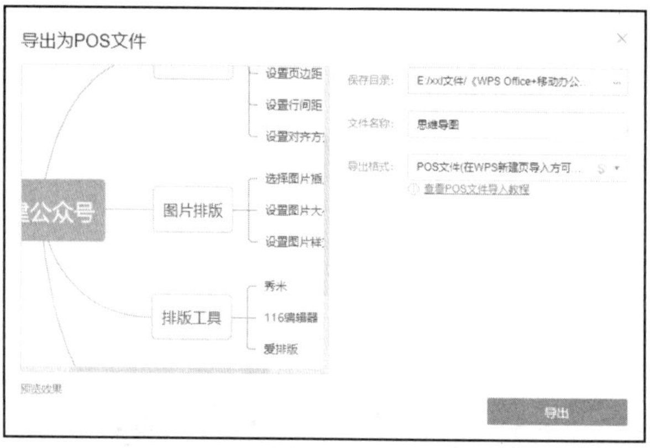

图 13-62

13.3.2 编辑思维导图

创建思维导图后，可以对思维导图进行编辑操作，如在主题内添加图标、更改主题之间的节点样式、更改主题风格等。

【例 13-7】 编辑思维导图。 视频

(1) 在【例 13-6】的基础上，选中第一个主题，在【开始】选项卡中设置主题内文字的大小，字体设置为粗体，字体颜色为蓝色，如图 13-63 所示。

(2) 选中【文字排版】主题，在【插入】选项卡中单击【图标】下拉按钮，选中一款图标样式，如图 13-64 所示。

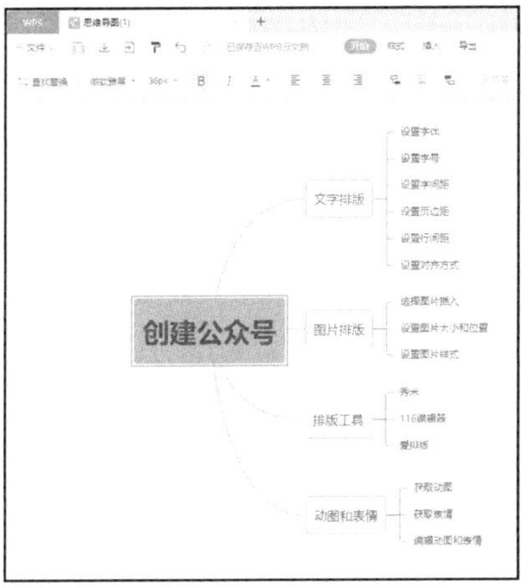

图 13-63

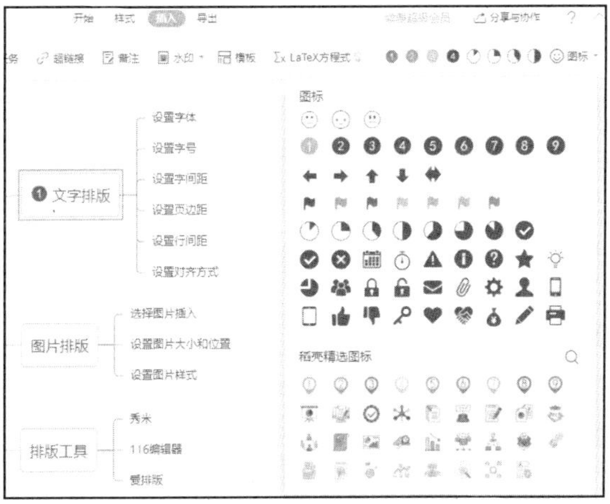

图 13-64

(3) 使用相同的方法，在同级子主题上添加图标，如图 13-65 所示。

(4) 在【样式】选项卡下可以更改节点样式、节点背景及连线，以及边框的样式。也可以直接单击【风格】按钮，在弹出的列表中选择合适的主题风格，如图 13-66 所示。

图 13-65

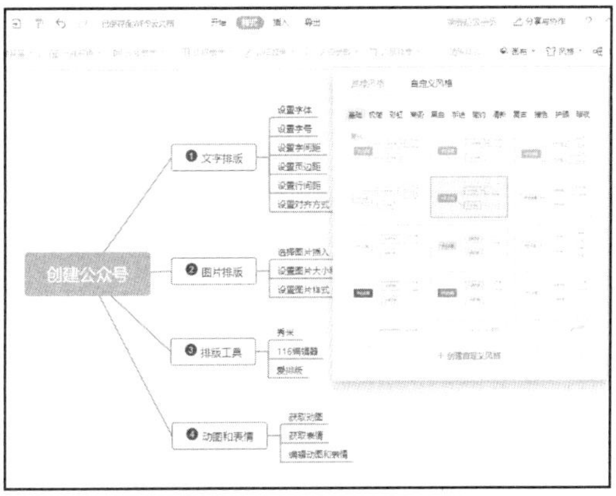

图 13-66

(5) 单击【文件】按钮，选择【另存为/导出】|【POS 文件】命令，设置保存选项，另存该思维导图。

提示

如果手动修改了节点样式，在应用内置的主题风格时，会提醒是否保留手动设置的样式，如果保留则单击【保留手动设置的样式】按钮，不保留则单击【覆盖】按钮。

13.4　制作表单

表单主要用于采集数据，可以将采集来的数据进行整理，帮助单位或个人做出决策，如收集问题反馈、组织活动报名、投票统计、员工资料收集等方面都可以使用 WPS 表单功能。

13.4.1 新建表单

在采集数据之前，首先要制作表单，可根据具体情况添加需要采集的问题。下面以制作一个“客户问卷调查”表单为例介绍新建表单的步骤。

【例 13-8】 制作一个“客户问卷调查”表单。 视频

(1) 启动 WPS Office，单击【新建】按钮打开【新建】界面，选择【新建表单】选项卡，单击【更多场景】按钮，如图 13-67 所示。

(2) 在选择场景的界面中，单击【问卷】中的【新建】按钮，如图 13-68 所示。

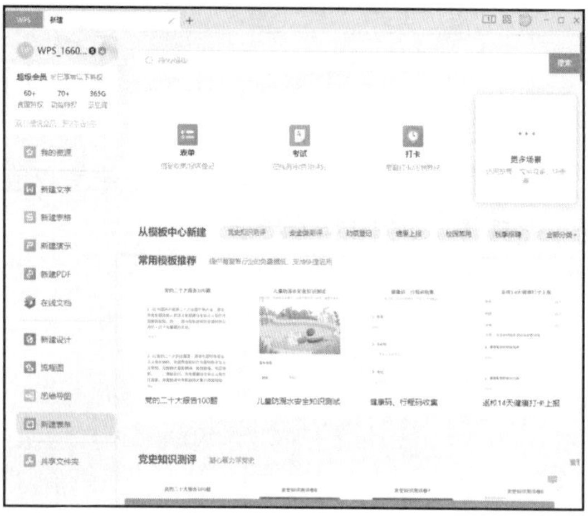

图 13-67

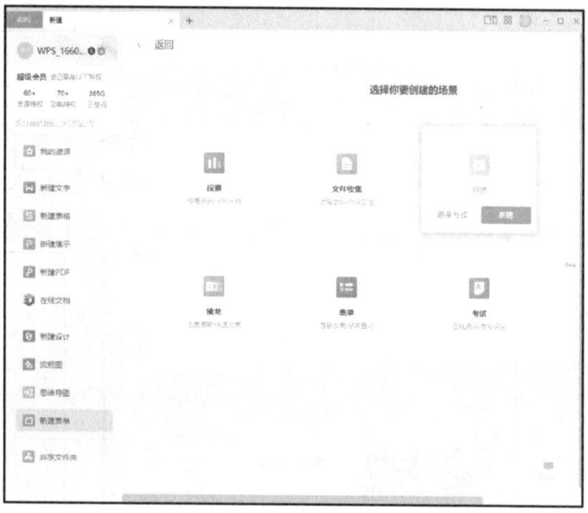

图 13-68

(3) 新建一个未命名标题的表单，如图 13-69 所示。

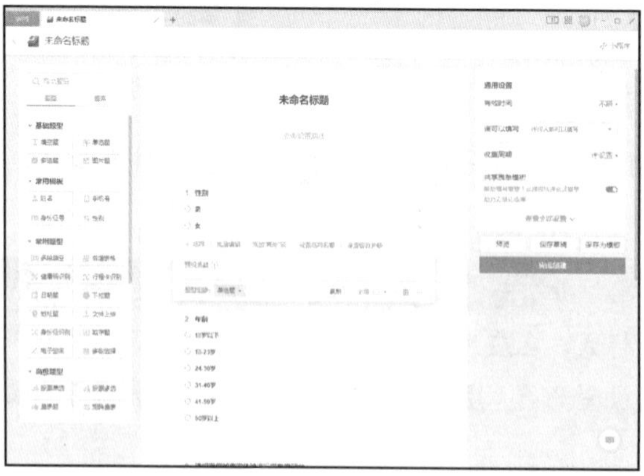

图 13-69

(4) 进入表单编辑界面，单击标题，输入“客户问卷调查”文本为新标题，如图 13-70 所示。

(5) 单击左侧【题型】区域的【姓名】选项，即可在表单增添【姓名】题目，如图 13-71 所示。

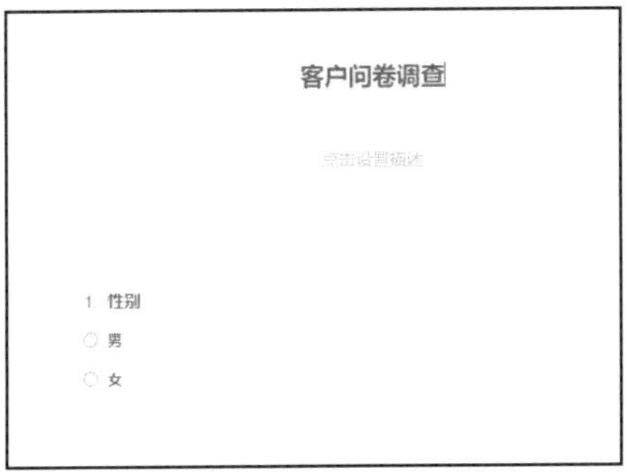

图 13-70

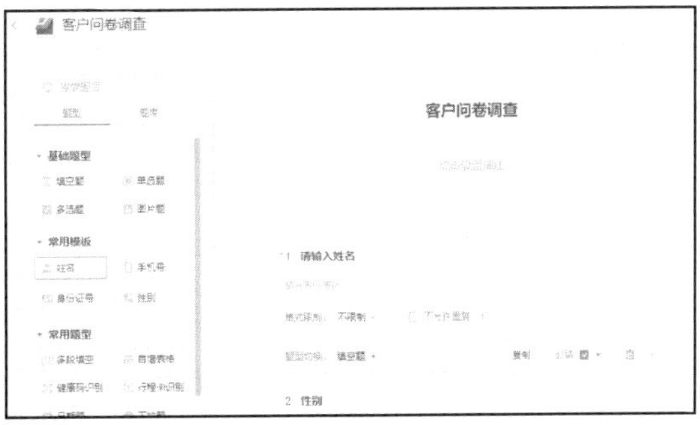

图 13-71

(6) 在回答区下方可单击【格式限制】下拉按钮，在弹出的下拉列表中可以为填写者设置答题限制，如图 13-72 所示。

(7) 如果要设置填写次数、权限等，可单击右侧的【查看全部设置】按钮，如图 13-73 所示。

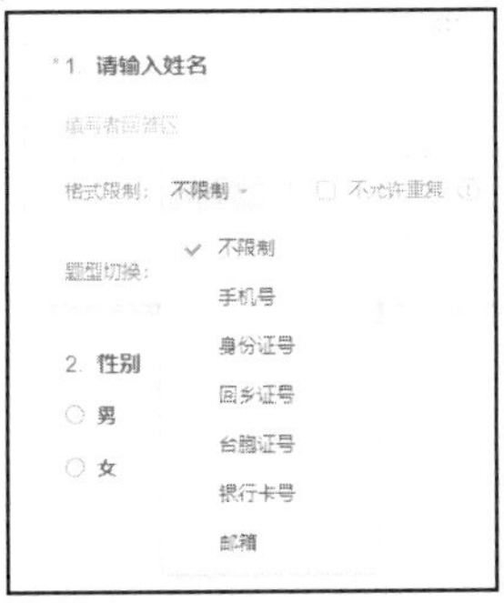

图 13-72

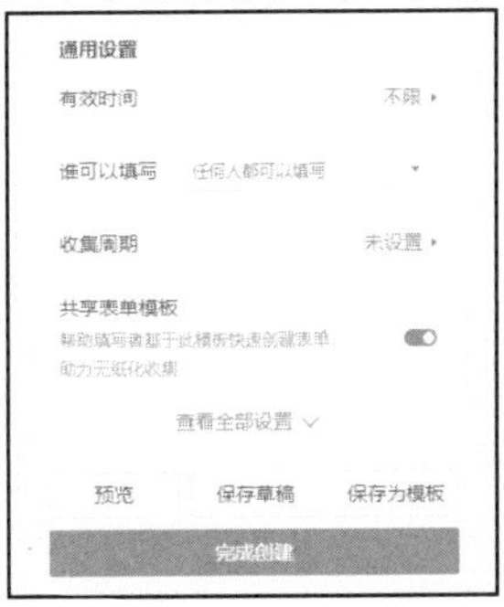

图 13-73

(8) 展开设置选项，可以继续设置填写选项，如图 13-74 所示。

(9) 选择第 4 题，单击【题型切换】后的下拉按钮，选择【高级题型】|【投票单选】选项，使其转换题型，如图 13-75 所示。

图 13-74

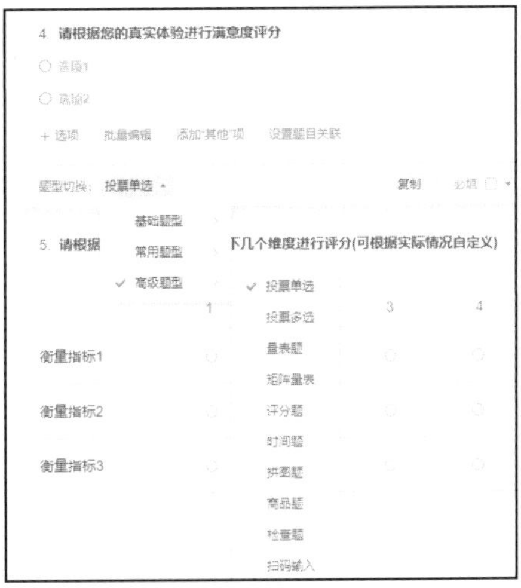

图 13-75

(10) 单击【+选项】按钮，添加一个单选按钮选项，如图 13-76 所示。

(11) 在单选按钮后输入文本内容，如图 13-77 所示。

图 13-76

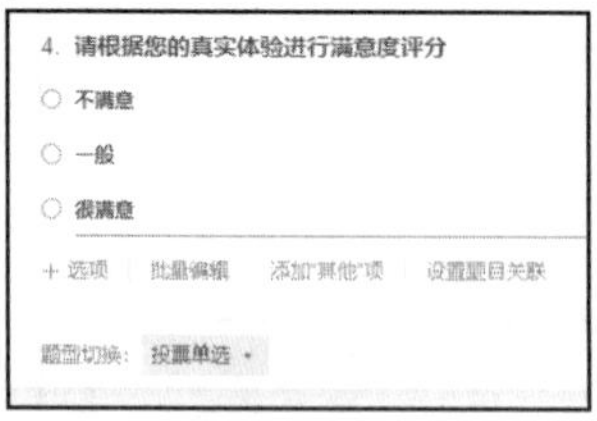

图 13-77

(12) 选中第 5 题，单击【删除】按钮删掉该题，如图 13-78 所示。

(13) 设置完成后，单击右侧的【完成创建】按钮，如图 13-79 所示。

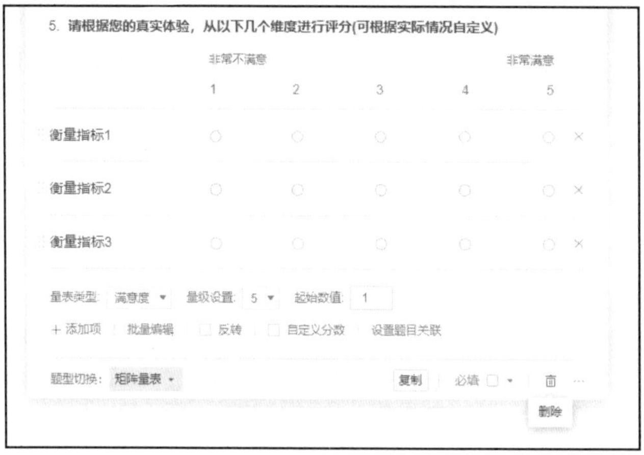

图 13-78

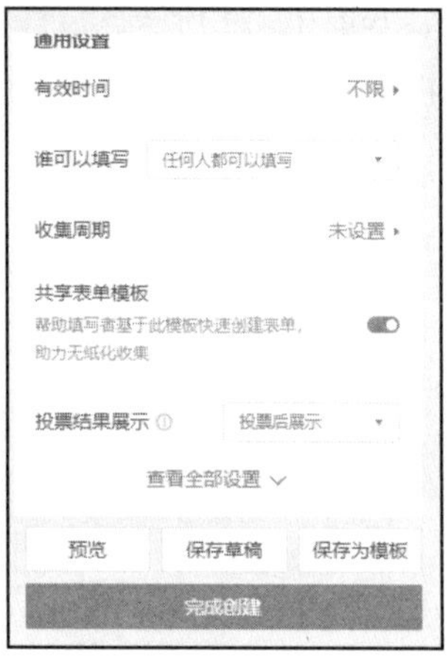

图 13-79

(14) 创建完毕后，打开【分享】界面，可将表单发送给被邀请人，可以将链接、二维码分享至微信或 QQ 等，将生成的链接或二维码分享给填写人即可，如图 13-80 所示。

(15) 单击返回键返回【金山表单】窗口，显示创建的表单，如图 13-81 所示。

图 13-80

图 13-81

13.4.2　填写和汇总表单

被邀请人通过收到的链接或二维码进入表单填写页面，在表单中填写相应信息，然后单击【提交】按钮，如图 13-82 所示。此时会弹出【提交内容】提示框，单击【确定】按钮，即可完成表单的填写，如图 13-83 所示。

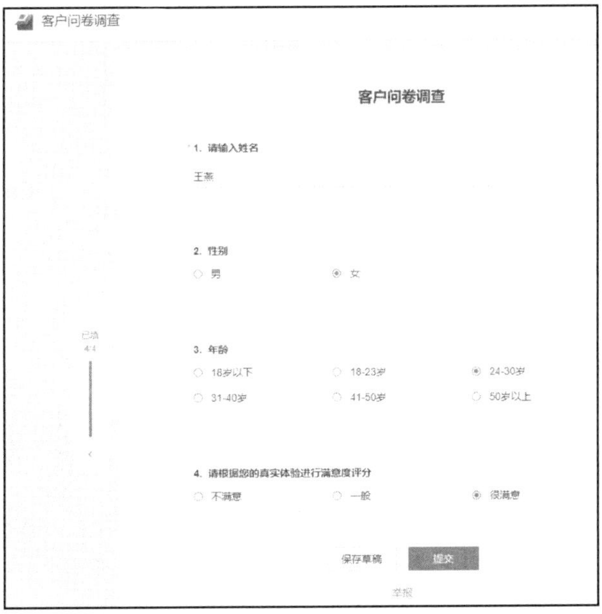

图 13-82

图 13-83

数据收集完成后，可以查看和汇总表单上的数据。创建表单的发起人打开表单，其中，【数据统计&分析】选项卡会显示表单收集的汇总数据，如图 13-84 所示。选择【问卷问题】选项卡可以查看各份表单。如果要查看汇总表格，可以单击【关联表格查看数据汇总】按钮，如图 13-85 所示。

图 13-84

图 13-85

弹出对话框，这里单击选中【新的表格】单选按钮，表示新建汇总表格展示，单击【确定】按钮，如图 13-86 所示。打开汇总表格，显示详细汇总信息，如图 13-87 所示。

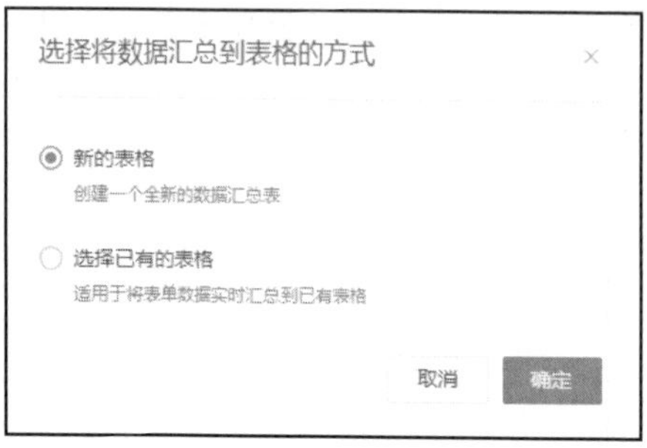

图 13-86

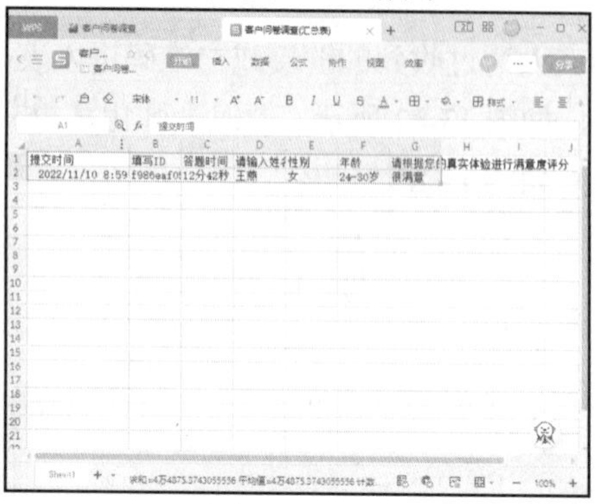

图 13-87

13.5 多组件协作

在日常工作中，可以协调使用文字、表格、演示、思维导图等 WPS Office 组件，提高工作效率。

13.5.1 WPS 文字中调用 WPS 表格

在 WPS 文字中可以直接插入 WPS 表格，双击插入的表格即可打开，方便修改内容。WPS 文字、WPS 表格与 WPS 演示之间相互调用的方法相同，本节仅以在 WPS 文字中调用 WPS 表格为例进行介绍。

【例 13-9】 在 WPS 文字文档中插入 WPS 表格文件中的表格。 视频

(1) 启动 WPS Office，打开“销售报告.wps”文字文档，将鼠标光标定位到需要插入表格的位置，选择【插入】选项卡，单击【对象】按钮，在下拉列表中选择【对象】命令，如图 13-88 所示。

(2) 打开【插入对象】对话框，单击【由文件创建】单选按钮，然后单击【浏览】按钮，如图 13-89 所示。

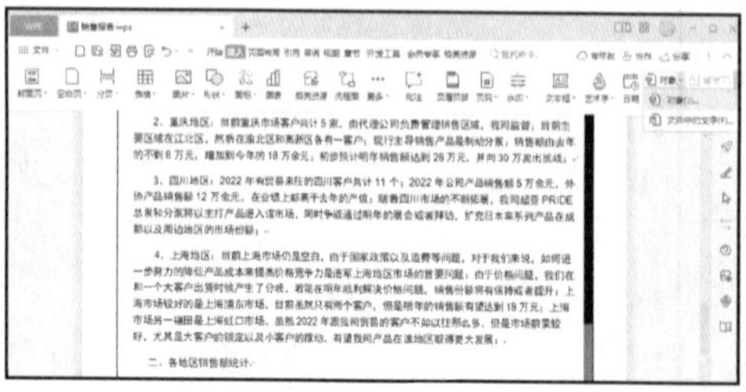

图 13-88

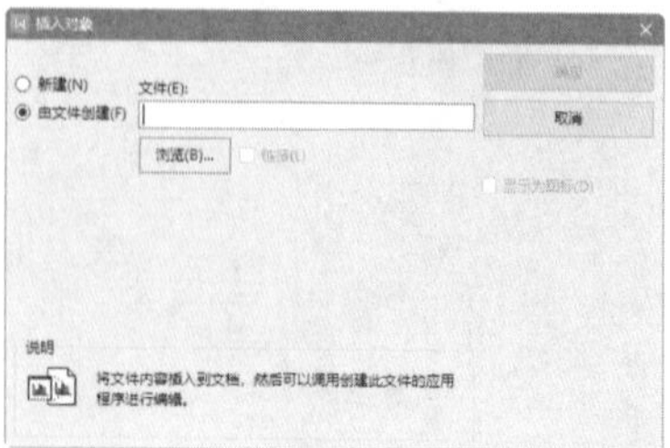

图 13-89

(3) 打开【浏览】对话框，选择要插入的“销售额统计表.et”表格，然后单击【打开】按钮，如图 13-90 所示。

(4) 返回【插入对象】对话框，勾选【链接】复选框，单击【确定】按钮，如图 13-91 所示。

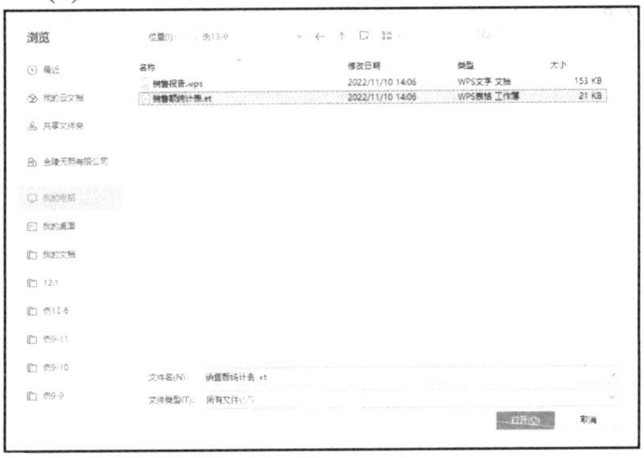

图 13-90

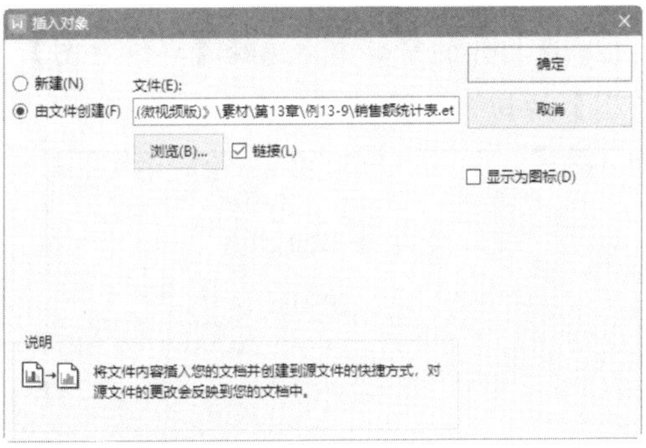

图 13-91

(5) 返回文档中，此时在光标插入点处会显示“销售额统计表”的表格内容，如图 13-92 所示。

(6) 双击文字文档中导入的表格，将打开“销售额统计表.et”表格文件，若要更改 WPS 表格中的数据，如将 B4 单元格数据更改为“12”，则可以看到文字文档中数据发生相应的更改，如图 13-93 所示。

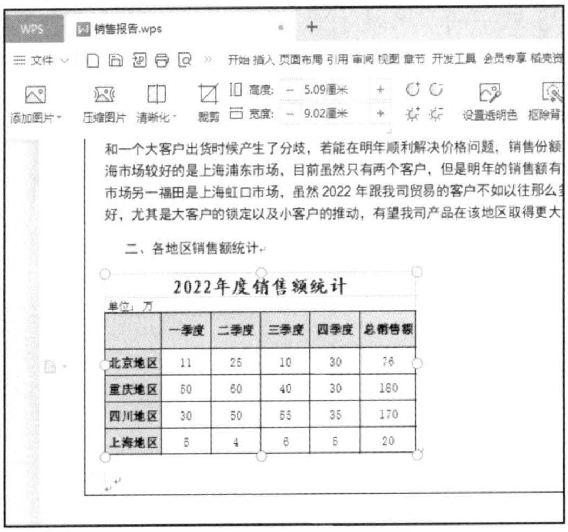

图 13-92

图 13-93

13.5.2 WPS 文字中调用思维导图

通过 WPS Office 创建的思维导图，会存储在云空间内。在 WPS 文字文档中可以直接创建思维导图，也可以将创建完成的思维导图导入 WPS 文字文档中。

【例 13-10】 在 WPS 文字文档中插入思维导图文件。 视频

(1) 启动 WPS Office，新建一个“调用思维导图.wps”空白文字文档，选择【插入】选项卡，单击【更多】按钮，选择【思维导图】命令，如图 13-94 所示。

(2) 在打开的窗口中，选择【思维导图】选项卡，然后单击【新建空白】选项中的【导入思维导图】按钮，如图 13-95 所示。

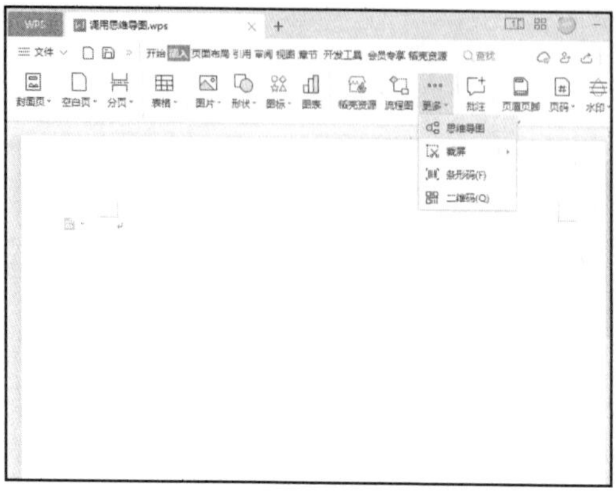

图 13-94

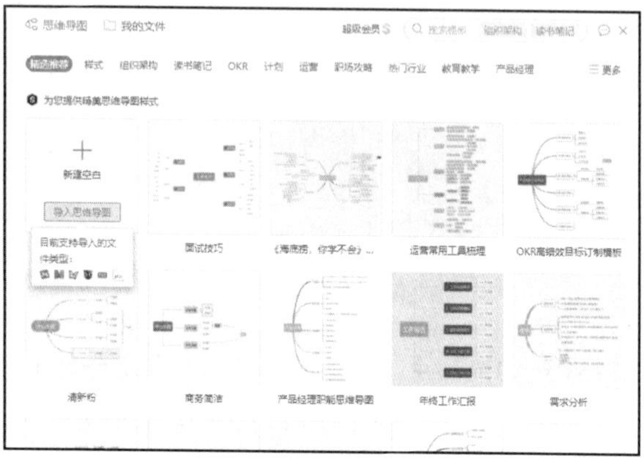

图 13-95

(3) 打开【打开文件】对话框，选择要插入 WPS 文字的“思维导图.pos”文件，单击【打开】按钮，如图 13-96 所示。

(4) 打开 POS 文件，单击【保存至云文档】按钮，如图 13-97 所示。

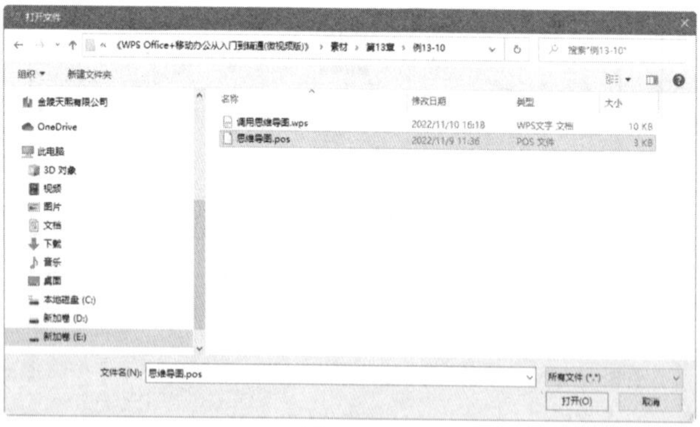

图 13-96

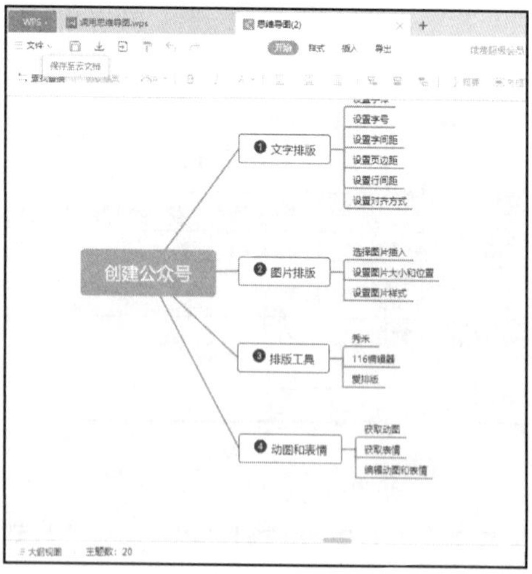

图 13-97

(5) 保存云文档后，关闭思维导图文件，在文字文档中选择【插入】选项卡，单击【更多】按钮，选择【思维导图】命令，打开新窗口，选择【我的文件】选项卡，选择保存的思维导图，单击【插入】按钮，如图 13-98 所示。

(6) 此时会将已有的思维导图插入 WPS 文字文档，效果如图 13-99 所示。双击该图片，会再次打开思维导图文件，可以在其中修改内容，文字文档中的图片也会随之更改内容。

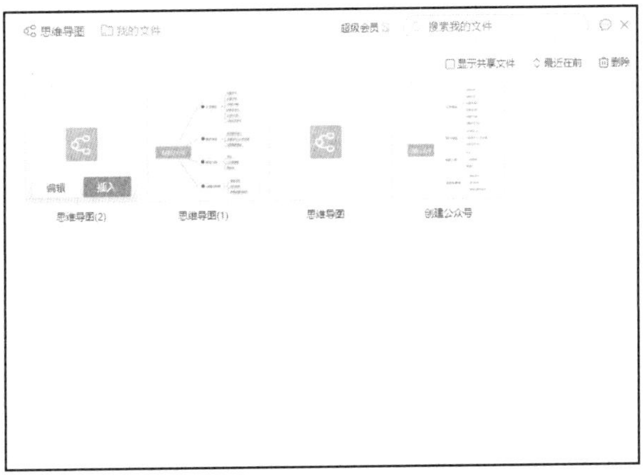

图 13-98

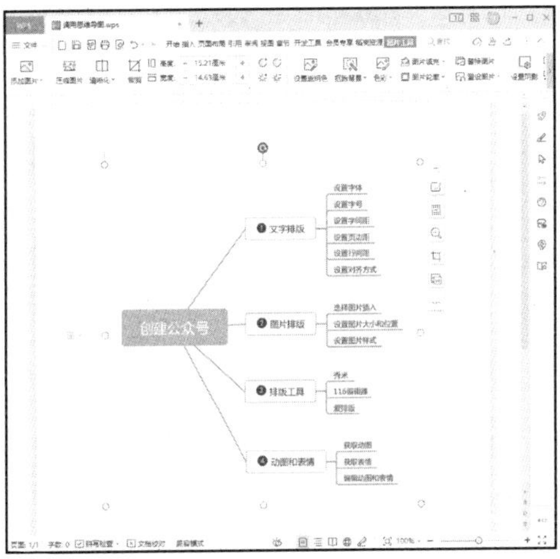

图 13-99

13.5.3　WPS 演示中调用流程图

在 WPS 文字、WPS 表格和 WPS 演示中插入流程图的方法，与在 WPS 文字中插入思维导图的方法相同，下面以在 WPS 演示中插入流程图为例进行介绍。

【例 13-11】 在 WPS 演示中插入流程图文件。 视频

(1) 启动 WPS Office，新建一个“调用流程图”空白演示，选择【插入】选项卡，单击【流程图】按钮，如图 13-100 所示。

(2) 打开新窗口，选择【流程图】选项卡，然后单击【新建空白】选项中的【导入流程图】按钮，如图 13-101 所示。

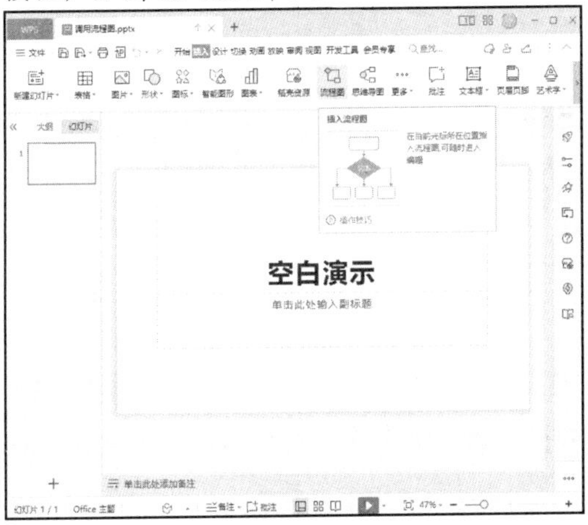

图 13-100

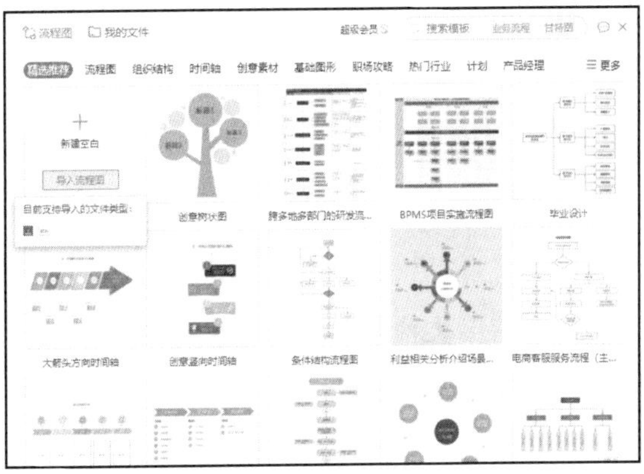

图 13-101

(3) 打开【打开文件】对话框，选择要插入 WPS 演示的“流程图.pos”文件，单击【打开】按钮，如图 13-102 所示。

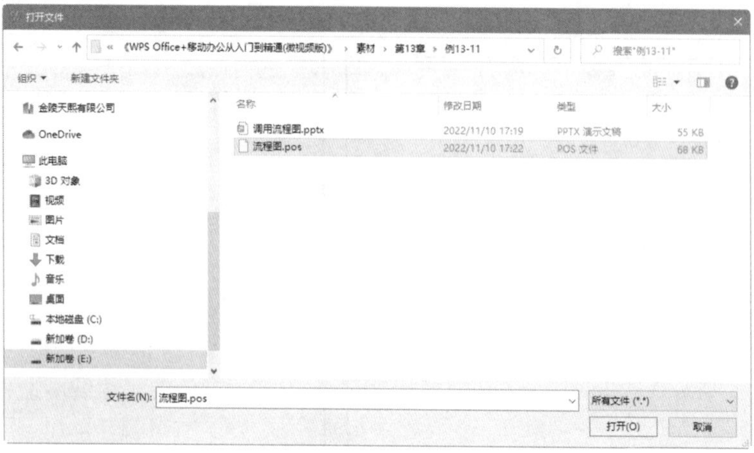

图 13-102

(4) 打开流程图的 POS 文件，单击【保存至云文档】按钮，如图 13-103 所示。

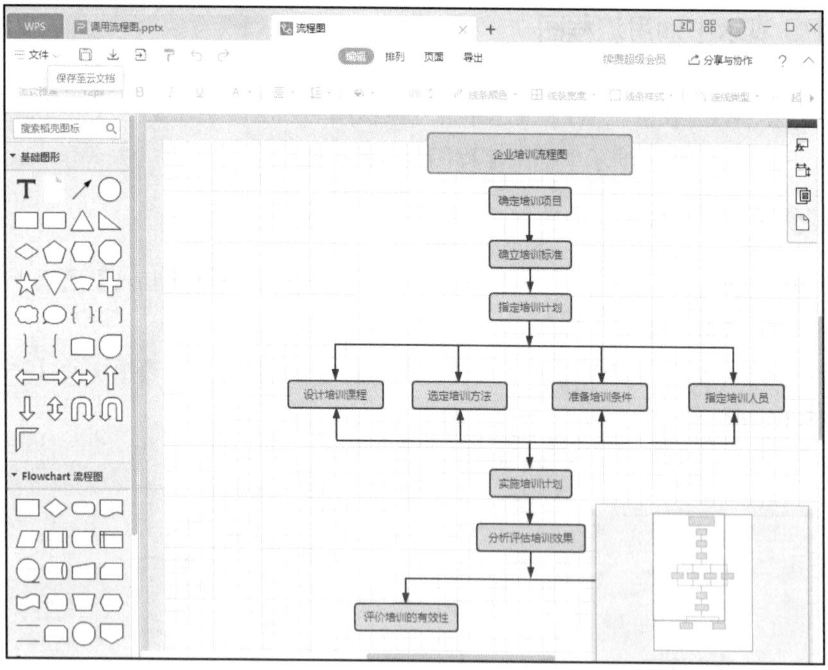

图 13-103

(5) 保存云文档后，关闭流程图文件，在演示中选择【插入】选项卡，单击【流程图】按钮，打开新窗口，选择【我的文件】选项卡，选择保存的流程图，单击【插入】按钮，如图 13-104 所示。

(6) 此时会将已有的流程图插入 WPS 演示中，效果如图 13-105 所示。双击该图片会再次打开流程图文件，可以在其中修改内容，演示中的图片也会随之更改内容。

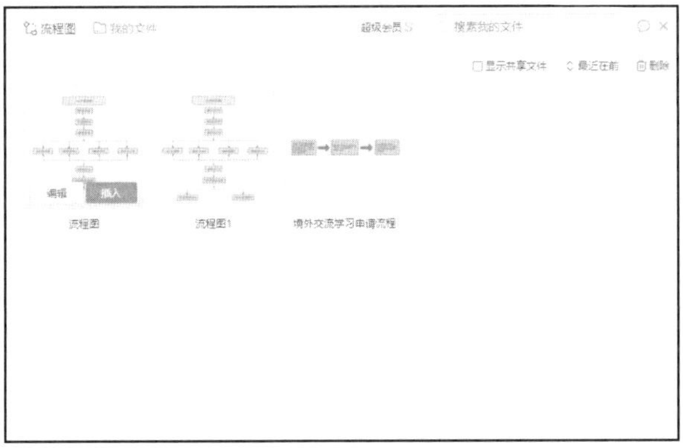

图 13-104

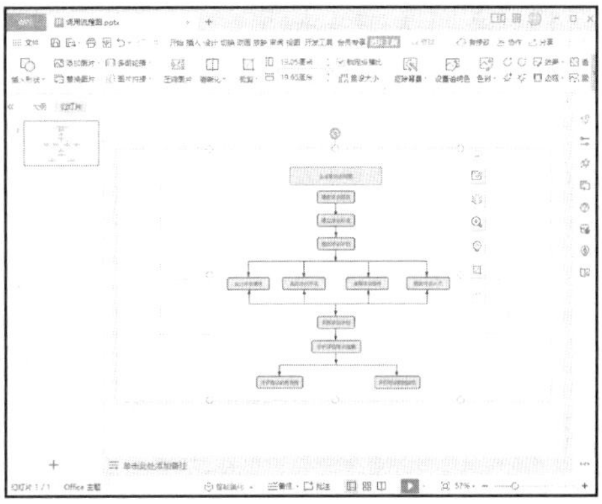

图 13-105

提示

插入思维导图或流程图后，如果下次要编辑思维导图或流程图文件，则需要将 WPS 文字、表格、演示文件分别存储为.docx、.xlsx、.pptx 格式；保存为.et 等格式后，思维导图或流程图将不可再次修改。

13.6　实例演练

通过前面内容的学习，读者应该已经掌握在 WPS Office 使用 PDF、流程图、思维导图等应用组件的操作内容，下面通过在 WPS 演示中调用 WPS 表格这一案例演练，巩固本章所学内容。

【例 13-12】　在 WPS 演示中调用 WPS 表格。视频

(1) 启动 WPS Office，打开“销售总结演示.pptx”演示文稿，选择第 3 张幻灯片，选择【插入】选项卡，单击【对象】按钮，如图 13-106 所示。

(2) 打开【插入对象】对话框，单击【由文件创建】单选按钮，然后单击【浏览】按钮，选择“销售额统计表.xlsx”表格文件，勾选【链接】复选框，单击【确定】按钮，如图 13-107 所示。

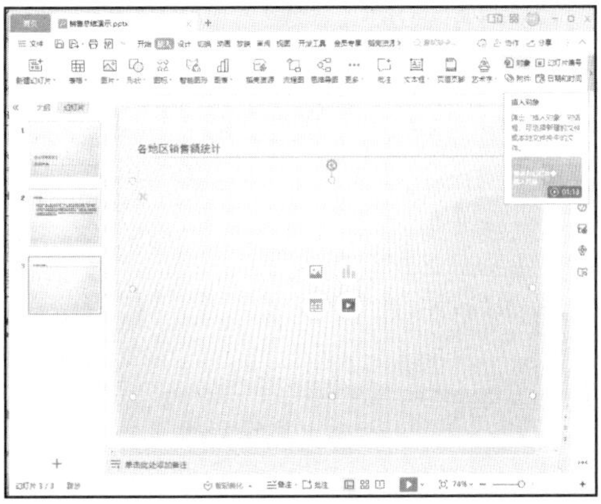

图 13-106

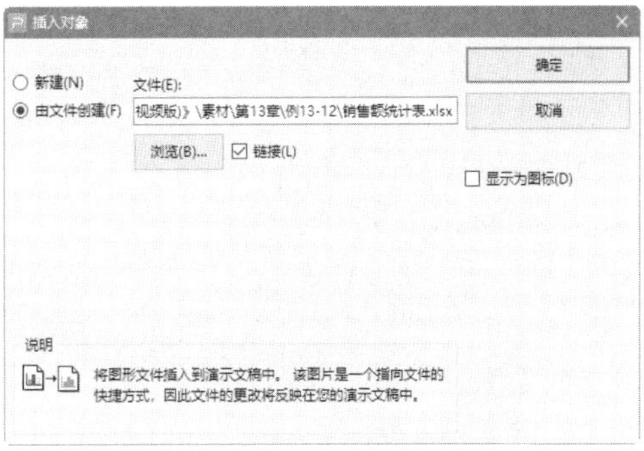

图 13-107

(3) 返回演示文稿中，此时在光标插入点处会显示“销售额统计表”的表格内容，如图 13-108 所示。

(4) 双击演示文稿中导入的表格，打开“销售额统计表.xlsx”表格，若更改 WPS 表格中的数据，演示文稿中的数据将发生相应的更改，如图 13-109 所示。

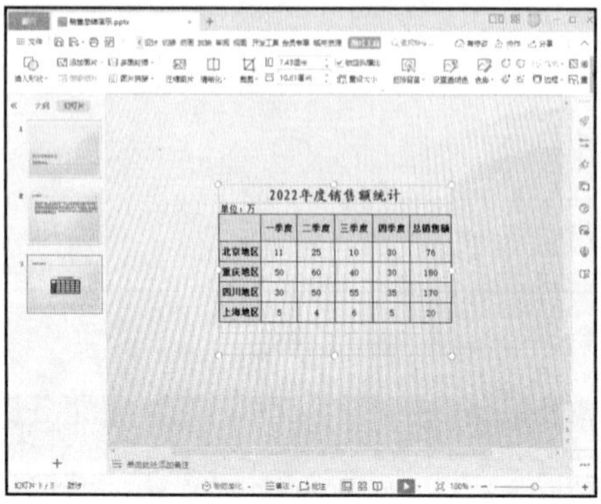

图 13-108

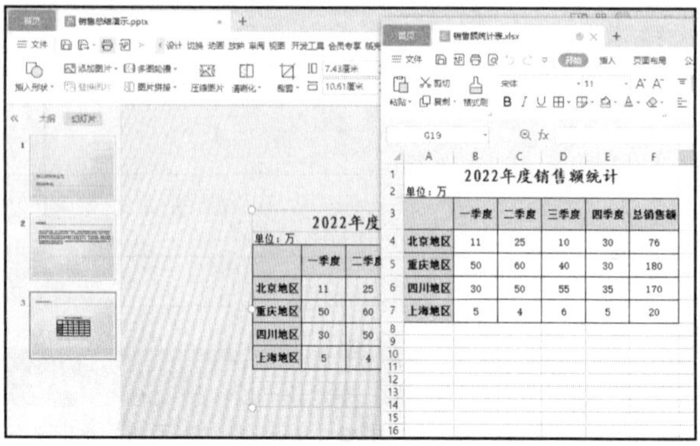

图 13-109

13.7 习题

1. 如何使用 WPS 软件编辑 PDF 文件？
2. 简述制作流程图的方法。
3. 简述制作思维导图的方法。
4. 简述制作表单的方法。

丛书书目

本套教材涵盖了计算机各个应用领域，包括计算机硬件知识、操作系统、数据库、编程语言、文字录入和排版、办公软件、计算机网络、图形图像、三维动画、网页制作及多媒体制作等。众多的图书品种可以满足各类院校相关课程设置的需要，已出版的图书书目如下表所示。

图 书 书 名	图 书 书 号
《计算机基础实例教程(Windows 10+Office 2016 版)(微课版)》	9787302595496
《多媒体技术及应用(第二版)(微课版)》	9787302603429
《电脑办公自动化实例教程(第四版)(微课版)》	9787302536581
《计算机基础实例教程(第四版)(微课版)》	9787302536604
《计算机组装与维护实例教程(第四版)(微课版)》	9787302535454
《计算机常用工具软件实例教程(微课版)》	9787302538196
《Office 2019 实例教程(微课版)》	9787302568292
《Word 2019 文档处理实例教程(微课版)》	9787302565505
《Excel 2019 电子表格实例教程(微课版)》	9787302560944
《PowerPoint 2019 幻灯片制作实例教程(微课版)》	9787302563549
《Access 2019 数据库开发实例教程(微课版)》	9787302578246
《Project 2019 项目管理实例教程(微课版)》	9787302588252
《Photoshop 2020 图像处理实例教程(微课版)》	9787302591269
《Dreamweaver 2020 网页制作实例教程(微课版)》	9787302596509
《Animate 2020 动画制作实例教程(微课版)》	9787302589549
《Illustrator 2020 平面设计实例教程(微课版)》	9787302603504
《3ds Max 2020 三维动画创作实例教程(微课版)》	9787302595816
《CorelDRAW 2022 平面设计实例教程(微课版)》	9787302618744
《Premiere Pro 2020 视频编辑剪辑制作实例教程》	9787302618201
《After Effects 2020 影视特效实例教程(微课版)》	9787302591276
《AutoCAD 2022 中文版基础教程(微课版)》	9787302618751
《Mastercam 2020 实例教程(微课版)》	9787302569251
《Photoshop 2022 图像处理基础教程(微课版)》	9787302623922
《AutoCAD 2020 中文版实例教程(微课版)》	9787302551713
《Office 2016 办公软件实例教程(微课版)》	9787302577645

(续表)

图书书名	图书书号
《中文版 Office 2016 实用教程》	9787302471134
《中文版 Word 2016 文档处理实用教程》	9787302471097
《中文版 Excel 2016 电子表格实用教程》	9787302473411
《中文版 PowerPoint 2016 幻灯片制作实用教程》	9787302475392
《中文版 Access 2016 数据库应用实用教程》	9787302471141
《中文版 Project 2016 项目管理实用教程》	9787302477358
《Photoshop CC 2019 图像处理实例教程(微课版)》	9787302541578
《Dreamweaver CC 2019 网页制作实例教程(微课版)》	9787302540885
《Animate CC 2019 动画制作实例教程(微课版)》	9787302541585
《中文版 AutoCAD 2019 实用教程》	9787302514459
《HTML5+CSS3 网页设计实例教程》	9787302525004
《Excel 财务会计实战应用(第五版)》	9787302498179
《Photoshop 2020 图像处理基础教程(微课版)》	9787302557463
《AutoCAD 2019 中文版基础教程》	9787302529286
《Office 2010 办公软件实例教程(微课版)》	9787302554349
《中文版 Photoshop CC 2018 图像处理实用教程》	9787302497844
《中文版 Dreamweaver CC 2018 网页制作实用教程》	9787302502791
《中文版 Animate CC 2018 动画制作实用教程》	9787302497868
《中文版 Illustrator CC 2018 平面设计实用教程》	9787302499053
《中文版 InDesign CC 2018 实用教程》	9787302501350
《中文版 Premiere Pro CC 2018 视频编辑实例教程》	9787302517498
《中文版 After Effects CC 2018 影视特效实用教程》	9787302527589
《中文版 AutoCAD 2018 实用教程》	9787302494515